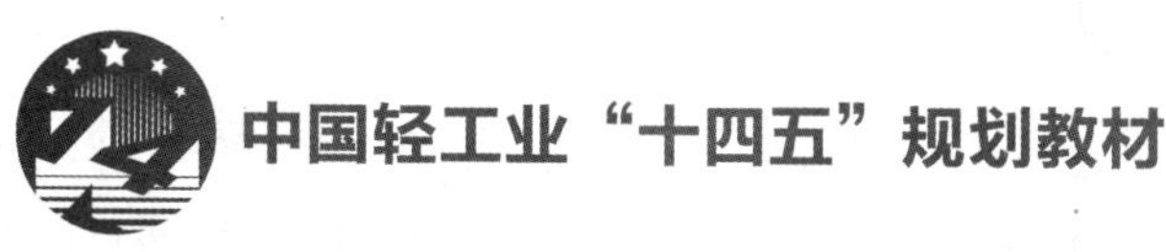

数据结构

Python语言描述

黄敏　陈锐　马军霞 / 编著

清华大学出版社
北京

内 容 简 介

本书全面系统地介绍数据结构的基础理论与算法设计方法，全书共8章，主要内容包括：线性表，栈和队列，串、数组和广义表，树和二叉树，图，查找及排序。本书精选数据结构考研试题和各类竞赛试题进行讲解，案例和习题丰富，突出数据结构的算法实现，采用Python语言实现了全部算法。本书内容编排符合当前高等学校数据结构课程的现状和发展趋势，以及本科培养目标和教育工程认证要求。本书配套资源丰富，提供了微课视频、源程序代码、PPT课件、教学大纲、考试样题及习题库以及上机实验等。

本书可作为高等学校计算机、软件工程等相关专业数据结构课程的教材，也可供计算机软件开发人员和准备参加相关专业研究生入学考试和软考的备考人员参考。

图书在版编目(CIP)数据

数据结构：Python语言描述/黄敏，陈锐，马军霞编著．—北京：清华大学出版社，2024.1
ISBN 978-7-302-65134-5

Ⅰ．①数…　Ⅱ．①黄…　②陈…　③马…　Ⅲ．①数据结构－高等学校－教材　②软件工具－程序设计－高等学校－教材　Ⅳ．①TP311.12　②TP311.561

中国国家版本馆CIP数据核字(2023)第244744号

责任编辑：张瑞庆　战晓雷
封面设计：刘　乾
责任校对：申晓焕
责任印制：刘海龙

出版发行：清华大学出版社
　　网　　址：https://www.tup.com.cn，https://www.wqxuetang.com
　　地　　址：北京清华大学学研大厦A座　　**邮　　编**：100084
　　社 总 机：010-83470000　　**邮　　购**：010-62786544
　　投稿与读者服务：010-62776969，c-service@tup.tsinghua.edu.cn
　　质量反馈：010-62772015，zhiliang@tup.tsinghua.edu.cn
　　课件下载：https://www.tup.com.cn，010-83470236
印 装 者：三河市铭诚印务有限公司
经　　销：全国新华书店
开　　本：185mm×260mm　　**印　　张**：21　　**字　　数**：514千字
版　　次：2024年1月第1版　　**印　　次**：2024年1月第1次印刷
定　　价：59.99元

产品编号：090673-01

前　言

数据结构是计算机、软件工程等相关专业一门非常重要的核心课程，是继续深入学习后续课程（如算法设计与分析、操作系统、编译原理、软件工程、机器学习等）的重要基础。随着计算机应用领域的不断发展和海量数据信息的持续增加，数据结构在系统软件设计和应用软件设计中的重要作用更加突出。因此，掌握扎实的数据结构基本知识和技能对于今后的专业学习和软件开发显得格外重要。数据结构作为计算机专业和软件工程专业的一门专业基础课程，对于初学者来说，许多专业术语较为抽象，不容易理解和掌握，本书采用通俗的语言进行讲解，针对每个知识点都给出案例和图表，便于读者真正理解和掌握。

随着大数据、人工智能技术的快速发展，作为学习人工智能、大数据技术的语言基础，Python 以其拥有强大的第三方工具库、开发速度快捷、擅长数据分析与处理等优势，被广泛地应用于人工智能、机器学习、大数据分析与处理等领域，受到越来越多的人青睐，目前已成为主流的开发语言之一以及数据分析与处理的首选工具。国内各高校均开设了 Python 程序设计课程，因此，本书采用 Python 作为描述语言，也为读者学习人工智能、机器学习、大数据分析与处理打下牢固的语言基础。

本书系统地介绍了数据结构中的线性结构、树结构、图结构及查找、排序技术，阐述了各种数据结构的逻辑关系，讨论了它们在计算机中的存储表示及其运算。本书潜移默化地融入思政元素，理论与实践并重，结合教学工作实际，除了对数据结构中的抽象概念和数据类型的基本运算进行详细讲解外，还通过丰富的图表和实例、完整的代码讲解算法的应用，帮助读者理解每种数据类型常见的基本操作及具体应用案例的算法思想，使其学会运用数据结构知识解决实际问题并能用算法实现。通过算法实现可以强化对算法的理解，因此，本书不仅精选了涵盖知识点丰富且具有代表性的案例，还挑选了一些历年考研试题作为习题，所有算法均采用 Python 给出完整的实现，以方便读者学习和理解，巩固所学知识。

本书共 8 章。

第 1 章为绪论。本章将向读者介绍数据结构的概念以及本书的学习目标、学习方法和学习内容，还介绍了本书对算法的描述方法。

第 2 章介绍线性表。首先讲解线性表的逻辑结构，然后介绍线性表的各种常用存储结构，在每节均给出了算法的具体应用。通过本章的学习，读者可以掌握顺序表和链表的基本操作及应用。

第 3 章介绍操作受限的线性表——栈和队列，内容包括栈的定义、栈的基本操作、栈与递归的转换、队列的概念以及顺序队列和链式队列的运算。

第4章介绍串、数组和广义表。串是另一种特殊的线性表,数组和队列可看作线性表的推广。本章首先介绍串的概念、串的各种存储表示以及串的模式匹配算法,然后介绍数组的概念、数组(矩阵)的存储结构及运算、特殊矩阵,最后介绍广义表的概念、表示与存储方式。

第5章介绍非线性数据结构——树和二叉树。首先介绍树和二叉树的概念,然后介绍树和二叉树的存储表示、二叉树的性质、二叉树的遍历和线索化、树和森林与二叉树的转换、并查集及哈夫曼树。

第6章介绍非线性数据结构——图。首先介绍图的概念和存储结构,然后介绍图的遍历、最小生成树、拓扑排序、关键路径及最短路径。

第7章介绍数据结构的常用技术——查找。首先介绍查找的概念,然后结合具体实例介绍静态查找、二叉排序树、平衡二叉树、红黑树、B树和B+树、哈希表,并给出了完整程序。

第8章介绍数据结构的常用技术——排序。首先介绍排序的相关概念,然后介绍各种排序技术,并给出了具体实现算法。

本书特点

本书教学内容紧紧围绕《高等学校计算机专业核心课程教学实施方案》和《计算机学科硕士研究生入学考试大纲》,涵盖两者要求的全部知识点。本书系作者多年教学实践经验的总结,主要特点如下:

(1) 结构清晰,内容全面。针对每个抽象的概念、知识点,配合类比和丰富的图表进行讲解。

(2) 例题典型、丰富。本书例题选取自考研试题和竞赛试题,给出了详细的分析和完整的算法实现。

(3) 理论与实践并重,突出实践。本书在讲解抽象概念和算法思想时,每个算法都给出了具体算法的Python实现,每章均提供了综合案例算法的详细讲解,以图文结合的形式给出具体的过程,最后给出完整算法实现。

相信在学完本书后,读者会在数据结构和算法方面有很大的收获。

参与本书编写的有郑州轻工业大学的黄敏、陈锐、马军霞、张志锋、张世征、谷培培、赵晓君。

配套教学资源

为了方便教师教学和学生学习,本书提供了全面、丰富的教学资源,配套教学资源包括以下内容:

(1) 微课视频。

(2) 源程序代码。

(3) PPT课件。

(4) 教学大纲。

(5) 考试样题及习题库。

(6) 上机实验。

超星学习通线上教学资源涵盖丰富的教学内容安排、每节课的教学目标、教学内容、学习文档、章节测验、丰富的题库资源。

致谢

感谢帮助本书问世的所有人，尤其是清华大学出版社的张瑞庆编审，她十分看重本书的应用价值，在她的努力下，本书才得以顺利出版，编者对此深怀感激。

耿国华老师在数据结构和算法领域有着很高的造诣，她在数据结构与算法方面给了我很大启发。

最后还要感谢郑州轻工业大学全体同仁在工作上的帮助及对我写作上的关心与支持。

在编写本书的过程中，编者参阅了大量相关教材、学术著作，个别案例也参考了网络资源，在此向各位作者致敬！

由于编写时间仓促，加上编者水平所限，书中难免存在不足之处，恳请读者指正。读者可通过 QQ 群(1059130240)与编者进行讨论交流。

编　者

2023 年 11 月

Python

目　录

第1章 绪论

数据结构是计算机科学与技术、软件工程及相关专业的核心课程之一，主要研究数据的各种逻辑结构和存储结构以及数据的各种操作，它是继续深入学习算法设计与分析、操作系统、编译原理、软件工程、人工智能等课程的重要基础。掌握数据结构的相关知识和常用算法，对计算机科学研究和软件开发至关重要，有利于提高软件开发效率和编码质量。

本章重难点：

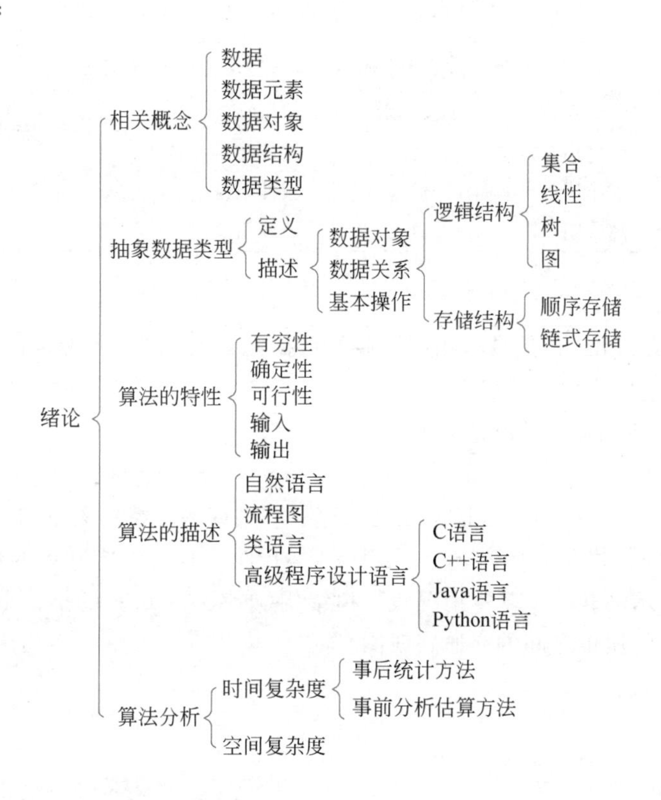

1.1 数据结构的相关概念

1966年，C. A. R. Hoare和N. Wirth提出数据结构的概念后，数据结构就作为一门独立的课程开始在大学中开设。大量关于程序设计理论的研究表明：要进行大型复杂软件的开发和研究，必须首先对这些软件中涉及的数据结构进行深入研究。本节主要介绍与数据结构有关的基本知识和概念。

1. 数据

数据(data)是能被计算机识别,能输入计算机且能被处理的符号集合。换言之,数据就是计算机化的信息。早期的计算机主要被应用于数值计算,当时数据量较小且结构简单,数据只包括整型、实型和布尔型。随着计算机技术的发展与应用领域的不断扩大,计算机的处理对象扩大到非数值数据,包括字符及声音、图像、视频等。例如,刘琳的身高是 173cm,其中,“刘琳”是对一个人姓名的描述数据,173cm 是关于身高的描述数据;又如,一张照片是图像数据,一部电影是视频数据。

2. 数据元素

数据元素(data element)是组成数据的有一定意义的基本单位,在计算机中通常作为整体考虑和处理。例如,一个数据元素可以由若干数据项组成,数据项是数据不可分割的最小单位。在如表 1-1 所示的教职工基本情况表中,数据元素包括工号、姓名、性别、所在院系、出生年月、职称 6 个数据项。这里的数据元素也称为记录。表 1-1 中第 1 条数据元素是(2013076,徐冬艳,女,软件学院,1982.10,副教授),由 6 个数据项组成。

表 1-1 教职工基本情况表

工 号	姓 名	性 别	所在院系	出生年月	职 称
2013076	徐冬艳	女	软件学院	1982.10	副教授
2018026	王小明	男	软件学院	1976.08	教 授
2019098	高 明	男	计算机学院	1988.09	讲 师

3. 数据对象

数据对象(data object)是具有相同性质的数据元素的集合,是数据的一个子集。例如,集合{1,2,3,…}是自然数的数据对象,{'A','B',…,'Z'}是英文字母的数据对象。可以看出,数据对象可以是有限的,也可以是无限的。

4. 数据结构

数据结构(data structure)是指相互之间存在一种或多种特定关系的数据元素的组织形式。计算机处理的数据并不是孤立的、杂乱无序的,而是具有一定联系的数据集合,包括表结构(如表 1-1 所示的教职工基本情况表)、树结构(如图 1-1 所示的学校组织结构图)、图结构(如图 1-2 所示的城市之间的交通路线图)等。

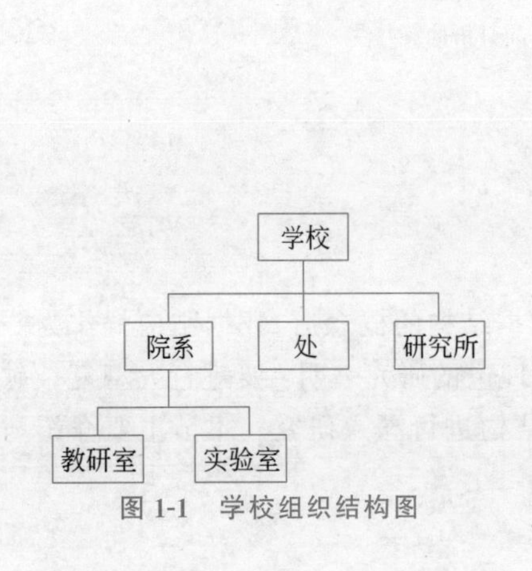

图 1-1 学校组织结构图

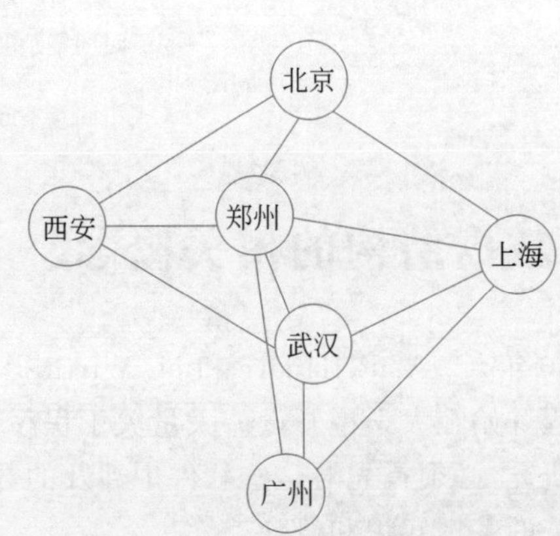

图 1-2 城市之间的交通路线图

5. 数据类型

数据类型(data type)用来刻画一组性质相同的数据及其上的操作。数据类型中定义了两个集合:数据类型的取值范围和该类型允许的一组运算。例如,在高级语言中,整型的取值范围是−32 768～32 767,允许的运算是加、减、乘、除、取模;字符类型对应的ASCII码取值范围是0～255,可进行赋值运算、比较运算等。

在Python中,按照数据的构造,数据类型可分为两类:内置对象和用户自定义对象。内置对象包括整型、实型、字符串、列表、元组等。用户自定义对象由类定义。例如,顺序队列的结构定义如下:

```
class Sequeue(object):                          #定义类:顺序队列
    def __init__(self):
        self.QueueSize=20                       #定义队列最大长度为20
        self.s=[None for x in range(0,self.QueueSize)]
        self.front=0                            #定义并初始化队头指针
        self.rear=0                             #定义并初始化队尾指针
```

原子类型是不可以再分解的基本类型,例如,C语言中的整型、实型、字符型等,Python中的整型、实型、字符串、列表、元组等。结构类型由若干类型组合而成,是可再分解的。

1.2 抽象数据类型

在数据处理过程中,需要把处理的对象抽象成计算机能理解的形式,即把数据信息符号转换成一定的数据类型,这就是抽象数据类型。

1.2.1 抽象数据类型的定义

抽象数据类型

抽象数据类型(Abstract Data Type,ADT)是对具有某种逻辑关系的数据类型的描述以及在该类型上进行的一组操作的定义。抽象数据类型描述的是一组逻辑上的特性,与数据在计算机内部表示无关。计算机中的整数数据类型是一个抽象数据类型,不同的处理器可能实现方法不同,但其逻辑特性相同,即加、减、乘、除等运算是一致的。

抽象数据类型通常是用户定义且用于表示应用问题的数据模型,通常由基本的数据类型组成,并包括一组相关服务操作。本书后面要介绍的线性表、栈、队列、串、树、图等结构就是一个个不同的抽象数据类型。以盖楼为例,直接用砖块、水泥、沙子作为建筑材料,不仅建造周期长,且建造高度规模受限。如果用符合规格的水泥预制板,不仅可以高速、安全地建造高楼,而且使高楼的接缝量大大减少,从而降低了建造高楼的复杂度。由此可见,抽象数据类型是大型软件构造的模块化方法,数据结构中的线性表、栈、队列、串、树、图等抽象数据类型就相当于设计大型软件的“水泥预制板”,用这些抽象数据类型就可以安全、快速、方便地设计功能复杂的大型软件。

抽象数据类型就是对象的数据模型,它定义了数据对象、数据对象之间的关系及对数据对象的操作。抽象数据类型通常是指用户定义的解决应用问题的数据模型,包括数据的定义和操作。例如,Python、C++、Java中的类就是一个抽象数据类型,它包括数据类型的定义和在数据类型上的一组操作。

抽象数据类型体现了程序设计中的问题分解、抽象和信息隐藏特性。抽象数据类型把实际生活中的问题分解为多个规模小且容易处理的问题,然后建立一个计算机能处理的数据模型,并把每个功能模块的实现细节作为一个独立的单元,从而使具体实现过程隐藏起来。这就类似于盖房子。可以把盖房子分成几个小任务,首先需要建筑师提供房子的设计图纸,然后需要建筑工人根据图纸打地基、盖房子,房子盖好以后还需要装修工人对内部进行装修,这与抽象数据类型中的问题分解类似。建筑师不需要知道打地基和盖房子的具体过程,装修工人不需要知道画图纸和盖房子的具体过程,这就相当于抽象数据类型中的信息隐藏。

1.2.2 抽象数据类型的描述

抽象数据类型描述了数据对象、数据关系及数据上的基本操作,一般采用三元组表示:

```
ADT(D,S,P)
```

这里,D 是数据对象集合,S 是 D 上的关系集合,P 是 D 的基本操作集合。

大多数教材使用如下形式描述抽象数据类型:

```
ADT 抽象数据类型名
{
    数据对象:<数据对象的定义>
    数据关系:<数据关系的定义>
    基本操作:<基本操作的定义>
}ADT 抽象数据类型名
```

其中,数据对象和数据关系的定义用伪代码描述,基本操作的定义格式如下:

```
基本操作名(参数表)
初始条件:
操作结果:
```

例如,集合 MySet 的抽象数据类型描述如下。

```
ADT MySet
{
    数据对象:{a_i|0≤a_i≤n-1, a_i∈R}。
    数据关系:无。
    基本操作:
    (1)InitSet (&S):初始化操作,建立一个空的集合 S。
    (2)SetEmpty(S):若集合 S 为空,返回 True;否则返回 False。
    (3)GetSetElem (S,i,&e):返回集合 S 中第 i 个位置的元素值给 e。
    (4)LocateElem (S,e):在集合 S 中查找与给定值 e 相等的元素,如果查找成功返回该元素
在表中的序号,否则返回 0。
    (5)InsertSet (&S,e):在集合 S 中插入新元素 e。
    (6)DelSet (&S,i,&e):删除集合 S 中第 i 个位置的元素,并用 e 返回其值。
    (7)SetLength(S):返回集合 S 中的元素个数。
    (8)ClearSet(&L):将集合 S 清空。
    (9)UnionSet(&S, T):合并集合 S 和 T,即将 T 中的元素插入到 S 中,相同的元素只保留
一个。
    (10)DiffSet(&S, T):求两个集合的差集,即删除 S 中与 T 中元素相同的元素。
    (11)DispSet(S):输出集合 S 中的元素。
}ADT MySet
```

其中,基本操作实现如下。

```
class MySet:                          #集合的类型定义
    def __init__(self):               #集合的初始化
        self.MAXSIZE=100
        self.list=[None] * self.MAXSIZE
        self.length=0
    def SetEmpty(self): #判断集合是否为空。若为空,则返回 True;否则返回 False
        if self.length<=0:
            return True
        else:
            return False
    def SetLength(self):              #返回集合中元素的个数
        return self.length
    def ClearSet(self):               #清空集合
        self.length=0
    def InsertSet(self, e):
    #在集合中插入元素 e
        if self.length>=self.MAXSIZE-1:
            raise IndexError
        else:
            self.list[self.length]=e
            self.length+=1
            return True
    def DelSet(self, pos):
    #删除集合中的第 pos 个元素
        if self.length<=0:
            raise IndexError
        else:
            for i in range(pos-1,self.length-1):
                self.list[i]=self.list[i+1]
            self.length-=1
            return True
    def GetSetElem(self,i):
    #获取集合中第 i 个元素赋给 e
        if self.length<=0:
            raise IndexError
        elif i<1 and i>self.length:
            raise IndexError
        else:
            e=self.list[i-1]
            return e
    def LocateElem(self,e):           #查找集合中元素值为 e 的元素,返回其序号
        for i in range(1,self.length+1):
            if self.list[i-1]==e:
                return i
        return 0
    def UnionSet(self,S,T):           #合并集合 S 和 T
        if S.length+T.length>=S.MAXSIZE:
            return -1
        else:
            for i in range(1,T.length+1):
                e=T.GetSetElem(i)
```

```
            if S.LocateElem(e)==0:
                S.InsertSet(e)
    def DiffSet(self,S,T):                    #求集合 S 和 T 的差集
        if S.length<=0:
            return False
        else:
            for i in range(1,T.length+1):
                e=T.GetSetElem(i)
                pos = S.LocateElem(e)
                if pos!=0:
                    S.DelSet(pos)
            return True
    def DispSet(self):                        #输出集合中的元素
        for i in range(1,self.length+1):
            print(self.list[i-1],end=' ')
        print()
```

本书采用表 1-2 的形式描述抽象数据类型。

表 1-2　集合的抽象数据类型描述

数据对象	D 是具有相同特性的数据元素的集合		
数据关系	无		
基本操作	算法名	函数名	算法说明
	InitSet(&S)	__init__(self)	初始条件：集合 S 不存在 操作结果：建立一个空的集合 S
	SetEmpty(S)	SetEmpty(self)	初始条件：集合 S 存在 操作结果：判断集合是否为空。若集合为空，则返回 True；否则返回 False
	SetLength(S)	SetLength(self)	初始条件：集合 S 存在 操作结果：返回集合 S 中元素的个数
	ClearSet(&L)	ClearSet(self)	初始条件：集合 S 存在 操作结果：清空 S
	InsertSet(&S,e)	InsertSet(self, e)	初始条件：集合 S 存在 操作结果：在集合 S 中插入新元素 e
	DelSet(&S,i,&e)	DelSet(self, pos)	初始条件：集合 S 存在 操作结果：删除集合 S 中的第 i 个位置的元素，并用 e 返回其值
	GetSetElem(S,i,&e)	GetSetElem(self,i)	初始条件：集合 S 存在 操作结果：返回集合 S 的第 i 个位置的元素值给 e
	LocateElem(S,e)	LocateElem(self,e)	初始条件：集合 S 存在 操作结果：在集合 S 中查找与给定值 e 相等的元素。如果查找成功，则返回其序号；否则返回 0
	UnionSet(&S, T)	UnionSet(self,S,T)	初始条件：集合 S 和 T 存在 操作结果：将 T 中的元素插入 S，相同的元素只保留一个

续表

	算法名	函数名	算 法 说 明
基本操作	DiffSet(&S, T)	DiffSet(self,S,T)	初始条件：集合 S 和 T 存在 操作结果：求两个集合的差集，即删除 S 中与 T 中元素相同的元素
	DispSet(S)	DispSet(self)	初始条件：集合 S 存在 操作结果：依次输出集合 S 中的元素

知识点　参数传递可以分为两种：一种是值传递；另一种是引用传递。前者仅仅将数值传递给形参，而不返回结果；后者把实参的地址传递给形参，实参和形参共用同一块内存区域，在被调用函数中修改形参的值其实就是修改实参的值，因此可将修改后的形参值返回给调用函数，从而实现返回多个参数值的目的。在算法描述时，如果参数前有 &，则表示引用传递；否则表示值传递。

1.3　数据的逻辑结构与存储结构

数据结构定义的主要任务就是分析数据对象的逻辑结构，然后把逻辑结构表示成计算机可实现的物理结构，从而方便计算机处理。

1.3.1　逻辑结构

数据的逻辑结构是指数据对象中数据元素之间的关系。数据元素之间存在不同的逻辑关系，构成了以下 4 种结构：

(1) 集合。该结构中的数据元素除了同属于一个集合外没有其他关系。例如，在正整数集合{1,2,3,5,6,9}中，数据元素除了都属于正整数外不存在其他关系。集合的表示如图 1-3 所示。

(2) 线性结构。该结构中的数据元素之间是一对一的关系，数据元素之间存在先后次序。例如，正在火车站排队取票的乘客就是一个线性结构，A、B、C 分别是排队的 3 名乘客，其中，A 排在 B 的前面，B 排在 A 的后面。线性结构的表示如图 1-4 所示。

图 1-3　集合的表示　　图 1-4　线性结构的表示

(3) 树结构。该结构中的数据元素之间存在一对多的层次关系。例如，在学校内部的组织结构中，学校下面是教学院系、行政处室及一些研究所。树结构的表示如图 1-5 所示。

(4) 图结构。该结构中的数据元素之间是多对多的关系。城市之间的交通路线图就是多对多的关系。例如，A、B、C、D 是 4 个城市，城市 A 和城市 B、C、D 都存在一条直达路线，而城市 B 和城市 A、C、D 之间也各存在一条路线。图结构的表示如图 1-6 所示。

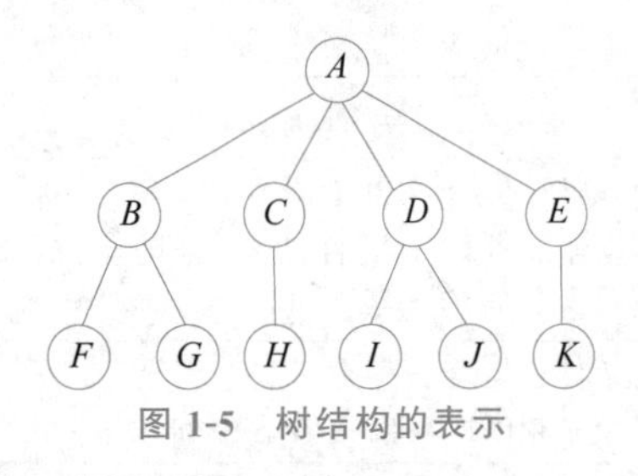

图 1-5　树结构的表示

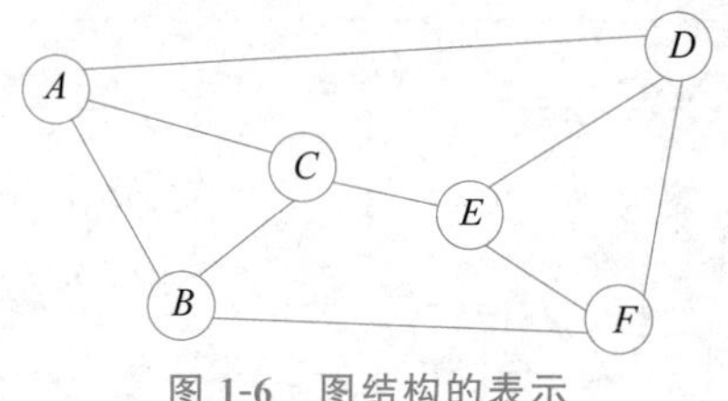

图 1-6　图结构的表示

1.3.2　存储结构

存储结构也称为物理结构,指的是数据的逻辑结构在计算机中的存储形式。数据的存储结构应能正确反映数据元素之间的逻辑关系。

数据元素的存储结构有两种:顺序存储结构和链式存储结构。顺序存储是把数据元素存放在一系列地址连续的存储单元里,其数据间的逻辑关系和物理关系是一致的。顺序存储结构如图 1-7 所示。链式存储是把数据元素存放在任意的存储单元里,这组存储单元可以是连续的,也可以是不连续的,数据元素的存储关系并不能反映其逻辑关系,因此需要用一个指针存放下一个数据元素的地址,这样通过地址就可以找到相邻数据元素的位置。链式存储结构如图 1-8 所示。

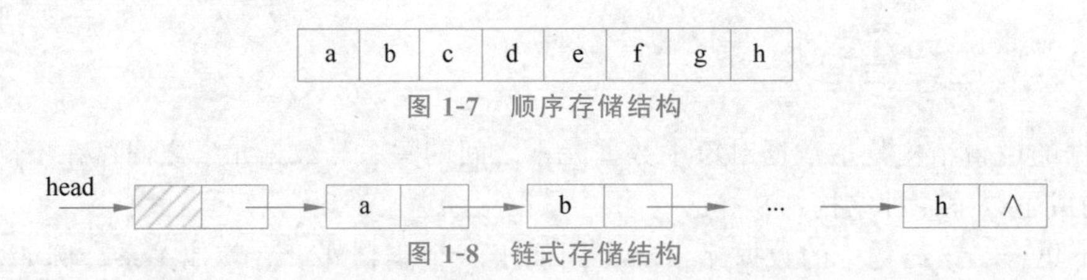

图 1-7　顺序存储结构

图 1-8　链式存储结构

数据的逻辑结构和物理结构是数据对象的逻辑表示和物理表示,要对数据的逻辑结构和物理结构进行处理,就需要建立计算机可以运行的程序集合。

如何描述存储结构呢? 通常是借助 Python/C/C++ /Java 等高级程序设计语言中提供的数据类型进行描述。例如,对于数据结构中的顺序表,可以用 Python 中的列表进行描述;对于链表,可以用 Python 中的类进行描述,通过引用类型记录元素之间的逻辑关系。

1.4　算法的特性与算法的描述

在数据类型建立起来之后,就要对这些数据类型进行操作,建立运算的集合,即程序。运算的好坏直接决定着计算机程序运行效率的高低。如何建立一个比较好的运算集合,就是算法要研究的问题。

1.4.1　算法的定义

算法(algorithm)是对解决特定问题的步骤的描述,在计算机中表现为有限的操作序列。操作序列包括一组操作,每个操作都完成特定的功能。例如,求 n 个数中最大值的问题，其算法描述如下。

（1）定义一个列表对象 a 并赋值，用列表中第一个元素初始化 max，即初始时假定第一个数最大。

```
a=[30,50,10,22,67,90,82,16]
max=a[0]
```

（2）依次把列表 a 中其余的 $n-1$ 个数与 max 进行比较，遇到较大的数时，将其赋给 max。

```
for i in range(len(a)):                        #for 循环处理
    if max<a[i]:                               #判断是否满足 max 小于 a[i]
        max=a[i]                               #如果满足条件，将 a[i]赋给 max
print("max=:",max)
```

最后，max 中的数就是 n 个数中的最大值。

1.4.2　算法的特性

算法具有以下 5 个特性。

（1）有穷性。指算法在执行有限的步骤之后自动结束，而不会出现无限循环，并且每一个步骤在可接受的时间内完成。

（2）确定性。算法的每一个步骤都具有确定的含义，不会出现二义性。算法在一定条件下只有一条执行路径，也就是相同的输入只能有相同的输出结果，而不会出现输出结果的不确定性。

（3）可行性。算法的每一个步骤都必须是可行的，也就是说，每一个步骤都能够通过执行有限次数完成。

（4）输入。算法具有零个或多个输入。

（5）输出。算法至少有一个或多个输出。输出的形式可以是打印输出，也可以是返回一个或多个值。

1.4.3　算法的描述

算法的描述是多种多样的，本节通过一个例子介绍算法的各种描述。

设计一个算法求两个正整数 m 和 n 的最大公约数。

利用自然语言描述最大公约数的算法如下：

（1）输入正整数 m 和 n。

（2）m 除以 n，将余数送入中间变量 r，并将 n 的值赋给 m，将 r 的值赋给 n。

（3）判断 r 是否为 0。如果为 0，则 m 即为所求最大公约数，输出最大公约数，算法结束；否则，返回步骤（2）。

上述算法采用自然语言描述不具有直观性和良好的可读性。采用程序流程图描述比较直观，可读性好，但是不能直接转化为计算机程序，移植性不好。求最大公约数算法的程序流程图如图 1-9

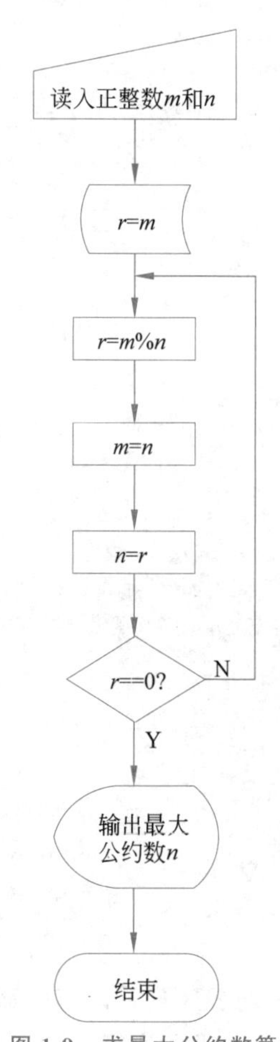

图 1-9　求最大公约数算法的程序流程图

所示。

对于求最大公约数问题,采用类 C 语言、C 语言和 Python 语言描述的算法如下。

类 C 语言描述如下:

```
void dcf()
/*求最大公约数*/
{
    scanf(m,n);                                    /*输入两个正整数*/
    do{
        r=m%n;                                     /*r表示两个数的余数*/
        m=n;
        n=r;
    }while(r);
    printf(n);                                     /*输出最大公约数*/
}
```

C 语言描述如下:

```
void dcf()
/*求最大公约数*/
{
    int m,n,r;
    printf("请输入两个正整数 m 和 n:\n");
    scanf("%d,%d",&m,&n);
    printf("dcf(%d,%d)=",m,n);
    do{                                            /*使用辗转相除法求最大公约数*/
        r=m%n;                                     /*r存放两个数的余数*/
        m=n;
        n=r;
    }while(r);
    printf("%d\n",n);                              /*输出最大公约数*/
}
```

Python 描述如下:

```
def dcf():
#求最大公约数
    m,n=map(int,input('请输入两个正整数 m 和 n:').split())
    print('dcf(%d,%d)='%(m,n),end='')
    r=m
    while True:                                    #使用辗转相除法求解最大公约数
        r=m%n                                      #r存放两个数的余数
        m=n
        n=r
        if r==0:
            break
    print('%d'%n)                                  #输出最大公约数
```

可以看出,类语言的描述除了没有变量的定义以及输入和输出语句的写法比较简略之外,与程序设计语言的描述差别不大,类语言的描述可以直接转换为计算机程序。

本书所有算法均采用 Python 描述,所有程序均可直接上机运行。

1.5　算法分析

一个好的算法往往会带来程序运行效率高的好处，算法效率和存储空间需求是衡量算法优劣的重要依据。算法的效率要通过算法编制的程序在计算机上的运行时间衡量，存储空间需求要通过算法在执行过程中所占用的最大存储空间衡量。

1.5.1　算法设计的要求

一个好的算法应该符合以下 4 个要求。

1. 算法的正确性

算法的正确性是指算法至少应该是输入、输出和加工处理无歧义性，并能正确反映问题的需求，能够得到问题的正确答案。通常算法的正确性应包括以下 4 个层次：

(1) 算法所设计的程序没有语法错误。

(2) 算法所设计的程序对于几组输入数据能够得到满足要求的结果。

(3) 算法所设计的程序对于特殊的输入数据能够得到满足要求的结果。

(4) 算法所设计的程序对于一切合法的输入都能得到满足要求的结果。

对于这 4 层算法正确性的含义，(4)是最难以达到的。一般情况下，把(3)作为衡量一个程序是否正确的标准。

2. 可读性

算法的设计目的首先是供人们阅读和交流，其次才是供计算机执行。可读性好有助于人们对算法的理解，晦涩难懂的算法往往隐含错误不易被发现，并且调试和修改困难。

3. 健壮性

当输入数据不合法时，算法也能作出相关处理，而不是产生异常或莫名其妙的结果。例如，计算一个三角形面积的算法，正确的输入应该是三角形的 3 条边的边长，如果输入字符类型数据，不应该继续计算，而应该报告输入错误，给出提示信息。

4. 高效率和低存储需求

对于同一个问题，如果有多个算法能够解决，执行时间短的算法效率高，执行时间长的算法效率低。存储空间需求指的是算法在执行过程中需要的最大存储空间。设计算法应尽量选择高效率和低存储空间需求的算法。

1.5.2　算法时间复杂度

算法分析的目的是评估其是否具有可行性，并尽可能选择运行效率高的算法。

1. 算法时间性能分析方法

衡量一个算法在计算机上的执行时间通常有以下两种方法。

1) 事后统计方法

事后统计方法主要是通过设计好的测试程序和数据，利用计算机的计时器对不同算法编制好的程序统计各自的运行时间，从而比较算法效率。但是，这种方法有 3 个缺陷：一是必须依据算法事先编制好程序，这通常需要花费大量的时间与精力；二是时间的比较依赖计算机硬件和软件等环境因素,有时会掩盖算法本身的优劣;三是算法的测试数据设计困难,并且程序的运行时间往往还与测试数据的规模有很大的关系,效率高的算法在小规模的测试数据上往往得不到体现。

2) 事前分析估算方法

事前分析估算方法是在计算机程序编制前对算法依据数学中的统计方法进行估算。这主要是因为算法的程序在计算机上的运行时间取决于以下因素:

(1) 算法采用的策略、方法。

(2) 编译产生的代码质量。

(3) 问题的规模。

(4) 采用的程序设计语言。对于同一个算法,采用的语言级别越高,执行效率越低。

(5) 机器执行指令的速度。

在以上5个因素中,算法采用不同的策略、不同的编译系统、不同的语言实现以及在不同的机器上运行时,效率都不相同。抛开以上因素,仅考虑算法本身,可以认为一个算法的效率仅依赖于问题的规模。因此,通常采用事前分析估算方法衡量算法的效率。

2. 问题规模和语句频度

抛开硬件因素,问题规模和算法的策略成为影响算法效率的主要因素。问题规模是算法求解问题输入量的多少,是问题大小的表示,一般用整数 n 表示。对不同的问题,问题规模 n 有不同的含义。例如,对于矩阵运算,n 为矩阵的阶数;对于多项式运算,n 为多项式的项数;对于图的有关运算,n 为图中顶点个数。显然,对于同一个问题,n 取值越大,算法的执行时间会越长。

算法的时间分析度量标准不是执行实际算法的具体运行时间,而是算法中所有语句的执行时间总和。一个算法由控制结构(顺序、分支和循环结构)和基本语句(赋值语句、声明语句和输入输出语句)构成,则算法的运行时间取决于两者执行时间的总和。一条语句的执行时间等于该条语句的重复执行次数和执行一次语句所需时间的乘积,其中一条语句的重复执行次数称为语句频度(frequency count)。而语句执行一次所需时间与机器的配置、编译程序质量等密切相关,算法分析并非精确计算算法的实际执行时间,而是对算法的语句执行次数进行估计。对于问题规模为 n 的语句,其语句频度可表示为 $f(n)$,也就是说,算法的执行时间与 $f(n)$成正比。

例如,两个 $n\times n$ 矩阵相乘的算法和语句的频度如下。

```
for i in range(n):                                      //n
    for j in range(n):                                  //n²
        a[i][j]=0                                       //n²
        for k in range(n):                              //n³
            a[i][j]=a[i][j]+a[i][k] * a[k][j]           //n³
```

每一语句的注释给出了对应语句的频度,即语句的执行次数。上面算法总的执行次数为 $f(n)=n+n^2+n^2+n^3+n^3=2n^3+2n^2+n$。

3. 算法时间复杂度定义

对于较为复杂的算法来说,语句的频度难以直接表示,或者语句的频度虽可用数学公式表示出来,但可能是一个非常复杂的函数。因此,为了客观反映一个算法的执行时间,通常仅以算法中的基本操作语句重复执行的频度作为度量标准，所谓基本操作语句是指算法中重复执行次数和算法的执行时间成正比的语句，它是对算法执行时间贡献最大的语句。对于上面两个矩阵相乘的算法，当 n 趋向于无穷大时，有

$$\lim_{n\to\infty} f(n)/n^3 = \lim_{n\to\infty}(2n^3 + 2n^2 + n)/n^3 = 2$$

当 n 充分大时，$f(n)$ 与 n^3 的比是一个不为零的常数，即 $f(n)$ 与 n^3 是同阶的，两者处于同一数量级(order of magnitude)。这里，用 O 表示数量级。可记作 $T(n)=O(f(n))=O(n^3)$。由此可得算法时间复杂度定义如下：

算法的时间复杂度(time complexity)，即算法的时间量度，就是算法中基本操作语句(对算法执行时间贡献最大的语句)执行的次数是问题规模 n 的某个函数 $f(n)$，记作

$$T(n) = O(f(n))$$

它表示随问题规模 n 的增大，算法的执行时间的增长率和 $f(n)$ 的增长率相同，称作算法的渐进时间复杂度，简称为时间复杂度。实际上，算法的时间复杂度分析是一种时间增长趋势分析。

上述公式的含义是为 $T(n)$ 找到一个上界，$T(n)=O(f(n))$ 是指存在着正常量 c 和一个足够大的正整数 n_0，使得 $n \geqslant n_0$，有 $0 \leqslant T(n) \leqslant cf(n)$。$T(n)$ 的上界可能有多个，通常只保留最高阶，忽略其余低阶和常系数。例如，$f(n)= 2n^3+2n^2+n$，则 $T(n)=O(n^3)$。

一般情况下，随着 n 的增大，$T(n)$ 增长最慢的算法为最优算法。例如，在下列 3 个程序段中，给出基本操作 x=x+1 的时间复杂度分析。

```
//程序段 1
x=x+1
//程序段 2
for i in range(1,n+1):
    x=x+1
//程序段 3
for i in range(1,n+1):
    for j in range(1,n+1):
        x=x+1
```

程序段 1 的时间复杂度为 $O(1)$，称为常量阶；程序段 2 的时间复杂度为 $O(n)$，称为线性阶；程序段 3 的时间复杂度为 $O(n^2)$，称为二次方阶。此外，算法常见的时间复杂度还有对数阶 $O(\log_2 n)$、指数阶 $O(2^n)$、阶乘阶 $O(n!)$ 等。常见的时间复杂度所耗费的时间从小到大依次是 $O(1)<O(\log_2 n)<O(n)<O(n^2)<O(n^3)<O(2^n)<O(n!)$。

算法的时间复杂度是衡量算法好坏的重要指标。一般情况下，具有指数阶的时间复杂度的算法只有当 n 足够小时才是可用的算法。具有常量阶、线性阶、对数阶、二次方阶和三次方阶的时间复杂度的算法是常用的算法。常见的时间复杂度的语句频度如表 1-3 所示。

表 1-3　常见的时间复杂度的语句频度

n	语句频度					
	n	$n\log_2 n$	n^2	n^3	2^n	$n!$
1	1	0	1	1	2	1
2	2	2	4	8	4	2

续表

n	语句频度					
	n	$n\log_2 n$	n^2	n^3	2^n	$n!$
3	3	4.76	9	27	8	6
4	4	8	16	64	16	24
5	5	11.61	25	125	32	120
6	6	15.51	36	216	64	720
7	7	19.65	49	343	128	5040
8	8	24	64	512	256	40 320
9	9	28.53	81	729	512	362 880
10	10	33.22	100	1000	1024	3 628 800

常见函数的曲线如图 1-10 所示。

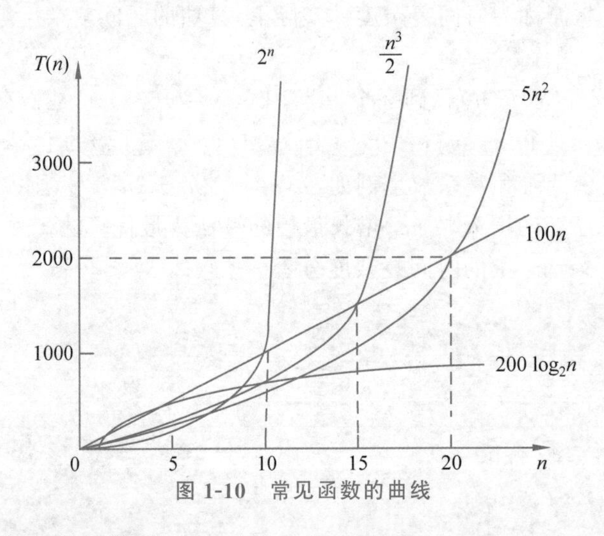

图 1-10　常见函数的曲线

4. 算法时间复杂度分析举例

算法分析

一般情况下,算法的时间复杂度分析只需要考虑算法中的基本操作,即算法中最深层循环体内的操作。

【例 1-1】　分析以下算法的时间复杂度。

```
for i in range(1,n):
    for j in range(1,i):
        x=x+1                                   #基本操作
        a[i][j]=x                               #基本操作
```

该程序段中的基本操作是第二层 for 循环中的语句,即 x++和 a[i][j]=x,其语句频度为$(n-1)(n-2)/2$。因此,其时间复杂度为$O(n^2)$。

【例 1-2】　分析以下算法的时间复杂度。

```
def Fun():
    i=1
    while i<=n:
        i=i * 2                                 #基本操作
```

函数 Fun()的基本操作是 i=i*2,设执行次数为 $f(n)$,则 $2^{f(n)} \leqslant n$,$f(n) \leqslant \log_2 n$,因此时间复杂度为 $O(\log_2 n)$。

【例 1-3】 分析以下算法的时间复杂度。

```
def Func():
    i=0
    s=0
    while s<n:
        i=i+1                                        #基本操作
        s+=i                                         #基本操作
```

该算法中的基本操作是 while 循环中的语句,设 while 循环次数为 $f(n)$,则变量 i 从 0 到 $f(n)$,因此执行次数为 $f(n)(f(n)+1)/2 \leqslant n$,则 $f(n) \leqslant \sqrt{8n}$,故时间复杂度为 $O(\sqrt{n})$。

【例 1-4】 一个算法所需时间由以下递归方程表示,分析该算法的时间复杂度。

$$T(n)=\begin{cases}1, & n=1 \\ 2T(n-1)+1, & n>1\end{cases}$$

根据以上递归方程,可得

$$\begin{aligned}T(n) &= 2T(n-1)+1 \\ &= 2(2T(n-2)+1)+1 \\ &= 2^2 T(n-2)+2+1 \\ &= 2^2(2T(n-3)+1)+2+1 \\ &\cdots \\ &= 2^{k-1}(2T(n-k)+1)+2^{k-2}+\cdots+2+1 \\ &\cdots \\ &= 2^n-1\end{aligned}$$

因此,该算法的时间复杂度为 $O(2^n)$。

在某些情况下,算法的基本操作的重复执行次数不仅依赖于输入数据集的规模,还依赖于数据集的初始状态。例如,在以下的冒泡排序算法中,其基本操作执行次数还取决于数据元素的初始排列状态:

```
def Bubble(a,n):
    change=True
    for i in range(1,n):
        if change:
            change=False
            for j in range(1,n-i+1):
                if a[j]>a[j+1]:
                    t=a[j]
                    a[j]=a[j+1]
                    a[j+1]=t
                    change=True
```

基本操作是交换相邻数组中的整数部分。当数组 a 中的初始序列从小到大有序排列时,基本操作的执行次数为 0;当数组中初始序列从大到小排列时,基本操作的执行次数为 $n(n-1)/2$。对这类算法的分析,一种方法是计算所有情况的平均值,称为平均时间复杂度。另外一种方法是计算最坏情况下的时间复杂度,称为最坏时间复杂度。上述冒泡排序时的平均时间复杂度和最坏时间复杂度均为 $T(n)=O(n^2)$。一般情况下，在没有特殊说明的情况下，算法的时间复杂度都指的是最坏时间复杂度。

1.5.3 算法空间复杂度

算法的空间复杂度通过计算算法所需的存储空间衡量。算法空间复杂度记作

$$S(n)=O(f(n))$$

其中，n 为问题的规模，$f(n)$为语句关于 n 所占存储空间的函数。一般情况下，一个程序在机器上执行时，除了需要存储程序本身的指令、常数、变量和输入数据外，在对数据进行操作的过程中还需要辅助存储空间。若输入数据所占存储空间只取决于问题本身，和算法无关，则只需要分析该算法在实现时所需的辅助存储空间即可。若算法执行时所需的辅助存储空间相对于输入数据量而言是一个常数，则称此算法为原地工作，其空间复杂度为 $O(1)$。

【例 1-5】 以下是一个插入排序算法，分析该算法的空间复杂度。

```
for i in range(n-1):
    t=a[i+1]
    j=i
    while j>=0 and t<a[j]:
        a[j+1]=a[j]
        j=j-1
    a[j+1]=t
```

该算法借助了变量 t，与问题规模 n 的大小无关，空间复杂度为 $O(1)$。

【例 1-6】 以下算法用于求 n 个数中的最大者，分析算法的空间复杂度。

```
def FindMax(a, n):
    if n<=1:
        return a[0]
    else:
        m=FindMax(a,n-1)
        return a[n-1] if a[n-1]>=m else m
```

设 FindMax(a,n)占用的临时空间表示为 $S(n)$，可得到该算法占用临时空间的递推式：

$$S(n)=\begin{cases}1, & n=1\\ S(n-1)+1, & n>1\end{cases}$$

则有 $S(n)=S(n-1)+1=S(n-2)+1+1=\cdots=S(1)+1+1+\cdots+1=O(n)$。因此，该算法的空间复杂度为 $O(n)$。

【想一想】 如何理解软件开发过程中对算法时间复杂度和空间复杂度的要求？

1.6 关于数据结构课程的地位及学习方法

数据结构是计算机理论与技术的重要基石，是计算机专业的核心课程。数据结构作为一门独立课程在国外是从 1968 年才开始设立的。在这之前，它的某些内容曾在其他课程(如表处理语言)中有所阐述。1968 年，在美国一些大学计算机系的教学计划中，虽然把数据结构规定为一门课程，但对该课程的范围仍没有明确规定。当时，数据结构几乎与图论(特别是表、树

理论)为同义词。随后,数据结构这个概念被扩充到包括网络、集合代数、格、关系等方面,从而变成了现在称为离散数学的内容。然而,由于数据必须在计算机中处理,因此,不仅要考虑数据本身的数学性质,而且必须考虑数据的存储结构,这就进一步扩大了数据结构课程的内容。近年来,随着数据库系统的不断发展,在数据结构课程中又增加了文件管理的内容。

1968年,美国的Donald E. Knuth开创了数据结构的最初体系,他所著的《基本算法》(《计算机程序设计艺术》第一卷)是第一部较系统地阐述数据的逻辑结构和存储结构及其操作的著作。从20世纪60年代末到70年代初,出现了大型程序,软件也相对独立,结构化程序设计成为程序设计方法学的主要内容,人们也越来越重视数据结构,认为程序设计的实质是对确定的问题选择一种好的数据结构,再加上设计一种好的算法。从20世纪70年代中期到80年代初,讨论数据结构的著作相继出现。

在计算机发展初期,人们使用计算机的目的主要是解决数值计算问题,涉及的运算对象主要是整型、实型和布尔型数据。随着计算机应用领域的不断扩展,非数值计算成了计算机应用领域处理的主要对象,简单的数据类型已不能满足需要。这类问题涉及的数据结构更为复杂,数据元素之间的关系一般无法用数学方程表示,因此,解决这类问题的关键不再是数学分析与计算方法,而是设计合适的数据结构。因此,**数据结构是一门研究非数值计算程序设计问题中的数据对象、数据对象之间关系及相关运算的课程。**

目前,数据结构在我国不仅是计算机相关专业的核心课程之一,还是非计算机专业的主要选修课程之一。数据结构课程在计算机科学中是一门综合性的专业基础课。数据结构不仅涉及计算机硬件的研究范围,并且与计算机软件的研究有着更为密切的关系,数据结构课程还是操作系统、数据库原理、编译原理、人工智能、算法设计与分析等课程的基础。数据结构的教学目标是培养学生学会分析数据对象的特征,掌握数据的组织方法和计算机表示方法,以便为应用所涉及的数据选择适当的逻辑结构、存储结构和算法,掌握算法的时间、空间分析技巧,提高分析和解决复杂问题的能力,为计算机专业其他课程的学习打下良好的基础,培养学生良好的计算机科学素养。

数据结构课程的学习是一个把实际问题抽象化和进行复杂程序设计的工程。它要求学生在具备Python、C、Java语言等高级程序设计语言的基础上,能够把复杂问题抽象成计算机能够解决的离散的数学模型。这需要学生在学习数据结构的过程中,既要强化抽象思维和数据抽象能力,还要不断提高程序设计水平,同时要养成良好的编程风格。这就要求学生平时要多上机实践、多思考、多调试程序,通过上机实践理解抽象的概念、理论,并将其与实际问题结合,在单步调试的过程中理解算法执行过程,这样才能真正掌握数据结构的知识。

本书中的算法均采用Python描述,所有程序都已在PyCharm环境下调试通过。

计算机科学家简介

Donald E. Knuth(图1-11)于1938年12月7日在美国威斯康星州出生。Knuth的一生充满了传奇。1956年,Knuth以优异的成绩进入凯斯理工学院学习物理。他在1957年暑假接触到当时很先进的IBM 650计算机,由此对计算机产生了浓厚的兴趣。他在1958年改学数学,并从此与计算机结缘。由于成绩极为出色,1960年,Knuth被破例同时授予学士和硕士学位。1963年,他获得加州理工学院博士学位,1964—1967年,他兼任美国计算机协会刊物《程序设计语言》编辑。1968年,Knuth任斯坦福大学计算机科学系教授。Knuth在博士毕业前一年就由于设计编译器而享誉计算机界,著名的Addison Wesley出版社与他

图 1-11　Donald E. Knuth

约稿,请他写一本关于程序设计与编译器的书,Knuth 把这件事做到极致。正是这个机遇和 Knuth 的执着造就了后来的经典巨著和今天的数据结构课程体系。1968 年,《计算机程序设计艺术》(*The Art of Computer Programming*)第一卷《基本算法》出版。第二卷、第三卷、第四卷分别于 1969 年、1973 年、2011 年出版。《计算机程序设计艺术》一书与牛顿的《自然哲学的数学原理》等书一起被评为"世界历史上最伟大的十种科学著作"之一。比尔·盖茨曾花了几个月时间读完了该书第一卷,并做了大量练习。他说:"如果你能读懂整套书,请给我发一份你的简历。"1974 年,Knuth 因在算法分析和编程语言设计方面的突出贡献荣获美国计算机协会图灵奖。他于 1975 年当选为美国国家科学院院士,1981 年当选为美国工程院院士。

Knuth 还发明了排版软件 TeX 和文字处理系统 METAFONT。他一生获得了很多荣誉,如国际电子电气工程师协会计算机学会麦可道尔奖、美国数学学会斯蒂尔奖、纽约科学研究会奖、京都先进技术奖、瑞典皇家科学院克努特奖等。2001 年,国际天文学联合会把两年前发现的第 21656 号小行星命名为 Knuth。1982 年,Knuth 在访问中国期间,图灵奖获得者姚期智的夫人姚储枫女士给他起了个中文名字:高德纳。

Guido van Rossum(图 1-12)是 Python 编程语言的发明者。他于 1956 年出生于荷兰,1982 年获得阿姆斯特丹大学数学与计算机科学硕士学位。1982—1995 年,他在荷兰数学和计算机科学研究学会担任程序员,主要从事 ABC 语言、Amoeba 分布式操作系统和各种多媒体项目的开发工作。其间,他发明了被广泛使用的 Python 语言。

图 1-12　Guido van Rossum

1995—1998 年,他成为美国国家标准与技术研究院(NIST)的客座研究员。1998—2000 年,他为美国国家研究创新联合会工作,其间主要研究使用解释型语言的分布式系统中的移动代理,大部分工作使用了他自己发明的 Python 语言。此后数年,他相继为 BeOpen.com、Zope 和 Elemental Security 等数家创业公司工作。

2005—2012 年,他加入谷歌公司。2013—2019 年,他加入 Dropbox 公司,成为首席工程师,致力于将 500 多万行服务器端代码从 Python 2 迁移至 Python 3。2019 年 10 月,他从 Dropbox 公司离职,开始了他的退休生活。

知识拓展

在软件开发过程中,特别是在算法实现时,首先应保证算法的正确性,其次应保证算法的高效性。这些都考验开发者对算法思想的理解和对编程技术的掌握情况。往往一个小小的细节就会成为决定算法是否正确的关键,而找出其中的错误除了要求开发者熟悉算法思想外,还要求精通 Python 及调试技术。在学习数据结构的过程中,更要以在各行各业做出卓越贡献的先进人物为榜样,学习他们精益求精、追求卓越的工匠精神和报国热情。导弹之父钱学森,两弹元勋邓稼先、钱三强、赵九章、孙家栋等,计算机汉字激光照排技术提出者王选,青蒿素治疗人类疟疾发明者屠呦呦,王码五笔发明者王永民,华为公司创始人任正非,比亚迪公司创始人王传福……正是他们在工作中一丝不苟、精益求精,始终坚持科学真理与创新精神,才实现了我国科学技术日新月异的飞速发展。

在学习数据结构时,一是要学习利用数据结构知识进行抽象建模的方法,二是要掌握算法设计思想,三是要用 Python/C/C++/Java 实现算法,在算法实现过程中理解算法、熟悉调试技术,反复练习,才能百炼成钢。科学的精神不是猜测、盲从、迷信、揣摩,而是通过真真实实的实践,去研究和验证,从而得到相应的客观结果模型的好坏,协同产业界去实践相关的理念和模型。

习题

一、单项选择题

1. 数据结构研究(　　)。

A. 数据的逻辑结构

B. 数据的存储结构

C. 数据的逻辑结构和存储结构

D. 数据的逻辑结构、存储结构及其基本操作

2. 算法分析的两个主要方面是(　　)。

A. 空间复杂度和时间复杂度　　B. 正确性和简单性

C. 可读性和文档性　　D. 数据复杂性和程序复杂性

3. 线性的数据结构是(　　)。

A. 图　　B. 树　　C. 广义表　　D. 栈

4. 计算机中的算法指的是解决某一问题的有限运算序列,它必须具备输入、输出、(　　)等 5 个特性。

A. 可行性、可移植性和可扩充性　　B. 可行性、有穷性和确定性

C. 确定性、有穷性和稳定性　　D. 易读性、稳定性和确定性

5. 下面的程序段的时间复杂度为(　　)。

```
for i in range(m):
    for j in range(n):
        a[i][j]=i*j
```

A. $O(m^2)$　　B. $O(n^2)$　　C. $O(mn)$　　D. $O(m+n)$

6. 算法是(　　)。

A. 计算机程序　　B. 解决问题的计算方法

C. 排序方法　　D. 解决问题的有限运算序列

7. 某算法的语句执行频度为 $3n+n\log_2 n+n^2+8$,其时间复杂度表示为(　　)。

A. $O(n)$　　B. $O(n\log_2 n)$　　C. $O(n^2)$　　D. $O(\log_2 n)$

8. 求整数 $n(n\geqslant 0)$阶乘的算法如下:

```
def fact( n):
    if n<=1:
        return 1
```

```
    else:
        return n * fact(n-1)
```

某时间复杂度为(　　)。

A. $O(\log_2 n)$　　B. $O(n)$　　C. $O(n\ \log_2 n)$　　D. $O(n^2)$

9. 下面的程序段的时间复杂度为(　　)。

```
i=1
while i<=n:
    i=i * 3
```

A. $O(n)$　　B. $O(3n)$　　C. $O(\log_3 n)$　　D. $O(n^3)$

10. 数据结构是一门研究非数值计算的程序设计问题中计算机的数据元素以及它们之间的(　　)和运算等的学科。

A. 结构　　B. 关系　　C. 运算　　D. 算法

11. 下面的程序段的时间复杂度为(　　)。

```
i=0
s=0
while s<n:
    i=i+1
    s+=i
```

A. $O(\sqrt{n})$　　B. $O(n^2)$　　C. $O(\log_2 n)$　　D. $O(n)$

12. 通常从正确性、易读性、健壮性、高效性4方面评价算法的质量。以下解释中错误的是(　　)。

A. 正确性是指算法应能正确地实现预定的功能

B. 易读性是指算法应易于阅读和理解,以便调试、修改和扩充

C. 健壮性是指当环境发生变化时,算法能适当地做出反应或进行处理,不会产生不需要的运行结果

D. 高效性是指算法应达到所需要的时间性能

13. 下列函数中渐进时间复杂度最小的是(　　)。

A. $T(n)=\log_2 n+5000n$　　B. $T(n)=2n\ \log_2 n-1000n$

C. $T(n)=n^2-8000n$　　D. $T(n)=n^3+5000n$

二、算法分析题

1. 一个算法所需时间由下面的递归方程表示,试求出该算法的时间复杂度。

$$T(n)=\begin{cases}1, & n=1\\ 2T(n/2)+n, & n>1\end{cases}$$

其中,n 是问题的规模,为简单起见,设 n 为2的整数幂。

2. 设有下面的函数 $f(n)$:

```
def f(n):
    sum=0
    for i in range(1,n+1):
        for j in range(n,i-1,-1):
            for k in range(1,j+1):
                sum=sum+1
```

```
        print('sum=%d'%sum)
    return sum
```

回答以下问题：

(1) 给出 f(n)值的大小，并写出 f(n)值的推导过程。

(2) 设 n=5，给出 f(5)值的大小和执行 f(5)时的输出结果。

Python

第2章 线 性 表

线性表是最简单的线性结构。线性结构的特点是在非空的有限集合中存在唯一的第一个数据元素和唯一的最后一个数据元素，第一个数据元素没有直接前驱元素，最后一个数据元素没有直接后继元素，其他数据元素都有唯一的直接前驱元素和唯一的直接后继元素。线性表有两种存储结构，即顺序存储结构和链式存储结构。本章主要介绍线性表的定义及运算、线性表的顺序存储、线性表的链式存储、循环链表、双向链表及链表的应用。

本章重难点：

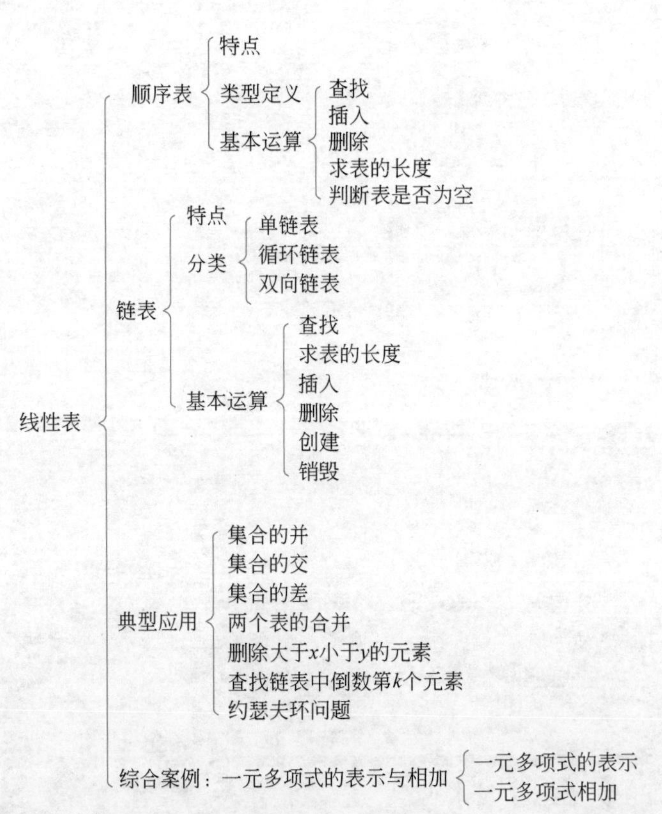

2.1 线性表的定义及抽象数据类型

线性表(linear list)是最简单且最常用的线性结构。本节主要介绍线性表的逻辑结构及在线性表的抽象数据类型。

2.1.1 线性表的逻辑结构

线性表是由 n 个类型相同的数据元素组成的有限序列，记为$(a_1,a_2,\cdots,a_{i-1},a_i,a_{i+1},\cdots,a_n)$。其中的数据元素可以是原子类型，也可以是结构类型。线性表的数据元素之间具有一定的次序。在线性表中，数据元素 a_{i-1} 在 a_i 的前面，a_i 又在 a_{i+1} 的前面，a_{i-1} 称为 a_i 的直接前驱元素，a_i 称为 a_{i+1} 的直接前驱元素，a_i 称为 a_{i-1} 的直接后继元素，a_{i+1} 称为 a_i 的直接后继元素。

线性表的逻辑结构如图 2-1 所示。

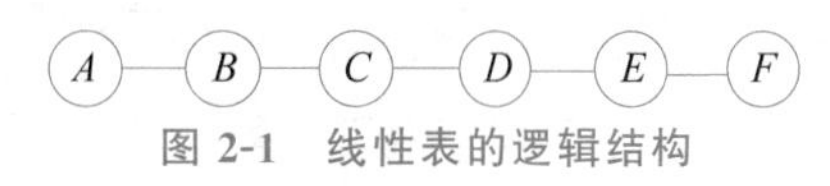

图 2-1 线性表的逻辑结构

英文单词就可看作简单的线性表，其中每一个英文字母就是一个数据元素，各个数据元素之间存在着唯一的顺序关系。例如，China 中字母 C 后面是字母 h，字母 h 后面是字母 i。

在较为复杂的线性表中，一个数据元素可以由若干数据项组成。在表 2-1 所示的教职工情况表中，一个数据元素由姓名、性别、出生年月、籍贯、学历、职称及任职时间 7 个数据项组成。数据元素也称为记录。

表 2-1 教职工情况表

姓名	性别	出生年月	籍贯	学历	职称	任职时间
王 欢	女	1972 年 10 月	河南	研究生	教授	2020 年 10 月
郭冬明	男	1981 年 5 月	陕西	研究生	副教授	2021 年 10 月
刘 娜	女	1989 年 12 月	江苏	研究生	讲师	2019 年 11 月
⋮	⋮	⋮	⋮	⋮	⋮	⋮

知识点　*在线性表中，除了第一个元素 a_1，每个元素有且仅有一个直接前驱元素；除了最后一个元素 a_n，每个元素有且只有一个直接后继元素。*

2.1.2 线性表的抽象数据类型

线性表的抽象数据类型描述如表 2-2 所示。

表 2-2 线性表的抽象数据类型描述

数据对象	线性表的数据对象集合为$\{a_1,a_2,\cdots,a_n\}$，所有元素属于同一种类型	
数据关系	数据元素之间具有一定的次序。除了第一个元素 a_1 外，每个元素有且只有一个直接前驱元素；除了最后一个元素 a_n 外，每个元素有且只有一个直接后继元素	
基本操作	InitList(&L)	初始化操作，建立一个空的线性表 L。例如，一所学校为了方便管理，建立一个教职工基本情况表，用于登记教职工信息
	ListEmpty(L)	若线性表 L 为空，返回 True；否则返回 False。例如，刚刚建立了教职工基本情况表，还没有登记教职工信息
	GetElem(L,i,&e)	返回线性表 L 的第 i 个位置的元素值给 e。例如，在教职工基本情况表中，根据给定序号查找某个教师的信息
	LocateElem(L,e)	在线性表 L 中查找与给定值 e 相等的元素。如果查找成功，返回该元素在表中的序号；否则返回 0，表示查找失败。例如，在教职工基本情况表中，根据给定的姓名查找教师信息

续表

基本操作	InsertList(&L,i,e)	在线性表 L 中的第 i 个位置插入新元素 e。例如,经过招聘考试引进了一个教师,将该教师的信息登记到教职工基本情况表中
	DeleteList(&L,i,&e)	删除线性表 L 中的第 i 个位置的元素,并用 e 返回其值。例如,某个教师到了退休年龄或者调到其他学校,需要将该教师从教职工基本情况表中删除
	ListLength(L)	返回线性表 L 的元素个数。例如,查看教职工基本情况表中有多少个教职工
	ClearList(&L)	将线性表 L 清空。例如,学校被撤销,不需要再保留教职工基本信息,因此将教职工基本情况表清空

2.2 顺序表

在介绍了线性表的基本概念和逻辑结构之后,接下来讨论将线性表的逻辑结构转换为计算机能识别的存储结构,以便实现线性表的操作。线性表的存储结构主要有顺序存储结构和链式存储结构两种,相应的线性表分别称为顺序表和链表。本节主要介绍顺序表及其操作实现。

2.2.1 表的顺序存储结构

线性表的顺序存储指的是将线性表中的各个元素依次存放在一组地址连续的存储单元中。通常称这种线性表为顺序表。

假设顺序表的每个元素需占用 m 个存储单元,并以所占的第一个存储单元的地址作为数据元素的存储位置。则顺序表中第 $i+1$ 个元素的存储位置 $\mathrm{LOC}(a_{i+1})$和第 i 个元素的存储位置 $\mathrm{LOC}(a_i)$之间满足以下关系:

$$\mathrm{LOC}(a_{i+1})=\mathrm{LOC}(a_i)+m$$

顺序表中第 i 个元素 a_i 的存储位置与第一个元素 a_1 的存储位置满足以下关系:

$$\mathrm{LOC}(a_i)=\mathrm{LOC}(a_1)+(i-1)m$$

其中,第一个元素的位置 $\mathrm{LOC}(a_1)$称为起始地址或基地址。

顺序表的这种机内表示称为顺序存储结构或顺序映像(sequential mapping)。顺序表逻辑上相邻的元素在物理上也是相邻的。每一个数据元素的存储位置都和顺序表的起始位置相差一个和数据元素在顺序表中的序号减一成正比的常数(图 2-2)。只要确定了第一个元素的起始位置,顺序表中的任一元素都可以随机存取,因此,顺序存储结构是一种随机存取的存储结构。

由于 Python 语言的内置数据类型 list(列表)具有随机存取的特点,因此可采用列表描述顺序表。顺序表的存储结构描述如下。

```
class SeqList:
    def __init__(self, size):                    #初始化顺序表
        self.MAX = size
        self.len = 0
        self.mylist= [None for x in range(0, self.MAXSIZE)]
```

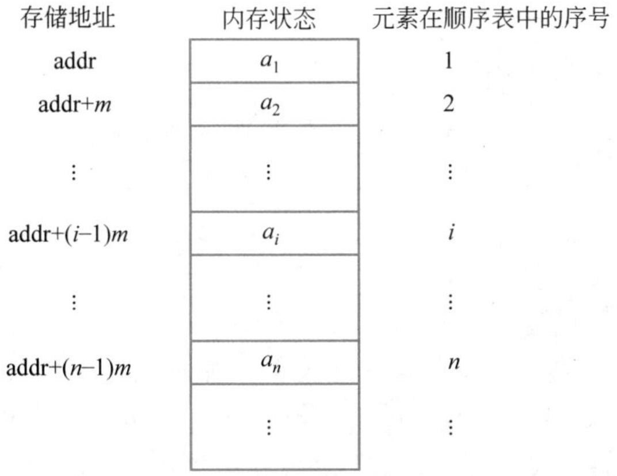

存储地址	内存状态	元素在顺序表中的序号
addr	a_1	1
addr+m	a_2	2
⋮	⋮	⋮
addr+$(i-1)m$	a_i	i
⋮	⋮	⋮
addr+$(n-1)m$	a_n	n
	⋮	⋮

图 2-2　顺序表的存储结构

其中,MAX 表示列表能容纳的元素个数,len 表示当前列表中存储的元素个数,mylist 列表用于存储顺序表中的元素。

如果要定义一个顺序表,代码如下:

```
L1 = SeqList()
```

2.2.2　顺序表的基本操作

顺序表的基本操作及相应的类方法如表 2-3 所示。

表 2-3　顺序表的基本操作及相应的类方法

基本操作	类方法
顺序表的初始化	__init__(self)
判断顺序表是否为空	ListEmpty(self)
按序号查找	GetElem(self,i)
按内容查找	LocateElem(self,e)
插入操作	InsertList(self,i,e)
删除操作	DeleteList (self, i)
求顺序表的长度	ListLength(self)
清空顺序表	ClearList(self)

顺序表的基本操作如下。

(1) 判断顺序表是否为空。

```
def ListEmpty(self):
#判断顺序表是否为空,顺序表为空返回 True,否则返回 False
    if self.len==0:                         #若顺序表的长度为 0
        return True                         #返回 True
    else:                                   #否则
        return False                        #返回 False
```

(2) 按序号查找。先判断序号是否合法,如果合法,返回该位置上的元素;如果下标越界,则抛出越界错误。

```
def GetElem(self, i):
#查找顺序表中第 i 个元素,查找成功将该值
    if not isinstance(i, int):              #在查找第 i 个元素之前,判断该序号是否合法
        raise TypeError                     #抛出错误
    if 1 <= i <= self.MAXSIZE:              #若 i 合法
        return self.mylist[i-1]             #将第 i 个元素的值赋值给 e
    else:
        raise IndexError                    #抛出下标错误
```

(3) 按内容查找。从顺序表中的第一个元素开始依次与 e 比较。如果相等,返回该序号,表示成功;否则返回 0,表示查找失败。按内容查找的算法实现如下:

```
def LocateElem(self,e):
#查找顺序表中元素值为 e 的元素
    for i in range(self.MAXSIZE):           #从第一个元素开始与 e 进行比较
        if self.mylist[i] == e:             #若存在与 e 值相等的元素
            return i+1                      #则返回该元素在顺序表中的序号
    return 0                                #否则,返回 0
```

(4) 插入操作。在顺序表中的第 i 个位置插入新元素 e,使顺序表$\{a_1,a_2,\cdots,a_{i-1},a_i,\cdots,a_n\}$变为$\{a_1,a_2,\cdots,a_{i-1},e,a_i,\cdots,a_n\}$,顺序表的长度也由 n 变成 $n+1$。

要在顺序表中的第 i 个位置上插入元素 e,首先将第 i 个位置以后的元素依次向后移动一个位置,然后把元素 e 插入第 i 个位置。移动元素时要从后往前移动元素,先移动最后一个元素,再移动倒数第二个元素,以此类推。

例如,在顺序表{9,12,6,15,20,10,4,22}中,要在第 5 个元素之前插入元素 28,需要将序号为 8、7、6、5 的元素依次向后移动一个位置,然后在第 5 个位置插入元素 28,这样,顺序表就变成了{9,12,6,15,28,20,10,4,22},如图 2-3 所示。

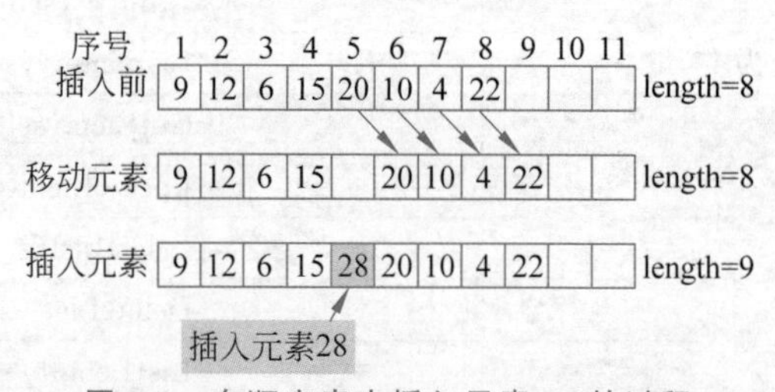

图 2-3 在顺序表中插入元素 28 的过程

插入元素之前要判断插入的位置是否合法,顺序表是否已满。在插入元素后要将表长增加 1。插入元素的算法实现如下。

```
def InsertList(self, i, e):
#在顺序表的第 i 个位置插入元素 e
#插入成功返回 True,如果插入位置不合法抛出错误,顺序表满返回 False
    if not isinstance(i, int):              #在插入元素前,判断插入位置是否合法
        raise IndexError                    #抛出错误信息
    if self.len >= self.MAXSIZE:            #在插入元素前,判断顺序表是否已满
        print("list is full!")
        return False
```

```
    if 1 <= i<=self.len+1
        for j in range(self.len, i-1, -1):      #将第 i 个位置以后的元素依次后移
            self.mylist[j] = self.mylist[j-1]
        self.mylist[i-1] = e                    #插入元素到第 i 个位置
        self.len += 1                           #将顺序表长增 1
        return True
    else:
        raise IndexError
```

插入元素的位置 i 的合法范围应该是 $1 \leqslant i \leqslant$ self.len$+1$。当 $i=1$ 时，插入位置是在第一个元素之前，对应 Python 语言列表中的第 0 个元素，需要移动所有元素；当 $i=$ self.len$+$1 时，插入位置是最后一个元素之后，对应 Python 语言列表中的最后一个元素之后的位置，不需要移动元素。

（5）删除操作。删除第 i 个元素之后，顺序表$\{a_1, a_2, \cdots, a_{i-1}, a_i, a_{i+1}, \cdots, a_n\}$变为$\{a_1, a_2, \cdots, a_{i-1}, a_{i+1}, \cdots, a_n\}$，顺序表的长度由 n 变成 $n-1$。

为了删除第 i 个元素，需要将第 $i+1$ 个元素及其后面的元素依次向前移动一个位置，将前面的元素覆盖。移动元素时，要先将第 $i+1$ 个元素移动到第 i 个位置，再将第 $i+2$ 个元素移动到第 $i+1$ 个位置，以此类推，直到最后一个元素移动到倒数第二个位置。最后将顺序表的长度减 1。

例如，要删除顺序表{9,12,6,15,28,20,10,4,22}的第 4 个元素，需要依次将序号为 5、6、7、8、9 的元素向前移动一个位置，并将表长减 1，如图 2-4 所示。

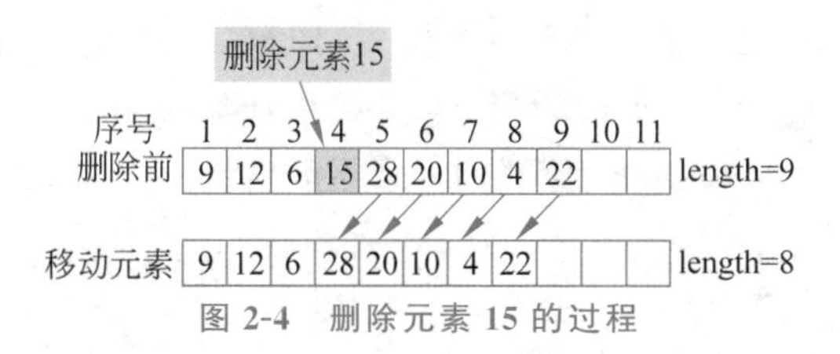

图 2-4 删除元素 15 的过程

在进行删除操作时，先判断顺序表是否为空。若不空，接着判断序号是否合法。若序号合法，则将要删除的元素赋给 e，并把该元素删除，将表长减 1。删除第 i 个元素的算法实现如下：

```
def DeleteList (self, i):
#删除第 i 个元素的算法实现
    if self.len<=0:                             #若顺序表的长度小于或等于 0
        raise Exception('顺序表为空,不能进行删除操作')
    if not isinstance(i, int):                  #若删除位置不合法
        raise IndexError
    if 1 <= i < self.len:
        e=self.mylist[i-1]                      #将要删除的元素赋给 e
        for j in range(i, self.len):            #将第 i 个元素覆盖
            self.mylist[j-1] = self.mylist[j]
        self.len -= 1                           #将表长减 1
        return e
    else:                                       #若删除位置不合法
        raise IndexError                        #抛出下标错误信息
```

删除元素的位置 i 的合法范围应该是 $1 \leqslant i \leqslant$ self.len。当 $i=1$ 时，表示要删除第一个元素，对应 Python 语言列表中的第 0 个元素；当 $i=$ self.len 时，要删除的是最后一个元素。

(6) 求顺序表的长度。

```
def ListLength(self):
    return self.len                                          #返回顺序表的长度
```

(7) 清空顺序表。

```
def ClearList(self):
    self.len=0                                               #清空顺序表
```

2.2.3 顺序表的实现算法分析

在顺序表的实现算法中,除了按内容查找、插入和删除操作外,算法的时间复杂度均为 $O(1)$。

在按内容查找的算法中,若要查找的是第一个元素,则仅需要进行一次比较;若要查找的是最后一个元素,则需要比较 n 次才能找到该元素(设顺序表的长度为 n)。

设 P_i 表示在第 i 个位置上找到与 e 相等的元素的概率,若在任何位置上找到元素的概率相等,即 $P_i=1/n$,则查找元素需要的平均比较次数为

$$E_{\text{loc}}=\sum_{i=1}^{n}p_i i=\frac{1}{n}\sum_{i=1}^{n}i=\frac{n+1}{2}$$

因此,按内容查找的平均时间复杂度为 $O(n)$。

在顺序表中插入元素时,时间主要耗费在元素的移动上。如果要将元素插入第一个位置,则需要移动元素的次数为 n 次;如果要将元素插入倒数第二个位置,则仅需把最后一个元素向后移动;如果要将元素插入最后一个位置,即第 $n+1$ 个位置,则不需要移动元素。设 P_i 表示在第 i 个位置上插入元素的概率,假设在任何位置上插入元素的概率相等,即 $P_i=1/(n+1)$,则在顺序表的第 i 个位置插入元素时,需要移动元素的平均次数为

$$E_{\text{ins}}=\sum_{i=1}^{n+1}p_i(n-i+1)=\frac{1}{n+1}\sum_{i=1}^{n+1}(n-i+1)=\frac{n}{2}$$

因此,插入操作的平均时间复杂度为 $O(n)$。

在顺序表的删除算法中,时间仍主要耗费在元素的移动上。如果要删除的是第一个元素,则需要移动元素的次数为 $n-1$ 次;如果要删除的是最后一个元素,则不需要移动元素。设 P_i 表示删除第 i 个位置上的元素的概率,假设在任何位置上删除元素的概率相等,即 $P_i=1/n$,则在顺序表中删除第 i 个元素时,需要移动元素的平均次数为

$$E_{\text{del}}=\sum_{i=1}^{n}p_i(n-1)=\frac{1}{n}\sum_{i=1}^{n}(n-i)=\frac{n-1}{2}$$

因此,删除操作的平均时间复杂度为 $O(n)$。

2.2.4 顺序表的优缺点

顺序表的优点如下:

(1) 无须为表示表中元素之间的关系而增加额外的存储空间。

(2) 可以快速地存取表中任一位置的元素。

其缺点如下:

(1) 插入和删除操作需要移动大量的元素。

（2）使用前需要事先分配好存储空间，当顺序表长度变化较大时，难以确定存储空间的容量。分配空间过大会造成存储空间的巨大浪费，分配的空间过小则难以满足问题的需要。

2.2.5 顺序表应用举例

顺序表的应用

【例 2-1】 假设顺序表 listA 和 listB 分别表示两个集合 A 和 B，利用顺序表的基本运算实现新的集合 $A=A\cup B$，即扩大顺序表 listA，将存在于顺序表 listB 中且不存在于 listA 中的元素插入 listA 中。

【分析】 只有依次从顺序表 listB 中取出每个数据元素，并依次在顺序表 listA 中查找该元素，如果 listA 中不存在该元素，则将该元素插入 listA 中。程序的实现代码如下所示：

```
if __name__ == '__main__':
    a= [2, 3, 17, 20, 9, 31]
    b= [8, 31, 5, 17, 22, 9, 48, 67]
    listA= SeqList()
    listB = SeqList()
    for i in range(1,len(a)+1):
        listA.InsertList(i,a[i-1])
    for i in range(1,len(b)+1):
        listB.InsertList(i,b[i-1])
    print('顺序表 listA 中的元素:')
    listA.TravelList()
    print()
    print('顺序表 listB 中的元素:')
    listB.TravelList()
    print()
    UnionAB(listA,listB)
    print('合并后,顺序表 listA 中的元素:')
    listA.TravelList()
def TravelList(self):
#遍历顺序表
    for i in range(self.len):
        print(self.mylist[i], end=" ")
def UnionAB(listA,listB):
#合并顺序表 listA 和 listB 中的元素
    for i in range(listB.len):
        e=listB.GetElem(i+1)          #依次把 listB 中每个元素取出赋给 e
        pos=listA.LocateElem(e)       #在 listA 中查找与 listB 中取出的元素 e 相等的元素
        if pos==0:                    #如果 listA 中不存在该元素
            listA.InsertList(listA.len+1,e)  #则将该元素插入 listA 中
```

程序运行结果如图 2-5 所示。

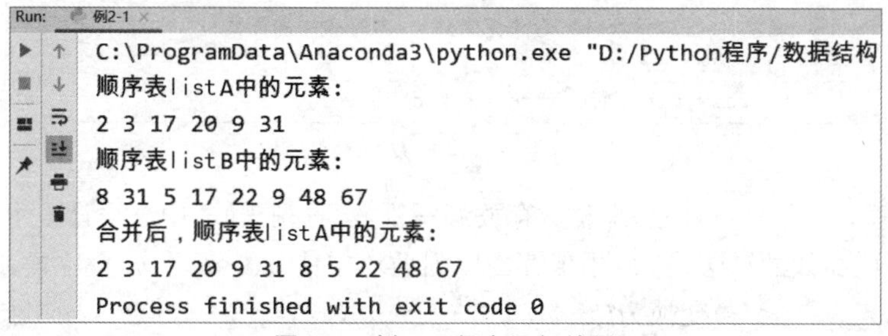

图 2-5 例 2-1 程序运行结果

【例 2-2】 编写一个算法，把一个顺序表拆分成两部分，使顺序表中小于或等于 0 的元素位于左端，大于 0 的元素位于右端。要求不占用额外的存储空间。例如，顺序表(−12,3,−6,−10,20,−7,9,−20)经过分拆调整后变为(−12,−20,−6,−10,−7,20,9,3)。

【分析】 设置两个指示器 i 和 j，分别从顺序表的左端和右端开始扫描顺序表中的元素。如果 i 遇到小于或等于 0 的元素，略过不处理，继续向前扫描；如果 i 遇到大于 0 的元素，暂停扫描。如果 j 遇到大于 0 的元素，略过不处理，继续向前扫描；如果 j 遇到小于或等于 0 的元素，暂停扫描。如果 i 和 j 都停下来，则交换 i 和 j 指向的元素。重复执行上述步骤，直到 i≥j 为止。

算法描述如下：

```
def SplitSeqList(L):
#将顺序表 L 分成两部分:左边是小于或等于 0 的元素,右边是大于 0 的元素
    i,j=0, L.len-1                  #指示器 i 和 j 分别指示顺序表的左端元素和右端元素
    while i<j:                      #若未扫描完所有元素
        while L.mylist[i]<=0:       #i 遇到小于或等于 0 的元素
            i+=1                    #略过
        while L.mylist[j]>0:        #j 遇到大于 0 的元素
            j-=1                    #略过
        if i<j:                     #交换 i 和 j 指向的元素
            e=L.mylist[i]
            L.mylist[i]=L.mylist[j]
            L.mylist[j]=e
```

测试程序如下：

```
if __name__ == '__main__':
    a= [-12,3,-6,-10,20,-7,9,-20]
    mylist= SeqList()                          #初始化顺序表 mylist
    for i in range(1,len(a)+1):                #将列表 a 的元素插入顺序表 mylist 中
        mylist.InsertList(i,a[i-1])
    print('调整前,顺序表中的元素:')
    mylist.TravelList()                        #输出顺序表 mylist 中的每个元素
    print()
    SplitSeqList(mylist)
    print('调整后(左边元素<=0,右边元素>0),顺序表中的元素:')
    mylist.TravelList()                        #输出顺序表 mylist 中的每个元素
```

程序运行结果如图 2-6 所示。

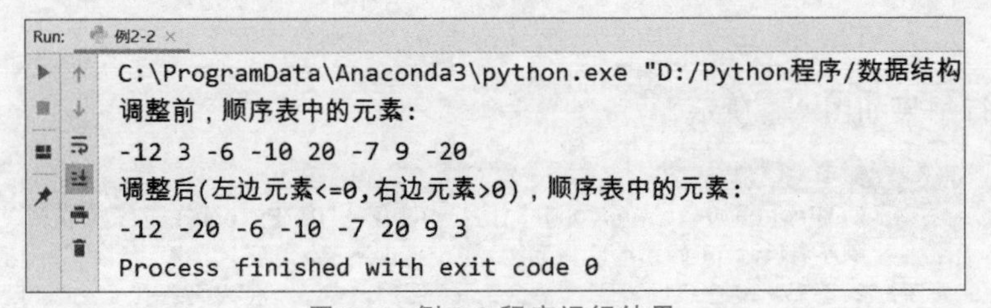

图 2-6 例 2-2 程序运行结果

【考研真题】 设将 $n(n>1)$个整数存放到一维数组(列表)R 中。设计一个在时间和空间两方面都尽可能高效的算法，将 R 中保存的序列循环左移 $p(0<p<n)$个位置，即把 R 中的数据序列由$(x_0,x_1,\cdots,x_{n-1})$变换为$(x_p, x_{p+1},\cdots,x_{n-1},x_0, x_1,\cdots, x_{p-1})$。要求如下：

（1）给出算法的基本设计思想。

（2）根据设计思想，采用 Python 语言描述算法。

（3）说明算法的时间复杂度和空间复杂度。

【分析】　该题目主要考查对顺序表的掌握情况，具有一定的灵活性。

（1）先将这 n 个元素序列（$x_0, x_1, \cdots, x_p, x_{p+1}, \cdots, x_{n-1}$）就地逆置，得到（$x_{n-1}, x_{n-2}, \cdots, x_p, x_{p-1}, \cdots, x_0$），然后再将前 $n-p$ 个元素（$x_{n-1}, x_{n-2}, \cdots, x_p$）和后 p 个元素（$x_{p-1}, x_{p-2}, \cdots, x_0$）分别就地逆置，得到最终结果（$x_p, x_{p+1}, \cdots, x_{n-1}, x_0, x_1, \cdots, x_{p-1}$）。

（2）算法实现，可用 Reverse 和 LeftShift 两个函数实现。

```
def Reverse(R,left,right):
#将 n 个元素序列逆置
    k=left
    j=right
    while k<j:                                          #若未完成逆置
        R.mylist[k],R.mylist[j]=R.mylist[j],R.mylist[k]
                                                        #将这 n 个元素序列逆置处理过程
        k+=1
        j-=1
def LeftShift(R, n, p):
#将 R 中保存的序列循环左移 p(0<p<n)个位置
    if p>0 and p<n:                                     #若循环左移的位置合法
        Reverse(R,0,n-1)                                #将全部元素逆置
        Reverse(R,0,n-p-1)                              #逆置前 n-p 个元素
        Reverse(R,n-p,n-1)                              #逆置后 n 个元素
```

（3）上述算法的时间复杂度为 $O(n)$，空间复杂度为 $O(1)$。

2.3　单链表

在解决实际问题时，有时并不适合采用线性表的顺序存储结构，例如两个一元多项式相加、相乘。这时就需要采用线性表的另一种存储结构——链式存储结构，这种线性表称为链表。本节主要介绍单链表的存储结构及其操作。

2.3.1　单链表的存储结构

线性表的链式存储是采用一组任意的存储单元存放线性表的元素。这组存储单元可以是连续的，也可以是不连续的。因此，为了表示每个元素 a_i 与其直接后继元素 a_{i+1} 的逻辑关系，除了存储元素本身的信息外，还需要存储一个指示其直接后继元素的信息（即直接后继元素的地址）。这两部分构成的存储结构称为结点（node）。结点包括数据域和指针域两个域，数据域存放数据元素的信息，指针域存放元素的直接后继元素的地址。指针域中存储的信息称为指针。结点结构如图 2-7 所示。

通过指针域将线性表中 n 个结点元素按照逻辑顺序链在一起就构成了链表，如图 2-8 所示。由于这种链表中每个结点只有一个指针域，所以将其称为单链表。

例如，单链表（Hou，Geng，Zhou，Hao，Chen，Liu，Yang）在计算机中的存储情况如图 2-9 所示。

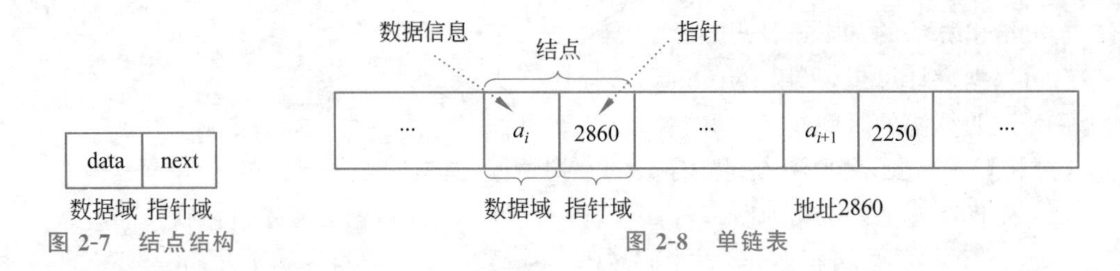

图 2-7　结点结构　　图 2-8　单链表

单链表的每个结点的地址存放在其直接前驱结点的指针域中。第一个结点没有直接前驱结点,因此需要一个头指针(head)指向该结点。最后一个结点没有直接后继结点,因此需要将单链表的最后一个结点的指针域置为空(None)。

存取链表必须从头指针开始,头指针指向单链表的第一个结点,通过头指针可以找到单链表中的每一个结点。

一般情况下,我们只关心单链表中结点的逻辑顺序,而不关心它的实际存储位置。通常用箭头表示指针,把单链表表示成通过箭头链接起来的序列。图 2-9 所示的单链表可以表示成如图 2-10 的形式。其中,空指针域用∧表示。

头指针 head: 32

存储地址	数据域	指针域
6	Hao	36
19	Zhou	6
32	Hou	51
36	Chen	47
43	Yang	None
47	Liu	43
51	Geng	19

图 2-9　单链表的存储情况

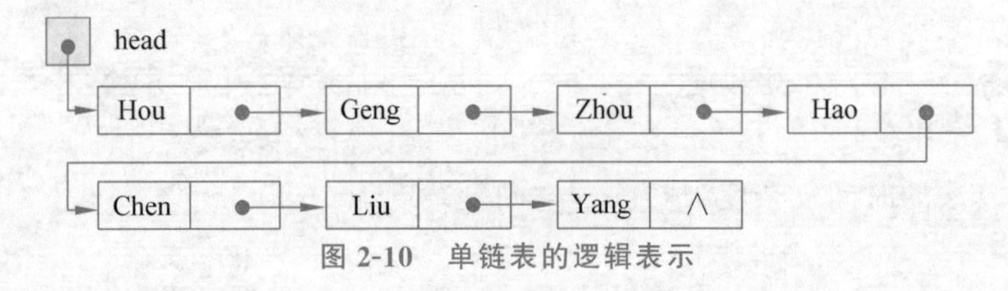

图 2-10　单链表的逻辑表示

为了操作方便,在单链表的第一个结点之前增加一个结点,称为头结点。头结点的数据域可以存放单链表的长度等信息,头结点的指针域存放第一个结点的地址信息,使其指向第一个结点。带头结点的单链表如图 2-11 所示。

若带头结点的单链表为空链表,则头结点的指针域为空,如图 2-12 所示。

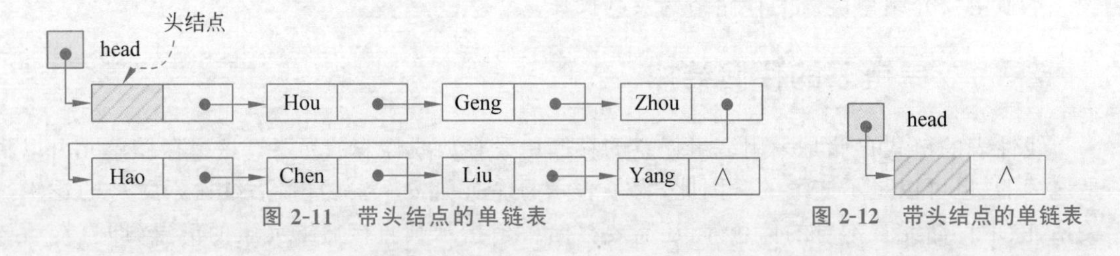

图 2-11　带头结点的单链表　　图 2-12　带头结点的单链表

注意:初学者需要区分头指针和头结点的区别。头指针是指向单链表第一个结点的指针。若单链表有头结点,则头指针是指向头结点的指针。头指针是单链表的必要元素,具有标识作用,所以常在头指针前冠以单链表的名字。头结点是为了操作的统一和方便而设立的,放在第一个结点之前,不是链表的必要元素。有了头结点,在第一个结点前插入结点和删除第一个结点的操作与其他结点的操作就统一了。

单链表的存储结构用 Python 语言描述如下：

```
class ListNode(object):                              #单链表的存储结构
    def __init__(self, data):
        self.data = data
        self.next = None
```

其中，ListNode 是链表的结点类型，data 用于存放数据元素，next 指向直接后继结点，初始化为 None。

2.3.2　单链表的基本操作

单链表的基本操作及相应的类方法如表 2-4 所示。

表 2-4　单链表的基本操作及相应的类方法

基本操作	类方法	基本操作	类方法
单链表的初始化	__init__(self)	插入操作	InsertList(self,i,e)
判断单链表是否为空	ListEmpty(self)	删除操作	DeleteList(self,i)
按序号查找结点	GetElem(self,i)	求单链表的长度	ListLength(self)
按内容查找结点	LocateElem(self,e)	销毁单链表	DestroyList(self)
定位操作	LocatePos(self,e)		

以下是带头结点的单链表的基本操作的具体实现。

(1) 初始化单链表。

```
class LinkList(object):
#初始化单链表
    def __init__(self):
        self.head = ListNode(None)                   #头指针 head 指向头结点
```

(2) 判断单链表是否为空。若单链表为空，返回 True；否则返回 False。算法实现如下：

```
def ListEmpty(self):
#判断单链表是否为空
    if self.head.next is None:                       #如果链表为空
        return True                                  #返回 True
    else:                                            #否则
        return False                                 #返回 False
```

(3) 按序号查找结点。从单链表的头指针 head 出发，利用结点的指针域依次扫描单链表的结点，并进行计数，直到计数为 i，就找到了第 i 个结点。如果查找成功，返回指向该结点的指针；否则返回 None 表示查找失败。按序号查找的算法实现如下：

```
def GetElem(self,i):
#查找单链表中第 i 个结点。查找成功返回该结点的引用，否则返回 None
    if self.ListEmpty():                             #查找第 i 个元素之前，判断链表是否为空
        return None
    if  i < 1:                                       #判断该序号是否合法
        return None
```

```
        j = 0
        p = self.head
        while p.next != None and j < i:
            p = p.next
            j=j+1
        if j == i:                              #如果找到第 i 个结点
            return p                            #返回指向该结点的指针
        else:                                   #否则
            return None                         #返回 None
```

查找结点时,要注意判断条件 p.next! =None,保证 p 的下一个结点不为空,如果没有这个条件,就无法保证执行循环体中的 p=p.next 语句。

(4) 按内容查找结点,即查找元素值为 e 的结点。从单链表中的头指针开始,依次与 e 比较。如果找到,返回指向该结点的指针;否则返回 None。查找元素值为 e 的结点的算法实现如下:

```
    def LocateElem(self,e):
    #按内容查找单链表中元素值为 e 的元素
    #若查找成功则返回对应元素的结点指针,否则返回 None 表示失败。
        p = self.head.next                      #指针 p 指向第一个结点
        while p:
            if  p.data != e:                    #没有找到与 e 相等的元素
                p = p.next                      #继续找下一个元素
            else:                               #找到与 e 相等的元素
                break                           #退出循环
          return p                              #返回指向元素值为 e 的结点的指针
```

(5) 定位操作。定位操作与按内容查找类似,只是返回的是找到的结点的序号。从单链表的头指针出发,依次访问每个结点,并将结点的值与 e 比较。如果相等,返回该结点的序号,表示成功;如果没有与 e 值相等的结点,返回 0,表示失败。定位操作的算法实现如下:

```
    def LocatePos(self,e):
    #查找线性表中元素值为 e 的元素,查找成功返回对应元素的序号,否则返回 0
        if self.ListEmpty():                #查找第 i 个元素之前,判断链表是否为空
            return 0
        p = self.head.next                  #从第一个结点开始查找
        i = 1
        while p!=None:
            if p.data == e:                 #找到与 e 相等的元素
                return i                    #返回该结点的序号
            else:                           #否则
                p = p.next                  #继续查找
                i=i+1
        if p is None:                       #如果没有找到与 e 相等的元素,返回 0,表示失败
            return 0
```

(6) 在第 i 个位置插入元素 e。若插入成功,返回 True;否则返回 False,表示失败。

假设 p 指向存储元素 e 的结点,要将 p 指向的结点插入 pre 指向的结点的后面,无须移动其他结点,只需要修改 p 指向的结点的指针域和 pre 指向的结点的指针域即可。即,先把 pre 指向的结点的直接后继结点变成 p 的直接后继结点,然后把 p 指向的结点变成 pre 指向的结点的直接后继结点,如图 2-13 所示。算法如下。

```
p.next=pre.next
pre.next=p
```

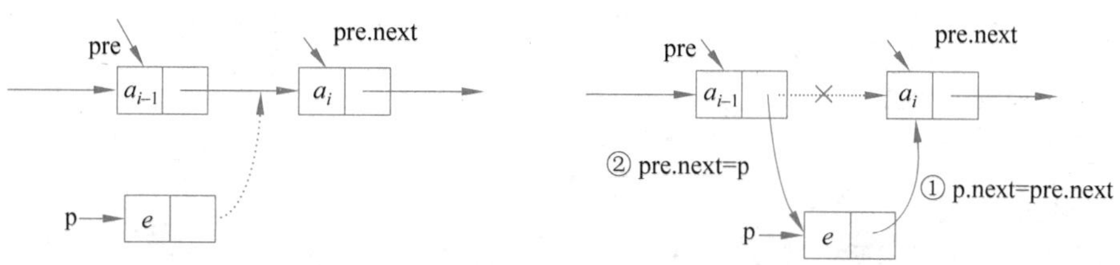

图 2-13 在 pre 指向的结点之后插入新结点

注意：插入结点的两行代码不能颠倒顺序。如果先进行 pre.next＝p，后进行 p.next＝pre.next 操作，则第一条代码就会覆盖 pre.next 的地址，pre.next 的地址就变成了 p 的地址，执行 p.next＝pre.next 就等于执行 p.next＝p，这样 pre.next 指向的结点就与前驱结点断开了链接，如图 2-14 所示。

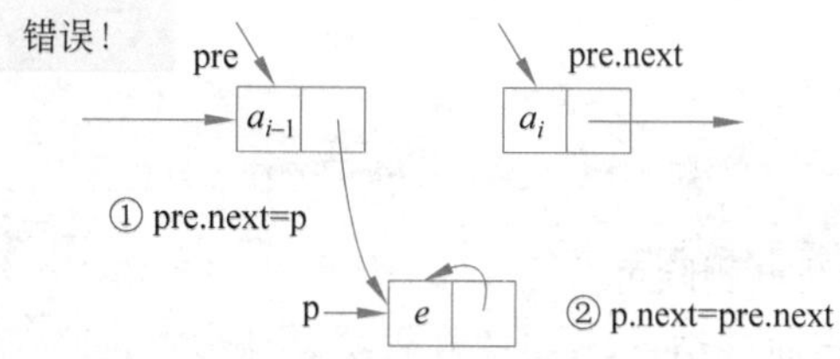

图 2-14 pre.next 指向的结点与前驱结点断开了链接

如果要在单链表的第 i 个位置插入一个新元素 e，首先需要在单链表中找到其直接前驱结点，即第 $i-1$ 个结点，并由指针 pre 指向该结点，如图 2-15 所示。然后申请一个新结点空间，由 p 指向该结点，将值 e 赋值给 p 指向的结点的数据域，最后修改 p 和 pre 指向的结点的指针域，如图 2-16 所示。这样就完成了结点的插入操作。

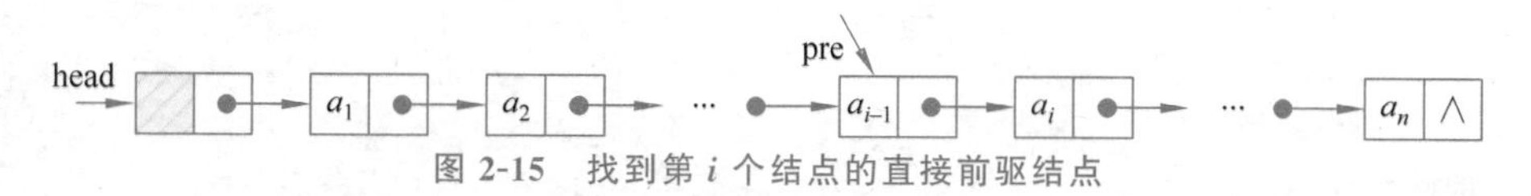

图 2-15 找到第 i 个结点的直接前驱结点

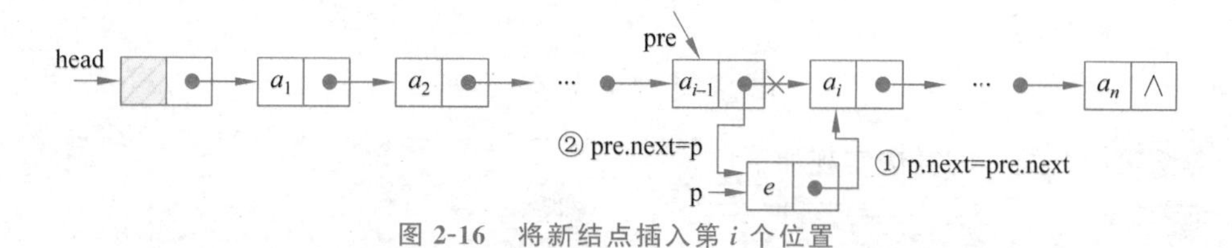

图 2-16 将新结点插入第 i 个位置

在单链表的第 i 个位置插入新数据元素 e 的算法实现如下：

```
def InsertList(self,i,e):
#在单链表中第 i 个位置插入值 e 的结点。插入成功返回 True,失败返回 False
    pre=self.head                              #指针 pre 指向头结点
    j=0
```

```
    while pre.next!=None and j<i-1:      #找到第 i - 1 个结点,即第 i 个结点的前驱结点
        pre=pre.next
        j=j+1
    if j!=i-1:                           #如果没找到,说明插入位置错误
        print('插入位置错')
        return False
    #新生成一个结点,并将 e 赋值给该结点的数据域
    p=ListNode(e)
    #插入结点操作
    p.next = pre.next
    pre.next = p
    return True
```

(7) 删除第 i 个结点。

假设 p 指向第 i 个结点,要将该结点删除,只需要使它的直接前驱结点的指针指向它的直接后继结点,即可删除链表的第 i 个结点,如图 2-17 所示。

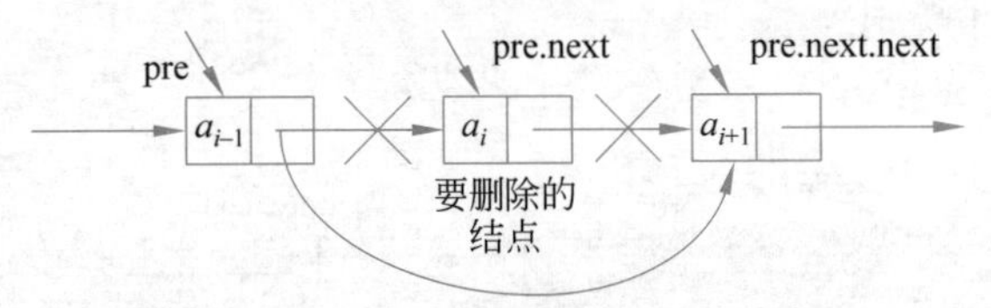

图 2-17　删除 * pre 的直接后继结点

将单链表中第 i 个结点删除可分为 3 步：第一步找到第 i 个结点的直接前驱结点,即第 $i-1$ 个结点,并用 pre 指向该结点,p 指向其直接后继结点,即第 i 个结点,如图 2-18 所示;第二步将 p 指向结点的数据域赋值给 e;第三步删除第 i 个结点,即 pre.next＝p.next,并释放 p 指向结点的内存空间。删除过程如图 2-19 所示。

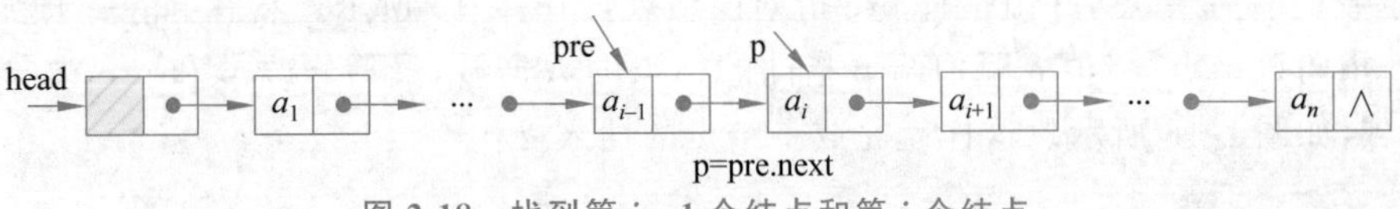

图 2-18　找到第 $i-1$ 个结点和第 i 个结点

head　pre　p　del p　a_1　a_{i-1}　a_i　a_{i+1}　a_n　pre.next=p.next

图 2-19　删除第 i 个结点

删除第 i 个结点的算法实现如下：

```
def DeleteList(self,i):
#删除单链表中的第 i 个位置的结点。删除成功返回删除的元素值,失败返回 False
    pre =self.head
    j = 0
    while pre.next != None and j < i-1: #在寻找的过程中确保被删除结点存在
        pre = pre.next
        j =j+1
    if pre.next is None or j != i - 1:    #如果没找到要删除的结点位置,说明删除位置错误
```

```
        print('删除位置错误')
        return False
    p= pre.next
    pre.next=p.next
        #将前驱结点的指针域指向要删除结点的下一个结点,将 pre 指向的结点与单链表断开
    e=p.data
    del p
    return e
```

注意：在查找第 $i-1$ 个结点时，要注意不可遗漏判断条件 pre.next.next! ＝None，确保第 i 个结点非空。如果没有此判断条件，而 pre 指针指向了单链表的最后一个结点，在执行循环后的 p＝pre.next 和 e＝p.data 操作时，p 指针指向的就是 None 指针域，会产生致命错误。

(8) 求表长操作。即返回单链表的元素个数，求单链表的表长算法实现如下：

```
def ListLength(self):
#求线性表的表长
    count = 0                           #初始化计数器变量 count
    p = self.head                       #指针 p 指向头结点
    while p.next!=None:                 #如果指针 p 没有到达单链表末尾
        p = p.next                      #令 p 指向下一个结点
        count=count+1                   #计数器加 1
    return count                        #返回元素个数
```

(9) 销毁链表操作，实现代码如下：

```
def DestroyList(self):
#销毁链表
    p=self.head                         #指针 p 指向头结点
    while p != None:                    #如果链表不为空
        q = p                           #q 指向待销毁的结点
        p = p.next                      #p 指向下一个结点
        del q                           #释放 q 指向的结点空间
```

2.3.3　链式存储结构与顺序存储结构的比较

下面对链式存储结构和顺序存储结构进行比较。

1. 存储分配方式

顺序存储结构用一组连续的存储单元依次存储线性表的数据元素。单链表采用链式存储结构，用一组任意的存储单元存放线性表的数据元素。

2. 时间性能

采用顺序存储结构时，查找操作时间复杂度为 $O(1)$，插入和删除操作需要移动平均一半的数据元素，时间复杂度为 $O(n)$。采用链式存储结构时，查找操作时间复杂度为 $O(n)$；插入和删除操作不需要大量移动元素，时间复杂度仅为 $O(1)$。

3. 空间性能

采用顺序存储结构时，需要预先分配存储空间，分配的空间过大会造成浪费，分配的空间过小不能满足问题需要。采用链式存储结构时，可根据需要临时分配，不需要估计问题的

规模，只要内存够就可以分配，还可以用于一些特殊情况，如一元多项式的表示。

链式表示与实现例子 1

2.3.4 单链表应用举例

【例 2-3】 已知两个单链表 A 和 B，其中的元素都是非递减排列，编写算法将单链表 A 和 B 合并得到一个递减有序的单链表 C(值相同的元素只保留一个)，并要求利用原链表结点空间。

【分析】 本例为单链表合并问题。利用头插法建立单链表，先将元素值小的结点插入链表末尾，后将元素值大的结点插入链表表头。初始时，单链表 C 为空(插入的是 C 的第一个结点)，将单链表 A 和 B 中较小的元素值结点插入 C 中；单链表 C 不为空时，比较 C 和将插入结点的元素值大小，值不同时插入 C 中，值相同时，释放该结点；当 A 和 B 中有一个链表为空时，将剩下的结点依次插入 C 中。程序的实现代码如下：

```
if __name__=='__main__':
a=[8, 10, 15, 21, 67, 91]
b = [5, 9, 10, 13, 21, 78, 91]
A = LinkList()
B=LinkList()
for i in range(1,len(a)+1):                     #利用列表元素创建单链表 A
    if not A.InsertList(i, a[i - 1]):           #如果插入元素失败
        print("插入位置不合法!")                 #输出错误提示信息
for i in range(1,len(b)+1):                     #利用列表元素创建单链表 B
    if not B.InsertList(i, b[i - 1]):           #如果插入元素失败
        print("插入位置不合法!")                 #输出错误提示信息
print('A 中有%d 个元素:'%A.ListLength())
A.DispLinkList()
print('\nB 中有%d 个元素:'%B.ListLength())
B.DispLinkList()
C=MergeList(A,B)
print('\n 将 A 和 B 合并为一个递减有序的单链表 C,C 中有%d 个元素:'%C.ListLength())
C.DispLinkList()
def MergeList(A,B):
#将非递减排列的单链表 A 和 B 中的元素合并到 C 中,使 C 中的元素按递减排列
#相同值的元素只保留一个
pa=A.head.next                                  #pa 指向单链表 A
pb=B.head.next                                  #pb 指向单链表 B
del B                                           #释放单链表 B 的头结点
C=A                               #初始化单链表 C,利用单链表 A 的头结点作为 C 的头结点
C.head.next=None                                #单链表 C 初始时为空
#利用头插法将单链表 A 和 B 中的结点插入单链表 C 中(先插入元素值较小的结点)
while pa and pb:                                #单链表 A 和 B 均不空时
    if pa.data<pb.data:           #pa 指向的结点元素值较小时,将 pa 指向的结点插入 C 中
        qa=pa                                   #qa 指向待插入结点
        pa=pa.next                              #pa 指向下一个结点
        if C.head.next is None:                 #单链表 C 为空时,直接将结点插入 C 中
            qa.next=C.head.next
            C.head.next=qa
        elif C.head.next.data<qa.data:
        #pa 指向的结点元素值不同于已有结点元素值时,才插入结点
            qa.next=C.head.next
            C.head.next=qa
        else:                                   #否则,释放元素值相同的结点
```

```
            del qa
        else:                               #pb 指向结点元素值较小,将 pb 指向的结点插入 C 中
            qb=pb                           #qb 指向待插入结点
            pb=pb.next                      #pb 指向下一个结点
            if C.head.next is None:         #单链表 C 为空时,直接将结点插入 C 中
                qb.next=C.head.next
                C.head.next=qb
            elif C.head.next.data<qb.data:
            #pb 指向的结点元素值不同于已有结点元素值时,才将结点插入
                qb.next=C.head.next
                C.head.next=qb
            else:                           #否则,释放元素值相同的结点
                del qb
    while pa:                           #如果 pb 为空、pa 不为空,则将 pa 指向的后继结点插入 C 中
        qa=pa                           #qa 指向待插入结点
        pa=pa.next                      #pa 指向下一个结点
        if C.head.next and C.head.next.data<qa.data:
        #pa 指向的结点元素值不同于已有结点元素值时,才将结点插入
            qa.next=C.head.next
            C.head.next=qa
        else:                           #否则,释放元素值相同的结点
            del qa
    while pb:                           #如果 pa 为空、pb 不为空,则将 pb 指向的后继结点插入 C 中
        qb=pb                           #qb 指向待插入结点
        pb=pb.next                      #pb 指向下一个结点
        if C.head.next and C.head.next.data<qb.data:
        #pb 指向的结点元素值不同于已有结点元素值时,才将结点插入
            qb.next=C.head.next
            C.head.next=qb
        else:                           #否则,释放元素值相同的结点
            del qb
    return C
```

程序的运行结果如图 2-20 所示。

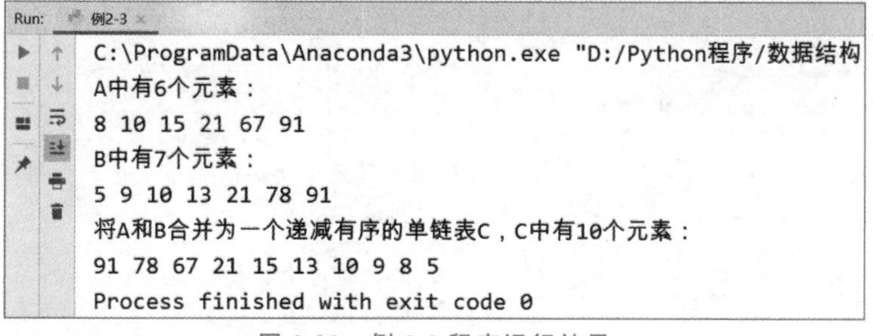

图 2-20　例 2-3 程序运行结果

在将两个单链表 A 和 B 合并的算法 MergeList 中,需要特别注意的是,不要遗漏单链表为空时的处理。当单链表为空时,将结点插入 C 中,代码如下:

```
if C.head.next is None:                     #单链表 C 为空时,直接将结点插入 C 中
    qb.next=C.head.next
    C.head.next=qb
```

针对这个题目,经常会遗漏单链表为空的情况。以下代码遗漏了单链表为空的情况:

```
if C.head.next and C.head.next.data<qb.data:
#pb指向的结点元素值不同于已有结点元素值时,才将结点插入
    qb.next=C.head.next
C.head.next=qb
```

所以,对于初学者而言,写完算法后,一定要上机调试算法。

【例 2-4】 利用单链表的基本运算,求两个集合的交集。

链式表示与实现例子2

【分析】 假设 A 和 B 是两个带头结点的单链表,分别表示两个给定的集合,用带头结点的单链表 C 存储这两个集合的交集。先将单链表 A 和 B 分别从小到大排序,然后依次比较两个单链表中的元素值大小,pa 指向 A 中当前比较的结点,pb 指向 B 中当前比较的结点。如果 pa.data<pb.data,则 pa 指向 A 中下一个结点;如果 pa.data>pb.data,则 pb 指向 B 中下一个结点;如果 pa.data==pb.data,则将当前结点插入 C 中。

程序实现如下:

```
def IntersectionAB(A,B):                #求A和B的交集
    Sort(A)                             #对A进行排序
    print("\n排序后A中的元素:")          #输出提示信息
    A.DispLinkList()                    #输出排序后A中的元素
    Sort(B)                             #对B进行排序
    print("\n排序后B中的元素:")          #输出提示信息
    B.DispLinkList()                    #输出排序后B中的元素
    pa = A.head.next                    #pa指向A的第一个结点
    pb = B.head.next                    #pb指向B的第一个结点
    C = LinkList()                      #为指针C指向的新链表分配内存空间
    while pa and pb:                    #若pa和pb指向的结点都不为空
        if pa.data < pb.data:           #如果pa指向的结点元素值小于pb指向的结点元素值
            pa = pa.next                #则略过该结点
        elif pa.data > pb.data:         #如果pa指向的结点元素值大于pb指向的结点元素值
            pb = pb.next                #则略过该结点
        else:                           #如果pa.data == pb.data,则将当前结点插入C中
            pc = ListNode(None)
            pc.data = pa.data
            pc.next = C.head.next
            C.head.next=pc
            pa = pa.next                #pa指向A中下一个结点
            pb = pb.next                #pb指向B中下一个结点
    return C
def Sort(S):                            #利用选择排序法对链表S从小到大进行排序
    p=S.head.next                       #p指向链表S的第一个结点
    while p.next:                       #若当前结点不为空
        r=p                             #r指向待排序元素的第一个结点
        q=p.next                        #q指向待排序元素的第二个结点
        while q:                        #若当前链表不为空
            if r.data>q.data:           #如果r指向的结点元素值大于q指向的结点元素值
                r=q                     #r指向元素值较小的结点
            q=q.next                    #q指向下一个结点
        if p!=r:
        #将待排序元素中最小的元素放在最前面,即交换r与p指向结点的元素值
            t=p.data
            p.data=r.data
            r.data=t
```

```
        p=p.next                                    #p 指向待排序元素的下一个结点
if __name__=='__main__':
    a=[5,9,6,20,70,58,44,81]
    b=[21,81,8,31,5,66,20,95,50]
    A=LinkList()
    B=LinkList()
    for i in range(1,len(a)+1):                     #利用列表元素创建单链表 A
        if not A.InsertList(i, a[i - 1]):           #如果插入元素失败
            print("插入位置不合法!")                  #输出错误提示信息
    for i in range(1,len(b)+1):                     #利用列表元素创建单链表 B
        if not B.InsertList(i, b[i - 1]):           #如果插入元素失败
            print("插入位置不合法!")                  #输出错误提示信息
    print('A 中有%d 个元素:'%A.ListLength())
    A.DispLinkList()
    print('\nB 中有%d 个元素:'%B.ListLength())
    B.DispLinkList()
    C=IntersectionAB(A,B)
    print('\nA 和 B 的交集有%d 个元素:'%C.ListLength())
    C.DispLinkList()
```

程序的运行结果如图 2-21 所示。

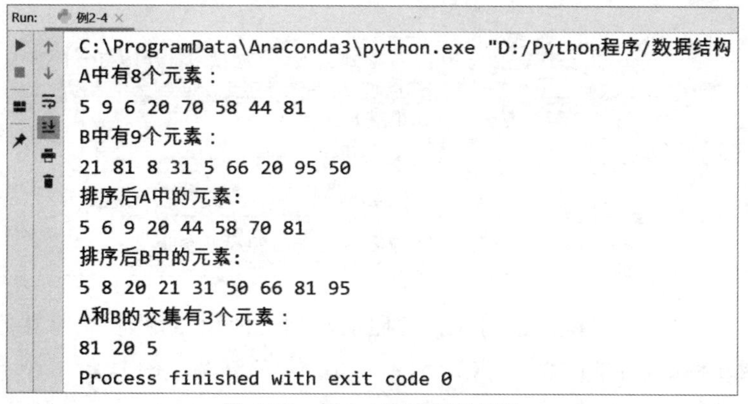

图 2-21　例 2-4 程序运行结果

【考研真题】　假设一个带有表头结点的单链表,结点结构如下:

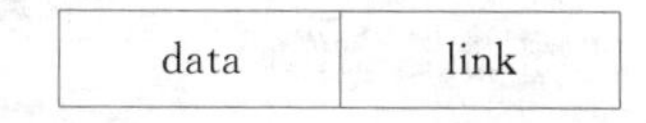

假设该链表只给出了头指针 list,在不改变链表的前提下,请设计一个尽可能高效的算法,查找链表中倒数第 k 个位置上的结点(k 为正整数)。若查找成功,算法输出该结点数据域的值,并返回 1;否则返回 0。要求如下:

(1) 描述算法的基本设计思想。

(2) 描述算法的详细实现步骤。

(3) 根据设计思想和实现步骤,采用程序设计语言描述算法。

【分析】　本题主要考查对单链表的掌握程度,本题比较灵活,利用一般的思路不容易实现。

(1) 算法的基本思想:定义两个指针 p 和 q,初始时均指向头结点的下一个结点。p 指针沿着单链表移动,当 p 指针移动到第 k 个结点时,q 指针与 p 指针同步移动;当 p 指针移

动到链表表尾结点时,q 指针所指向的结点即为倒数第 k 个结点。

(2) 算法的详细步骤如下:

① 令 count=0,p 和 q 指向链表的第一个结点。

② 若 p 为空,则转向⑤执行。

③ 若 count 等于 k,则 q 指向下一个结点;否则令 count 加 1。

④ 令 p 指向下一个结点,转向②执行。

⑤ 若 count 等于 k,则查找成功,输出结点的数据域的值,并返回 1;否则,查找失败,返回 0。

(3) 算法实现代码如下:

```
class LNode:                        #定义结点
    def __init__(self):
        self.data=data
        self.link=None
    def SearchNode(self, k):        #查找结点
        count=0                     #计数器变量赋初值
        p=self.link                 #p 和 q 指向链表的第一个结点
        q=self.link                 #p 和 q 指向链表的第一个结点
        while p!=None:
            if count<k:             #若 p 未移动到第 k 个结点
                count+=1            #计数器加 1
            else:
                q=q.link            #当 p 移到第 k 个结点后,q 开始与 p 同步移动下一个结点
            p=p.link                #p 移动到下一个结点
        if count<k:                 #如果满足小于 k
            return False            #返回 False
        else:
            print("倒数第%d个结点元素值为%d"%(k,q.data))
                                    #输出倒数第 k 个结点元素值
        return True                 #返回 True
```

【例 2-5】 假设一个单链表中的元素按照从小到大的顺序排列,编写算法,删除大于 x 小于 y 的元素。例如,若单链表 L=(5, 6, 9, 20, 44, 58, 70, 81),x=6,y=58,则删除后的链表 L=(5, 6, 58, 70, 81)。

【分析】 假设单链表是带头结点的,从头结点出发,先找到第一个大于 x 的元素结点,令 p 指向该结点,pre 指向其前驱结点,然后开始逐个删除 p 指向的结点,并释放该结点空间,直到遇到大于或等于 y 的结点停止删除操作。

算法实现如下:

```
def RangeDelete(L, x, y):
    if x > y:
        return
    p=L.head
    pre=p
    p=p.next
    while p!=None and p.data<y:
        if p.data <= x:
            pre=p
            p=p.next
        else:
```

```
        pre.next=p.next
        q=p
        p=p.next
        del q
```

2.4　循环单链表

循环单链表是首尾相连的单链表，是另一种形式的单链表。本节主要介绍循环单链表的存储结构并结合实例讲解循环单链表的使用。

2.4.1　循环单链表的存储结构

将单链表的最后一个结点的指针域由空指针改为指向头结点或第一个结点，整个单链表就形成一个环，这样的单链表称为循环单链表(circular linked list)。从表中任何一个结点出发均可找到表中其他结点。

与单链表类似，循环单链表也可分为带头结点和不带头结点两种。对于不带头结点的循环单链表，当表不为空时，最后一个结点的指针域指向头结点，如图 2-22 所示。对于带头结点的循环单链表，当表为空时，头结点的指针域指向头结点本身，如图 2-23 所示。

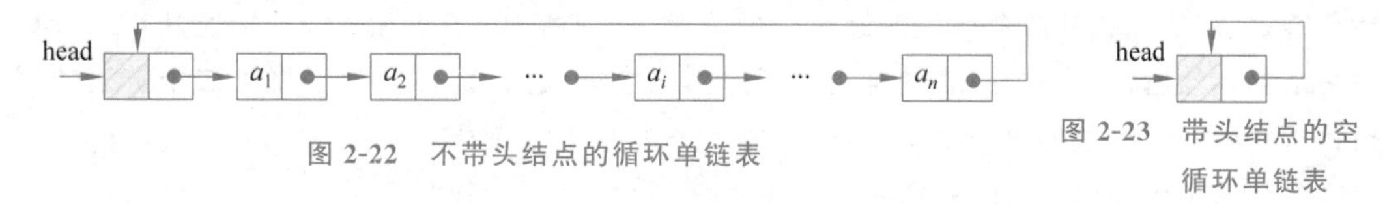

图 2-22　不带头结点的循环单链表

图 2-23　带头结点的空循环单链表

循环单链表与单链表在结构、类型定义及实现方法上都是一样的，唯一的区别仅在于判断链表是否为空的条件上。判断单链表为空的条件是 head.next==None，判断循环单链表为空的条件是 head.next==head。

在单链表中，访问第一个结点的时间复杂度为 $O(1)$，而访问最后一个结点则需要将整个单链表扫描一遍，故时间复杂度为 $O(n)$。对于循环单链表，只需设置一个尾指针(利用 rear 指向循环单链表的最后一个结点)而不设置头指针，就可以直接访问最后一个结点，时间复杂度为 $O(1)$。访问第一个结点，即 rear.next.next，时间复杂度也为 $O(1)$。仅设置尾指针的循环单链表如图 2-24 所示。

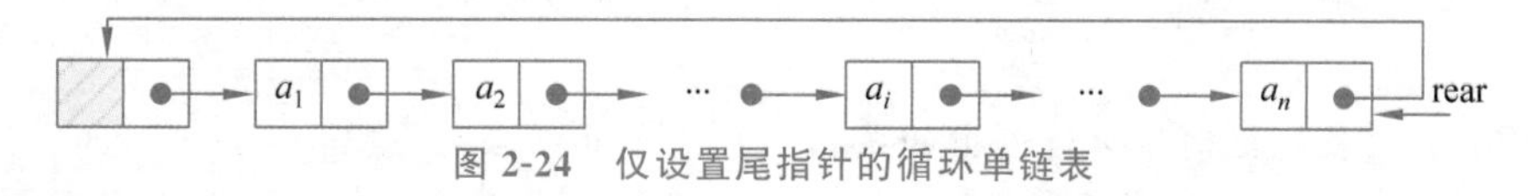

图 2-24　仅设置尾指针的循环单链表

在循环单链表中设置尾指针，还可以使有些操作变得简单。例如，要将如图 2-25 所示的两个循环单链表(尾指针分别为 LA 和 LB)合并成一个循环单链表，只需要将一个表的表尾和另一个表的表头连接即可，如图 2-26 所示。

合并两个设置尾指针的循环单链表需要 4 步操作：

(1) 保存第一个链表的头指针，即 p=LA.next。

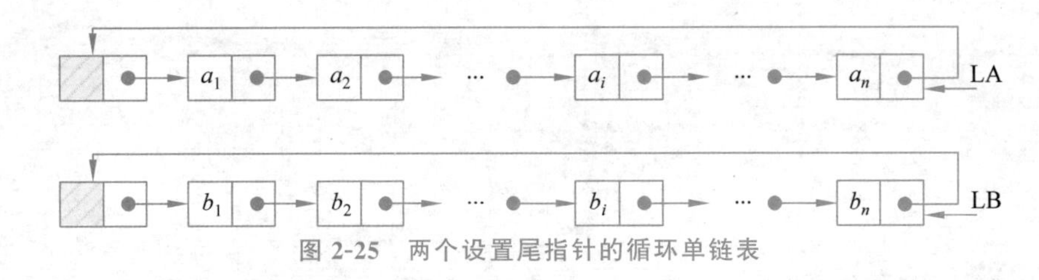

图 2-25　两个设置尾指针的循环单链表

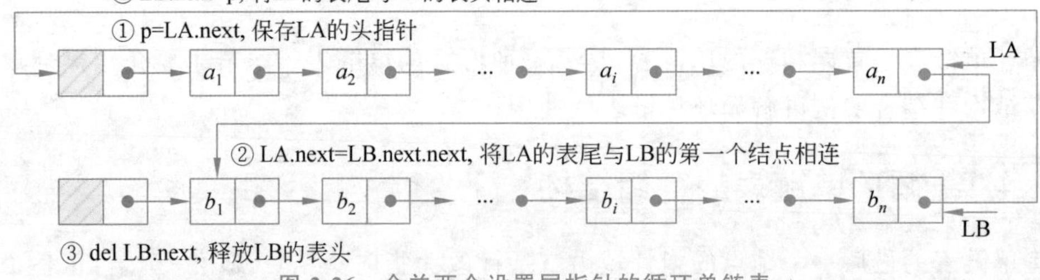

图 2-26　合并两个设置尾指针的循环单链表

(2) 将第一个链表的表尾与第二个链表的第一个结点相连接，即 LA.next＝LB.next.next。

(3) 释放第二个链表的头结点，即 del LB.next。

(4) 把第二个链表的表尾与第一个链表的表头相连接，即 LB.next＝p。

对于设置了头指针的两个循环单链表(头指针分别是 LA 和 LB)，要将其合并成一个循环单链表，需要先找到两个链表的最后一个结点，分别增加一个尾指针，分别使其指向最后一个结点。然后将第一个链表的尾指针指向第二个链表的第一个结点，将第二个链表的尾指针指向第一个链表的第一个结点，就形成了一个循环单链表。

合并两个循环单链表的算法实现如下：

```
def LinkAB(LA,LB):
#合并两个循环单链表
    p=LA.head                           #p指向第一个链表
    while p.next!=LA.head:              #指针 p 指向链表的最后一个结点
        p=p.next
    q=LB.head                           #q指向第二个链表
    while q.next!=LB.head:              #指针 q 指向链表的最后一个结点
        q=q.next                        #指向下一个结点
    p.next=LB.head.next                 #将第一个链表的尾端连接到第二个链表的第一个结点
    del LB.head
    q.next=LA.head                      #将第二个链表的尾端连接到第一个链表的第一个结点
    return LA.head                      #返回第一个链表的头指针
```

说明：有的教材把循环单链表中的头结点称为哨兵结点。

2.4.2　循环单链表应用举例

【例 2-6】　已知一个带哨兵结点 h 的循环单链表中的数据元素含有正数和负数。编写一个算法，利用上述循环单链表构造两个循环单链表，使一个循环单链表中只含正数，另一个循环单链表中只含负数。

【分析】　初始时，先创建两个空的单链表 ha 和 hb。然后依次查看指针 p 指向的结点元素值。如果值为正数，则将其插入 ha 中；否则将其插入 hb 中。最后使最后一个结点的指针域指向头结点，构成循环单链表。

算法实现如下：

```
if __name__=='__main__':
    ha=LinkList()
    ha.CreateCycList()                    #创建一个循环单链表
    p = ha.head
    while p.next != ha.head:              #查找 ha 的最后一个结点,p 指向该结点
        p = p.next
    #为 ha 添加哨兵结点
    s = ListNode(None)
    s.next = ha.head
    ha.head = s
    p.next = ha.head
    #创建一个空的循环单链表 hb
    hb=LinkList()
    hb.head.next=hb.head
    Split(ha, hb)                         #按 ha 中元素值的正负分成两个循环单链表 ha 和 hb
    print("输出循环单链表 A(正数):")      #输出提示信息
    ha.DispCycList()                      #输出循环单链表 ha
    print("输出循环单链表 B(负数):")      #输出提示信息
    hb.DispCycList()                      #输出循环单链表 hb
def Split(ha,hb):
#将一个循环单链表 ha 分成两个循环单链表 ha 和 hb,分别只含正数和负数
    p = ha.head.next                      #定义 3 个指针变量
    ra = ha.head
    ra.next = None
    rb = hb.head
    rb.next = None
    while p != ha.head:                   #当 ha 中还有结点没有被处理时
        v = p.data                        #取出 p 指向结点的数据
        if v > 0:                         #若该结点的元素值大于 0,则将其插入 ha 中
            ra.next = p                   #将 p 指向的结点插入 ra 指向的结点之后
            ra = p                        #使 ra 指向 ha 的最后一个结点
        else:                             #若元素值小于 0,则将其插入 hb 中
            rb.next = p                   #将 p 指向的结点插入 rb 指向的结点之后
            rb = p                        #使 rb 指向 hb 的最后一个结点
        p = p.next                        #使 p 指向下一个待处理结点
    ra.next = ha.head                     #使 ha 变为循环单链表
    rb.next = hb.head                     #使 hb 变为循环单链表
def CreateCycList(self):
#创建循环单链表
    h = None
    t = None
    i = 1
    print("创建一个循环单链表(输入 0 表示创建链表结束):")    #输出提示信息
    while True:
        print("请输入第%d个结点的 data 域值:"%i,end='')    #输出提示信息
        e=int(input(""))                  #输入结点的元素值
        if e == 0:                        #如果输入为 0
```

```
            break                             #则退出创建过程
        if i == 1:                            #如果是第一个结点
            self.head = ListNode(None)        #为第一个结点分配内存空间
            self.head.data = e                #将元素值赋给第一个结点的数据域
            self.head.next = None
            t=self.head
        else:                                 #否则
            s = ListNode(None)                #生成一个结点空间
            s.data = e                        #将元素值赋给新生成结点的数据域
            s.next = None
            t.next = s                        #将新结点插入 t 指针指向的结点之后
            t = s
        i +=1                                 #计数器加 1
    if t != None:                             #若链表不为空
        t.next=self.head                      #则使其构成循环单链表
def DispCycList(self):                        #输出循环单链表
    p = self.head.next                        #定义结点指针变量,并使 p 指向 h 的第一个结点
    if p == self.head:                        #若链表为空
        print("链表为空!")                     #则输出错误提示信息
        return                                #返回
    while p.next != self.head:                #若还没有输出完毕
        print("%4d"%p.data,end='')            #输出结点元素的值
        p = p.next                            #使其指向下一个待输出结点
    print("%4d"%p.data)                       #输出最后一个结点元素的值
```

程序运行结果如图 2-27 所示。

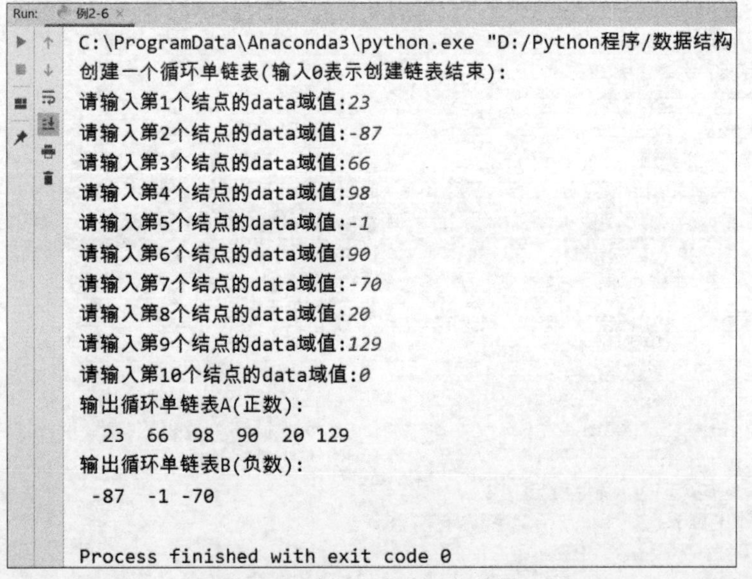

```
C:\ProgramData\Anaconda3\python.exe "D:/Python程序/数据结构
创建一个循环单链表(输入0表示创建链表结束):
请输入第1个结点的data域值:23
请输入第2个结点的data域值:-87
请输入第3个结点的data域值:66
请输入第4个结点的data域值:98
请输入第5个结点的data域值:-1
请输入第6个结点的data域值:90
请输入第7个结点的data域值:-70
请输入第8个结点的data域值:20
请输入第9个结点的data域值:129
请输入第10个结点的data域值:0
输出循环单链表A(正数):
  23  66  98  90  20 129
输出循环单链表B(负数):
 -87  -1 -70

Process finished with exit code 0
```

图 2-27　例 2-6 程序运行结果

从以上程序容易看出,循环单链表的创建与单链表的创建基本一样,只是最后增加了如下一条语句,使最后一个结点指向第一个结点,构成一个循环单链表。

```
if t != None:                             #若链表不为空
    t.next=self.head                      #则使其构成循环单链表
```

2.5　双向链表

在单链表和循环单链表中，每个结点只有一个指向其后继结点的指针域，只能根据指针域查找后继结点。要查找指针 p 指向结点的前驱结点，必须从 p 指针出发，顺着指针域把整个链表访问一遍，才能找到该结点，其时间复杂度是 $O(n)$。因此，要访问某个结点的前驱结点，效率太低，为了便于操作，可将单链表设计成双向链表。本节主要介绍双向链表的存储结构及双向链表存储结构下线性表的操作实现。

2.5.1　双向链表的存储结构

顾名思义，双向链表(double linked list)就是链表中的每个结点有两个指针域：一个指向前驱结点，另一个指向后继结点。双向链表的每个结点有 data 域、prior 域和 next 域 3 个域。双向链表的结点结构如图 2-28 所示。

prior	data	next
指向前驱结点	数据域	指向后继结点

图 2-28　双向链表的结点结构

其中，data 域为数据域，存放数据元素；prior 域为前驱结点指针域，指向前驱结点；next 域为后继结点指针域，指向后继结点。

与单链表类似，也可以为双向链表增加一个头结点，这样使某些操作更加方便。双向链表也有循环结构，称为双向循环链表(double circular linked list)。带头结点的双向循环链表如图 2-29 所示。双向循环链表为空的情况如图 2-30 所示，判断带头结点的双向循环链表为空的条件是 head.prior==head 或 head.next==head。

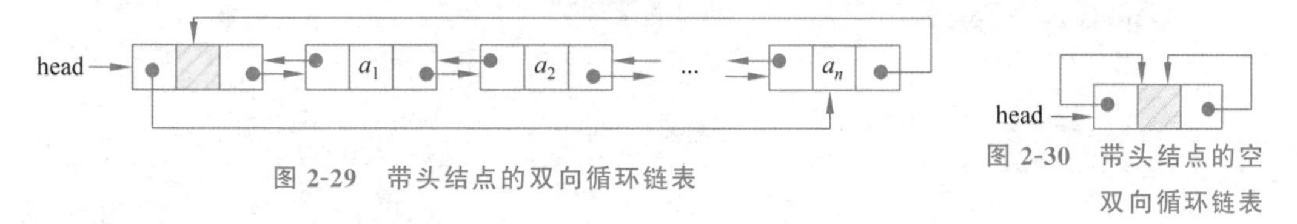

图 2-29　带头结点的双向循环链表

head

图 2-30　带头结点的空双向循环链表

在双向链表中，因为每个结点既有前驱结点的指针域又有后继结点的指针域，所以查找结点非常方便。对于带头结点的双向链表，如果链表为空，则有 p=p.prior.next=p.next.prior。

双向链表的结点存储结构描述如下：

```
class DListNode(object):
    def __init__(self, data):
        self.data = data                           #数据域
        self.prior=None                            #指向前驱结点的指针域
        self.next = None                           #指向后继结点的指针域
```

2.5.2　双向链表的插入和删除操作

在双向链表中，有些操作，如求链表的长度、查找链表的第 i 个结点等，仅涉及一个方向的指针，与单链表中的算法实现基本没有区别。但是对于双向链表的插入和删除操作，因为涉及前驱结点和后继结点的指针，所以需要修改两个方向上的指针。

1. 在第 i 个位置插入元素值为 e 的结点

首先找到第 i 个结点，用 p 指向该结点；再申请一个新结点，由 s 指向该结点，将 e 放入数据域；然后修改 p 和 s 指向的结点的指针域，修改 s 的 prior 域，使其指向 p 的前驱结点，即 s.prior＝p.prior；修改 p 的前驱结点的 next 域，使其指向 s 指向的结点，即 p.prior.next＝s；修改 s 的 next 域，使其指向 p 指向的结点，即 s.next＝p；修改 p 的 prior 域，使其指向 s 指向的结点，即 p.prior＝s。双向链表插入结点操作过程如图 2-31 所示。

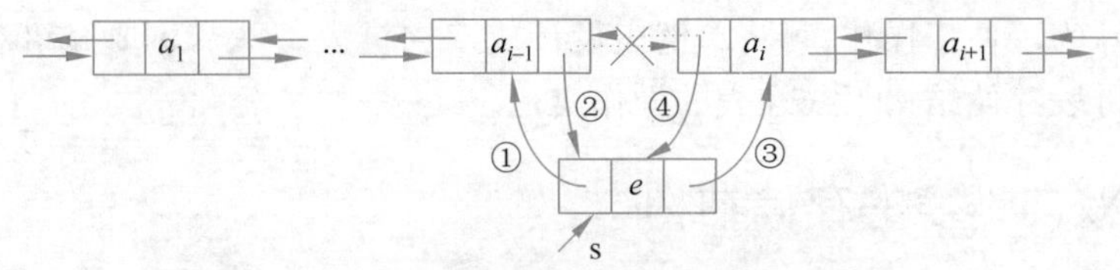

图 2-31 双向链表插入结点操作过程

双向链表插入操作算法实现如下：

```
def InsertDList(self,i,e):
#双向链表插入操作的算法实现
    p = self.head.next              #p 指向链表的第一个结点
    j = 1                           #计数器初始化为 1
    while p != self.head and j < i: #若还未到第 i 个结点
        p = p.next                  #则继续查找下一个结点
        j +=1                       #计数器加 1
    if j != i:                      #若不存在第 i 个结点
        print('插入位置不正确')        #则输出错误提示信息
        return False                #返回 False
    s = DListNode(e)                #生成元素值为 e 的结点 s
    s.prior = p.prior               #修改 s 的 prior 域,使其指向 p 的前驱结点
    p.prior.next = s                #修改 p 的前驱结点的 next 域,使其指向 s 指向的结点
    s.next = p                      #修改 s 的 next 域,使其指向 p 指向的结点
    p.prior = s                     #修改 p 的 prior 域,使其指向 s 指向的结点
    return True                     #插入成功,返回 True
```

2. 删除第 i 个结点

首先找到第 i 个结点，用 p 指向该结点；然后修改 p 指向的结点的前驱结点和后继结点的指针域，从而将 p 与链表断开。将 p 指向的结点与链表断开需要两步，第一步，修改 p 的前驱结点的 next 域，使其指向 p 的后继结点，即 p.prior.next＝p.next；第二步，修改 p 的后继结点的 prior 域，使其指向 p 的前驱结点，即 p.next.prior＝p.prior。双向链表删除结点操作过程如图 2-32 所示。

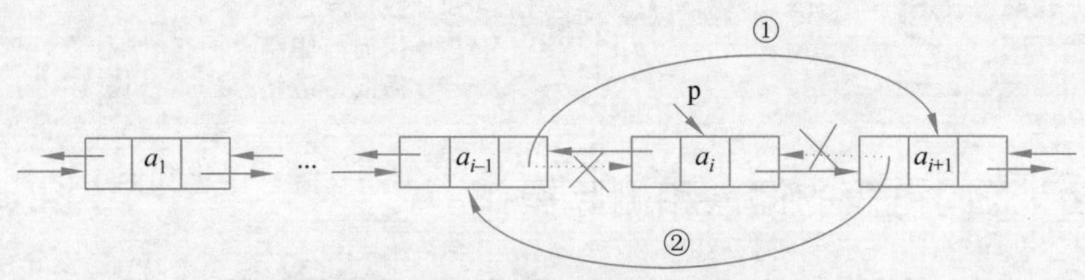

图 2-32 双向链表删除结点操作过程

双向链表删除操作算法实现如下：

```
def DeleteDList(self,i):
#双向链表删除操作的算法实现
    p = self.head.next              #p指向双向链表的第一个结点
    j = 1                           #计数器初始化为 1
    while p != self.head and j < i: #若还未找到待删除的结点
        p = p.next                  #则令 p 指向下一个结点继续查找
        j +=1                       #计数器加 1
    if j != i:                      #若不存在待删除的结点位置
        print('删除位置不正确')      #则输出错误提示信息
        return False                #返回 False
    p.prior.next = p.next           #修改 p 的前驱结点的 next 域,使其指向 p 的后继结点
    p.next.prior = p.prior          #修改 p 的后继结点的 prior 域,使其指向 p 的前驱结点
    del p                           #释放 p 指向结点的空间
    return True                     #返回 True
```

插入和删除操作的时间主要耗费在查找结点上,两者的时间复杂度都为 $O(n)$。

说明:双向链表的插入和删除操作需要修改结点的 prior 域和 next 域,比单链表操作要复杂些,因此要注意修改结点的指针域的顺序。

2.5.3 双向链表应用举例

【例 2-7】 约瑟夫环问题。有 n 个小朋友,编号分别为 1,2,…,n,按编号围成一个圆圈,他们按顺时针方向从编号为 k 的人由 1 开始报数,报数为 m 的人出列,下一个人重新从 1 开始报数,数到 m 的人出列,照这样重复下去,直到所有人都出列。编写一个算法,输入 n、k 和 m,按照出列顺序输出编号。

【分析】 解决约瑟夫环问题可以分为 3 个步骤:第一步,创建一个具有 n 个结点的不带头结点的双向循环链表(模拟编号从 1～n 的圆圈可以利用循环单链表实现,这里采用双向循环链表实现),编号从 1 到 n,代表 n 个小朋友;第二步,找到第 k 个结点,即第一个开始报数的人;第三步,编号为 k 的人从 1 开始报数,并开始计数,报到 m 的人出列,即将该结点删除,继续从下一个结点开始报数,直到最后一个结点被删除。算法实现如下:

```
class DListNode(object):
    def __init__(self, data):
        self.data = data
        self.prior=None
        self.next = None
class DLinkList(object):
    def __init__(self):
        self.head = DListNode(None)
        self.head.next=self.head
    def CreateDCList(self,n):              #创建双向循环链表
        for i in range(1,n+1):
            s=DListNode(i)                 #生成结点空间,由 s 指向该结点
            #将新生成的结点插入双向循环链表
            if self.head.next==self.head:  #若链表为空
                self.head.next=s           #令头指针指向新结点
                s.prior=self.head          #该结点的前驱结点指针域指向该结点
```

```
                s.next=self.head          #该结点的后继结点指针域指向该结点
                self.head.prior=s
            else:                         #否则
                s.next=q.next             #将新结点插入双向链表的尾部
                q.next=s                  #将原最后一个结点的后继结点指针指向新结点
                s.prior=q                 #使新结点的前驱结点指针域指向原最后一个结点
                self.head.prior=s         #将第一个结点的前驱结点指针域指向该新结点
            q=s                           #q 始终指向链表的最后一个结点
        #删除头结点
        q.next=self.head.next
        self.head.next.prior=q
        del self.head
        self.head=q.next
    def DispDLinkList(self):
        cNode=self.head
        if cNode.next==self.head:
            print("当前链表为空")
            return
        print("当前链表中的元素:")
        while cNode.next!=self.head:
            print(cNode.data, end=" ")
            cNode=cNode.next
        print(cNode.data)
def Josephus(self,n,m,k):
    #在长度为 n 的双向循环链表中,从第 k 个人开始报数,数到 m 的人出列
    p = self.head                         #p 指向双向循环链表的第一个结点
    for i in range(1,k):                  #从第 k 个人开始报数
        q=p
        p=p.next                          #p 指向下一个结点
    while p.next != p:
        for i in range(1,m):              #数到 m 的人出列
            q=p
            p=p.next                      #p 指向下一个结点
        q.next=p.next                     #将 p 指向的结点删除,即报数为 m 的人出列
        p.next.prior=q
        print(p.data,end=' ')             #输出被删除的结点
        del p                             #释放 p 指向的结点空间
        p=q.next                          #p 指向下一个结点,重新开始报数
    print(p.data)                         #输出最后出列的人
if __name__=='__main__':
    L = DLinkList()
    n=int(input("输入环中人的个数 n="))    #输出提示信息
    k=int(input("输入开始报数的序号 k="))  #输出提示信息
    m=int(input("报数为 m 的人出列 m="))   #输出提示信息
    L.CreateDCList(n)                     #创建双向循环链表
    L.DispDLinkList()
    print("依次出列的序号为:")              #输出提示信息
    L.Josephus(n, m, k)                   #约瑟夫环问题求解
```

程序运行结果如图 2-33 所示。

在创建双向循环链表 CreateDCList 函数中,根据创建结点的是否为第一个结点分为两种情况处理。

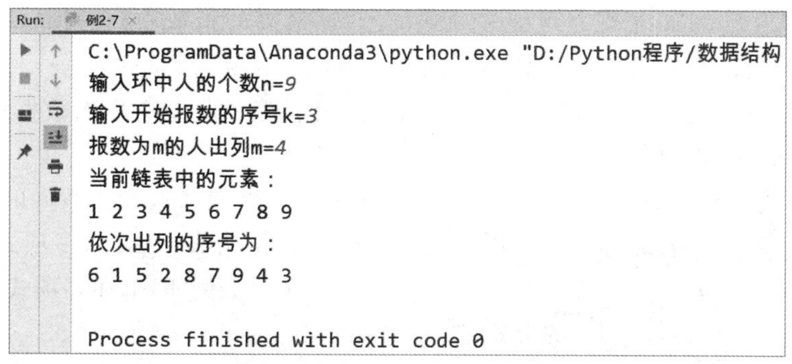

图 2-33　例 2-7 程序运行结果

如果创建的结点是第一个结点，则让头结点的 next 域指向该结点，该结点的前驱结点指针域指向头结点，该结点的后继结点指针域指向头结点，并让头结点的前驱结点指针域指向该结点，代码如下：

```
if self.head.next==self.head:            #若链表为空
    self.head.next=s                     #令头指针指向新结点
    s.prior=self.head                    #该结点的前驱结点指针域指向该结点
    s.next=self.head                     #该结点的后继结点指针域指向该结点
    self.head.prior=s
```

切记不要漏掉 s.next=self.head 或 s.prior=self.head，否则在程序运行时会出现错误。

如果创建的结点不是第一个结点，则将新结点插入双向链表的尾部，代码如下：

```
s.next=q.next                            #将新结点插入双向链表的尾部
q.next=s                                 #将原最后一个结点的后继结点指针域指向新结点
s.prior=q                                #使新结点的前驱结点指针域指向原最后一个结点
self.head.prior=s                        #将第一个结点的前驱结点指针域指向该新结点
```

注意：语句 s.next=q.next 和 q.next=s 的顺序不能颠倒。另外，不要忘记让头结点的 prior 域指向 s。

2.6　综合案例：一元多项式的表示与相加

一元多项式相加

一元多项式相加是线性表的一个实际应用，它涵盖了本节介绍的链表的各种操作。通过使用链表实现一元多项式相加，巩固读者对链表基本操作的理解与掌握。

2.6.1　一元多项式的表示

在数学中，一个一元多项式 $A_n(x)$ 可以写成降幂的形式，即 $A_n(x)=a_nx^n+a_{n-1}x^{n-1}+\cdots+a_1x+a_0$，如果 $a_n\neq 0$，则 $A_n(x)$ 称为 n 阶多项式。一个 n 阶多项式由 $n+1$ 个系数构成，这些系数可以用线性表 $(a_n,a_{n-1},\cdots,a_1,a_0)$ 表示。

线性表的存储可以采用顺序存储结构，这样使多项式的一些操作变得更加简单。可以定义一个维数为 $n+1$ 的列表 $a[n+1]$，$a[n]$ 存放系数 a_n，$a[n-1]$ 存放系数 a_{n-1}……$a[0]$

存放系数 a_0。但是,实际情况是可能多项式的阶数(最高的指数项)会很高,多项式的每一项的指数会差别很大,这可能会浪费很多的存储空间。例如,多项式 $P(x)=10x^{2001}+x+1$,若采用顺序存储,则存放系数需要 2002 个存储空间,但是其中有用的数据只有 3 个。若只存储非零系数,还必须存储相应的指数信息。

一元多项式 $A_n(x)=a_nx^n+a_{n-1}x^{n-1}+\cdots+a_1x+a_0$ 的系数和指数同时存放,可以表示成一个线性表,线性表的每一个数据元素由一个二元组构成。因此,多项式 $A_n(x)$ 可以表示成线性表 $((a_n,n),(a_{n-1},n-1),\cdots,(a_1,1),(a_0,0))$。例如,上述多项式 $P(x)$ 可以表示成((10,2001),(1,1),(1,0))的形式。

因此,多项式可以采用链式存储结构表示,每一项可以表示成一个结点,结点的结构由存放系数的 coef 域、存放指数的 expn 域和指向下一个结点的 next 指针域 3 个域组成,如图 2-34 所示。

结点结构用 Python 语言描述如下:

```
class PolyNode(object):
    def __init__(self, coef, expn):
        self.coef = coef
        self.expn= expn
        self.next = None
```

例如,多项式 $S(x)=9x^8+5x^4+6x^2+7$ 可以表示成链表,如图 2-35 所示。

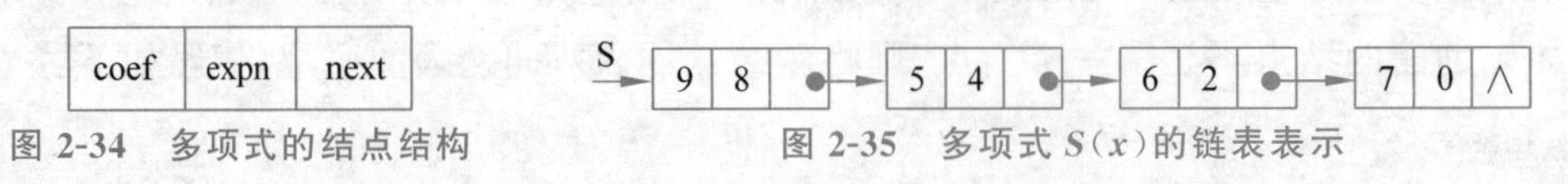

图 2-34　多项式的结点结构　　图 2-35　多项式 $S(x)$ 的链表表示

2.6.2　一元多项式相加

为了操作方便,将链表中的元素按照指数从高到低的顺序排列,即降幂排列。

例如,有两个一元多项式 $P(x)=3x^2+2x+1$ 和 $Q(x)=5x^3+3x+2$,链表表示如图 2-36 所示。

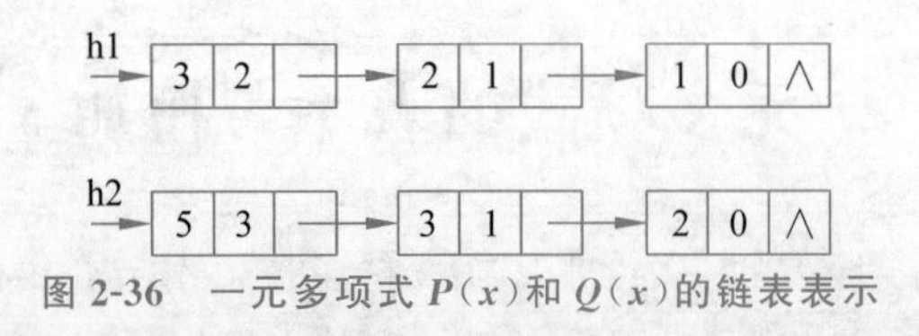

图 2-36　一元多项式 $P(x)$ 和 $Q(x)$ 的链表表示

如果要将两个多项式相加,需要比较两个多项式的指数项后决定。两个多项式中有指数相同的项时,才将对应的系数相加;其余的项直接成为结果多项式中的项。算法实现如下:

```
if s1.expn==s2.expn:           #如果两项的指数相等
    c=s1.coef+s2.coef          #则对应的系数相加后,将和赋给 c
    e=s1.expn                  #将指数赋给 e
    s1=s1.next                 #使 s1 指向第一个多项式的下一个待处理结点
    s2=s2.next                 #使 s2 指向第二个多项式的下一个待处理结点
elif s1.expn>s2.expn:          #如果第一个多项式结点的指数大于第二个多项式结点的指数
    c=s1.coef                  #将第一个多项式结点的系数赋给 c
```

```
        e=s1.expn                        #将第一个多项式结点的指数赋给 e
        s1=s1.next                       #使 s1 指向第一个多项式的下一个待处理结点
    else:                                #否则
        c=s2.coef                        #将第二个多项式结点的系数赋给 c
        e=s2.expn                        #将第二个多项式结点的指数赋给 e
        s2=s2.next                       #使 s2 指向第二个多项式的下一个待处理结点
```

其中，s1 和 s2 分别指向两个链表的结点。因为结点是按照指数从大到小排列的，所以在指数不等时，将指数大的结点作为结果，指数小的还要继续进行比较。例如，如果当前 s1 指向系数为 3、指数为 2 的结点，即(3,2)，s2 指向(3,1)，因为 s1.exp>s2.exp，所以将 s1 的结点作为结果。在 s1 指向(2,1)时，s2 指向(3,1)，要将两个结点的系数相加，得到(5,1)。

如果相加后的系数不为 0，则需要生成一个结点存放到链表中，代码如下：

```
    if c!=0:                             #如果相加后的系数不为 0,则生成一个结点存放到链表中
        p=PolyNode(c,e)                  #生成一个结点 p
        if s is None:                    #如果 s 为空链表
            s=p                          #使新结点 p 成为 s 的第一个结点
        else:                            #否则
            r.next=p                     #使新结点 p 成为 r 的下一个结点
        r=p                              #使 r 指向链表的最后一个结点
```

如果在一个链表已经到达末尾时另一个链表还有结点，需要将剩下的结点插入新链表中，代码如下：

```
    while s1!=None:                      #如果第一个多项式还有其他结点
        c=s1.coef                        #第一个多项式结点的系数赋给 c
        e=s1.expn                        #第一个多项式结点的指数赋给 e
        s1=s1.next                       #将 s1 指向下一个结点
        if c!=0:                         #如果相加后的系数不为 0,则生成一个结点存放到链表中
            p=PolyNode(c,e)
            if s is None:
                s=p
            else:
                r.next=p
            r=p
    while s2!=None:                      #如果第二个多项式还有其他结点
        c=s2.coef                        #第二个多项式结点的系数赋给 c
        e=s2.expn                        #第二个多项式结点的指数赋给 e
        s2=s2.next                       #将 s2 指向下一个结点
        if c!=0:                         #如果相加后的系数不为 0,则生成一个结点存放到链表中
            p=PolyNode(c,e)
            if s is None:
                s=p
            else:
                r.next=p
            r=p
    return s                             #返回新生成的链表指针 s
```

最后，s 指向的链表就是两个多项式的和。

完整的程序代码实现如下。

```
class PolyNode(object):
```

```
    def __init__(self, coef, expn):
        self.coef = coef
        self.expn= expn
        self.next = None
    def DispLinkList(self):
        if self.next is None:
            return
        p=self
        while p!=None:
            print(p.coef,end='')
            if p.expn:
                print("*x^%d"%(p.expn),end='')
            if p.next and p.next.coef > 0:
                print("+",end='')
            p=p.next
class PLinkList(object):
    def __init__(self):
        self.head = PolyNode(0.0,0)          #生成一个头结点
    def CreatePolyn(self):
    #创建一元多项式,各项按指数从大到小的顺序排列
        h=self.head
        while True:
            coef2=float(input("输入系数 coef(系数和指数都为 0 时,表示结束)"))
            expn2=int(input(("输入指数 exp(系数和指数都为 0 时,表示结束)")))
            if (int)(coef2) == 0 and expn2 == 0:
                break
            s=PolyNode(coef2,expn2)
            q = h.next                       #q 指向链表的第一个结点,即表尾
            p = h                            #p 指向 q 的前驱结点
            while q and expn2 < q.expn:      #将新输入的指数与 q 指向的结点的指数比较
                p = q
                q = q.next
            if q is None or expn2 > q.expn:
                                    #q 指向要插入结点的位置,p 指向要插入结点的前驱结点
                p.next = s                   #将 s 结点插入链表中
                s.next = q
            else:
                q.coef += coef2     #如果指数与链表中结点的指数相同,则将系数相加即可
def AddPoly(h1,h2):                          #将两个多项式相加
    r=None
    s=None
    s1=h1.head                               #使 s1 指向第一个多项式
    s2=h2.head                               #使 s2 指向第二个多项式
    while s1!=None and s2!=None:             #如果两个多项式都不为空
        if s1.expn==s2.expn:                 #如果两个指数相等
            c=s1.coef+s2.coef                #则对应系数相加后,将和赋给 c
            e=s1.expn                        #将指数赋给 e
            s1=s1.next                       #使 s1 指向第一个多项式的下一个待处理结点
            s2=s2.next                       #使 s2 指向第二个多项式的下一个待处理结点
        elif s1.expn>s2.expn:   #如果第一个多项式结点的指数大于第二个多项式结点的指数
            c=s1.coef                        #将第一个多项式结点的系数赋给 c
            e=s1.expn                        #将第一个多项式结点的指数赋给 e
            s1=s1.next                       #使 s1 指向第一个多项式的下一个待处理结点
```

```
        else:                    #否则
            c=s2.coef            #将第二个多项式结点的系数赋给 c
            e=s2.expn            #将第二个多项式结点的指数赋给 e
            s2=s2.next           #使 s2 指向第二个多项式的下一个待处理结点
        if c!=0:                 #如果相加后的系数不为 0,则生成一个结点存放到链表中
            p=PolyNode(c,e)      #生成一个结点 p
            if s is None:        #如果 s 为空链表
                s=p              #使新结点成为 s 的第一个结点
            else:                #否则
                r.next=p         #使新结点成为 r 的下一个结点
            r=p                  #使 r 指向链表的最后一个结点
    while s1!=None:              #如果第一个多项式还有其他结点
        c=s1.coef                #第一个多项式结点的系数赋给 c
        e=s1.expn                #第一个多项式结点的指数赋给 e
        s1=s1.next               #将 s1 指向下一个结点
        if c!=0:                 #如果相加后的系数不为 0,则生成一个结点存放到链表中
            p=PolyNode(c,e)
            if s is None:
                s=p
            else:
                r.next=p
            r=p
    while s2!=None:              #如果第二个多项式还有其他结点
        c=s2.coef                #第二个多项式结点的系数赋给 c
        e=s2.expn                #第二个多项式结点的指数赋给 e
        s2=s2.next               #将 s2 指向下一个结点
        if c!=0:                 #如果相加后的系数不为 0,则生成一个结点存放到链表中
            p=PolyNode(c,e)
            if s is None:
                s=p
            else:
                r.next=p
            r=p
    return s                     #返回新生成的链表指针 s
if __name__=='__main__':
    A = PLinkList()
    A.CreatePolyn()
    print('一元多项式 A(x)=', end='')
    A.OutPut()
    B = PLinkList()
    B.CreatePolyn()
    print('一元多项式 B(x)=', end='')
    B.OutPut()
    C = AddPoly(A, B)
    print('两个多项式的和:C(x)=A(x)+B(x)=', end='')
    C.DispLinkList()             #输出结果
```

程序运行结果如图 2-37 所示。

知识拓展

在利用数据结构描述数据对象、设计算法时，要根据实际问题的需要选择合适的存储结构。例如，实现一元多项式的相加、相乘运算及关于学生信息表的构造与操作，选择使用顺序存储还是链式存储呢？这就是需要考虑的问题。在学习数据结构的过程中，不仅要学习

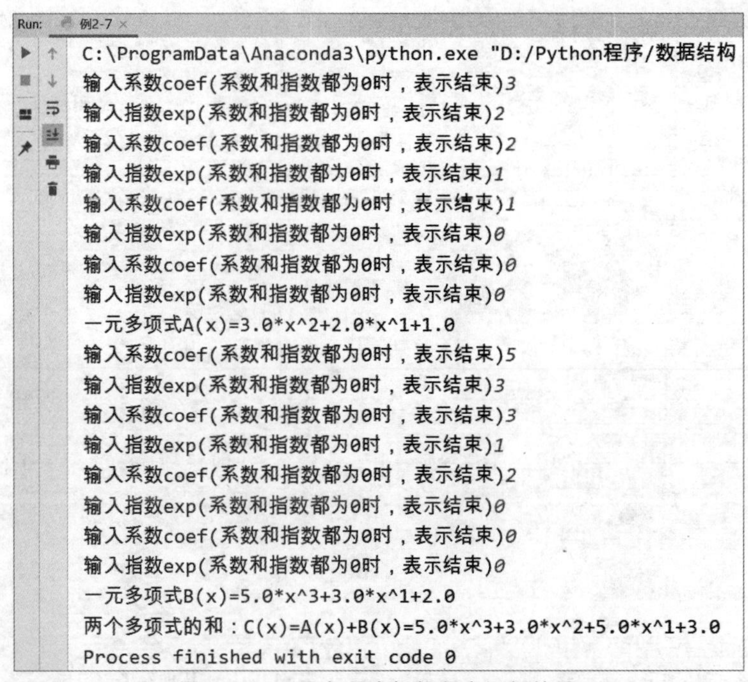

图 2-37　一元多项式相加程序运行结果

算法思想、实现算法,还要养成正确认识事物、分析事物特点的能力。凡事都具有两面性,事物在对立统一中不断发展变化。只看到事物的一面而忽视了另一面是偏颇的。

2.7　小结

在线性表中,除了第一个元素外,其他元素只有唯一的直接前驱;除了最后一个元素外,其他元素只有唯一的直接后继。

线性表有顺序存储和链式存储两种存储方式。采用顺序存储结构的线性表称为顺序表,采用链式存储结构的线性表称为链表。

顺序表中数据元素的逻辑顺序与物理顺序一致,因此可以随机存取。链表以指针域表示元素之间的逻辑关系。

链表又分为单链表和双向链表,这两种链表又可构成单循环链表、双向循环链表。单链表只有一个指针域,指针域指向直接后继结点。双向链表的一个指针域指向直接前驱结点,另一个指针域指向直接后继结点。

顺序表的优点是可以随机存取任意一个元素,算法实现较为简单,存储空间利用率高;缺点是需要预先分配存储空间,存储规模不好确定,插入和删除操作需要移动大量元素。链表的优点是不需要事先确定存储空间的大小,插入和删除元素不需要移动大量元素;缺点是只能从第一个结点开始顺序存取元素,存储单元利用率不高,算法实现较为复杂,因涉及指针操作,操作不当会产生无法预料的内存错误。

2.8　上机实验

2.8.1　基础实验

基础实验 1：实现顺序表的基本操作

实验目的：考察是否理解顺序表的存储结构并熟练掌握基本操作。

实验要求：创建 MySeqList 类，该类应包含至少以下基本操作。

(1) 顺序表的初始化。

(2) 判断顺序表是否为空。

(3) 插入和删除元素。

(4) 查找表中第 i 个元素。

(5) 创建表。

(6) 输出表中的元素。

基础实验 2：实现单链表的基本操作

实验目的：考察是否理解单链表的存储结构并熟练掌握单链表的基本操作。

实验要求：创建 MyLinkList 类，该类应至少包含以下基本操作。

(1) 单链表的初始化。

(2) 判断单链表是否为空。

(3) 插入和删除元素。

(4) 查找单链表中第 i 个元素。

(5) 创建单链表。

(6) 销毁单链表。

(7) 输出单链表中的元素。

基础实验 3：实现双向链表的基本操作

实验目的：考察是否理解双向链表的存储结构并熟练掌握基本操作。

实验要求：创建 MyDLinkList 类，该类应至少包含以下基本操作。

(1) 双向链表的初始化。

(2) 判断双向链表是否为空。

(3) 插入和删除元素。

(4) 双向链表的创建。

(5) 双向链表的销毁。

基础实验 4：实现双向循环链表的基本操作

实验目的：考察是否理解双向循环链表的存储结构并熟练掌握基本操作。

实验要求：创建 MyDCLinkList 类，该类应至少包含以下基本操作。

(1) 双向循环链表的初始化。

(2) 判断双向循环链表是否为空。

(3) 插入和删除元素。

(4) 求双向循环链表的长度。

(5) 双向循环链表的销毁。

2.8.2 综合实验：一元多项式相乘

实验目的：深入理解链表的存储结构，熟练掌握链表的基本操作。

一元多项式可以采用链式存储方式表示，每一项可以表示成一个结点，结点由 3 个域组成：存放系数的 coef 域、存放指数的 expn 域和指向下一个结点的 next 指针域，如图 2-38 所示。

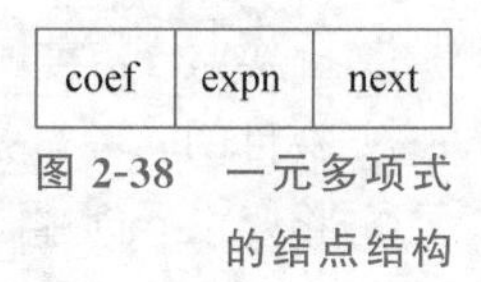

图 2-38　一元多项式的结点结构

结点结构可以用 Python 语言描述如下：

```
class PolyNode(object):
    def __init__(self, coef, expn):
        self.coef = coef
        self.expn= expn
        self.next = None
```

例如，多项式 $S(x)=7x^6+3x^4-3x^2+6$ 的链表表示如图 2-39 所示。

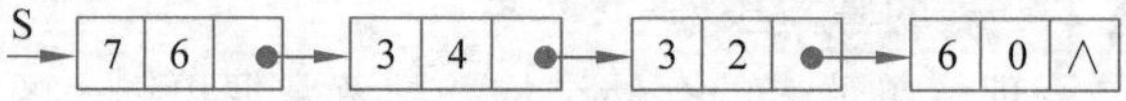

图 2-39　一元多项式的链表表示

实验内容：计算两个一元多项式相乘的结果。假设两个多项式 $A_n(x)=a_nx^n+a_{n-1}x^{n-1}+\cdots+a_1x+a_0$ 和 $B_m(x)=b_mx^m+b_{m-1}x^{m-1}+\cdots+b_1x+b_0$，要将这两个多项式相乘，就是将多项式 $A_n(x)$ 中的每一项与 $B_m(x)$ 中的每一项相乘。

例如，两个多项式 $A(x)$ 和 $B(x)$ 的相乘后得到 $C(x)$。

$A(x)=4x^4+3x^2+5x$

$B(x)=6x^3+7x^2+8x$

$C(x)=24x^7+28x^6+50x^5+51x^4+59x^3+40x^2$

以上多项式可以表示成链式存储结构，如图 2-40 所示。

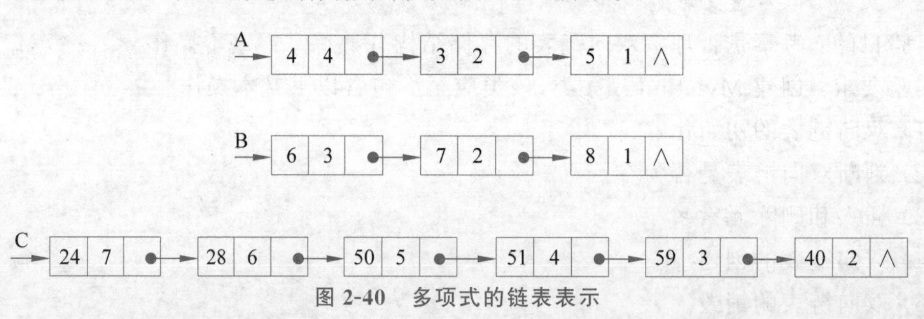

图 2-40　多项式的链表表示

实验思路：A、B 和 C 分别是多项式 $A(x)$、$B(x)$ 和 $C(x)$ 对应链表的头指针，$A(x)$ 和 $B(x)$ 两个多项式相乘，首先计算出 $A(x)$ 和 $B(x)$ 的最高指数和，即 4+3=7，则 $A(x)$ 和 $B(x)$ 的乘积 $C(x)$ 的指数范围为 0～7。然后将 $A(x)$ 按照指数降幂排列，将 $B(x)$ 按照指数升序排列，分别设两个指针 pa 和 pb，pa 用来指向链表 A，pb 用来指向链表 B，从第一个结点开始计算两个链表的 expn 域的和，并将其与 k 比较（k 为指数和的范围，从 7 到 0 递减），使链表的和按指数递减排列。如果和小于 k，则 pb=pb.next；如果和等于 k，则计算二项式的系数的乘积，并将其赋值给新生成的结点；如果和大于 k，则 pa=pa.next。这样得到多项

式 $A(x)$ 和 $B(x)$ 的乘积 $C(x)$。最后将链表 B 重新逆置。

习题

一、单项选择题

1. 对线性表，在(　　)的情况下应当采用链表表示。

A. 经常需要随机地存取元素　　B. 经常需要进行插入和删除操作

C. 表中元素需要占据一片连续的存储空间　　D. 表中元素的个数不变

2. 若长度为 n 的线性表采用顺序存储结构，在其第 i 个位置插入一个新元素算法的时间复杂度为(　　)。

A. $O(\log_2 n)$　　B. $O(1)$　　C. $O(n)$　　D. $O(n^2)$

3. 若一个线性表中最常用的操作是取第 i 个元素和找第 i 个元素的前驱元素，则采用(　　)存储方式最节省时间。

A. 顺序表　　B. 单链表　　C. 双向链表　　D. 循环单链表

4. 在一个长度为 n 的顺序表中，在第 i 个元素之前插入一个新元素时，需向后移动(　　)个元素。

A. $n-i$　　B. $n-i+1$　　C. $n-i-1$　　D. i

5. 非空的循环单链表 head 的尾结点 p 满足(　　)。

A. p.next==head　　B. p.next==None

C. p==None　　D. p==head

6. 在双向循环链表中，在 p 指针所指的结点后插入一个指针 q 所指向的新结点，修改指针的操作是(　　)。

A.
```
p.next=q
q.prior=p
p.next.prior=q
q.next=q
```
B.
```
p.next=q
p.next.prior=q
q.prior=p
q.next=p.next
```
C.
```
q.prior=p
q.next=p.next
p.next.prior=q
p.next=q
```
D.
```
q.next=p.next
q.prior=p
p.next=q
p.next=q
```

7. 线性表采用链式存储时，结点的存储地址(　　)。

A. 必须是连续的　　B. 必须是不连续的

C. 连续与否均可　　D. 和头结点的存储地址连续

8. 在一个长度为 n 的顺序表中删除第 i 个元素，需要向前移动(　　)个元素。

A. $n-i$　　B. $n-i+1$　　C. $n-i-1$　　D. $i+1$

9. 从表中任一结点出发，都能扫描整个表的是(　　)。

A. 单链表　　B. 顺序表　　C. 循环链表　　D. 静态链表

10. 若线性表中最常用的操作是存取第 i 个元素及前驱、后继元素的值，为节省时间应采用的存储方式是(　　)。

A. 单链表　　B. 顺序表　　C. 循环单链表　　D. 双向链表

11. 在具有 n 个结点的单链表上查找值为 x 的元素时,其时间复杂度为(　　)。

A. $O(n)$　　B. $O(1)$　　C. $O(n^2)$　　D. $O(n-1)$

12. 一个顺序表的第一个元素的存储地址是90,每个元素的长度为2,则第6个元素的存储地址是(　　)。

A. 98　　B. 100　　C. 102　　D. 106

13. 在单链表中,指针p指向元素为 e 的结点,实现删除 e 的后继的语句是(　　)。

A. p=p.next　　B. p.next=p.next.next

C. p.next=p　　D. p=p.next.next

14. 已知指针p和q分别指向某单链表中第一个结点和最后一个结点。假设指针s指向另一个单链表中某个结点,则在s所指结点之后插入前一个单链表应执行的语句为(　　)。

A. q.next=s.next
　s.next=p

B. s.next=p
　q.next=s.next

C. p.next=s.next
　s.next=q

D. s.next=q
　p.next=s.next

15. 在一个单链表中,已知q所指结点是p所指结点的前驱结点。若在q和p之间插入一个结点s,则执行(　　)。

A. s.next=p.next
　p.next=s

B. p.next=s.next
　s.next=p

C. q.next=s
　s.next=p

D. p.next=s
　s.next=q

二、算法分析题

1. 函数ListInsert实现单链表的插入算法,请将算法补充完整。

```
def ListInsert(L,i,e):
    j=0
    p=L
    while p!=None and j<i-1:
        p=p.next
        j+=1
    if p==None or j>i-1:
        return False
    s=LNode(e)
    ___(1)___
    ___(2)___
    return True
```

2. 函数ListDelete实现顺序表删除算法,请在空格处将算法补充完整。

```
def ListDelete(L,i):
    if i<1 or i>L.length:
        return False
    for k in range(i-1,L.length-1):
        L.list[k]=___(1)___
    ___(2)___
    return True
```

3. 写出以下算法的功能。

```
def L(head):
    n=0
    p=head
    while p!=None:
        p=p.next
        n+=1
    return n
```

三、算法设计题

1. 编写算法，实现带头结点的单链表的逆置算法。

2. 已知有两个带头结点的单链表 A 和 B，A 和 B 中的元素由小到大排列。设计一个算法，将 A 和 B 中相同的元素插入单链表 C 中。

3. 顺序表 A 和顺序表 B 的元素都是非递减排列，利用线性表的基本运算，将它们合并成一个顺序表 C，要求 C 也是非递减排列。例如，A=(6,11,11,23)，B=(2,10,12,12,21)，则 C=(2,6,10,11,11,12,12,21,23)。

4. 已知有两个顺序表 A 和 B，A 中的元素按照递增排列，B 中的元素按照递减排列。编写一个算法，将 A 和 B 合并成一个顺序表，使其按照递增排列，要求不占用额外的存储单元。

5. 设 A 和 B 是两个顺序表，其元素按从小到大的顺序排列。编写一个算法，将 A 和 B 中相同元素组成一个新的从大到小的有序顺序表 C，并分析算法的时间复杂度。

6. 利用单链表的基本操作，实现以下操作：如果在单链表 A 中出现的元素在单链表 B 中也出现，则将 A 中该元素删除。

分析：如果把单链表看成集合，这其实是求两个集合的差集，即所有属于集合 A 而不属于集合 B 的元素。具体实现是，对于单链表 A 中的每个元素，在单链表 B 中进行查找，如果在 B 中存在该元素，则将该元素从 A 中删除。

7. 将单链表 A 和 B 合并，得到 C，C 中的元素仍按照非递减排列。

8. 已知有两个带头结点的双向循环链表 A 和 B，它们的元素均按照递增排列。编写算法，将 A 和 B 合并成一个双向循环链表，并使合并后链表中的元素也按照递增排列。

分析：可以使用原有结点空间而不建立新结点合并双向循环链表。首先以 A 的头结点建立新的空双向链表。分别用指针 p 和 q 指向链表 A 和 B 的第一个结点，依次比较 p 和 q 指示的结点元素大小，取下较小的结点作为新链表的结点，插入新链表的表尾。重复这一过程，一直到 A 和 B 中有一个链表为空。当 A 和 B 中有一个链表为空而另一个链表不为空时，将不空的链表剩下的部分插入新链表的表尾。

9. 假设存在一个带头结点的单链表 L，每个结点中存放的元素为整数。编写一个尽可能高效的算法，删除其中最小值的结点。

第3章 栈和队列

栈和队列是两种特殊的线性结构，从元素之间的逻辑关系上看，它们都属于线性结构，其特殊性在于插入和删除操作被限制在表的一端进行，因此栈和队列被称为操作受限的线性表。在实际生活中，栈和队列被广泛应用于软件开发过程。本章主要介绍栈和队列的基本概念、存储结构、基本运算及典型应用。

本章重难点：

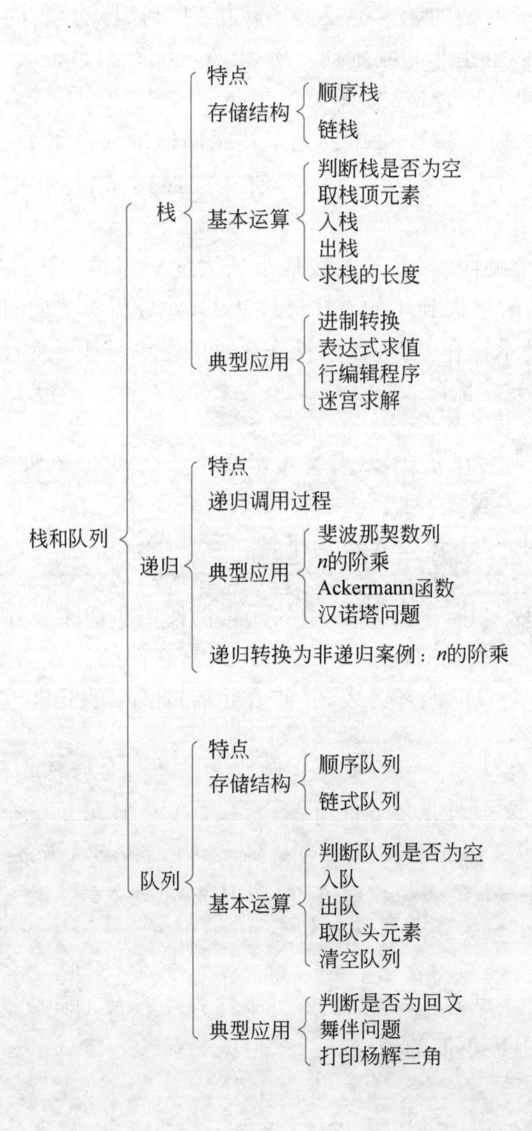

3.1 栈

栈是一种只能在表的一端进行插入和删除操作的线性表。栈的应用非常广泛,例如,算术表达式求值、括号匹配、递归算法就是利用栈的设计思想求解问题的。本节主要介绍栈的定义、栈的存储结构及应用。

3.1.1 栈的基本概念

栈(stack),也称为堆栈,它是限定仅在表尾进行插入和删除操作的线性表。允许插入、删除操作的一端称为栈顶(top),另一端称为栈底(bottom)。栈顶是动态变化的,通常由一个称为栈顶指针(top)的变量指示。当表中没有元素时,称为空栈。

栈的插入操作称为入栈或进栈,删除操作称为出栈或退栈。

将元素序列 $a_1, a_2, \cdots, a_n$ 依次进栈后,a_1 为栈底元素,a_n 为栈顶元素,如图 3-1 所示。最先入栈的元素位于栈底,最后入栈的元素成为栈顶元素,每次出栈的元素也是栈顶元素。因此,栈是一种后进先出(Last In First Out,LIFO)的线性表。

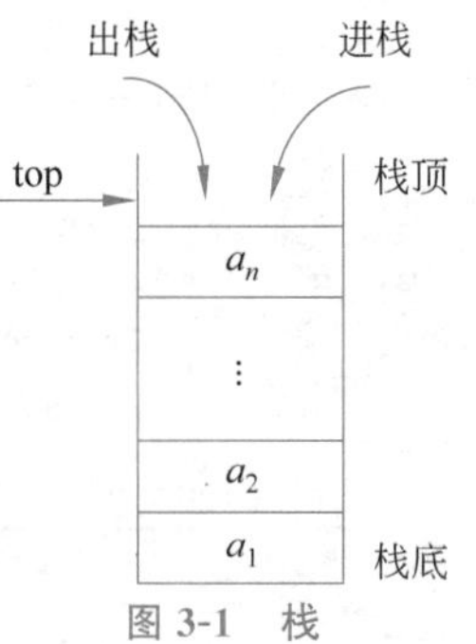

图 3-1 栈

若将元素 a、b、c 和 d 依次入栈,最后将栈顶元素出栈,栈顶指针 top 的变化情况如图 3-2 所示。

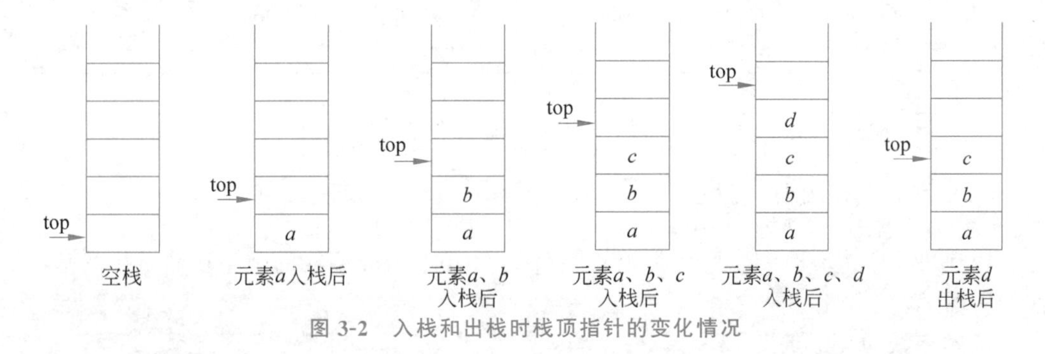

图 3-2 入栈和出栈时栈顶指针的变化情况

【例 3-1】 若 abc 为一个入栈序列,给出不可能的出栈序列。

【分析】 根据栈的后进先出特性,出栈序列有 5 种可能:abc、acb、bac、bca 和 cba,而 cab 是不可能的出栈序列。这是因为 c 最先出栈,说明 c 位于栈顶,且 a 和 b 已经进栈并且还未出栈,根据入栈顺序和栈的性质,b 一定在 a 的上面,因此出栈序列一定是 cba,不可能是 cab。

【例 3-2】 一个栈的输入序列为 P_1、P_2、P_3,输出序列为 1、2、3,如果 $P_3=1$,则 P_1 的值( )。

A. 可能是 2　　B. 一定是 2　　C. 不可能是 2　　D. 不可能是 3

【分析】 因为 $P_3=1$ 且 1 是第一个出栈的元素,说明栈中还有 P_2、P_1 两个元素,其中 P_2 为新的栈顶元素,P_1 位于栈底,若 $P_2=2$、$P_1=1$,则出栈序列为 1、2、3;若 $P_2=3$、$P_1=$

2,则出栈序列为 1、3、2,因此 P_1 的值可能是 3,一定不能是 2,故选项 C 是正确的。P_1、P_2 和 P_3 在栈中的情况如图 3-3 所示。

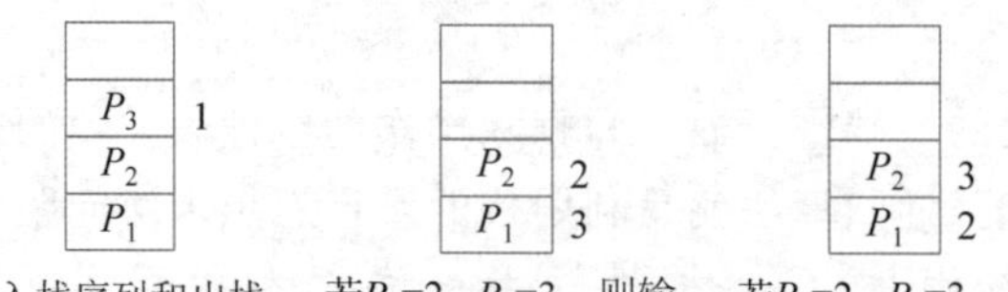

图 3-3　P_1、P_2 和 P_3 在栈中的情况

3.1.2　栈的抽象数据类型

栈的抽象数据类型描述如表 3-1 所示。

表 3-1　栈的抽象数据类型描述

数据对象	栈的数据对象集合为$\{a_1,a_2,\cdots,a_n\}$,每个元素都有相同的类型	
数据关系	栈中数据元素之间的关系具有线性表的特点：除了第一个元素 a_1 外,每一个元素有且只有一个直接前驱元素;除了最后一个元素 a_n 外,每一个元素有且只有一个直接后继元素	
基本操作	InitStack(&S)	初始化操作,建立一个空栈 S
	StackEmpty(S)	判断栈是否为空。若栈 S 为空,返回 True;否则返回 False
	GetTop(S,&e)	返回栈 S 的栈顶元素给 e
	PushStack(&S,e)	在栈 S 中插入元素 e,使其成为新的栈顶元素
	PopStack(&S,&e)	删除栈 S 的栈顶元素,并用 e 返回其值
	StackLength(S)	返回栈 S 的元素个数
	ClearStack(S)	清空栈 S

3.1.3　栈的顺序表示与实现

栈有两种存储结构：顺序存储和链式存储。本节主要介绍栈的顺序存储结构及基本操作的实现。

1. 顺序栈的类型定义

采用顺序存储结构的栈称为顺序栈。顺序栈利用一组地址连续的存储单元依次存放自栈底到栈顶的数据元素,可利用 Python 语言中的列表作为顺序栈的存储结构,同时附设一个栈顶指针 top,用于指向顺序栈的栈顶元素。当 top＝0 时表示空栈。栈的顺序存储结构类型可在类中进行定义,具体由栈的初始化实现。

栈的顺序存储结构类型及基本运算通过自定义类实现,顺序栈的类名定义为 SeqStack,顺序栈的存储结构通过 SeqStack 的构造函数__init__(self)描述如下：

```
def __init__(self):
    self.top=0
    self.MAXSIZE=50
    self.stack = [None for x in range(0,self.MAXSIZE)]
```

其中,stack 用于存储栈中的数据元素的列表,top 为栈顶指针,MAXSIZE 为栈的最大容量。

当栈中元素个数为 MAXSIZE 时，称为栈满。如果继续入栈操作则会产生溢出，称为上溢。对空栈进行删除操作，就会产生下溢。

顺序栈的结构如图 3-4 所示。元素 a、b、c、d、e、f、g、h 依次入栈后，a 为栈底元素，h 为栈顶元素。在实际操作中，栈顶指针指向栈顶元素的下一个位置。

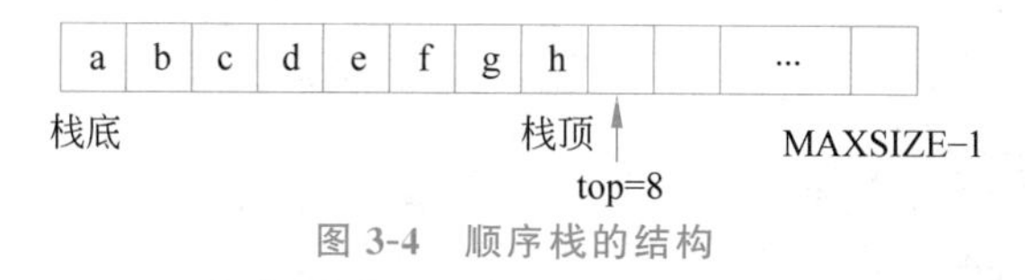

图 3-4　顺序栈的结构

入栈操作时，先判断栈是否已满，若未满，将元素压入栈中，即 S.stack[S.top]＝e，然后使栈顶指针加 1，即 S.top＋＝1。出栈操作时，先判断栈是否为空，若为空，使栈顶指针减 1，即 S.top－＝1，然后元素出栈，即 e＝S.stack[S.top]。判断顺序栈为空的条件为 self.top＝＝0，判断顺序栈已满的条件为 self.top＝self.MAXSIZE。

2. 顺序栈的基本操作

顺序栈的基本操作及类方法如表 3-2 所示。

表 3-2　顺序栈的基本操作及类方法

基本操作	类方法	基本操作	类方法
栈的初始化	__init__(self)	取栈顶元素	getTop(self)
判断栈是否为空	stackEmpty(self)	求栈的长度	stackLength(self)
入栈	pushStack(self,e)	清空栈	clearStack(self)
出栈	popStack(self)		

（1）初始化栈。

```
def init_(self):
        self.top=0
        self.MAXSIZE=50
        self.stack = [None for x in range(0,self.MAXSIZE)]
```

（2）判断栈是否为空。

```
def stackEmpty(self):
    if self.top==0:
        return True
    else:
        return False
```

（3）取栈顶元素。在取栈顶元素前，先判断栈是否为空。如果栈为空，则返回 None 表示取栈顶元素失败；否则，将栈顶元素返回。取栈顶元素的算法实现如下：

```
def getTop(self):
    if self.StackEmpty():
        print("栈为空,取栈顶元素失败!")
        return None
    else:
        return self.stack[self.top-1]
```

（4）将元素 e 入栈。在将元素 e 入栈前，需要先判断栈是否已满。若栈已满，返回 False

表示入栈操作失败;否则将元素 e 压入栈中,然后将栈顶指针 top 增 1,并返回 True 表示入栈操作成功。入栈操作的算法实现如下:

```
def pushStack(self,e):
    if self.top>=self.MAXSIZE:
        print("栈已满!")
        return False
    else:
        self.stack[self.top]=e
        self.top=self.top+1
        return True
```

(5) 将栈顶元素出栈。在将元素出栈前,需要先判断栈是否为空。若栈为空,则返回 None;若栈不为空,则先使栈顶指针减 1,然后将栈顶元素返回。出栈操作的算法实现如下:

```
def popStack(self):
    if self.StackEmpty():
        print("栈为空,不能进行出栈操作!")
        return None
    else:
        self.top=self.top-1
        x=self.stack[self.top]
        return x
```

(6) 求栈的长度。

```
def stackLength(self):
    return self.top
```

(7) 清空栈。

```
def clearStack(self):
    self.top=0
```

3. 顺序栈应用实例

【例 3-3】 任意给定一个数学表达式,如{5 * (9－2)－[15－(8－3)/2]}＋3 * (6－4),设计一个算法判断表达式的括号是否匹配。

【分析】 为了检验括号是否匹配,可以设置一个栈。依次读入一个字符。

(1) 如果读入的是左括号,则直接进栈。

(2) 如果读入的是右括号,则进行以下判断:

- 它与当前栈顶的左括号是同类型的,说明这一对括号是匹配的,则将栈顶的左括号出栈;否则是不匹配的,继续读下一字符。
- 如果栈已经为空,说明缺少左括号,该表达式的括号不匹配。

(3) 如果字符序列已经读完,而栈中仍然有等待匹配的左括号,说明缺少右括号,该表达式的括号不匹配。

(4) 如果读入的是数字字符或运算符,则不进行处理,继续读下一字符。

当字符序列和栈同时变为空时,说明括号完全匹配。

算法实现如下:

```
import SeqStack as sq
```

```
def Match(e,ch):
  #判断左右两个括号是否为同类型,同类型则返回 True,否则返回 False
  if(e=='(' and ch==')'):
      return True
  elif (e=='[' and ch==']'):
      return True
  elif(e=='{' and ch=='}'):
      return True
  else:
      return False
if __name__ == '__main__':
  S = sq.MySeqStack()
  ch = input('请输入算术表达式')
  i=0
  while i in range(len(ch)):
      if ch[i]=='(' or ch[i]== '[' or ch[i] == '{':  #如果是左括号,入栈
        S.pushStack(ch[i])
        i=i+1
      elif ch[i]==')' or ch[i]== ']' or ch[i]== '}':
        if S.stackEmpty():
            print("缺少左括号.\n")
            exit(-1)
        else:
            e=S.getTop()
            if Match(e,ch[i]):    #如果栈顶的左括号与读入的右括号匹配,则将栈顶的左括
                                  #号出栈
              e=S.popStack()
              i=i+1
            else:                 #否则
              print("左右括号不匹配.\n")
              exit(-1)
      else:                       #如果是其他字符,则不处理,直接将 p 指向下一个字符
        i=i+1
  if(S.stackEmpty()):             #如果字符序列读入完毕,且栈已空,说明括号序列匹配
      print("括号匹配.\n")
  else:                           #如果字符序列读入完毕,且栈不空,说明缺少右括号
      print("缺少右括号.\n")
```

程序的运行结果如图 3-5 所示。

```
C:\Users\o.o\.conda\envs\tensorflow\python.exe D:/Python程序/数据结构/括号匹配.py
请输入算术表达式[9-8]+[8-(9+2)]
括号匹配.
```

图 3-5　例 3-3 程序运行结果

3.1.4　栈的链式表示与实现

由于顺序栈采用顺序存储结构,需要事先静态分配存储空间,而存储规模往往又难以确定。如果栈空间分配过小,可能会造成溢出;如果栈空间分配过大,又造成存储空间浪费。因此,为了克服顺序栈的缺点,可采用链式存储结构表示栈。本节主要介绍栈的链式存储结构及基本操作。

1. 栈的存储结构

栈的链式存储结构用一组不一定连续的存储单元存放栈中的数据元素。一般来说,当栈中数据元素的数目变化较大或不确定时,采用链式存储结构是比较合适的。用链式存储结构表示的栈称为**链栈**或**链式栈**。

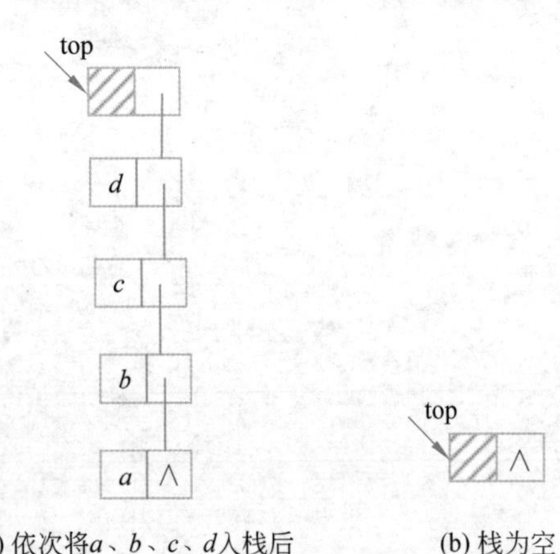

(a) 依次将a、b、c、d入栈后　　(b) 栈为空

图 3-6　带头结点的链栈

链栈通常用单链表表示。插入和删除操作都在栈顶指针的位置进行,这一端称为**栈顶**,通常由栈顶指针 **top** 指示。例如,元素 a、b、c、d 依次入栈的带头结点的链栈如图 3-6(a)所示。链栈为空时如图 3-6(b)所示。

栈顶指针 top 始终指向头结点,最先入栈的元素在链栈的栈底,最后入栈的元素成为栈顶元素。由于链栈的操作都是在链表的表头位置进行,因而链栈的基本操作(除了求链栈长度以外)的时间复杂度均为 $O(1)$。

链栈的结点类型描述如下:

```
class LinkStackNode:
    def __init__(self):
        self.data=None
        self.next=None
```

对于带头结点的链栈,初始化链栈时,有 top.next=None,判断栈空的条件为 top.next==None;对于不带头结点的链栈,初始化链栈时,有 top=None,判断栈空的条件为 top==None。

采用链式存储的栈不必事先估算栈的最大容量,只要系统有可用的存储空间,就能随时为结点申请存储空间,不用考虑栈满的情况。

2. 链栈的基本操作

链栈的基本操作通过 MyLinkStack 类实现,在该类中定义相关基本运算,结点的分配需要调用 LinkStackNode 类。链栈的基本操作及类方法如表 3-3 所示。

表 3-3　链栈的基本操作及类方法

基本操作	类方法
初始化链栈	__init__(self)
判断链栈是否为空	stackEmpty(self)
入栈	pushStack(self,e)
出栈	popStack(self)
取栈顶元素	getTop(self)
求链栈的长度	stackLength(self)
创建链栈	createStack(self)
清空链栈	clearStack(self)

(1) 初始化链栈。初始化链栈由__init__(self)函数实现，需要调用链栈的结点类 LinkStackNode 初始化结点。初始时，头结点的指针域为空。初始化链栈的算法实现如下：

```
class MyLinkStack:
    def __init__(self):
        self.top=LinkStackNode()
```

(2) 判断链栈是否为空。如果头结点指针域为空，说明链栈为空，返回 True；否则，返回 False。判断链栈是否为空的算法实现如下：

```
def stackEmpty(self):
    if self.top.next is None
        return True
    else:
        return False
```

(3) 将元素 e 入栈。先生成一个结点，用 pnode 指向该结点，再将元素 e 的值赋给 pnode 结点的数据域，然后将新结点插入第一个结点之前。插入新结点的操作分为两个步骤：①pnode.next＝self.top.next；②self.top.next＝pnode。入栈操作如图 3-7 所示。

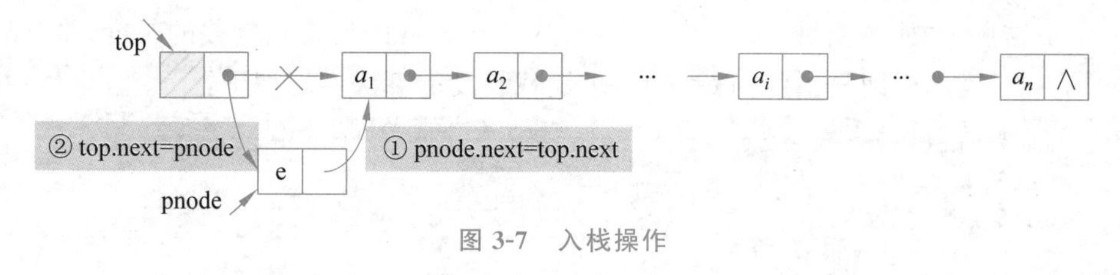

图 3-7　入栈操作

注意：在插入新结点时，需要注意修改指针的顺序不能颠倒。

将元素 e 入栈的算法实现如下：

```
def pushStack(self,e):
    pnode=LinkStackNode()
    pnode.data=e
    pnode.next=self.top.next
    self.top.next=pnode
```

(4) 将栈顶元素出栈。先判断链栈是否为空。若链栈为空，返回 None，表示出栈操作失败；否则，将栈顶元素值赋给 x，释放该结点空间，最后将栈顶元素返回。出栈操作如图 3-8 所示。

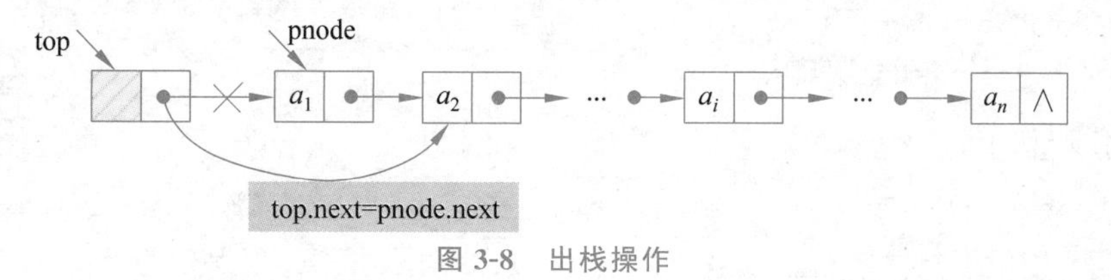

图 3-8　出栈操作

将栈顶元素出栈的算法实现如下：

```
def popStack(self):
    if self.stackEmpty():
```

```
            print("栈为空,不能进行出栈操作!")
            return None
        else:
            pnode=self.top.next
            self.top.next=pnode.next
            x=pnode.data
            del pnode
            return x
```

(5) 取栈顶元素。在取栈顶元素前要判断链栈是否为空。如果为空,则返回 None;否则,将栈顶元素返回。取栈顶元素的算法实现如下。

```
    def getTop(self):
        if self.stackEmpty():
            print("栈为空,取栈顶元素失败!")
            return None
        else:
            return self.top.next.data
```

(6) 求链栈的长度。链栈的长度就是链栈的元素个数。从栈顶元素开始,通过 next 域找到下一个结点,并使用变量 len 计数,直到栈底为止,len 的值就是链栈的长度,将 len 返回即可,求链栈长度的时间复杂度为 $O(n)$。求链栈长度的算法实现如下:

```
    def stackLength(self):
        p=self.top.next
        len=0
        while p is not None:
            p=p.next
            len=len+1
        return len
```

(7) 创建链栈。创建链栈主要利用链栈的插入操作实现,将用户输入的元素序列存入 eElem 中,然后依次取出每个元素,将其插入到链栈中,即将元素依次入栈。创建链栈的算法实现如下:

```
    def createStack(self):
        print("请输入要入栈的整数:")
        eElem=list(map(int, input().split()))
        for e in eElem:
            pnode=LinkStackNode()
            pnode.data=e
            pnode.next=self.top.next
            self.top.next=pnode
```

测试代码如下:

```
    if __name__=='__main__':
        S1 = MyLinkStack()
        S1.createStack()
        print(S1.getTop())
        print("长度",S1.stackLength())
        while S1.stackEmpty() is not True:
            e=S1.popStack()
```

```
        print("出栈元素:",e)
```

程序运行结果如下：

```
请输入要入栈的整数:
1 2 3 4
4
长度 4
出栈元素: 4
出栈元素: 3
出栈元素: 2
出栈元素: 1
```

(8) 清空链栈。在程序结束后要将申请的结点空间释放。从栈顶开始，依次通过 del 命令释放各结点空间，直到栈底为止。销毁链栈的算法实现如下：

```
def clearStack(self):
    while self.top is not None:
        p=self.top
        self.top=self.top.next
        del p
```

3. 链栈应用举例

【例 3-4】 利用链表模拟栈实现将十进制数 5678 转换为对应的八进制数。

【分析】 进制转换是计算机实现计算的基本问题。可以采用辗转相除法实现将十进制数转换为八进制数。将十进制数 5678 转换为八进制数的过程如图 3-9 所示。

	余数	
5678 ÷ 8 = 709	6	低位
709 ÷ 8 = 88	5	
88 ÷ 8 = 11	0	
11 ÷ 8 = 1	3	
1 ÷ 8 = 0	1	高位

$(5678)_{10} = (13056)_8$

图 3-9　十进制数 5678 转换为八进制数的过程

十进制数 5678 转换后的八进制数为 13056。观察图 3-9 的转换过程，每次不断利用被除数除以 8 得到商数后，记下余数，又将商数作为新的被除数继续除以 8，直到商数为 0 为止，把得到的余数按位序排列起来就是转换后的八进制数。十进制数 N 转换为八进制数的算法如下：

(1) 将 N 除以 8，记下其余数。

(2) 判断商是否为 0。如果为 0，结束程序；否则，将商送 N，转到(1)继续执行。

将得到的余数逆序排列就是转换后的八进制数，得到余数的顺序正好与八进制数的顺序相反，这正好可利用栈的后进先出特性，先把得到的余数序列放入栈中保存，最后依次出栈即得到八进制数。

在利用链表实现将十进制数转换为八进制数时，可以将每次得到的余数按照头插法插入链表，然后从链表的头指针开始依次输出结点的元素值，就得到了八进制数。这正好是元素的入栈与出栈操作，因此也可以利用栈的基本操作实现数的进制转换。

十进制数转换为八进制数的算法实现如下：

```
class LinkStackNode:
    def __init__(self):
        self.data=None
        self.next=None
class MyLinkStack:
```

```
    def __init__(self):
        self.top=LinkStackNode()
def covert10to8(x):
    top=None
    while x != 0:
        p = LinkStackNode()
        p.data = x % 8
        p.next = top
        top = p
        x = x // 8
    num=[]
    while top is not None:
        p = top
        num.append(p.data)
        top = top.next
    return num
if __name__=='__main__':
    x = int(input("请输入一个十进制整数"))
    y = covert10to8(x)
    print("转换后的八进制数是:",end="")
    for i in y:
        print(i,end='')
```

程序运行结果如图 3-10 所示。

```
C:\Users\o.o\.conda\envs\tensorflow\python.exe D:/Python程序/数据结构/进制转换.py
请输入一个十进制整数5678
转换后的八进制数是:13056
Process finished with exit code 0
```

图 3-10　例 3-4 程序运行结果

表达式求值 1

3.1.5　栈的典型应用

【例 3-5】　通过键盘输入一个表达式,如 6+(7-1)*3+9/2,要求将其转换为后缀表达式,并计算该表达式的值。

【分析】　表达式求值是程序编译中的基本问题,它正是利用了栈的后进先出思想把人们便于理解的表达式翻译成计算机能够正确理解的表示序列。

一个算术表达式是由操作数和运算符组成的。为了简化问题求解,假设算术运算符仅由加、减、乘、除 4 种运算符和左、右圆括号组成。

例如,一个算术表达式为

$$6+(7-1)*3+9/2$$

算术表达式中的运算符总是出现在两个操作数之间,这种表达式被称为中缀表达式。计算机编译系统在计算一个算术表达式之前,要将中缀表达式转换为后缀表达式,然后对后缀表达式进行计算。后缀表达式就是算术运算符出现在操作数之后,并且不含括号。

计算机在求算术表达式的值时分为两个步骤:

(1) 将中缀表达式转换为后缀表达式。

(2) 计算后缀表达式的值。

1. 将中缀表达式转换为后缀表达式

要将一个算术表达式的中缀形式转化为后缀形式，首先需要了解四则运算规则。四则运算的规则如下：

(1) 先乘除，后加减。

(2) 同级别的运算从左到右进行。

(3) 先括号内，后括号外。

上面的算术表达式可转换为以下后缀表达式：

6 7 1 － 3 * ＋ 9 2 / ＋

不难看出，转换后的后缀表达式具有以下两个特点：

(1) 后缀表达式与中缀表达式的操作数出现顺序相同，只是运算符先后顺序改变了。

(2) 后缀表达式中不出现括号。

在利用后缀表达式进行算术运算时，编译系统不必考虑运算符的优先关系，仅需要从左到右依次扫描后缀表达式的各个字符，遇到运算符时，直接对运算符前面的两个操作数进行运算即可。

如何将中缀表达式转换为后缀表达式呢？可设置一个栈，用于存放运算符。本书约定＃作为中缀表达式的结束标志，$\boldsymbol{\theta}_1$ 为栈顶运算符，$\boldsymbol{\theta}_2$ 为当前扫描的运算符。运算符的优先关系如表3-4所示。其中，＞表示 $\boldsymbol{\theta}_1$ 的优先级高于 $\boldsymbol{\theta}_2$，＜表示 $\boldsymbol{\theta}_1$ 的优先级低于 $\boldsymbol{\theta}_2$，＝表示二者优先级相同。

表3-4 运算符的优先关系

$\boldsymbol{\theta}_1$	$\boldsymbol{\theta}_2$						
	＋	－	*	/	(	)	＃
＋	＞	＞	＜	＜	＜	＞	＞
－	＞	＞	＜	＜	＜	＞	＞
*	＞	＞	＞	＞	＜	＞	＞
/	＞	＞	＞	＞	＜	＞	＞
(	＜	＜	＜	＜	＜	＝	
)	＞	＞	＞	＞		＞	＞
＃	＜	＜	＜	＜	＜		＝

依次读入表达式中的每个字符，根据读取的当前字符进行以下处理：

(1) 初始化栈，并将＃入栈。

(2) 若当前读入的字符是操作数，则将该操作数输出，并读入下一字符。

(3) 若当前字符是运算符，记作 $\boldsymbol{\theta}_2$，则将 $\boldsymbol{\theta}_2$ 与栈顶的运算符 $\boldsymbol{\theta}_1$ 比较。若 $\boldsymbol{\theta}_1$ 优先级低于 $\boldsymbol{\theta}_2$，则将 $\boldsymbol{\theta}_2$ 进栈；若 $\boldsymbol{\theta}_1$ 优先级高于 $\boldsymbol{\theta}_2$，则将 $\boldsymbol{\theta}_1$ 出栈并将其作为后缀表达式的一部分输出。然后继续比较新的栈顶运算符 $\boldsymbol{\theta}_1$ 与当前运算符 $\boldsymbol{\theta}_2$ 的优先级，若 $\boldsymbol{\theta}_1$ 的优先级与 $\boldsymbol{\theta}_2$ 相等，且 $\boldsymbol{\theta}_1$ 为左括号，$\boldsymbol{\theta}_2$ 为右括号，则将 $\boldsymbol{\theta}_1$ 出栈，继续读入下一个字符。

(4) 如果 $\boldsymbol{\theta}_2$ 的优先级与 $\boldsymbol{\theta}_1$ 相等，且 $\boldsymbol{\theta}_1$ 和 $\boldsymbol{\theta}_2$ 都为＃，将 $\boldsymbol{\theta}_1$ 出栈。

重复执行(2)～(4)，直到所有字符读取完毕。此时栈为空，完成了将中缀表达式转换为后缀表达式的过程，算法结束。

中缀表达式 6+(7−1)∗3+9/2♯转换为后缀表达式的具体过程如图 3-11 所示(为了转换方便,在要转换表达式的末尾加一个'♯'作为结束标记)。

图 3-11 中缀表达式 6+(7−1)∗3+9/2 转换为后缀表达式的过程

2. 求后缀表达式的值

将中缀表达式转换为后缀表达式后，就可以计算后缀表达式的值了。计算后缀表达式的值的规则如下：依次读入后缀表达式中的每个字符。如果是操作数，则将操作数入栈；如果是运算符，则将处于栈顶的两个操作数出栈，然后利用当前运算符进行运算，将运算结果入栈。重复执行上述过程，直到整个表达式处理完毕。

利用上述规则，后缀表达式的 6 7 1 − 3 * ＋ 9 2 / ＋的运算过程如图 3-12 所示。

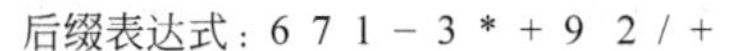

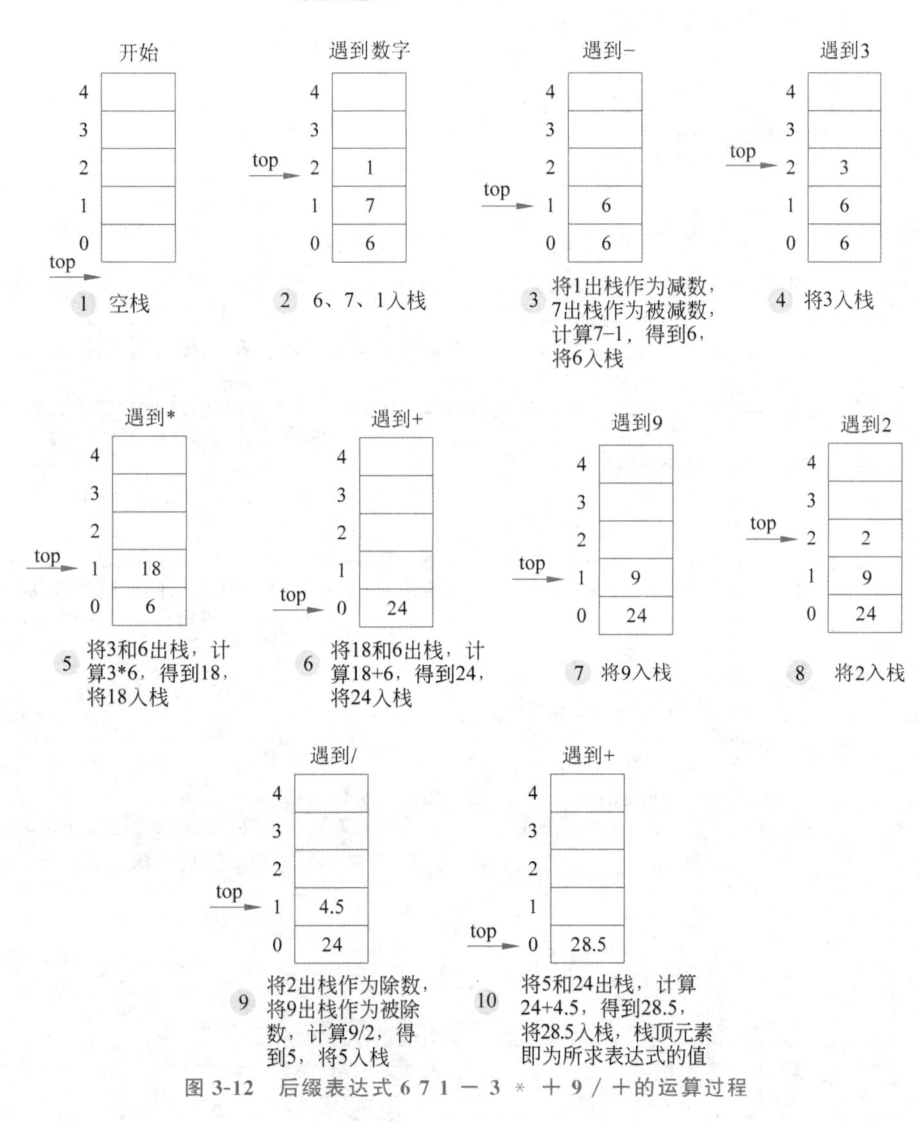

图 3-12　后缀表达式 6 7 1 − 3 * ＋ 9 / ＋的运算过程

3. 算法实现

具体实现时，设置两个字符列表 str、exp 及一个栈 S，其中，str 用于存放中缀表达式的字符串，exp 用于存放转换后的后缀表达式的字符串，S 用于存放转换过程中遇到的运算符。具体如下：

(1) 将中缀表达式转换为后缀表达式的方法是：依次扫描列表 str 中的每个字符。如果遇到的是数字,则将其直接存入列表 exp 中。如果遇到的是运算符,则将 S 的栈顶运算符与当前运算符比较。如果当前运算符的优先级高于栈顶运算符的优先级,则将当前运算符入栈;如果栈顶运算符的优先级高于当前运算符的优先级,则将栈顶运算符出栈,并保存到列表 exp 中。

(2) 求后缀表达式的值的方法是:依次扫描后缀表达式中的每个字符。如果是数字字符,将其转换为数字(数值型数据),并将其入栈;如果是运算符,则将栈顶的两个数字出栈,进行加、减、乘、除运算,并将结果入栈。当后缀表达式对应的字符串处理完毕后,将栈顶元素返回给被调用函数,即为所求表达式的值。

利用栈求算术表达式的值的算法实现如下:

```
def TranslateExpress(self,str,exp):
#中缀表达式转换为后缀表达式
    i=0
    j=0
    end=False
    ch=str[i]
    i=i+1
    while i <=len(str) and not end:
        if(ch=='('):                      #如果当前字符是左括号,则将其入栈
            self.PushStack(ch)
        elif(ch==')'):           #如果是右括号,将栈中的运算符出栈,并将其存入列表 exp 中
            while (self.GetTop()!=None and self.GetTop()!= '('):
                e=self.PopStack()
                exp[j] = e
                j =j+1
            e=self.PopStack()             #将左括号出栈
        elif(ch=='+' or ch=='-'):         #若遇到+和-,因为其优先级低于栈顶运算符的优
                                          #先级,所以先将栈顶字符出栈并送入列表 exp
                                          #中,然后将当前运算符入栈
            while not self.StackEmpty() and self.GetTop() != '(':
                e=self.PopStack()
                exp[j]=e
                j=j+1
            self.PushStack(ch)            #当前运算符入栈
        elif(ch=='*' or ch=='/'):         #若遇到*和/, 先将同级运算符出栈并送入列表
                                          #exp 中,然后将当前运算符入栈
            while not self.StackEmpty() and self.GetTop()== '/' or self.GetTop()
== '*':
                 e=self.PopStack()
                 exp[j] = e
                 j=j+1
            self.PushStack(ch)            #当前运算符入栈
        elif(ch==' '):                    #若遇到空格,忽略
            break
        else:                             #若遇到操作数,则将操作数直接送入列表 exp 中
            while (ch >= '0' and ch <= '9'):
                exp[j] = ch
                j=j+1
                if(i<len(str)):
                    ch = str[i]
```

```
                else:
                    end=True
                    break
                i=i+1
            i=i-1
        ch = str[i]                              #读入下一个字符,准备处理
        i=i+1
    while not self.StackEmpty():                 #将栈中所有剩余的运算符出栈,送入列表 exp 中
        e=self.PopStack()
        exp[j] = e
        j=j+1
    def ComputeExpress(self,a):
        i=0
        while(i<len(a)):
            if(a[i]>='0' and a[i]<='9'):
                self.PushStack(int(a[i]))        #处理之后将数字入栈
            else:
                if(a[i]=='+'):
                    x1=self.PopStack()
                    x2=self.PopStack()
                    result=x1+x2
                    self.PushStack(result)
                elif(a[i]=='-'):
                    x1=self.PopStack()
                    x2=self.PopStack()
                    result=x2-x1
                    self.PushStack(result)
                elif(a[i]=='*'):
                    x1=self.PopStack()
                    x2=self.PopStack()
                    result=x1*x2
                    self.PushStack(result)
                elif(a[i]=='/'):
                    x1=self.PopStack()
                    x2=self.PopStack()
                    result=x2/x1
                    self.PushStack(result)
            i=i+1
        if not self.StackEmpty():                #如果栈不空,将结果出栈,并返回
            result=self.PopStack()
        if self.StackEmpty():
            return result
        else:
            print("表达式错误")
            return result
if __name__=='__main__':
    S = MySeqStack()
    str=input("请输入一个算术表达式:")
    exp=''
    str = [x for x in str[::1]]
    exp = [None for x in str[::1]]
    S.TranslateExpress(str,exp)
    exp2=[]
```

```
        exp2 = list(filter(None, exp))
        str="".join(str)
        print("表达式",str,"的值=",S.ComputeExpress(exp2))
```

程序运行结果如图 3-13 所示。

```
Run: 表达式求值
C:\Users\o.o\.conda\envs\tensorflow\python.exe D:/Python程序/数据结构/表达式求值.py
请输入一个算术表达式：6+(7-1)*3+9/2
表达式 6+(7-1)*3+9/2 的值= 28.5

Process finished with exit code 0
```

图 3-13　利用栈求算术表达式的值的程序运行结果

注意：(1) 在将中缀表达式转换为后缀表达式的过程中，遇到连续的数字字符，则需要将连续的数字字符作为一个数字处理，而不是作为两个数字或多个数字，这可以在函数 ComputeExpress 或 TranslateExpress 中进行处理。

(2) 在 ComputeExpress 函数中，遇到一运算符时，先出栈的为减数，后出栈的为被减数；对于/运算也一样。

【想一想】 能否在求解算术表达式的值时不输出转换的后缀表达式而直接进行求值？

【分析】 求算术表达式的值时，也可以同时进行将中缀表达式转换为后缀表达式和利用后缀表达式求值这两个过程，这需要定义两个栈：运算符栈 Opnd 和操作数栈 Optr，将原来操作数的输出变成将其送操作数栈操作，在运算符出栈时，需要将操作数栈中的元素输出并进行相应运算，然后将运算结果送入操作数栈。

算法实现如下：

```
def CalExpress(str):
#计算表达式的值
    Optr=OptStack()
    Opnd=OptStack()
    Optr.Push('#')
    n=len(str)
    i=0
    res=0
    a=[]
    print("运算符栈和操作数栈的变化情况如下:")
    while i<n or Optr.GetTop() is not None:
        if i<n and not IsOptr(str[i]):          #是操作数
            while i<n and not IsOptr(str[i]):
                a.append(str[i])
                i+=1
            if len(a)>=1:
                res=StrtoInt(a)
            a=[]
        if res!=0:
            Opnd.Push(res)                      #将当前运算结果送入运算符栈
            DispStackStatus(Optr,Opnd)
        res = 0
        if IsOptr(str[i]):                      #是运算符
```

```
            if Precede(Optr.GetTop(),str[i])=='<':
                Optr.Push(str[i])
                i+=1
                DispStackStatus(Optr,Opnd)
            elif Precede(Optr.GetTop(),str[i])=='>':
                theta=Optr.Pop()
                rvalue=Opnd.Pop()
                lvalue=Opnd.Pop()
                exp=GetValue(theta,lvalue,rvalue)
                Opnd.Push(exp)
                DispStackStatus(Optr,Opnd)
            elif Precede(Optr.GetTop(),str[i])=='=':
                theta=Optr.Pop()
                i+=1
                DispStackStatus(Optr,Opnd)
    return Opnd.GetTop()                                #返回表达式的值
def GetValue(ch,a,b):                                   #求值
    if ch=='+':
        return a + b
    elif ch=='-':
        return a-b
    elif ch=='*':
        return a*b
    elif ch=='/':
        return a/b
if __name__=='__main__':                                #主函数
    str=input('请输入算术表达式串:')
    res = CalExpress(str)
    print('表达式',str,'的运算结果为:',res)
```

程序运行结果如图 3-14 所示。

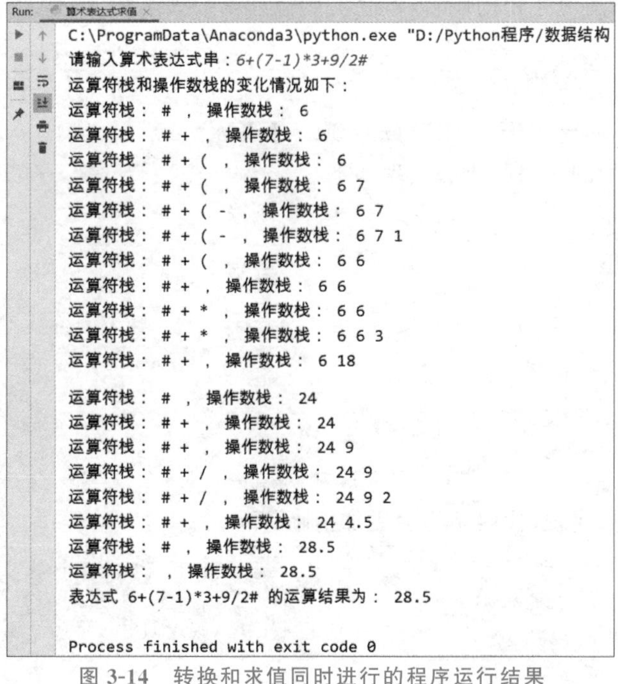

```
C:\ProgramData\Anaconda3\python.exe "D:/Python程序/数据结构
请输入算术表达式串：6+(7-1)*3+9/2#
运算符栈和操作数栈的变化情况如下：
运算符栈： # ， 操作数栈： 6
运算符栈： # + ， 操作数栈： 6
运算符栈： # + ( ， 操作数栈： 6
运算符栈： # + ( ， 操作数栈： 6 7
运算符栈： # + ( - ， 操作数栈： 6 7
运算符栈： # + ( - ， 操作数栈： 6 7 1
运算符栈： # + ( ， 操作数栈： 6 6
运算符栈： # + ， 操作数栈： 6 6
运算符栈： # + * ， 操作数栈： 6 6
运算符栈： # + * ， 操作数栈： 6 6 3
运算符栈： # + ， 操作数栈： 6 18
运算符栈： # ， 操作数栈： 24
运算符栈： # + ， 操作数栈： 24
运算符栈： # + ， 操作数栈： 24 9
运算符栈： # + / ， 操作数栈： 24 9
运算符栈： # + / ， 操作数栈： 24 9 2
运算符栈： # + ， 操作数栈： 24 4.5
运算符栈： # ， 操作数栈： 28.5
运算符栈： ， 操作数栈： 28.5
表达式 6+(7-1)*3+9/2# 的运算结果为： 28.5

Process finished with exit code 0
```

图 3-14　转换和求值同时进行的程序运行结果

【思考】 若遇到连续数字字符表示的多位数，如 123+16*20 中的 123、16 和 20，要将这些字符串转换为对应的整数。如果使用栈，该如何处理呢？

3.2 栈与递归

栈的后进先出的思想还体现在递归函数中。本节主要介绍栈与递归调用的关系、递归利用栈的实现过程以及递归的消除。

3.2.1 设计递归算法

递归是指在函数的定义中又出现了对自身的调用。如果一个函数在函数体中直接调用自身，称为直接递归函数；如果一个函数经过一系列中间调用间接地调用自身，称为间接递归函数。

1. 斐波那契数列

【例 3-6】 如果兔子在出生两个月后就有繁殖能力，以后一对兔子每个月能生出一对兔子，假设所有兔子都不死，那么一年以后共有多少对兔子呢？

不妨拿新出生的一对小兔子进行分析。第一、二个月小兔子没有繁殖能力，所以还是一对；两个月后，生下一对小兔子，共有 2 对兔子；三个月后，老兔子又生下一对，因为小兔子还没有繁殖能力，所以一共是 3 对兔子；以此类推，可以得出如表 3-5 所示的每个月兔子的对数。

表 3-5 每个月兔子的对数

经过的月数	1	2	3	4	5	6	7	8	9	10	11	12
兔子对数	1	1	2	3	5	8	13	21	34	55	89	144

从表 3-5 中不难看出，数字 1,1,2,3,5,8,… 构成了一个数列，这个数列有一个十分明显的特征，即前面相邻两项之和构成后一项，可用数学函数表示如下。

$$\mathrm{Fib}(n)=\begin{cases}0, & n=0\\ 1, & n=1\\ \mathrm{Fib}(n-1)+\mathrm{Fib}(n-2) & n>1\end{cases}$$

求斐波那契数列的非递归算法实现如下：

```
def Fib(n):
    a,b=1,1
    i=0
    f=[]
    while i<n:
        f.append(a)
        a,b=b,a+b
        i=i+1
    return f
```

如果用递归方法实现，代码结构会更加清晰：

```
def Fib(n):                                     #使用递归方法计算斐波那契数列
    if n==0:                                    #若是第 0 项
        return 0                                #则返回 0
```

```
    elif n==1:                                 #若是第 1 项
        return 1                               #则返回 1
    else:                                      #其他情况
        return Fib(n-1)+Fib(n-2)               #第三项为前两项之和
    for i in range(1,11):
        print(Fib(i),end=' ')
```

当 $n=4$ 时,递归函数 Fib(n)的执行过程如图 3-15 所示。

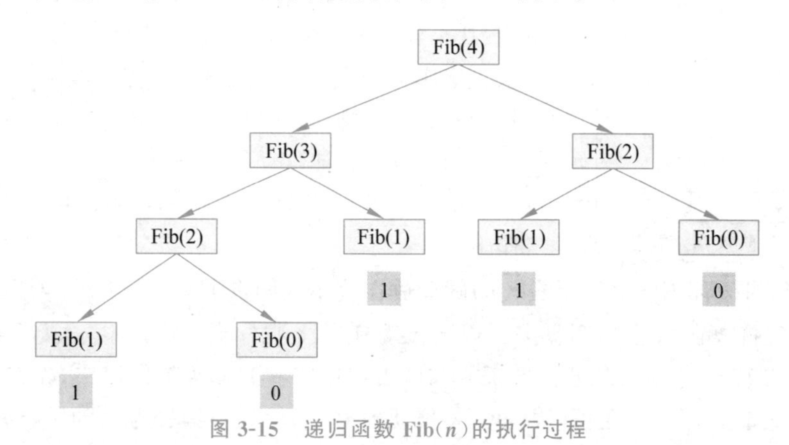

图 3-15　递归函数 Fib(n)的执行过程

2. 求 n 的阶乘

【例 3-7】　求 n 的阶乘的递归函数定义如下:

$$\mathrm{Fact}(n)=\begin{cases}1, & n=0\\ n\times \mathrm{fact}(n-1), & n>0\end{cases}$$

求 n 的阶乘的递归算法实现如下:

```
def Fact(n):                                   #求 n 的阶乘
    if n==1:
        return 1
    else:
        return n*Fact(n-1)
```

3. Ackermann 函数

【例 3-8】　Ackermann 函数定义如下:

$$\mathrm{Ack}(m,n)=\begin{cases}n+1, & m=0\\ \mathrm{Ack}(m-1,1), & m\neq 0,n=0\\ \mathrm{Ack}(m-1,\mathrm{Ack}(m,n-1)), & m\neq 0,n\neq 0\end{cases}$$

Ackermann 递归函数算法实现如下。

```
def Ack(m,n):                                  #Ackermann 递归算法实现
    if m==0:
        return n+1
    elif n==0:
        return Ack(m-1,1)
    else:
        return Ack(m-1,Ack(m,n-1))
```

3.2.2 分析递归调用过程

递归问题可以被分解成规模小、性质相同的问题加以解决。后面要介绍的广义表、二叉树等都具有递归的性质，它们的操作可以用递归实现。下面以著名的汉诺塔问题为例分析递归调用的过程。

n 阶汉诺塔问题如下：假设有 3 个塔座 A、B、C，在塔座 A 上放置有 n 个直径大小各不相同、从小到大编号为 1，2，…，n 的圆盘，如图 3-16 所示。要求将塔座 A 上的 n 个圆盘移动到塔座 C 上并要求按照同样的叠放顺序排列。圆盘移动时必须遵循以下规则：

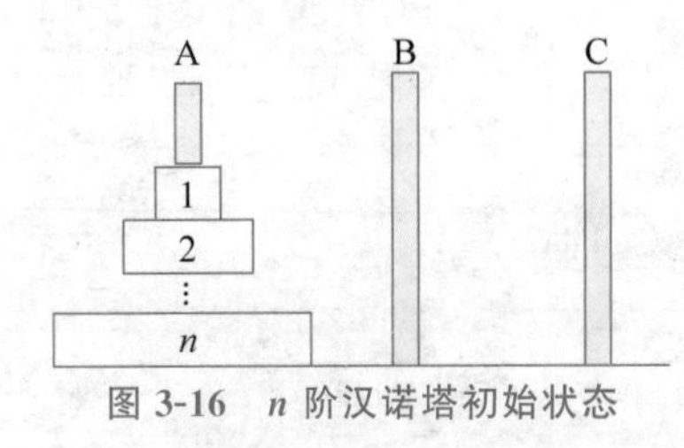

图 3-16　n 阶汉诺塔初始状态

(1) 每次只能移动一个圆盘。

(2) 圆盘可以放置在 A、B 和 C 中的任何一个塔座上。

(3) 任何时候都不能将一个较大的圆盘放在较小的圆盘上。

如何实现将放在 A 上的圆盘按照规则移动到 C 上呢？当 $n=1$ 时，直接将编号为 1 的圆盘从塔座 A 移动到 C 上即可。当 $n>1$ 时，需利用塔座 B 作为辅助塔座，先将放置在编号为 n 的圆盘之上的 $n-1$ 个圆盘从塔座 A 移动到 B 上，然后将编号为 n 的圆盘从塔座 A 移动到 C 上，最后将塔座 B 上的 $n-1$ 个圆盘移动到塔座 C 上。现在将 $n-1$ 个圆盘从一个塔座移动到另一个塔座又成为与原问题类似的问题，只是规模减小了 1，故可用同样的方法解决。显然这是一个递归问题，汉诺塔的递归算法描述如下：

```
def Hanoi(n,A,B,C):
#将塔座 A 上自上而下编号为 1~n 的圆盘按照规则搬到塔座 C 上,B 可以作为辅助塔座
    if n==1:
        move(1,A,C)                  #将编号为 1 的圆盘从 A 移动到 C
    else:
        Hanoi(n-1,A,C,B)             #将编号为 1~n-1 的圆盘从 A 移动到 B,C 作为辅助塔座
        move(n,A,C)                  #将编号为 n 的圆盘从 A 移动到 C
        Hanoi(n-1,B,A,C)             #将编号为 1~n-1 的圆盘从 B 移动到 C,A 作为辅助塔座
def move(n,tempA,tempB):
    print("move plate %d from column %s to column %s" %(n,tempA,tempB))
```

下面以 $n=3$ 为例，观察一下汉诺塔递归调用的具体过程。在函数体中，当 $n>1$，经历 3 个移动圆盘的过程。第 1 个过程，将编号为 1 和 2 的圆盘从塔座 A 移动到 B；第 2 个过程，将编号为 3 的圆盘从塔座 A 移动到 C；第 3 个过程，将编号为 1 和 2 的圆盘从塔座 B 移动到 C。汉诺塔问题的递归调用过程如图 3-17 所示。

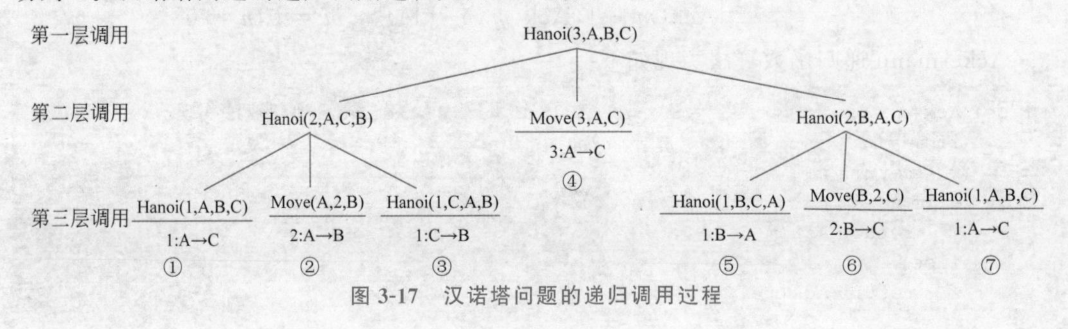

图 3-17　汉诺塔问题的递归调用过程

汉诺塔问题初始时的情况如图 3-18(a)所示。

第 1 个过程通过调用 Hanoi(2,A,C,B)实现。Hanoi(2,A,C,B)又调用自己,将编号为 1 的圆盘从塔座 A 移动到 C,将编号为 2 的圆盘从塔座 A 移动到 B,将编号为 1 的圆盘从塔座 C 移动到 B,如图 3-18(b)~(d)所示。

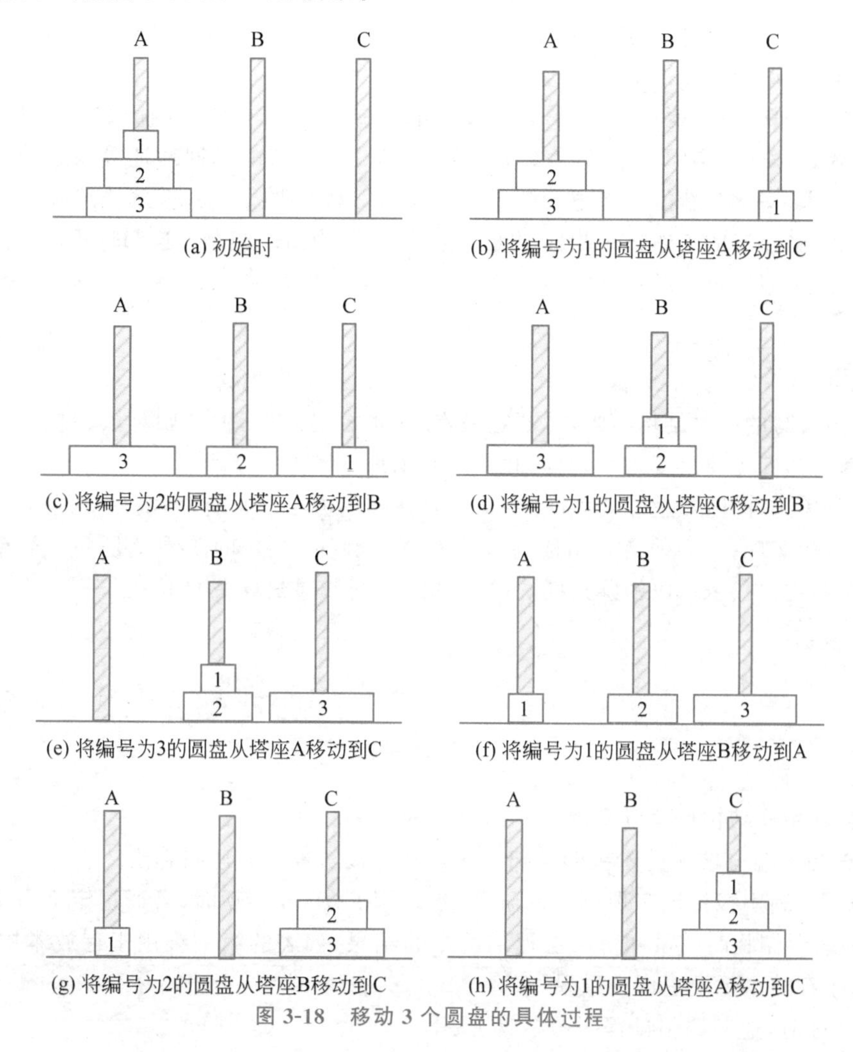
A
B
C
1
2
3
(a) 初始时
(b) 将编号为1的圆盘从塔座A移动到C
(c) 将编号为2的圆盘从塔座A移动到B
(d) 将编号为1的圆盘从塔座C移动到B
(e) 将编号为3的圆盘从塔座A移动到C
(f) 将编号为1的圆盘从塔座B移动到A
(g) 将编号为2的圆盘从塔座B移动到C
(h) 将编号为1的圆盘从塔座A移动到C

图 3-18 移动 3 个圆盘的具体过程

第 2 个过程完成编号为 3 的圆盘从塔座 A 移动到 C,如图 3-18(e)所示。

第 3 个过程通过调用 Hanoi(2,B,A,C)实现圆盘移动。通过再次递归完成将编号为 1 的圆盘从塔座 B 移动到 A,将编号为 2 的圆盘从塔座 B 移动到 C,将编号为 1 的圆盘从塔座 A 移动到 C,如图 3-18(f)~(h)所示。

递归的实现本质上就是把嵌套调用变成栈实现。在递归调用过程中,被调用函数在执行前,系统要完成如下 3 件事情:

(1) 将所有参数和返回地址传递给被调用函数保存。

(2) 为被调用函数的局部变量分配存储空间。

(3) 将控制转到被调用函数的入口。

当被调用函数执行完毕,返回调用函数前,系统还需要完成如下 3 个任务:

（1）保存被调用函数的执行结果。

（2）释放被调用函数的数据存储区。

（3）将控制转到调用函数的返回地址处。

在有多层嵌套调用时，后调用的先返回，刚好满足后进先出的特性，因此递归调用是通过栈实现的。在函数递归调用过程中，在递归结束前，每调用一次，就进入下一层；当一层递归调用结束时，返回到上一层。

为了保证递归调用能正确执行，系统设置了一个工作栈，作为递归函数运行期间使用的数据存储区。每一层递归包括实际参数、局部变量及上一层的返回地址等构成的一个工作记录。每进入下一层，新的工作记录被压入栈顶；每返回到上一层，就从栈顶弹出一个工作记录。因此，当前层的工作记录是栈顶工作记录，被称为活动记录。递归过程产生的栈由系统自动管理，类似用户自己定义的栈。

3.2.3 消除递归

用递归编写的程序结构清晰，算法容易实现，也容易理解，但递归算法的执行效率比较低，这是因为递归需要反复入栈，时间和空间开销都比较大。

为了避免这种开销，就需要消除递归，消除递归的方法通常有两种：一种是对于简单的递归通过迭代实现；另一种是利用栈的方式实现。例如，求 n 的阶乘就是一个简单的递归问题，直接利用迭代就可以消除递归。求 n 的阶乘的非递归算法如下：

```
def fact(n):                                    #n的阶乘的非递归算法实现
  f=1
  for i in range(1,n+1):                        #直接利用迭代消除递归
    f=f*i
  return f
```

当然，利用栈结构也可以实现求 n 的阶乘的算法。

【例 3-9】 编写求 n 的阶乘的递归算法与利用栈实现的非递归算法。

【分析】 利用栈模拟实现求 n 的阶乘，当采用 Python 实现时，可通过定义一个嵌套的 $n\times2$ 的列表存储临时变量和每一层返回的中间结果，列表的第一维用于存放本层参数 n，第二维用于存放本层要返回的结果。

当 $n=3$ 时，递归调用过程如图 3-19 所示。

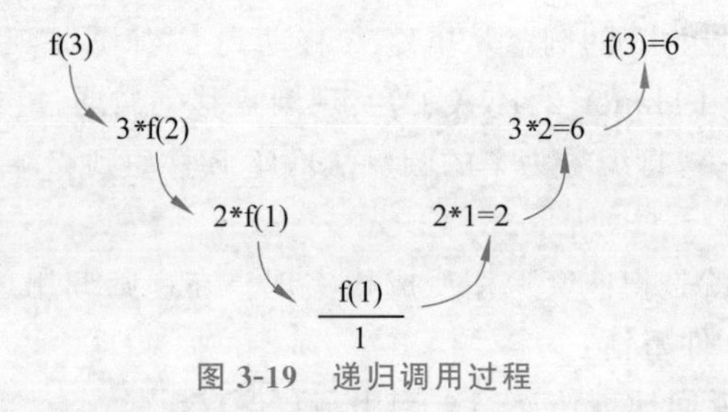

图 3-19 递归调用过程

在递归调用的过程中，各参数入栈情况如图 3-20 所示。为便于描述，用 f 代替 fact 表示递归函数。

当 $n=1$ 时，递归调用开始逐层返回，参数开始出栈，如图 3-21 所示。

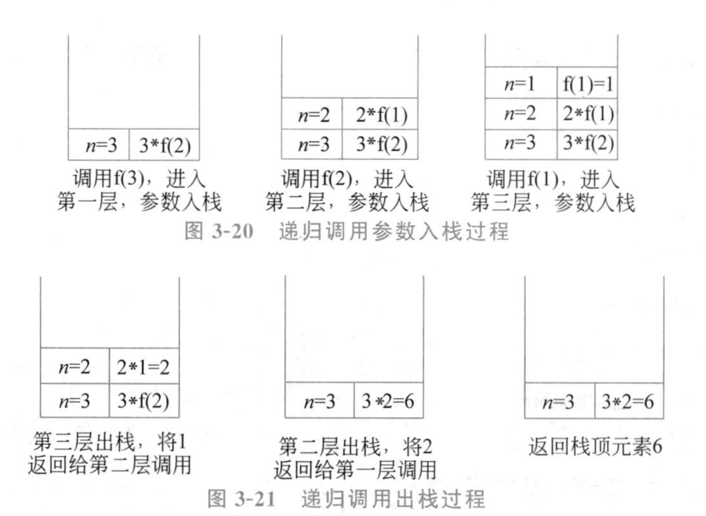

图 3-20　递归调用参数入栈过程

图 3-21　递归调用出栈过程

n 的阶乘递归与非递归算法实现如下：

```
MaxSize=100
def fact2(n):                                 #n 的阶乘非递归实现
    s=[[0 for i in range(2)] for j in range(MaxSize)]
                                              #定义一个嵌套列表用于存储临时变量及返回结果
    top=-1                                    #将栈顶指针置为-1
    top=top+1                                 #栈顶指针加 1,将工作记录入栈
    s[top][0]=n                               #记录每一层的参数
    s[top][1]=0                               #记录每一层的结果返回值
    while True:
        if s[top][0]==1:                      #递归出口
            s[top][1]=1
            print("n=%4d, fact=%4d"%(s[top][0],s[top][1]))
        if s[top][0]>1 and s[top][1]==0: #通过栈模拟递归的递推过程,将问题依次入栈
            top=top+1
            s[top][0]=s[top-1][0]-1
            s[top][1]=0                       #将结果置为 0,还没有返回结果
            print("n=%4d, fact=%4d"%(s[top][0],s[top][1]))
        if s[top][1]!=0:                     #模拟递归的返回过程,将每一层调用的结果返回
            s[top-1][1]=s[top][1] * s[top-1][0]
            print("n=%4d, fact=%4d",s[top-1][0],s[top-1][1])
            top=top-1
        if top<=0:
            break
    return s[0][1]                            #返回计算的阶乘结果
if __name__=='__main__':
    n=int(input("请输入一个正整数(n<15):"))
    print("递归实现 n 的阶乘:")
    f=fact(n)                                 #调用 n 的阶乘递归实现函数
    print("n!=%4d"%(f))
    f=fact2(n)                                #调用 n 的阶乘非递归实现函数
    print("利用栈非递归实现 n 的阶乘:")
    print("n!=%4d"%(f))
```

程序运行结果如图 3-22 所示。

利用栈实现的非递归过程可分为以下几个步骤：

(1) 设置一个工作栈,用于保存递归工作记录,包括实参、返回地址等。

```
C:\Users\o.o\.conda\envs\tensorflow\python.exe D:/Python程序/数据结构/n的阶乘.py
请输入一个正整数(n<15)：5
递归实现n的阶乘：
n!=120
n=4, fact=0
n=3, fact=0
n=2, fact=0
n=1, fact=0
n=1, fact=1
n=2, fact=2
n=3, fact=6
n=4, fact=24
n=5, fact=120
利用栈非递归实现n的阶乘：
n!=120

Process finished with exit code 0
```

图 3-22　例 3-9 程序运行结果

(2) 将调用函数传递过来的参数和返回地址入栈。

(3) 利用循环模拟递归分解过程,逐层将递归过程的参数和返回地址入栈。当满足递归结束条件时,依次逐层出栈,并将结果返回给上一层,直到栈空为止。

思政元素：在栈的基本操作实现过程中和利用栈将递归转换为非递归时,都需要用到栈的后进先出原理。在利用栈模拟递归的过程中还要保存每一步的参数和返回结果,而不能出现任何差错,否则,差之毫厘,谬之千里。因此,在算法实现过程中,不仅要遵守规范,还要养成一丝不苟、精益求精的职业素养。

3.3　队列

与栈一样,队列也是一种操作受限的线性表。队列遵循的是先进先出的原则,这一特点决定了队列的操作需要在两端进行。

3.3.1　队列的定义与抽象数据类型

队列只允许在表的一端进行插入操作,在另一端进行删除操作。

1. 什么是队列

队列(queue)是一种先进先出(First In First Out,FIFO)的线性表,它只允许在表的一端插入元素,在另一端删除元素。这与日常生活中的排队是一致的,最早进入队列的元素最早离开。在队列中,允许插入的一端称为队尾(rear),允许删除的一端称为队头(front)。

假设队列为 $q=(a_1,a_2,\cdots,a_n)$,那么 a_1 为队头元素,a_n 为队尾元素。进入队列时,是按照 $a_1,a_2,\cdots,a_n$ 的顺序进入的,退出队列时也是按照这个顺序退出的。也就是说,当先进入队列的元素都退出之后,后进入队列的元素才能退出。即只有当 $a_1,a_2,\cdots,a_{n-1}$ 都退出队列以后,a_n 才能退出队列。图 3-23 所示是队列的示意图。

例如,在日常生活中,人们在医院排队挂号就是一个队列。新来挂号的人到队尾排队,

图 3-23　队列

形成新的队尾，即入队；在队首的人挂完号离开，即出队。在程序设计中也经常会遇到排队等待服务的问题。一个典型的例子就是操作系统中的多任务处理。在计算机系统中，同时有几个任务等待输出，那么就要按照请求输出的先后顺序进行输出。

2. 队列的抽象数据类型

队列的抽象数据类型描述如表 3-6 所示。

表 3-6　队列的抽象数据类型描述

数据对象	队列的数据对象集合为$\{a_1,a_2,\cdots,a_n\}$，每个元素都具有相同的数据类型	
数据关系	在队列中，除第一个元素 a_1 外，每一个元素有且只有一个直接前驱元素；除最后一个元素 a_n 外，每一个元素有且只有一个直接后继元素。这些元素被限定只能在队列的特定端进行相应的操作	
基本操作	InitQueue(&Q)	初始化操作，建立一个空队列 Q
	QueueEmpty(Q)	若 Q 为空队列，返回 True；否则返回 False
	EnQueue(&Q,e)	插入元素 e 到队列 Q 的队尾
	DeQueue(&Q,&e)	删除 Q 的队首元素，并用 e 返回其值
	GetHead(Q,&e)	用 e 返回 Q 的队首元素
	ClearQueue(&Q)	将队列 Q 清空

3.3.2　队列的顺序存储及实现

队列的存储结构有两种，分别为顺序存储和链式存储。采用顺序存储结构的队列被称为顺序队列，采用链式存储结构的队列被称为链式队列。

1. 顺序队列的表示

顺序队列通常采用一维数组或列表依次存放从队头到队尾的元素。同时，使用两个指针分别指示数组或列表中存放的第一个元素和最后一个元素的位置。其中，指向第一个元素的指针是队头指针 front，指向最后一个元素的指针是队尾指针 rear。

元素 a、b、c、d、e、f、g 依次进入队列后的状态如图 3-24 所示。元素 a 存放在 0 号存储单元中，g 存放在 6 号存储单元中，队头指针 front 指向第一个元素 a，队尾指针 rear 指向最后一个元素 g 的下一位置。

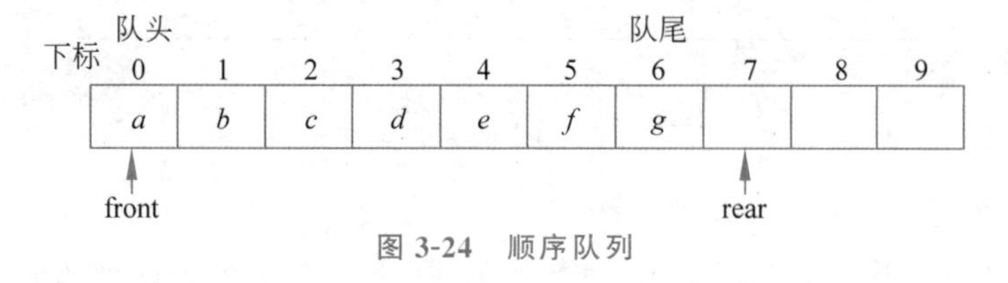

图 3-24　顺序队列

在使用队列前，先初始化队列，此时，队列为空，队头指针 front 和队尾指针 rear 都指向队列的第一个位置，即 front=rear=0，如图 3-25 所示。

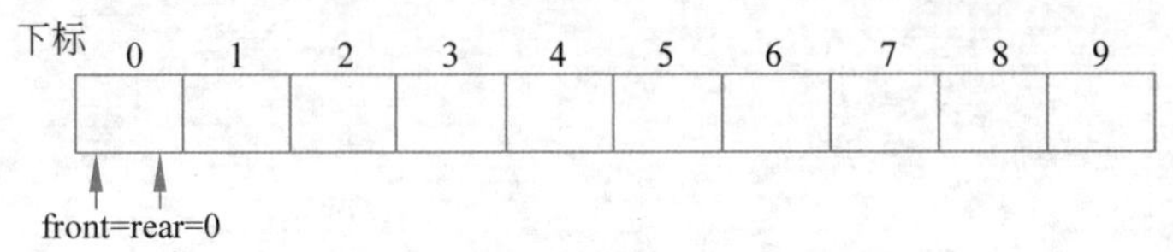

图 3-25 顺序队列为空

每一个元素进入队列,队尾指针 rear 就会增 1。若元素 a、b、c 依次进入空队列,front 指向第一个元素,rear 指向 3 号存储单元,如图 3-26 所示。

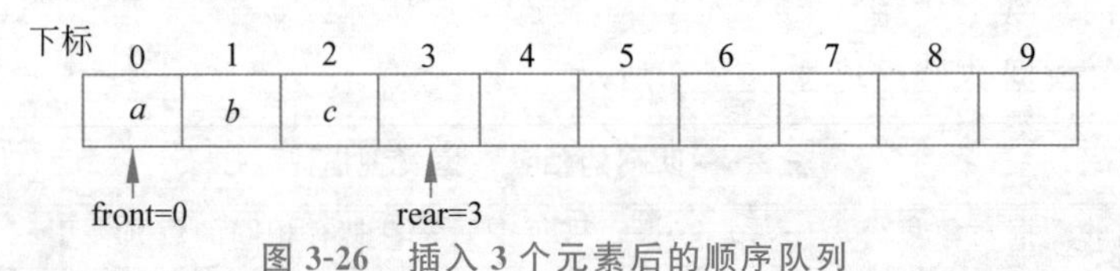

图 3-26 插入 3 个元素后的顺序队列

当一个元素出队列时,队头指针 front 增 1。队头元素即 a 出队后,front 向后移动一个位置,指向下一个位置,rear 不变,如图 3-27 所示。

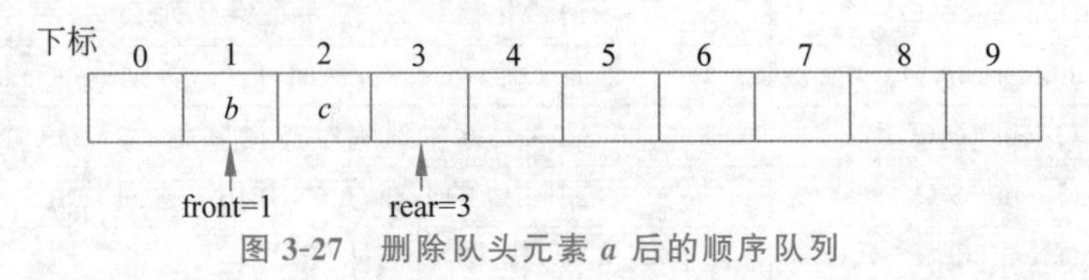

图 3-27 删除队头元素 a 后的顺序队列

注意:在非空队列中,队头指针 front 指向队头元素的位置,队尾指针 rear 指向队尾元素的下一个位置;队满指的是元素占据了队列中的所有存储空间,没有空闲的存储空间可以插入元素;队空指的是队列中没有一个元素,也叫空队列。

2. 顺序队列的假溢出

在对顺序队列进行插入和删除操作的过程中,可能会出现假溢出现象。经过多次插入和删除操作后,实际上队列还有存储空间,但是又无法向队列中插入元素,这种溢出称为假溢出。

例如,在将图 3-26 所示的队列进行一次出队操作,并依次将 3 个元素 d、e、f、g、h、i 入队后,若再将元素 j 入队,就会出现如图 3-28 所示的队尾指针 rear 将越出数组下界的情况,造成假溢出。

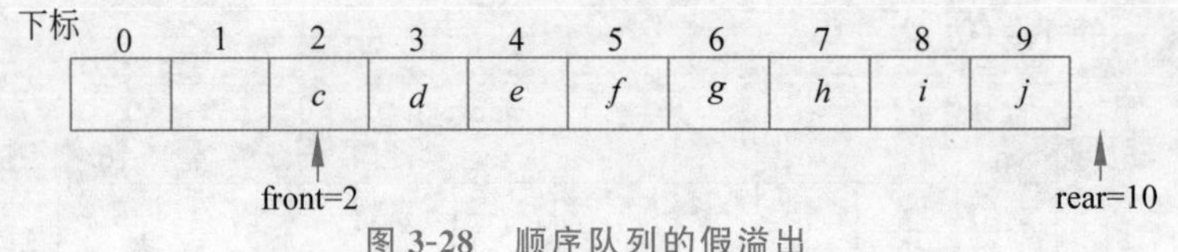

图 3-28 顺序队列的假溢出

3. 顺序循环队列的表示与基本运算

为了避免出现顺序队列的假溢出,通常采用顺序循环队列实现队列的顺序存储。

1) 顺序循环队列的表示

为了充分利用存储空间,消除这种假溢出现象,当队尾指针 rear 和队头指针 front 到达存储空间的最大值(假定队列的存储空间为 QUEUESIZE)的时候,让队尾指针和队头指针转化为 0,这样就可以将元素插入到队列还没有利用的存储单元中。例如,在图 3-27 中插入元素 j 之后,rear 将变为 0,可以继续将元素插入 0 号存储单元中。这样就把顺序队列使用的存储空间构造成一个逻辑上首尾相连的循环队列。

当队尾指针 rear 达到最大值 QUEUESIZE－1 时,前提是队列中还有存储空间,若要插入元素,就要把队尾指针 rear 变为 0;当队头指针 front 达到最大值 QUEUESIZE－1 时,若要将队头元素出队,要让队头指针 front 变为 0。这时,可通过取余操作实现队列的首尾相连。例如,假设 QUEUESIZE＝10,当队尾指针 rear＝9 时,若要将新元素入队,则先令 rear＝(rear＋1)％10＝0,然后将元素存入队列的 0 号单元,这样就通过取余操作实现了队列在逻辑上的首尾相连。

2) 顺序循环队列的队空和队满判断

但是,在顺序循环队列在队空和队满的情况下,队头指针 front 和队尾指针 rear 都会指向同一个位置,即 front＝＝rear,如图 3-29 所示。即,队空时,有 front＝0、rear＝0,因此 front＝＝rear;队满时,也有 front＝0、rear＝0,因此 front＝＝rear。

为了区分队空和队满,通常采用如下两个方法。

(1) 增加一个标志位。设这个标志位为 flag,初始时,有 flag＝0。若入队成功,则 flag＝1;若出队成功,则 flag＝0。这样,队列为空的判断条件为 front＝＝rear&&flag＝＝0,队列满的判断条件为 front＝＝rear&&flag＝＝1。

(2) 少用一个存储单元。队空的判断条件为 front＝＝rear,队满的判断条件为 front＝＝(rear＋1)％ QUEUESIZE。那么,入队的操作语句为 rear＝(rear＋1)％QUEUESIZE,Q[rear]＝x;出队的操作语句为 front＝(front＋1)％QUEUESIZE。少用一个存储单元的顺序循环队列队满的情况如图 3-30 所示。

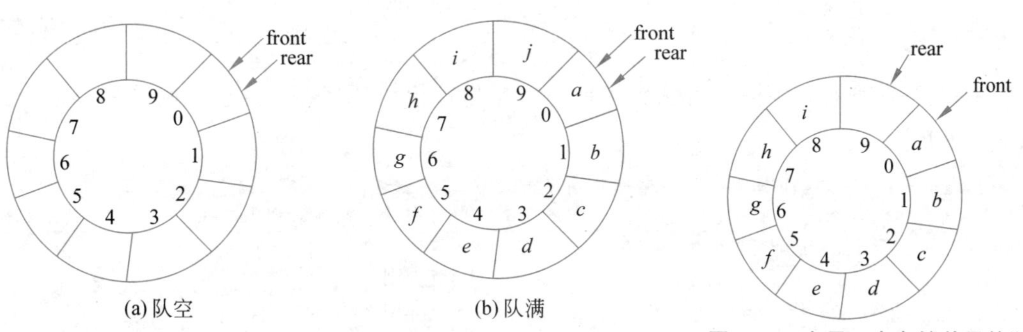

图 3-29　顺序循环队列队空和队满状态

图 3-30　少用一个存储单元的顺序循环队列队满的情况

顺序循环队列 SQ 的主要操作说明如下。

(1) 初始时,设置 SQ.front＝SQ.rear＝0。

(2) 循环队列队空的条件为 SQ.front＝＝SQ.rear,队满的条件为 SQ.front＝＝(SQ.rear＋1)％QUEUESIZE。

(3) 入队操作时,先判断队列是否已满。若队列未满,则将元素值 e 存入队尾指针指向的存储单元,然后将队尾指针加 1 后取模。

(4) 出队操作时,先判断队列是否为空。若队列不空,则先把队头指针指向的元素值赋给 e,即取出队头元素,然后将队头指针加 1 后取模。

(5) 循环队列的长度为(SQ.rear+QUEUESIZE−SQ.front)%QUEUESIZE。

注意:对于顺序循环队列中的入队操作和出队操作,front 和 rear 移动时都要进行取模运算,以避免假溢出。

3) 顺序循环队列的基本操作

顺序循环队列的基本操作及类方法如表 3-7 所示。

表 3-7　顺序循环队列的基本操作及类方法

基本操作	类方法
顺序循环队列的初始化	__init__(self)
判断顺序循环队列是否为空	isEmpty(self)
将元素 x 入队	enQueue(self,x)
将队头元素出队	deQueue(self)
取队头元素	getHead(self)
求队列的长度	seqLength(self)
创建顺序循环队列	createSeqQueue(self)

(1) 初始化队列。

```
def __init__(self):
    #顺序循环队列的初始化
      self.QUEUESIZE=20
      self.queue=[None for x in range(0,self.QUEUESIZE)]
      self.front=0                                    #把队头指针置为 0
      self.rear=0                                     #把队尾指针置为 0
```

(2) 判断队列是否为空。若队头指针与队尾指针相等,则队列为空;否则队列不为空。算法实现如下:

```
def isEmpty(self): #判断顺序循环队列是否为空
    if self.front== self.rear:                    #当顺序循环队列为空时
        return True                               #返回 True
    else:                                         #否则
        return  False                             #返回 False
```

(3) 将元素 x 入队。在将元素入队(即把元素插入到队尾)之前,先判断队列是否已满。如果队列未满,则执行插入操作,然后队尾指针加 1,把队尾指针向后移动。入队操作的算法实现如下:

```
def enQueue(self,x):
    if(self.rear+1)%self.QUEUESIZE!=self.front:   #插入前判断队列是否已满
        self.queue[self.rear]=x                   #在队尾插入元素
        self.rear=(self.rear+1)%self.QUEUESIZE    #将队尾指针向后移动一个位置
        return True
    else:
```

```
        print("当前队列已满!")
        return False
```

(4) 将队头元素出队。在队头元素出队(即删除队头元素)之前,先判断队列是否为空。若队列不空,则删除队头元素,然后将队头指针向后移动,使其指向下一个元素。出队操作的算法实现如下:

```
def deQueue(self):
#将队头元素出队,并将该元素赋值给 e,删除成功返回 e,否则返回 False
    if (self.front == self.rear):                    #若队列为空
        print("队列为空,出队操作失败!")
        return False
    else:
        e = self.queue[self.front]                   #将待出队的元素赋值给 e
        self.front = (self.front+1) % self.QUEUESIZE #将队头指针向后移动一个位置
        return e                                     #返回出队的元素
```

(5) 取队头元素。先判断顺序循环队列是否为空。如果队列为空,则返回 False,表示取队头元素失败;否则,取出队头元素并将其返回,表示取队头元素成功。取队头元素的算法实现如下:

```
def getHead(self):
#取队头元素,并将该元素返回。若队列为空,则返回 False
    if not self.isEmpty():                           #若顺序循环队列不为空
        return self.queue[self.front]                #返回队头元素
    else:                                            #否则
        print("队列为空")
        return False                                 #返回 False
```

(6) 获取队列的长度。

```
def seqLength(self):
    return (self.rear-self.front+self.QUEUESIZE)%self.QUEUESIZE
```

(7) 队列的创建。

```
def createSeqQueue(self):
    e=input("请输入元素(#作为输入结束):")
    while(e!='#'):
        self.enQueue(e)
        e=input("请输入元素(#作为输入结束):")
```

4. 顺序循环队列举例

【例 3-10】　在周末舞会上,男士们和女士们进入舞厅时各自排成一队。跳舞开始时,依次从男队和女队的队头各出一人配成舞伴。若两队初始人数不相同,则较长的那一队中未配对者等待下一轮跳舞。设计算法模拟上述舞伴配对问题。

【分析】　根据舞伴配对原则,先入队的男士或女士先出队配成舞伴,因此该问题具有典型的先进先出特性,可用队列作为算法的数据结构。

在算法实现时,假设男士和女士的记录存放在一个列表中作为输入,然后依次扫描该列表的各元素,并根据性别决定其进入男队还是女队。当这两个队列构造完成之后,依次将两队当前的队头元素出队配成舞伴,直至某队列变空为止。此时,若某队列仍有等待配对者,算法输出此队列中等待者的人数及排在队头的等待者的名字,他(或她)将是下一轮跳舞开始时第一个可获得舞伴的人。

舞伴问题算法实现如下:

```
from MyQueue import Sequeue                          #导入用到的顺序队列
class DancePartner:                                  #舞伴结构类型定义
    def __init__(self):
        self.name=None
        self.sex=None
    def getName(self):
        return self.name
    def getSex(self):
        return self.sex
def DispQueue(Q):                                    #输出舞池中正在排队的男士或女士
    if not Q.isEmpty():
        d=Q.getHead()
        if d.sex == "男":
            print("舞池中正在排队的男士:")
        else:
            print("舞池中正在排队的女士:")
    f = Q.front
    while (f != Q.rear):
        print(Q.s[f].name, end=' ')
        f = f + 1
    print()
if __name__=='__main__':
    Q1 = Sequeue()
    Q2 = Sequeue()
    n=int(input("请输入舞池中排队的人数:"))    #输入舞池中排队的人数
    for i in range(n):
        dancer= DancePartner()
        dancer.name=input("姓名:")                    #输入姓名
        dancer.sex=str(input("性别:"))
        if dancer.sex == "男":
            Q1.enQueue(dancer)
        else:
            Q2.enQueue(dancer)
    DispQueue(Q1)
    DispQueue(Q2)
    print("舞池中的舞伴配对方式:")
    while not Q1.isEmpty() and not Q2.isEmpty():
        dancer1=Q1.deQueue()
        dancer2=Q2.deQueue()
        print("(",dancer1.getName(),",",dancer2.getName(),")",end=' ')
    print()
    if not Q1.isEmpty():
        DispQueue(Q1)
    if not Q2.isEmpty():
        DispQueue(Q2)
```

程序的运行结果如图 3-31 所示。

```
C:\Users\o.o\.conda\envs\tensorflow\python.exe D:/Python程序/数据结构/例5_1.py
请输入舞池中排队的人数:5
姓名：吴女士
性别：女
姓名：张先生
性别：男
姓名：郭先生
性别：男
姓名：刘女士
性别：女
姓名：周女士
性别：女
舞池中正在排队的男士:
张先生 郭先生
舞池中正在排队的女士:
吴女士 刘女士 周女士
舞池中的舞伴配对方式：
( 张先生 , 吴女士 ) ( 郭先生 , 刘女士 )
舞池中正在排队的女士:
周女士

Process finished with exit code 0
```

图 3-31　例 3-10 程序运行结果

3.3.3　队列的链式存储及实现

采用链式存储的队列称为链式队列或链队列。链式队列在插入和删除过程中不需要移动大量的元素，只需要改变指针的位置即可。本节主要介绍链式队列的表示、实现及应用。

1. 链式队列的表示

顺序队列在插入和删除操作过程中需要移动大量元素，这样算法的效率比较低。为了避免以上问题，可采用链式存储结构表示队列。

1）链式队列

链式队列通常用链表实现。一个链式队列显然需要两个分别指示队头和队尾的指针（称为队头指针和队尾指针）才能唯一确定。这里，与单链表一样，为了操作方便，给链式队列添加一个头结点，并令队头指针 front 指向头结点，用队尾指针 rear 指向最后一个结点。不带头结点的链式队列和带头结点的链式队列分别如图 3-32、图 3-33 所示。

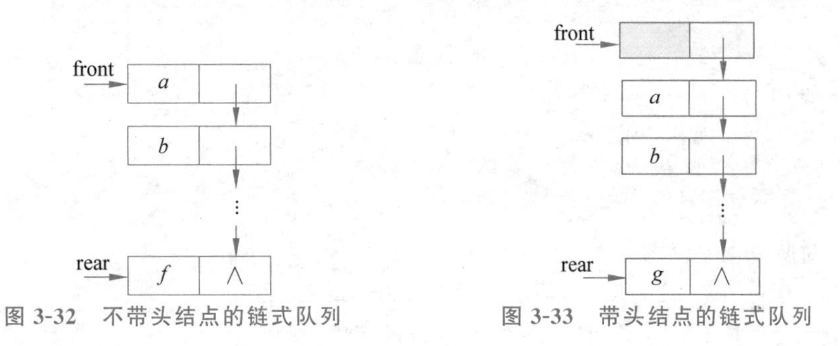

图 3-32　不带头结点的链式队列　　图 3-33　带头结点的链式队列

对于带头结点的链式队列，当队列为空时，队头指针 front 和队尾指针 rear 都指向头结点，如图 3-34 所示。

在链式队列中，插入和删除操作只需要移动队头指针和队尾指针，这两种操作的指针变化如图 3-35、图 3-36 和图 3-37 所示。图 3-35 表示在空队列中插入元素 a 的情况，图 3-36 表示在队列中插入元素 a、b、c 之后的情况，图 3-37 表示元素 a 出队的情况。

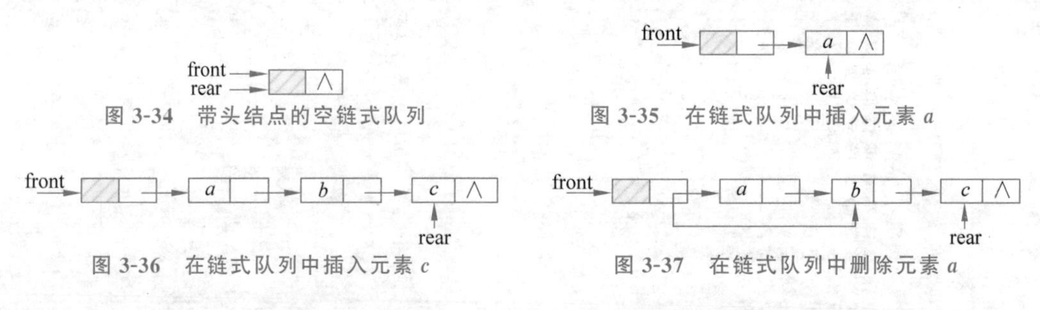

图 3-34　带头结点的空链式队列

图 3-35　在链式队列中插入元素 a

图 3-36　在链式队列中插入元素 c

图 3-37　在链式队列中删除元素 a

链式队列的结点类型描述如下：

```
class QueueNode:
    def __init__(self):
        self.data=None
        self.next=None
```

对于带头结点的链式队列，初始时需要生成一个结点：myQueueNode＝QueueNode()，然后令 front 和 rear 分别指向该结点。

2）链式循环队列

将链式队列的首尾相连就构成了链式循环队列。在链式循环队列中，可以只设置队尾指针，如图 3-38 所示。当队列为空时，如图 3-39 所示，队列 LQ 为空的判断条件为 LQ.rear.next＝＝LQ.rear。

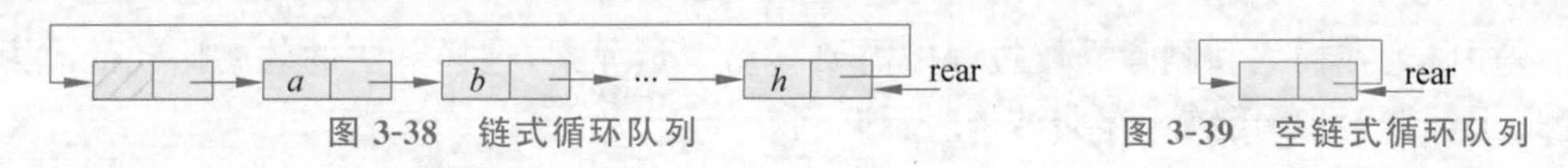

图 3-38　链式循环队列

图 3-39　空链式循环队列

2. 链式队列的基本操作

链式队列的基本操作算法实现如下（以下队列基本操作实现代码保存在文件 LinkQueue.py 中）。

(1) 初始化队列。先生成一个 QueueNode 类型的结点，然后让 front 和 rear 分别指向该结点。

```
def __init__(self):
#初始化队列
    myQueueNode=QueueNode()
    self.front=myQueueNode
    self.rear=myQueueNode
```

(2) 判断队列是否为空。

```
def queueEmpty(self):
#判断链式队列是否为空,队列为空返回 True,否则返回 False
    if self.front==self.rear:                       #若链式队列为空
        return True                                 #返回 True
    else:                                           #否则
        return False                                #返回 False
```

(3) 将元素 e 入队。先生成一个新结点 pNode,再将 e 赋给该结点的数据域,使原队尾元素结点的指针域指向新结点,最后让队尾指针指向新结点,从而将结点加入队列中。操作过程如图 3-40 所示。

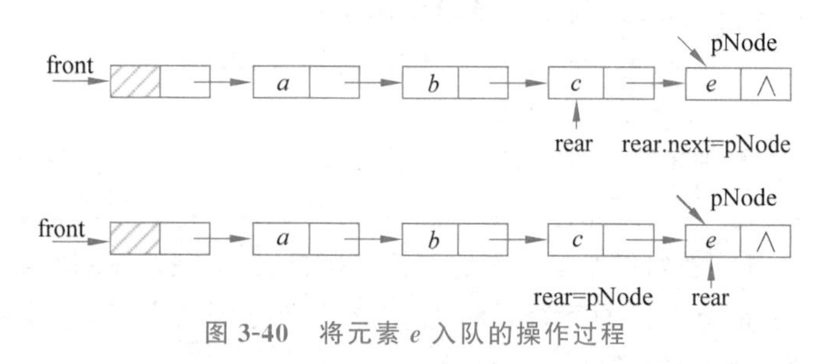

图 3-40 将元素 e 入队的操作过程

将元素 e 入队的算法实现如下:

```
def enQueue(self,e):
    pNode=QueueNode()                         #生成一个新结点
    pNode.data=e                              #将元素值赋给结点的数据域
    self.rear.next=pNode                      #将原队列的队尾结点的指针指向新结点
    self.rear=pNode                           #将队尾指针指向新结点
```

(4) 将队头元素出队。删除队头元素时,应首先通过队头指针和队尾指针是否相等判断队列是否已空。若队列非空,则删除队头元素,然后将指向队头元素的指针向后移动,使其指向下一个元素。将队头元素出队的算法实现如下:

```
def deQueue(self):
#将链式队列中的队头元素出队返回该元素,若队列为空,则返回 None
    if self.queueEmpty():                 #在出队前,判断链式队列是否为空
        print("队列为空,不能进行出队操作!")
        return None
    else:
        pNode=self.front.next             #使 pNode 指向队头元素
        self.front.next=pNode.next        #使头结点的 next 指针指向 pNode 的下一个结点
        if pNode==self.rear:              #如果要删除的结点是队尾,则使队尾指针指向队头
            self.rear=self.front
        return pNode.data                 #返回出队元素
```

(5) 取队头元素。在取队头元素之前,先判断链式队列是否为空。取队头元素的算法实现如下:

```
def getHead(self):                            #取链式队列中的队头元素
    if not self.queueEmpty():                 #若链式队列不为空
        return self.front.next.data           #返回队头元素
```

(6) 清空队列。在使用完队列之后,需要将链式队列中的结点空间全部释放。先将队头指针指向队头结点的下一个结点,再释放队头指针指向的结点。重复执行以上过程,就可释放所有结点空间。清空队列的算法实现如下:

```
def clearQueue(self):
#清空队列
    while not self.queueEmpty():
        pnode=self.front                      #将队头结点暂存起来
        self.front=pnode.next                 #将队头指针 front 指向的下一个结点
```

```
        del pnode
```

3. 链式队列举例

【例 3-11】 编写一个算法,判断任意给定的字符序列是否为回文。所谓回文,是指一个字符序列以中间字符为基准,两边字符完全对称,即顺着看和倒着看是相同的字符序列。例如,字符序列 XYZMTATMZYX 为回文。

【分析】 本例考查栈和队列的应用,可通过构造栈和队列实现。具体思想是:分别把字符串入队和入栈,根据队列的先进先出和栈的后进先出的特点,依次将队列和栈中的字符出队和出栈,出队的字符序列仍然是原来的字符串,而出栈的字符序列刚好与原字符串的顺序相反。将出队的字符与出栈的字符逐对比较,若全部字符都相等,则表明该字符串是回文;若有字符不相等,则该字符序列不是回文。

具体实现时,采用链栈和链式队列作为存储结构,算法实现如下:

```
from LinkQueue import LinkQueue
from LinkStack import MyLinkStack
def Huiwen():
    LQ1=LinkQueue()
    LQ2=LinkQueue()
    LS1=MyLinkStack()
    LS2=MyLinkStack()
    str1= "XYZMTATMZYX"                        #回文字符序列 1
    str2= "ABCBCAB"                            #回文字符序列 2
    for i in range(len(str1)):
        LQ1.enQueue(str1[i])
        LS1.pushStack(str1[i])
    for i in range(len(str2)):
        LQ2.enQueue(str2[i])
        LS2.pushStack(str2[i])                 #依次把字符序列 2 进栈
    print("字符序列 1:", str1)
    print("出队序列  出栈序列")
    while (not LS1.stackEmpty()):              #判断栈 1 是否为空
        q1=LQ1.deQueue()                       #字符序列依次出队,并把出队元素赋给 q
        s1=LS1.popStack()                      #字符序列依次出栈,并把出栈元素赋给 s
        print(q1,":",s1)
        if (q1 != s1):
            print("字符序列 1 不是回文!")
            return
    print("字符序列 1 是回文!")
    print("字符序列 2:", str2)
    print("出队序列  出栈序列")
    while (not LS2.stackEmpty()):
        q2=LQ2.deQueue()                       #字符序列依次出队,并把出队元素赋给 q
        s2=LS2.popStack()                      #字符序列依次出栈,并把出栈元素赋给 s
        print(q2,":",s2)                       #输出字符序列
        if (q2 != s2):
            print("字符序列 2 不是回文!")      #输出提示信息
            return
    print("字符序列 2 是回文!")                #输出提示信息
if __name__=='__main__':
    Huiwen()
```

程序运行结果如图 3-41 所示。

```
回文判断
C:\Users\o.o\.conda\envs\tensorflow\python.exe D:/Python程序/数据结构/回文判断.py
字符序列1: XYZMTATMZYX
出队序列    出栈序列
X : X
Y : Y
Z : Z
M : M
T : T
A : A
T : T
M : M
Z : Z
Y : Y
X : X
字符序列1是回文！
字符序列2： ABCBCAB
出队序列    出栈序列
A : B
字符序列2不是回文！

Process finished with exit code 0
```

图 3-41　例 3-11 程序运行结果

思政元素：队列的先进先出特点就像人们在日常生活中排队买票、排队上车一样，需要养成遵守规则、规范的良好习惯，只有这样，一切才会有章可循，社会才会井然有序。例如，尽管近年的新型冠状病毒感染的肆虐给人们的生活和工作带来了诸多不便，但是在党和国家的正确领导下，全国人民严格遵守各项防疫规定，我国已经取得了全面胜利。在算法设计、软件开发过程中，同样需要严格遵循软件编码规范，具有精益求精、勤学精技的工匠精神。只有这样，开发出的软件才会更加可靠、安全。

3.4　双端队列

双端队列与栈、队列一样，也是一种操作受限的线性表。本节主要介绍双端队列的定义及应用。

3.4.1　什么是双端队列

双端队列是限定插入和删除操作在表两端进行的线性表。这两端分别称为左端和右端。双端队列可以在队列的任何一端进行插入和删除操作，而一般的队列要求在一端插入元素，在另一端删除元素。双端队列如图 3-42 所示。

在图 3-41 中，可以在队列的左端或右端插入元素，也可以在队列的左端或右端删除元素。其中，end1 和 end2 分别是双端队列两端的指针。

在实际应用中，还有输入受限和输出受限的双端队列。所谓输入受限的双端队列指的

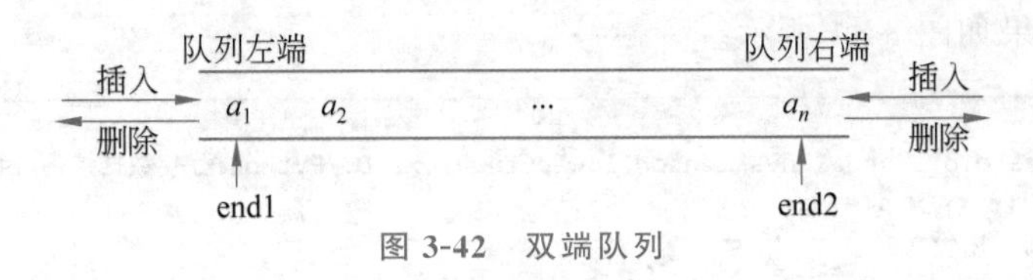

图 3-42　双端队列

是只允许在队列的一端插入元素,而两端都能删除元素的队列。所谓输出受限的双端队列指的是只允许在队列的一端删除元素,而两端都能输入元素的队列。

3.4.2　双端队列的应用

采用一维数组或列表作为双端队列的数据存储结构,编写入队算法和出队算法。双端队列为空的状态如图 3-43 所示。

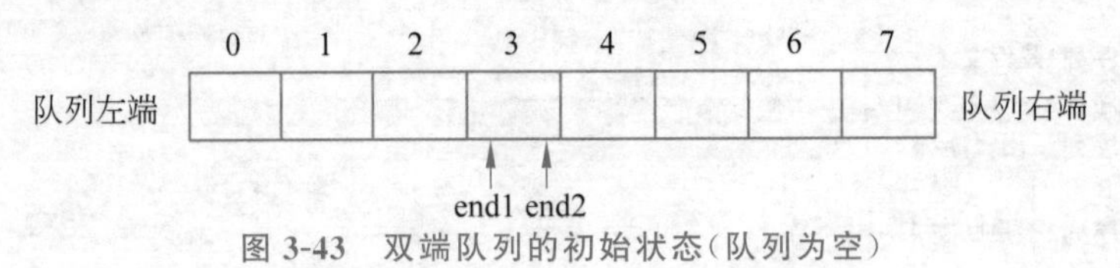

图 3-43　双端队列的初始状态(队列为空)

在实际操作过程中,用循环队列实现双端队列的操作是比较恰当的。图 3-44(a)是空的循环双端队列。元素 a、b、c 依次进入右端队列,元素 d、e 依次进入左端队列,如图 3-44(b)所示。

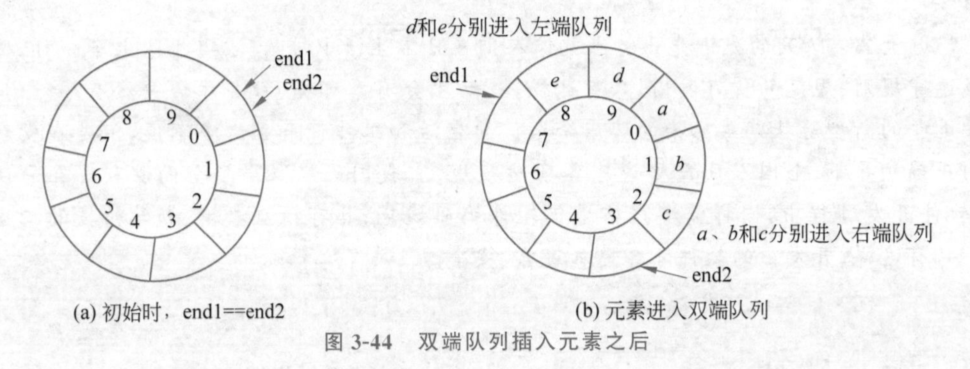

图 3-44　双端队列插入元素之后

注意:双端队列虽然是两个队列共享一个存储空间,但是每个队列只有一个指针。在算法实现过程中,需要判断入队操作和出队操作是在哪一端进行,然后再进行插入和删除操作。

【想一想】　栈具有后进先出的特性,队列具有先进先出的特性,你能举出生活中具有这些性质的例子吗?你觉得一名合格的程序员除了具备必要的专业知识外,还应该具备哪些职业素养?

3.5　小结

栈和队列是限定性线性表。

栈只允许在线性表的一端进行插入和删除操作。

与线性表类似，栈也有顺序存储和链式存储两种存储结构。采用顺序存储结构的栈称为顺序栈，采用链式存储结构的栈称为链栈。

栈的后进先出特性使栈在编译处理等方面发挥了极大的作用。例如，数制转换、括号匹配、表达式求值、迷宫求解等均可利用栈的后进先出特性解决。

递归调用过程是系统借助栈的特性实现的。因此，可利用栈模拟递归调用过程，可以设置一个栈，用于存储每一层递归调用的信息，包括实际参数、局部变量及上一层的返回地址等。每进入一层，将工作记录压入栈顶；每退出一层，将栈顶的工作记录弹出。这样就可以将递归转化为非递归，从而消除了递归。

队列是只允许在表的一端进行插入操作，在另一端进行删除操作的线性表。

队列有顺序存储和链式存储两种存储结构。采用顺序存储结构的队列称为顺序队列，采用链式存储结构的队列称为链式队列。

顺序队列存在假溢出的问题，假溢出不是因为存储空间不足而产生的。为了避免假溢出，可用循环队列表示顺序队列。

为了区分循环队列的队空还是队满，通常有两种方式：设置一个标志位和少用一个存储单元。

3.6　上机实验

3.6.1　基础实验

基础实验 1：实现顺序栈的基本操作

实验目的：考察是否理解顺序栈的存储结构并熟练掌握基本操作。

实验要求：创建 MySeqStack 类，该类至少应包含以下基本操作。

（1）栈的初始化。

（2）判断顺序栈是否为空。

（3）入栈和出栈。

（4）取栈顶元素。

（5）创建栈。

（6）输出栈中的元素。

基础实验 2：实现链式栈的基本操作

实验目的：考察是否理解链式栈的存储结构并熟练掌握基本操作。

实验要求：创建 MyLinkStack 类，该类至少应包含以下基本操作。

（1）链式栈的初始化。

（2）判断链式栈是否为空。

（3）入栈和出栈。

（4）取栈顶元素。

（5）创建栈。

（6）销毁栈。

（7）输出栈中元素。

基础实验3：实现顺序队列的基本操作

实验目的：考察是否理解顺序队列的存储结构并掌握基本操作。

实验要求：创建MySeqQueue类，该类至少应包含以下基本操作。

(1) 顺序队列的初始化。

(2) 判断队列是否为空。

(3) 入队和出队。

(4) 求队列的长度。

(5) 取队头元素。

基础实验4：实现双端链式队列的基本操作

实验目的：考察是否理解双端链式队列的存储结构并掌握基本操作。

实验要求：创建MyDLinkQueue类，该类至少应包含以下基本操作。

(1) 双端链式队列的初始化。

(2) 判断队列是否为空。

(3) 入队和出队。

(4) 双端链式队列的创建。

(5) 双端链式队列的销毁。

基础实验5：利用栈将递归程序转换为非递归程序

实验目的：考察对栈和递归的理解及递归程序的消除。

实验要求：任意输入n和m的值，求组合数$C(n,m)$，其定义如下。

当$n\geqslant 0$时，有$C(n,0)=1, C(n,n)=1$。

当$n>m$，$n\geqslant 0$，$m\geqslant 0$时，有$C(n,m)=C(n-1,m)+C(n-1,m-1)$。

要求：

(1) 编写一个求解$C(n,m)$的递归函数。

(2) 利用栈的基本操作，编写求解$C(n,m)$的非递归算法。

3.6.2 综合实验：迷宫求解和模拟停车场管理

综合实验1：迷宫求解

实验目的：深入理解栈的存储结构，熟练掌握栈的基本操作。

实验背景：求迷宫中从入口到出口的路径是经典的程序设计问题，通常采用穷举法。即，从入口出发，顺某一方向向前探索。若能走通，则继续往前走；否则沿原路返回，换另一个方向继续探索，直到探索到出口为止。为了保证在任何位置都能原路返回，显然需要用一个后进先出的栈保存从入口到当前位置的路径。

可以用如图3-45所示的棋盘格表示迷宫。图中的空白方块为通道，带阴影的方块为墙。

所求路径必须是简单路径，即求得的路径上不能重复出现同一方块。求迷宫中一条路径的算法的基本思想是：如果当前位置可通，则纳入当前路径，并继续朝下一个位置探索，即切换下一个位置为当前位置，如此重复，直至到达出口；如果当前位置不可通，则应沿来向退回到前一方块，然后朝来向之外的其他方向继续探索；如果该方块四周的4个方块均不可通，则应从当前路径上删除该方块。

所谓下一位置指的是当前位置四周(东、南、西、北)4个方向上相邻的方块。假设入口

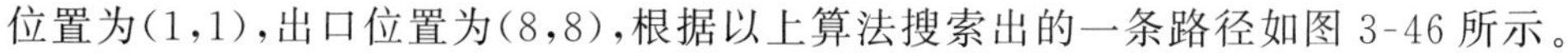
位置为(1,1)，出口位置为(8,8)，根据以上算法搜索出的一条路径如图 3-46 所示。

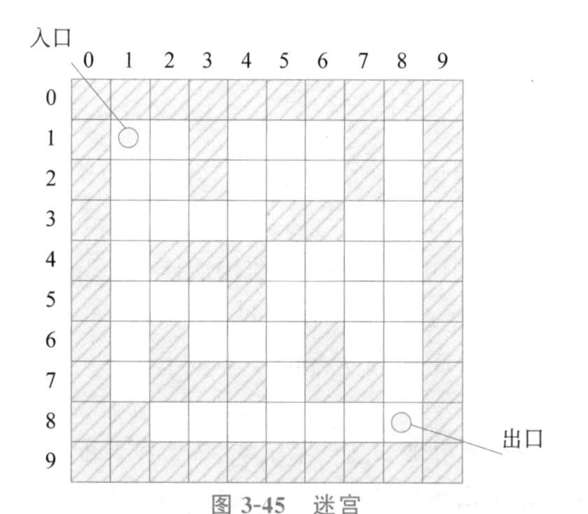

图 3-45　迷宫

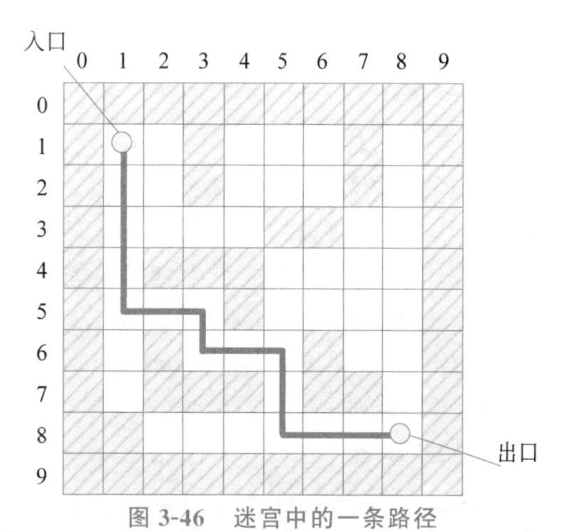

图 3-46　迷宫中的一条路径

实验内容：在图 3-44 所示的迷宫中，编写算法求一条从入口到出口的路径。要求如下。

(1) 使用列表或数组表示迷宫中的各个位置。

(2) 在向前试探的过程中，利用栈保存当前的路径。

(3) 从入口到出口按照递增数字序列输出，试探过的位置用−1 表示，墙用 0 表示，如图 3-47 所示。

0	0	0	0	0	0	0	0	0	0
0	1	2	0	−1	−1	−1	0	1	0
0	1	3	0	−1	−1	−1	0	1	0
0	5	4	−1	−1	0	0	1	1	0
0	6	0	0	0	1	1	1	1	0
0	7	8	9	0	1	1	1	1	0
0	1	0	10	11	12	0	1	1	0
0	1	0	0	0	13	0	0	1	0
0	0	1	1	1	14	15	16	17	0
0	0	0	0	0	0	0	0	0	0

图 3-47　迷宫求解输出结果

综合实验 2：模拟停车场管理

实验目的：深入理解栈和队列的存储结构，熟练掌握栈和队列的基本操作。

实验背景：停车场是一个可停放 n 辆汽车的狭长通道，且只有一个大门可供汽车进出。汽车在停车场内按车辆到达时间的先后顺序，依次由北向南排列(大门在最南端，最先到达的第一辆车停放在车场的最北端)。若停车场内已经停满 n 辆车，那么后来的车只能在门外的便道上等候。一旦有车开走，则排在便道上的第一辆车即可开入。当停车场内某辆车要离开时，在它之后进入的车辆必须先退出车场为它让路，待该辆车开出大门外，其他车辆再按原次序进入车场。每辆停放在车场的车在离开停车场时必须按它停留的时间缴纳费用。

实验内容：为停车场编制按上述要求进行管理的模拟程序。

实验提示：根据栈的后进先出和队列的先进先出的性质，需要用栈模拟停车场，用队列模拟便道，当停车场停满车后，再进入的汽车需要停在便道上。算法思想很简单，当有汽车准备进入停车场时，判断栈是否已满。如果栈未满，则将相应的元素入栈；如果栈满，则将相应的元素入队。当有汽车离开时，先依次将栈中的元素出栈并暂存到另一个栈中，等该车离开后，再依次将暂存栈中的元素送入停车场栈，并将队列中的元素入栈。

设 $n=2$，输入数据为('A',1,5)、('A',2,10)、('D',1,15)、('A',3,20)、('A',4,25)、('A',5,30)、('D',2,35)、('D',4,40)、('E',0,0)。每一组输入数据包括 3 个数据项：汽车到达或离去信息、汽车牌照号码及到达或离去的时刻，其中，'A'表示到达；'D'表示离去，'E'表示输入结束。其中：('A',1,5)表示 1 号牌照的汽车在 5 这个时刻到达，而('D',1,15)表示 1 号牌照的汽车在 15 这个时刻离去。

习题

一、单项选择题

1. 一个栈的输入序列为 a,b,c,d,e,则该栈不可能输出的序列是(　　)。

A. a,b,c,d,e　　B. d,e,c,b,a　　C. d,c,e,a,b　　D. e,d,c,b,a

2. 设计一个判别表达式中括号是否配对的算法,采用(　　)数据结构最佳。

A. 顺序表　　B. 链表　　C. 队列　　D. 栈

3. 假设 n 个元素入栈的序列为 $1,2,\cdots,n$,其输出序列为 $p_1,p_2,\cdots,p_n$,若 $p_1=3$,则 p_2 的值(　　)。

A. 一定是 1　　B. 一定是 2　　C. 不可能是 1　　D. 以上均不正确

4. 将递归算法转换成对应的非递归算法时,通常需要使用(　　)保存中间结果。

A. 队列　　B. 栈　　C. 链表　　D. 树

5. 栈的插入和删除操作在(　　)进行。

A. 栈底　　B. 栈顶　　C. 任意位置　　D. 指定位置

6. 判定一个顺序栈 S(栈空间大小为 n)为空的条件是(　　)。

A. S.top==0　　B. S.top!=0　　C. S.top==n　　D. S.top!=n

7. 判断一个循环队列 Q(最多 n 个元素)为满的条件是(　　)。

A. Q.rear==Q.front　　B. Q.rear==Q.front+1

C. Q.front==(Q.rear+1)%n　　D. Q.front==(Q.rear−1)%n

8. 若一个栈的入栈序列为 1,2,3,4,出栈序列为 $p_1,p_2,\cdots,p_4$,则 p_2、p_4 不可能是(　　)。

A. 2、1　　B. 4、3　　C. 3、4　　D. 2、4

9. 表达式 a*(b+c)−d 的后缀表达式是(　　)。

A. abcd+−　　B. abc+*d−　　C. abc*+d−　　D. −+*abcd

10. 队列的插入操作在(　　)进行。

A. 队尾　　B. 队头　　C. 队列任意位置　　D. 队头元素后

11. 循环队列的队头和队尾指针分别为 front 和 rear,则判断循环队列为空的条件是(　　)。

A. front==rear　　B. front==0

C. rear==0　　D. front=rear+1

12. 在一个链式队列中,front 和 rear 分别为头指针和尾指针,则插入一个结点 s 的操作为(　　)。

A. front=front.next

B. s.next=rear
rear=s

C. rear.next=s
rear=s;

D. s.next=front
front=s;

13. 一个队列的入队序列是 1,2,3,4,则该队列的出队序列是(　　)。

A. 1,2,3,4　　B. 4,3,2,1　　C. 1,4,3,2　　D. 3,4,1,2

14. 依次在初始为空的队列中插入元素 a、b、c、d 以后,紧接着做了两次删除操作,此时的队头元素是(　　)。

A. a　　B. b　　C. c　　D. d

15. 循环队列用列表 $A[0,m-1]$存放其元素值,已知其头尾指针分别是 front 和 rear,则当前队列中的元素个数是(　　)。

A. (rear－front＋m)%m　　B. rear－front＋1

C. rear－front－1　　D. rear－front

16. 在一个链队列中,假定 front 和 rear 分别为队头指针和队尾指针,删除一个结点的操作是(　　)。

A. front＝front.next　　B. rear＝rear.next

C. rear.next＝front　　D. front.next＝rear

二、算法分析题

1. 已知栈的基本操作函数如下:

```
def stackEmpty(self):                              #判断栈空
def pushStack(self,e):                             #入栈
def popStack(self):                                #出栈
```

函数 conversion 实现十进制数转换为八进制数,请将其代码补充完整。

```
def conversion(self):
    n=int(input("请输入一个正整数:"))
    while(n!=0):
        (  (1)  )
    while(  (2)  ):
        e=self.popStack(e)
        print(e)
```

2. 写出如下算法的功能。

```
def function(self,e):
    if self.front==self.rear:
        return None
    e=self.s[self.front]
    self.front=(self.front+1)%MAXSIZE
    return e
```

3. 阅读算法 f2,并回答下列问题。

(1) 设队列 Q=(1,3,5,2,4,6),写出执行算法 f2 后的队列 Q。

(2) 简述算法 f2 的功能。

```
def f2(Q):
    if not Q.queueEmpty():
        e=Q.deQueue()
        f2(Q)
        Q.enQueue(e)
```

三、算法设计题

1. 建立一个顺序栈。从键盘输入若干字符,以按回车键结束,实现元素的入栈操作。然后依次输出栈中的元素,实现出栈操作。要求顺序栈结构由栈顶指针、栈底指针和存放元

素的列表构成。

2. 建立一个链栈。从键盘输入若干字符，以按回车键结束，实现元素的入栈操作。然后依次输出栈中的元素，实现出栈操作。

3. 利用栈的基本操作编写一个行编辑程序，当一个字符有误时，在其后输入＃消除该字符；当前一行有误时，在其后输入@消除该行。

提示：主要利用栈的后进先出特性更正行编辑程序的字符序列错误输入。算法思想是：逐个检查输入的字符序列。如果当前的字符不是＃和@，则将该字符入栈；如果是字符＃，将栈顶的字符出栈；如果当前字符是@，则清空栈。

为了处理错误的输入，可以设置一个栈。当读入一个字符时，如果这个字符不是＃或@，将该字符入栈；如果读入的字符是＃，将栈顶的字符出栈；如果读入的字符是@，则将栈清空。

4. 实现 n 阶汉诺塔的非递归算法。要求保存每一层递归调用的工作记录，需要定义一个栈结构，栈结构定义如下：

```
class Stack:
    def __init__(self):
        self.x=None
        self.y=None
        self.z=None
        self.flag=None
        self.num=None
```

其中，x、y、z 表示 3 个塔座；flag 是一个标志，为 1 时表示需要将大问题分解，为 0 时表示问题已经变成最小的问题，可以直接移动圆盘；num 表示当前的圆盘数。

5. 要求顺序循环队列不损失一个存储单元，全部能够得到有效利用。请采用设置标志位 tag 的方法解决假溢出问题，实现顺序循环队列算法。

提示：本题考查顺序循环队列的入队和出队算法思想。设标志位 tag，初始化为 tag＝0，当入队成功时 tag＝1，当出队成功时 tag＝0，队列空的判断条件为 front＝＝rear&&tag＝＝0，队列满的判断条件为 front＝＝rear&&tag＝＝1。

6. 利用链式循环队列实现如图 3-48 所示的杨辉三角的输出。

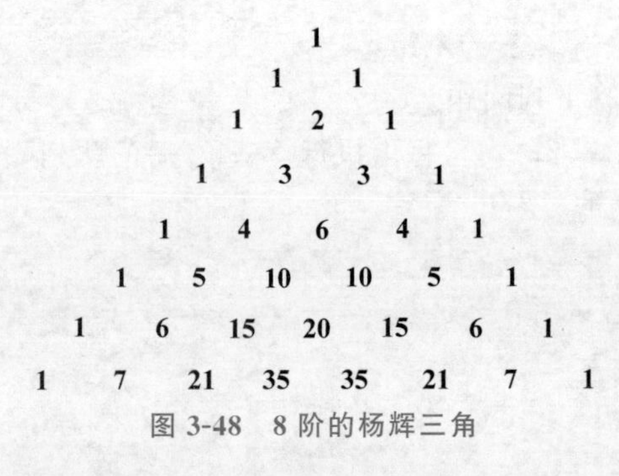

图 3-48　8 阶的杨辉三角

提示：本题主要考查队列的先入先出特性。设置一个队列，利用第 $i-1$ 行元素产生第 i 行元素，第 i 行除左右两边以外的元素是它上一行（$i-1$ 行）对应位置的元素与前一个元素之和。

第4章 串、数组和广义表

字符串一般简称为串，它也是一种重要的线性结构。计算机上的非数值处理对象基本上是字符串数据。在进销存等事务处理中，顾客的姓名和地址、货物的名称、产地和规格都是字符串数据，信息管理系统、信息检索系统、问答系统、自然语言翻译程序等都是以字符串数据作为处理对象的。数组和广义表可看作线性数据结构的扩展。线性表、栈、队列、串的数据元素都是不可再分的原子类型，而数组中的数据元素是可以再分的。一些特殊矩阵可采用压缩的方式进行存储，广义表被广泛应用于人工智能等领域。

本章重点和难点：

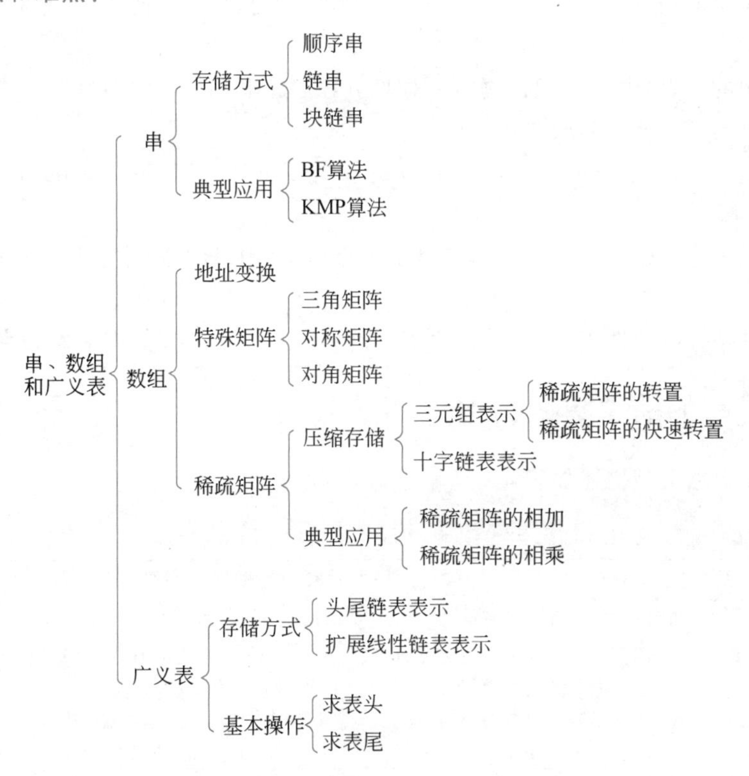

4.1 串的定义及抽象数据类型

串是仅由字符组成的一种特殊的线性表。

4.1.1 什么是串

串(string),即字符串,是由零个或多个字符组成的有限序列。串是一种特殊的线性表,仅由字符组成。一般记作

$$S = "a_1 a_2 \cdots a_n"$$

其中,S 是串名,n 是串的长度。用双引号括起来的字符序列是串的值。$a_i(1 \leqslant i \leqslant n)$可以是字母、数字和其他字符。$n=0$ 时,串称为空串。

串中任意个连续的字符组成的子序列称为该串的子串。相应地,包含子串的串称为主串。通常将字符在串中的序号称为该字符在串中的位置。子串在主串中的位置以子串的第一个字符在主串中的位置表示。

例如,有 4 个串:a = "tsinghua university",b = "tsinghua",c = "university",d = "tsinghuauniversity"。它们的长度分别为 18、7、10、17,b 和 c 是 a 和 d 的子串,b 在 a 和 d 中的位置都为 1,c 在 a 中的位置是 9,c 在 d 中的位置是 8。

只有当两个串的长度相等且串中各个对应位置的字符均相等时,两个串才是相等的。即两个串是相等的当且仅当这两个串的值是相等的。例如,上面的 4 个串 a、b、c、d 两两之间都不相等。

需要说明的是,串中的元素必须用一对双引号括起来,但是,双引号并不属于串,双引号的作用仅仅是为了与变量名或常量相区别。

例如,串 a="tsinghua university"中,a 是串的变量名,字符序列 tsinghua university 是串的值。

由一个或多个空格组成的串称为空格串。空格串的长度是串中空格字符的个数。空格串不是空串。

串是一种特殊的线性表,它与线性表唯一的不同点仅在于其数据对象为字符集合。

4.1.2 串的抽象数据类型

串的抽象数据类型描述如表 4-1 所示。

表 4-1 串的抽象数据类型描述

数据对象	串的数据对象集合为{$a_1, a_2, \cdots, a_n$},每个元素的类型均为字符	
数据关系	串是一种特殊的线性表,具有线性表的逻辑特征:除了第一个元素 a_1 外,每一个元素有且只有一个直接前驱元素;除了最后一个元素 a_n 外,每一个元素有且只有一个直接后继元素	
基本操作	StrAssign(&S,cstr)	初始条件:cstr 是字符串常量。 操作结果:生成一个其值等于 cstr 的串 S。例如,S="I come from Beijing",T="I come from Shanghai",R="Beijing",V="Chongqing"
	StrEmpty(S)	初始条件:串 S 已存在。 操作结果:如果是空串,则返回 True;否则返回 False
	StrLength(S)	初始条件:串 S 已存在。 操作结果:返回串中的字符个数,即串的长度。例如,StrLength(S)=19,StrLength(T)=20,StrLength(R)=7,StrLength(V)=9
	StrCopy(&T,S)	初始条件:串 S 已存在。 操作结果:由串 S 复制产生一个与 S 完全相同的另一个字符串 T

续表

基本操作	StrCompare(S,T)	初始条件：串 S 和 T 已存在。 操作结果：比较串 S 和 T 的每个字符的 ASCII 码值的大小。如果 S 的值大于 T,则返回 1;如果 S 的值等于 T,则返回 0;如果 S 的值小于 T,则返回－1。例如,StrCompare(S,T)＝－1,因为串 S 和串 T 比较到第 13 个字符时,字符'B'的 ASCII 码值小于字符'S'的 ASCII 码值,所以返回－1
	StrInsert(&S,pos,T)	初始条件：串 S 和 T 已存在,且 1≤pos≤StrLength(S)＋1。 操作结果：在串 S 的 pos 位置插入串 T。如果插入成功,返回 True;否则返回 False。例如,在串 S 中的第 3 个位置插入字符串"don't",即 StrInsert(S,3,"don't"),串 S＝"I don't come from Beijing"
	StrDelete (&S, pos, len)	初始条件：串 S 已存在,且 1≤pos≤StrLength(S)－len＋1。 操作结果：从串 S 中删除从 pos 位置开始、长度为 len 的字符串。如果找到并删除成功,返回 True;否则返回 False。 例如,在串 S 中从第 13 个位置开始删除长度为 7 的字符串,即 StrDelete(S,13,7),则 S＝"I come from"
	StrConcat(&T,S)	初始条件：串 S 和 T 已存在。 操作结果：将串 S 连接在串 T 的后面。如果连接成功,返回 True;否则返回 False。例如,将串 S 连接在串 T 的后面,即 StrConcat(T,S),则 T＝"I come from Shanghai I come from Beijing"
	SubString (&Sub, S, pos,len)	初始条件：串 S 已存在,1≤pos≤StrLength(S)且 0≤len≤StrLength(S)－len＋1。 操作结果：在串 S 中截取从 pos 位置开始、长度为 len 的连续字符,并赋值给 Sub。如果截取成功,返回 True;否则返回 False。 例如,将串 S 中从第 8 个字符开始、长度为 4 的字符串赋给 Sub,即 SubString(Sub,S,8,4),则 Sub＝"from"
	StrReplace(&S,T,V)	初始条件：串 S、T 和 V 已存在,且 T 为非空串。 操作结果：如果在串 S 中存在子串 T,则用串 V 替换串 S 中的所有子串 T。如果替换操作成功,返回 True;否则返回 False。例如,将串 S 中的子串 R 替换为串 V,即 StrReplace(S,R,V),则 S＝"I come from Chongqing"
	StrIndex(S,pos,T)	初始条件：串 S 和 T 已存在,T 是非空串,且 1≤len≤StrLength(S)。 操作结果：如果主串 S 中存在与串 T 的值相等的子串,则返回子串 T 在主串 S 中 pos 位置之后第一次出现的位置;否则返回 0。例如,在串 S 中的第 4 个字符开始查找,如果串 S 中存在与子串 R 相等的子串,则返回 R 在 S 中第一次出现的位置,则 StrIndex(S,4,R)＝13
	StrClear(&S)	初始条件：串 S 已存在。 操作结果：将串 S 清为空串
	StrDestroy(&S)	初始条件：串 S 已存在。 操作结果：将串 S 销毁

4.2　串的存储表示

串也有顺序存储和链式存储两种存储结构。最为常用的是串的顺序存储结构,操作起来更为方便。

4.2.1 串的顺序存储结构

采用顺序存储结构的串称为顺序串,又称定长顺序串。顺序串可利用 Python 语言中的字符串或列表存放串值。利用列表存储字符串时,为了表示串中实际存储的元素个数,定义一个变量表示串的长度。

如果用 Python 中的字符串类型表示串,可通过一对单引号或双引号括起来的字符序列表示字符串。例如:

```
str='Hello World!'
```

确定串的长度有两种方法:一种方法是使用 len()函数求串的长度,另一种方法是引入一个变量 length 记录串的长度。例如,串'Hello World!'的长度为 12,如图 4-1 所示。

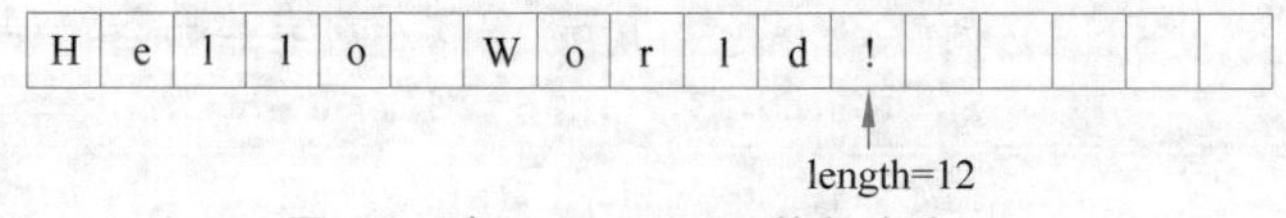

图 4-1　串'Hello World!'的长度为 12

在 Python 中,一旦定义了串,串中字符就不可改变,因此,采用列表存放串中字符便于串的存取操作。串的顺序存储结构类型定义如下:

```
class SeqString(object):
    def __init__(self,str):                        #定义字符串结构类型
        self.str=[i for i in str]
        self.length=len(str)
```

其中,str 是存储串的列表,length 为串的长度。

4.2.2 串的链式存储结构

在对顺序串进行串的插入、串的连接及串的替换操作时,如果串的长度超过了 MaxLen,串会被截断。为了克服顺序串的缺点,可使用链式存储结构表示串。

串的链式存储结构与线性表的链式存储结构类似,通过结点实现。结点包含两个域:数据域和指针域。采用链式存储结构的串称为链串。串的每个元素只包含一个字符,而每个结点可以存放一个字符,也可以存放多个字符。例如,一个结点包含 4 个字符,即结点大小为 4 的链串如图 4-2 所示。

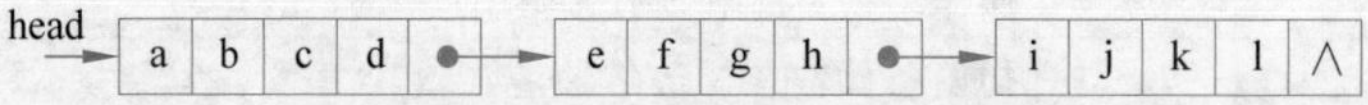

图 4-2　一个结点包含 4 个字符的链串

由于串长不一定是结点大小的整数倍,因此,链串中的最后一个结点不一定被串值占满,可以填充特殊的字符,如#。例如,一个含有 10 个字符的链串,通过填充两个#填满最后一个结点的数据域,如图 4-3 所示。

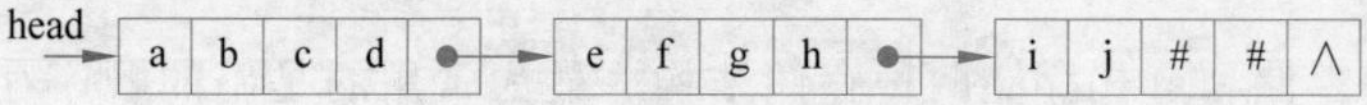

图 4-3　填充两个#的链串

结点大小为 1 的链串如图 4-4 所示。

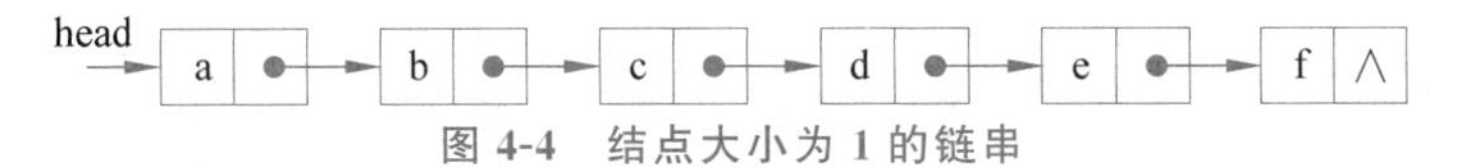

图 4-4　结点大小为 1 的链串

为了方便串的操作，链串除了用链表实现串的存储，还增加一个尾指针和一个表示串长度的变量。其中，尾指针指向链表(链串)的最后一个结点。因为块链的结点的数据域可以包含多个字符，所以串的链式存储结构也称为块链结构。

链串类型定义如下：

```
class Chunk:                                        #链串的结点类型定义
    def __init__(self,next=None):
        self.ch=[]
        self.next=next
class LinkString:                                   #链串的类型定义
    def __init__(self,head=None,tail=None):
        self.head=head
        self.tail=tail
        self.length=0
```

其中，head 表示头指针，指向链串的第一个结点；tail 表示尾指针，指向链串的最后一个结点；length 表示链串中字符的个数。

4.2.3　顺序串应用举例

【例 4-1】　要求编写一个删除字符串"Henan University of Technology is an engineering oriented university"中所有子串"of Technology"的程序。

【分析】　本例主要考查对串的创建、定位、删除等基本操作的掌握。为了删除主串 S1 中出现的所有子串 S2，需要先在主串 S1 中查找子串 S2 出现的位置，然后再进行删除操作。因此，算法的实现分为以下两个主要过程：一是在主串 S1 中查找子串 S2 的位置；二是删除 S1 中所有出现的 S2。

为了在 S1 中查找 S2，需要设置 3 个指示器 i、j 和 k，其中，i 和 k 指示 S1 中当前正在比较的字符，j 指示 S2 中当前正在比较的字符。每趟比较开始时，先判断 S1 的起始字符是否与 S2 的第一个字符相同。若两个字符相同，则令 k 从 S1 的下一个字符开始与 S2 的下一个字符进行比较，直到对应的字符不相同或子串 S2 中所有字符比较完毕或到达 S1 的末尾为止；若两个字符不相同，则需要从主串 S1 的下一个字符开始重新与子串 S2 的第一个字符进行比较，重复执行以上过程，直到 S1 的所有字符都比较完毕。完成一趟比较后，若 j 的值等于 S2 的长度，则表明在 S1 中找到了 S2，返回 i+1 即可；否则，返回 −1 表明 S1 中不存在 S2。因为 S1 中可能会存在多个 S2，为了删除主串 S1 中的所有子串 S2，需要多次调用查找子串的过程，直到所有子串被删除完毕。

删除所有子串的主要程序实现如下：

```
class SeqString(object):
    def __init__(self,str):           #定义字符串结构类型
        self.str=[i for i in str]
        self.length=len(str)
```

```
    def DelSubString(self,pos,n):
        if pos+n>len(self.str):
            return False
        for i in range(pos+n-1,self.length):
            self.str[i - n] = self.str[i]
        self.length-=n
        return True
    def StrLength(self):
        return self.length
    def Index(self,substr):          #比较字符串,获取子串在主串中的位置
        i=0
        while i<len(self.str):       #若 i 小于 S1 的长度,表明还未查找完毕
            j=0
            if self.str[i]==substr.str[j]:#如果两个串的字符相同
                k=i+1           #则令 k 指向 S1 的下一个字符,准备比较下一个字符是否相同
                j+=1                 #令 j 指向 S2 的下一个字符
                while k < len(self.str) and j < len(substr.str) and self.
                        str[k] == substr.str[j]:    #若两个串的字符相同
                    k+=1             #则令 k 指向 S1 的下一个字符
                    j +=1            #则令 j 指向 S2 的下一个字符
                if j == substr.length:                   #若完成一次匹配
                    break            #则跳出循环,表明已在主串中找到子串
                elif j == self.length+1 and k == substr.length+1:
                                     #若匹配发生在 S1 的末尾
                    break            #则跳出循环,表明已找到子串位置
                else:                #否则
                    i+=1             #从主串的下一个字符开始比较
            else:                    #若两个串中对应的字符不相同
                i +=1                #需要从主串的下一个字符开始比较
        if k == self.length+1 and j == substr.length+1:  #若在主串的末尾找到子串
            return i + 1             #则返回子串在主串中的起始位置
        if i >= self.length:         #若主串的下标超过 S1 的长度,表明主串中不存在子串
            return -1                #则返回-1 表示查找子串失败
        else:                        #否则,表明查找子串成功
            return i + 1             #返回子串在主串中的起始位置
    def DelAllString(self, substr):
        n = self.Index(substr)
        print(n)
        while n>=0:
            self.DelSubString(n,substr.length)
            n=self.Index(substr)
        return self.str[:self.length]
    if __name__ == '__main__':
        str=input('字符串')
        S1=SeqString(str)
        substr=input('子串:')
        S2=SeqString(substr)
        s1=S1.DelAllString(S2)
        print("删除所有子串后的字符串:")
        print(''.join(s1))
```

程序运行结果如图 4-5 所示。

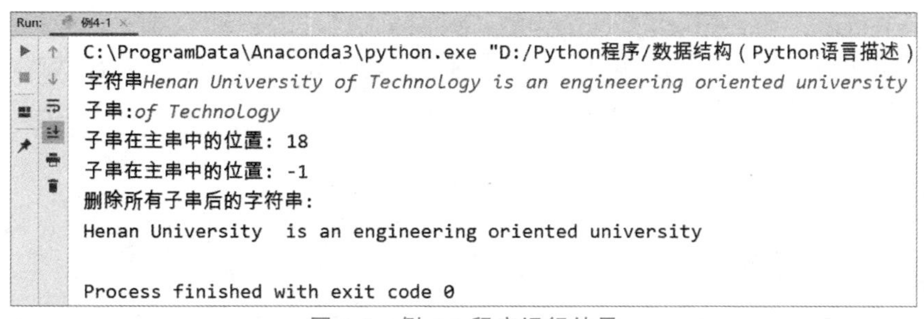

图 4-5　例 4-1 程序运行结果

4.3　串的模式匹配

串的模式匹配也称为子串的定位操作，即查找子串在主串中出现的位置。串的模式匹配算法主要有朴素模式匹配算法——Brute-Force 算法及改进算法——KMP 算法。

4.3.1　Brute-Force 算法

子串的定位操作通常称为模式匹配，是各种串处理操作中最重要的操作之一。设有主串 S 和子串 T，如果在主串 S 中找到一个与子串 T 相同的串，则返回子串 T 的第一个字符在主串 S 中的位置。其中，主串 S 又称为目标串，子串 T 又称为模式串。

Brute-Force 算法的思想是：从主串 $S=$"$s_0s_1\cdots s_{n-1}$"的第 pos 个字符开始与模式串 $T=$"$t_0t_1\cdots t_{m-1}$"的第一个字符比较，如果相等，则继续逐个比较后续字符；否则从主串 S 的下一个字符开始重新与模式串 T 的第一个字符比较。如果在主串 S 中存在与子串 T 相等的连续字符序列，则匹配成功，返回子串 T 中第一个字符在主串 S 中的位置；否则返回 -1 表示匹配失败。

例如，主串 $S=$"abaababaddecab"，子串 $T=$"abad"，S 的长度为 $n=13$，T 的长度为 $m=4$。用变量 i 表示主串 S 中当前正在比较的字符的下标，变量 j 表示子串 T 中当前正在比较的字符的下标。Brute-Force 算法的模式匹配过程如图 4-6 所示。

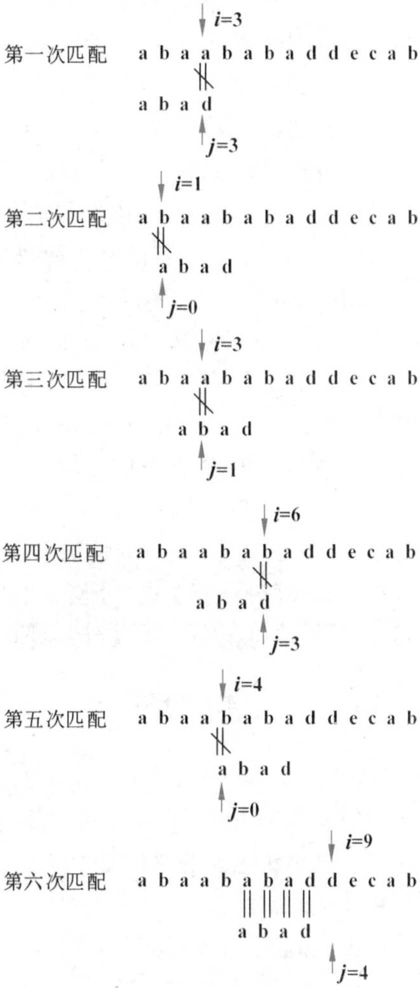

第一次匹配　$i=3$
a b a a b a b a d d e c a b
a b a d
$j=3$

第二次匹配　$i=1$
a b a a b a b a d d e c a b
　a b a d
$j=0$

第三次匹配　$i=3$
a b a a b a b a d d e c a b
　　a b a d
$j=1$

第四次匹配　$i=6$
a b a a b a b a d d e c a b
　　　a b a d
$j=3$

第五次匹配　$i=4$
a b a a b a b a d d e c a b
　　　　a b a d
$j=0$

第六次匹配　$i=9$
a b a a b a b a d d e c a b
　　　　　a b a d
$j=4$

图 4-6　Brute-Force 算法的模式匹配过程

假设串采用顺序存储方式存储，Brute-Force 算法实现如下：

```
def B_FIndex(self,pos,T):
#从主串 S 中的第 pos 个字符开始查找子串 T。如果找到,返回子串在主串中的位置;否则,返回-1
    i = pos - 1
    j = 0
    while i < self.length and j < T.length:
        if self.str[i] == T.str[j]:
                            #如果主串 S 和子串 T 中对应位置的字符相等,则继续比较下一个字符
            i +=1
            j +=1
        else:               #否则从主串 S 的下一个字符和子串 T 的第 0 个字符开始比较
            i = i - j + 1
            j = 0
    if j >= T.length:       #如果在主串 S 中找到子串 T,则返回子串 T 在主串 S 中的位置
        return i - j + 1,count
    else:
        return -1
```

Brute-Force 算法简单且容易理解,并且进行某些文本处理时效率也比较高。例如,检查"Welcome"是否存在于主串"Nanjing University is a comprehensive university **w**ith a long history. Welcome to Nanjing University."中时,上述算法中 while 循环次数(即进行单个字符比较的次数)为 79(70+1+8),除了遇到主串中黑体的 w 字符时需要比较两次外,其他每个字符均只和子串比较了一次。在这种情况下,该算法的时间复杂度为 $O(n+m)$。其中,n 和 m 分别为主串和子串的长度。

然而,在有些情况下,该算法的效率却很低。例如,设主串 S="aaaaaaaaaaaaab",子串 T="aaab"。其中,$n=14$,$m=4$。因为子串的前 3 个字符是"aaa",主串的前 13 个字符也是一连串的"aaa",每趟比较都是子串的最后一个字符与主串中的字符不相等,所以每次都需要将主串的指针回退 3 个字符,从主串的下一个字符开始与子串的第一个字符重新比较。在整个匹配过程中,主串的指针需要回退 9 次,匹配不成功的比较次数是 10×4,匹配成功的比较次数是 4 次,因此总的比较次数是 10×4+4=11×4,即$(n-m+1)m$。

可见,Brute-Force 算法在最好的情况下,即主串的前 m 个字符刚好与子串相等时,时间复杂度为 $O(m)$;在最坏的情况下,Brute-Force 算法的时间复杂度是 $O(nm)$。

在 Brute-Force 算法中,即使主串与子串经过比较已有多个字符相等,只要有一个字符不相等,就需要将主串的比较位置回退。

next 函数值

4.3.2 KMP 算法

KMP 算法是由 D. E. Knuth、J. H. Morris 和 V. R. Pratt 共同提出的,因此得名。KMP 算法在 Brute-Force 算法的基础上有较大改进,可在 $O(n+m)$时间复杂度完成串的模式匹配。该算法主要的改进是消除了主串指针的回退,使算法效率有了很大的提高。

1. KMP 算法思想

KMP 算法的基本思想是:在每一趟匹配过程中出现字符不相等时,不需要回退主串的指针,而是利用已经得到的部分匹配的结果,将子串向右滑动若干字符后继续与主串中的当前字符进行比较。

那到底向右滑动多少个字符呢?仍然假设主串 S="abaababaddecab",子串 T="abad",

KMP 算法的匹配过程如图 4-7 所示。

从图 4-7 中可以看出，KMP 算法的匹配次数由 Brute-Force 算法的 6 次减少为 4 次。在第一次匹配的过程中，当 $i=3$、$j=3$ 时，主串中的字符与子串中的字符不相等，Brute-Force 算法从 $i=1$、$j=0$ 开始比较。而这种将主串的指针回退的比较是没有必要的，在第一次比较遇到主串与子串中的字符不相等时，有 $S_0=T_0=$'a'，$S_1=T_1=$'b'，$S_2=T_2=$'a'，$S_3 \neq T_3$。因为 $S_1=T_1$ 且 $T_0 \neq T_1$，所以 $S_1 \neq T_0$，S_1 与 T_0 不必比较。又因为 $S_2=T_2$ 且 $T_0=T_2$，有 $S_2=T_0$，所以从 S_3 与 T_1 开始比较。

同理，在第三次比较主串中的字符与子串中的字符是否相等时，只需要将子串向右滑动两个字符，进行 $i=5$、$j=0$ 的字符比较。在整个 KMP 算法中，主串中的 i 指针没有回退。

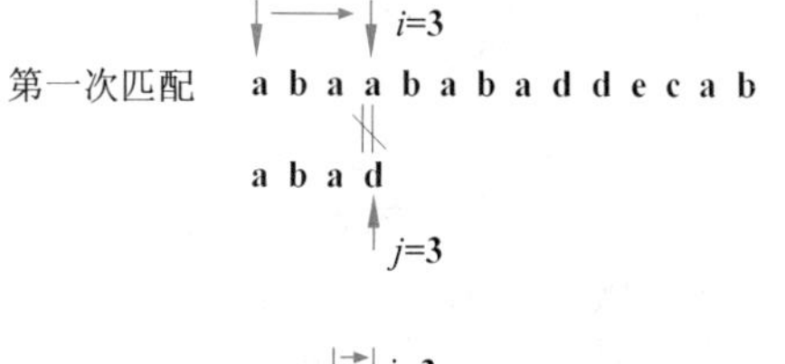

图 4-7　KMP 算法的匹配过程

下面讨论一般情况。假设主串 $S=$"$s_0 s_1 \cdots s_{n-1}$"，$T=$"$t_0 t_1 \cdots t_{m-1}$"。在模式匹配过程中，如果出现字符不匹配的情况，即当 $S_i \neq T_j$（$0 \leqslant i < n$，$0 \leqslant j < m$）时，有

$$"s_{i-j} s_{i-j+1} \cdots s_{i-1}" = "t_0 t_1 \cdots t_{j-1}"$$

接下来，主串中的第 i 个字符应该与子串的第几个字符进行比较呢？假设主串中的第 i 个字符应该与子串中的第 k（$k<j$）个字符进行比较，则子串中的前 k 个字符（不可能存在 $k'>k$）与主串中的字符满足以下关系：

$$"s_{i-k} s_{i-k+1} \cdots s_{i-1}" = "t_0 t_1 \cdots t_{k-1}"$$

而根据前面部分匹配的结果，有

$$"s_{i-k} s_{i-k+1} \cdots s_{i-1}" = "t_{j-k} t_{j-k+1} \cdots t_{j-1}"$$

综合以上两式，有

$$"t_0 t_1 \cdots t_{k-1}" = "t_{j-k} t_{j-k+1} \cdots t_{j-1}"$$

也就是说，子串中存在从 t_0 到 t_{k-1} 与从 t_{j-k} 到 t_{j-1} 的重叠子串，如图 4-8 所示。因此，下一次直接从 t_k 开始与 s_i 进行比较。

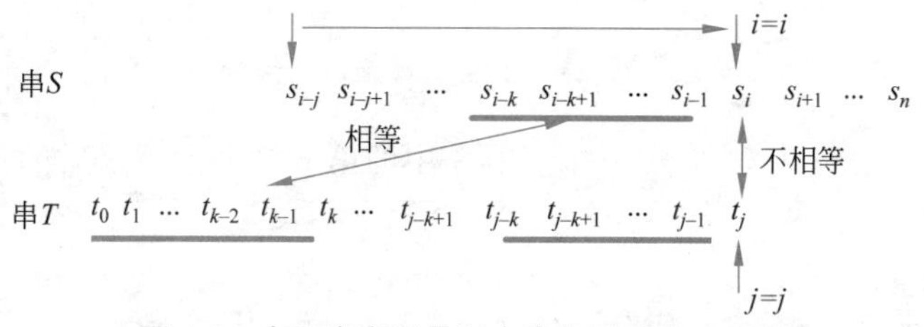

图 4-8　在子串有重叠时主串与子串模式匹配

如果令 next[j]$=k$，则 next[j]表示当子串中的第 j 个字符与主串中的对应字符不相等时下一次子串需要与主串中该字符进行比较的字符的位置。next 函数定义如下：

$$\text{next}[j]=\begin{cases}-1, & j=0\\ \text{Max}\{k \mid 0<k<j \text{ 且 }"t_0t_1\cdots t_{k-1}"="t_{j-k}t_{j-k+1}\cdots t_{j-1}"\}, & \text{存在真子串}\\ 0, & \text{其他情况}\end{cases}$$

其中,第一种情况,next[j]=-1是为了方便算法设计而定义的;第二种情况,如果子串中存在重叠的真子串,则next[j]的取值就是k,即模式串的最长子串的长度;第三种情况,如果模式串中不存在重叠的子串,则从子串的第一个字符开始比较。

KMP算法的模式匹配过程:如果子串T中存在真子串"$t_0t_1\cdots t_{k-1}$"="$t_{j-k}t_{j-k+1}\cdots t_{j-1}$",当子串$T$与主串$S$的$s_i$不相等时,则按照next[$j$]=$k$将子串向右滑动,从主串中的$s_i$与子串的$t_k$开始比较。如果$s_i=t_k$,则主串与子串的指针各自增1,继续比较下一个字符。如果$s_i \neq t_k$,则按照next[next[j]]将子串继续向右滑动,将主串中的s_i与子串中的next[next[j]]位置上的字符进行比较。如果仍然不相等,则按照以上方法,将子串继续向右滑动,直到next[j]=-1为止。这时,模式串不再向右滑动,比较s_{i+1}与t_0。利用next函数的模式匹配过程如图4-9所示。

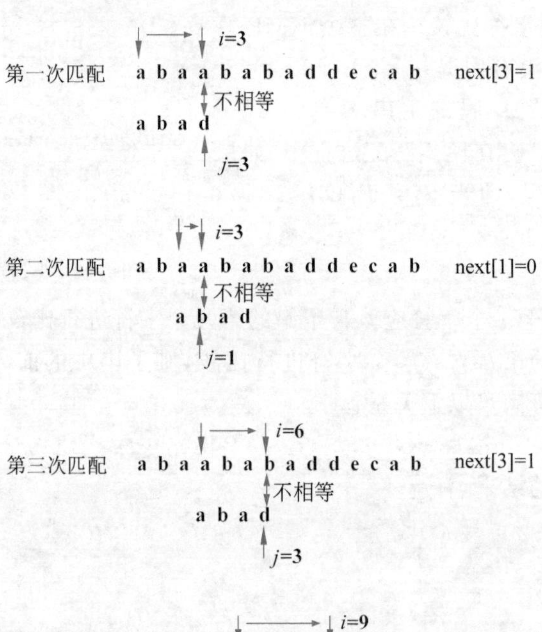

图4-9 利用next函数的模式匹配过程

利用子串T的next函数值求T在主串S中的第pos个字符之后的位置的KMP算法描述如下:

```
def KMP_Index(self,pos,T,next):
    #KMP模式匹配算法。利用模式串T的next函数在主串S中的第pos个位置开始查找模式串T
    #如果找到返回模式串在主串的位置,否则返回 - 1
    i = pos - 1
    j = 0
```

```
    while i < S.length and j < T.length:
        if j == -1 or self.str[i] == T.str[j]:
                                        #如果 j 为-1 或当前字符相等,则继续比较后面的字符
            i +=1
            j+=1
        else:                                   #如果当前字符不相等,则将子串向右滑动
            j = next[j]                         #列表 next 保存 next 函数值
    if j >= T.length:                           #匹配成功,返回子串在主串中的位置
        return i - T.length + 1,count
    else:                                       #否则返回-1
        return -1
```

2. 求 next 函数值

串的模式匹配

KMP 算法是建立在子串的 next 函数值已知的基础上的。下面讨论如何求子串的 next 函数值。

从上面的分析可以看出,子串的 next 函数值与主串无关,仅与子串相关。根据子串 next 函数的定义,next 函数值可用递推的方法得到。

设 $next[j]=k$,表示在子串 T 中存在以下关系:

$$"t_0 t_1 \cdots t_{k-1}"="t_{j-k} t_{j-k+1} \cdots t_{j-1}"$$

其中,$0<k<j$,k 为满足等式的最大值,即不可能存在 $k'>k$ 满足以上等式。那么 $next[j+1]$的值可能有如下两种情况。

(1) 如果 $t_j=t_k$,则表示在子串 T 中满足关系"$t_0 t_1 \cdots t_k$"="$t_{j-k} t_{j-k+1} \cdots t_j$",并且不可能存在 $k'>k$ 满足以上等式。因此有 $next[j+1]=k+1$,即 $next[j+1]=next[j]+1$。

(2) 如果 $t_j \neq t_k$,则表示在模式串 T 中满足关系"$t_0 t_1 \cdots t_k$"$\neq$"$t_{j-k} t_{j-k+1} \cdots t_j$"。在这种情况下,可以把求 next 函数值的问题看成一个模式匹配的问题。目前已经有"$t_0 t_1 \cdots t_{k-1}$"="$t_{j-k} t_{j-k+1} \cdots t_{j-1}$",但是 $t_j \neq t_k$,把子串 T 向右滑动到 $k'=next[k](0<k'<k<j)$,如果有 $t_j=t_{k'}$,则表示模式串中有"$t_0 t_1 \cdots t_{k'}$"="$t_{j-k'} t_{j-k'+1} \cdots t_j$",因此有 $next[j+1]=k'+1$,即 $next[j+1]=next[k]+1$。

如果 $t_j \neq t_{k'}$,则将子串继续向右滑动到第 $next[k']$个字符与 t_j 比较。如果仍不相等,则将子串继续向右滑动到第 $next[next[k']]$个字符与 t_j 比较。以此类推,直到 t_j 和模式串中某个字符匹配成功或不存在任何 $k'(1<k'<j)$满足"$t_0 t_1 \cdots t_{k'}$"="$t_{j-k'} t_{j-k'+1} \cdots t_j$",则有 $next[j+1]=0$。

以上讨论的是如何根据 next 函数的定义递推得到 next 函数值。例如,子串 $T=$"cbcaacbcbc"的next 函数值如表 4-2 所示。

表 4-2　子串"cbcaacbcbc"的 next 函数值

j	0	1	2	3	4	5	6	7	8	9
子串	c	b	c	a	a	c	b	c	b	c
next[j]	−1	0	0	1	0	0	1	2	3	2

在表 4-1 中,如果已经求得前 3 个字符的 next 函数值,现在求 next[3],因为 next[2]=0 且 $t_2=t_0$,所以 next[3]=next[2]+1=1。接着求 next[4],因为 $t_2=t_0$,但"$t_2 t_3$"$\neq$"$t_0 t_1$",所以需要将 t_3 与 next[1]=0 位置上的字符即 t_0 比较。因为 $t_0 \neq t_3$,所以 next[4]=0。

同理,因为 next[8]=3,但 $t_8 \neq t_3$,所以要比较 t_1 与 t_8 的值是否相等(next[3]=1)。因为 $t_1 = t_8$,所以 next[9]=k'+1=1+1=2。

求 next 函数值的算法描述如下:

```
def GetNext(self,T):                    #求子串 T 的 next 函数值并存入列表 next
    j=0
    k=-1
    next = [None for i in range(T.length)]
    next[0]=-1
    while j<T.length-1:
        if k==-1 or T.str[j]==T.str[k]:
                         #若 k 为-1 或当前字符相等,则继续比较后面的字符并将函数值存入 next
            j+=1
            k+=1
            next[j]=k
        else:                           #如果当前字符不相等,则将子串向右滑动,继续比较
            k=next[k]
    return next
```

求 next 函数值的算法时间复杂度是 $O(m)$。一般情况下,子串的长度比主串的长度要小得多,因此,对整个字符串的匹配来说,增加这点时间是值得的。

3. 改进的求 next 函数值算法

上述求 next 函数值有时也存在缺陷。例如,主串 S="aaaacabacaaaba"与子串 T="aaaab"进行匹配时,当 $i=4$、$j=4$ 时,$s_4 \neq t_4$,而因为 next[0]=−1,next[1]=0,next[2]=1,next[3]=2,next[4]=3 所以需要将主串的 s_4 与子串中的 t_3、t_2、t_1、t_0 依次进行比较。因为子串中的 t_3 与 t_0、t_1、t_2 都相等,没有必要将这些字符与主串的 s_3 进行比较,仅需要直接将 s_4 与 t_0 进行比较。

一般,在求得 next[j]=k 后,如果子串中的 $t_j = t_k$,则当主串中的 $s_i \neq t_j$ 时,不必再将 s_i 与 t_k 比较,而直接与 $t_{next[k]}$ 比较。因此,可以将求 next 函数值的算法进行修正,即在求得 next[j]=k 之后,判断 t_j 是否与 t_k 相等。如果相等,还需继续将子串向右滑动,使 k'=next[k],判断 t_j 是否与 $t_{k'}$ 相等,直到两者不等为止。

例如,子串 T="abcdabcdabd"的 next 函数值与改进后的 nextval 函数值如表 4-3 所示。

表 4-3 子串"abcdabcdabd"的 next 函数值和 nextval 函数值

j	0	1	2	3	4	5	6	7	8	9	10
子串	a	b	c	d	a	b	c	d	a	b	d
next[j]	−1	0	0	0	0	1	2	3	4	5	6
nextval[j]	−1	0	0	0	−1	0	0	0	−1	0	6

其中,nextval[j]中存放改进后的 next 函数值。在表 4-2 中,如果主串中对应的字符 s_i 与子串 T 对应的 t_8 失配,则应取 $t_{next[8]}$ 与主串的 s_i 比较,即 t_4 与 s_i 比较,因为 $t_4 = t_8$='a',所以也一定与 s_i 失配,则取 $t_{next[4]}$ 与 s_i 比较,即 t_0 与 s_i 比较,因为 t_0='a',也必然与 s_i 失配,则取 next[0]=−1,这时,子串停止向右滑动。其中,t_4、t_0 与 s_i 比较是没有意义的,所以需要修正 next[8]和 next[4]的值为−1。其他的 next 函数值用类似的方法修正。

求 next 函数值的改进算法描述如下:

```
    def GetNextVal(self,T):
        #求子串 T 的 next 函数值的修正值并存入列表 nextval
        j = 0
        k = -1
        nextval = [None for i in range(T.length+1)]
        nextval[0] = -1
        while j < T.length-1:
            if k == -1 or T.str[j] == T.str[k]:
                    #如果 k 为-1 或当前字符相等,则继续比较后面的字符并将函数值存入 nextval
                j = j+1
                k = k+1
                if T.str[j] != T.str[k]:
                    #如果所求的 nextval[j]与已有的 nextval[k]不相等则将 k 存入 nextval
                    nextval[j]=k
                else:
                    nextval[j]=nextval[k]
            else:  #如果当前字符不相等,则将子串向右滑动,继续比较
                k=nextval[k]
        return nextval
```

注意：本章在讨论串的实现及主串与子串的匹配问题时，串的下标均从 0 开始，与 Python 语言中的列表下标一致。

4.3.3　模式匹配应用举例

【例 4-2】　编写程序比较 Brute-Force 算法与 KMP 算法的效率。例如，主串 $S=$ "cabaadcabaababaabacabababab"，子串 $T=$ "abaabacababa"，统计 Brute-Force 算法与 KMP 算法在匹配过程中的比较次数，并输出子串的 next 函数值与 nextval 函数值。

【分析】　通过主串的模式匹配次数比较 Brute-Force 算法与 KMP 算法的效果。Brute-Force 算法也是常用的算法，因为它不需要计算 next 函数值。在子串与主串存在许多部分匹配的情况下，KMP 算法的优越性才会显现出来。

程序中主要包括头文件的引用、函数的声明、主函数及打印输出的实现，程序代码如下：

```
if __name__ == '__main__':
    S=SeqString("cabaadcabaababaabacabababab")   #给主串 S 赋值
    T=SeqString("abaabacababa")                  #给子串 T 赋值
    next=T.GetNext(T)                            #求 next 函数值
    nextval=T.GetNextVal(T)                      #求改进后的 next 函数值
    print("模式串 T 的 next 和改进后的 next 值:")
    S.PrintArray(T,next, nextval, T.length)      #输出子串 T 的 next 值和 nextval 值
    find,count1 = S.B_FIndex(1, T)               #Brute-Force 算法模式匹配
    if (find > 0):
        print("Brute-Force 算法的比较次数为:%2d"%count1)
    find,count2 = S.KMP_Index( 1, T, next)
    if (find > 0):
        print("利用 next 的 KMP 算法的比较次数为:%2d"%count2)
    find,count3 = S.KMP_Index(1, T, nextval)
    if (find > 0):
        print("利用 nextval 的 KMP 匹配算法的比较次数为:%2d"%count3)
def PrintArray(self,T,next,nextval,length):
```

```
#子串 T 的 next 值与 nextval 值输出函数
    print("j:\t\t",end='')
    for j in range(length):
        print(j,end=' ')
    print()
    print("模式串:\t\t",end='')
    for j in range(length):
        print(T.str[j],end=' ')
    print()
    print("next[j]:\t",end='')
    for j in range(length):
        print(next[j],end=' ')
    print()
    print("nextval[j]:\t",end='')
    for j in range(length):
        print(nextval[j],end=' ')
    print()
```

程序运行结果如图 4-10 所示。

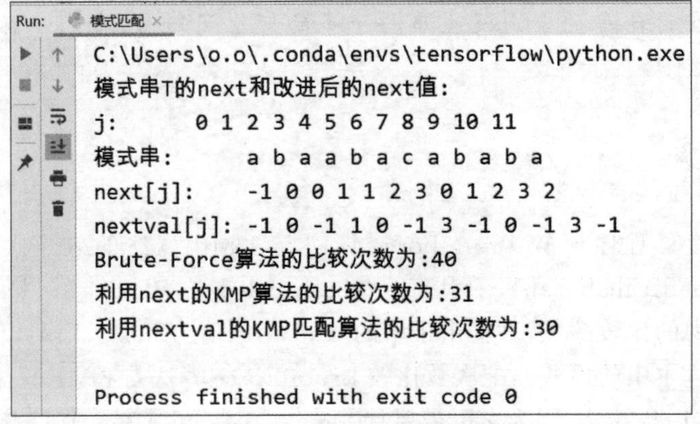

图 4-10　例 4-2 程序运行结果

4.4　数组

数组是一种特殊的线性表,表中的元素可以是原子类型,也可以是一个线性表。

4.4.1　数组的基本概念

数组(array)是由 n 个类型相同的数据元素组成的有限序列。其中,这 n 个数据元素占用一块地址连续的存储空间。数组中的数据元素可以是原子类型的,如整型、字符型、浮点型等,也可以是一个线性表。

一个含有 n 个元素的一维数组可以表示成线性表 $A=(a_0,a_1,\cdots,a_{n-1})$。其中,$a_i(0\leqslant i\leqslant n-1)$是表 A 中的元素,表中的元素个数是 n。

一个 m 行 n 列的二维数组可以看成一个线性表,其中数组中的每个元素也是一个线性表。例如,$A=(p_0,p_1,\cdots,p_{n-1})$。表中的每个元素 $p_j(0\leqslant j\leqslant n-1)$又是一个列向量表示的线性表，$p_j=(a_{0,j},a_{1,j},\cdots,a_{m-1,j})$，其中 $0\leqslant j\leqslant n-1$。因此，这样的 m 行 n 列的二维数组如图 4-11 所示。

在图 4-11 中，二维数组的每一列可以看成线性表中的每一个元素，线性表 A 中的每一个元素 $p_j(0\leqslant j\leqslant r)$是一个列向量。同样，还可以把图 4-11 中的矩阵看成一个由行向量构成的线性表：$B=(q_0,q_1,\cdots,q_s)$，其中，$s=m-1$。q_i 是一个行向量，即 $q_i=(a_{i,0},a_{i,1},\cdots,a_{i,n-1})$，如图 4-12 所示。

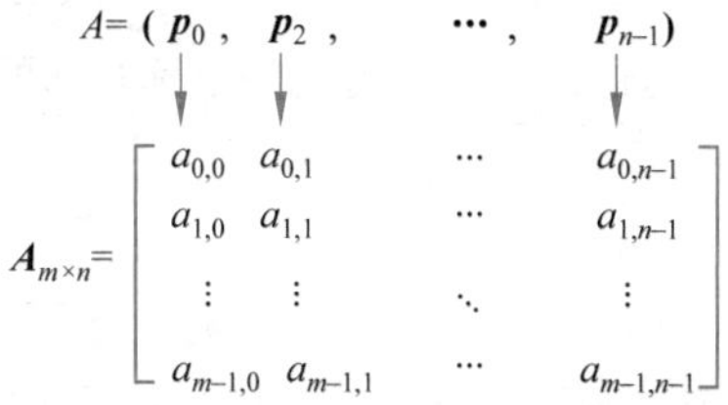

$$A=(\boldsymbol{p}_0,\ \boldsymbol{p}_2,\ \cdots,\ \boldsymbol{p}_{n-1})$$

$$\boldsymbol{A}_{m\times n}=\begin{bmatrix} a_{0,0} & a_{0,1} & \cdots & a_{0,n-1} \\ a_{1,0} & a_{1,1} & \cdots & a_{1,n-1} \\ \vdots & \vdots & \ddots & \vdots \\ a_{m-1,0} & a_{m-1,1} & \cdots & a_{m-1,n-1} \end{bmatrix}$$

图 4-11　二维数组以列向量表示

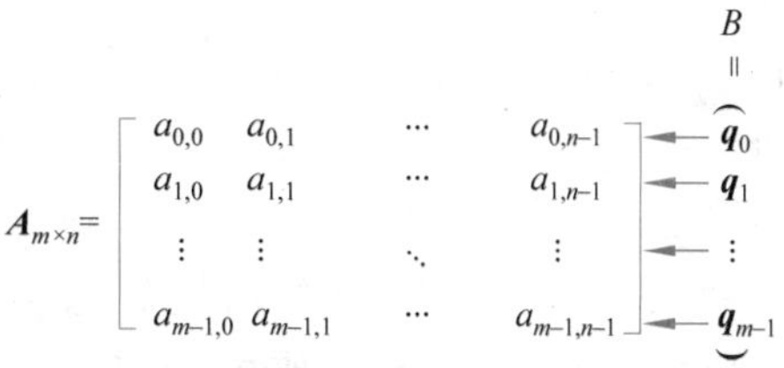

$$\boldsymbol{A}_{m\times n}=\begin{bmatrix} a_{0,0} & a_{0,1} & \cdots & a_{0,n-1} \\ a_{1,0} & a_{1,1} & \cdots & a_{1,n-1} \\ \vdots & \vdots & \ddots & \vdots \\ a_{m-1,0} & a_{m-1,1} & \cdots & a_{m-1,n-1} \end{bmatrix}\begin{matrix} \leftarrow \boldsymbol{q}_0 \\ \leftarrow \boldsymbol{q}_1 \\ \leftarrow \vdots \\ \leftarrow \boldsymbol{q}_{m-1} \end{matrix} = B$$

图 4-12　二维数组以行向量表示

同理，一个 n 维数组也可以看成一个线性表，其中线性表中的每个数据元素是 $n-1$ 维数组。n 维数组中的每个元素处于 n 个向量中，每个元素有 n 个前驱元素，也有 n 个后继元素。

4.4.2　数组的顺序存储结构

计算机中的存储器结构是一维(线性)结构，而对于二维数组，就需要先将数组转换成一个线性序列，才能将其存放在存储空间中。

二维数组的存储方式有两种，一种是以行为主序(row major order)的存储方式，另一种是以列为主序(column major order)的存储方式，对于如图 4-12 所示的二维数组来说，以行为主序的存储顺序为 $a_{0,0},a_{0,1},\cdots,a_{0,n-1},a_{1,0},a_{1,1},\cdots,a_{1,n-1},\cdots,a_{m-1,0},a_{m-1,1},\cdots,a_{m-1,n-1}$，以列为主序的存储顺序为 $a_{0,0},a_{1,0},\cdots,a_{m-1,0},a_{0,1},a_{1,1},\cdots,a_{m-1,1},\cdots,a_{0,n-1},a_{1,n-1},\cdots,a_{m-1,n-1}$，如图 4-13 所示。

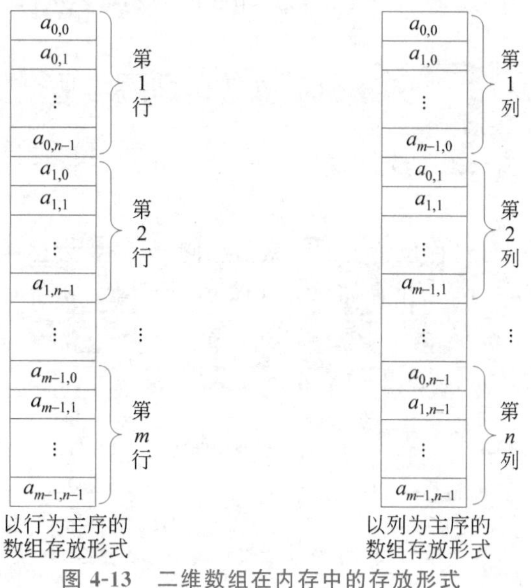

图 4-13　二维数组在内存中的存放形式

根据数组的维数和各维的长度就能为数组分配存储空间。因为数组中的元素连续存放,所以任意给定一个数组的下标,就可以求出相应数组元素的存储位置。

下面说明以行为主序的数组元素的存储地址与数组的下标之间的关系。设每个元素占 m 个存储单元,则二维数组 A 中的任何一个元素 $a_{i,j}$ 的存储位置可以由以下公式确定:

$$\mathrm{Loc}(i, j) = \mathrm{Loc}(0,0) + (in + j)m$$

其中,$\mathrm{Loc}(i, j)$表示元素 $a_{i,j}$ 的存储地址,$\mathrm{Loc}(0,0)$表示元素 $a_{0,0}$ 的存储地址,即二维数组的起始地址(也称为基地址)。

推广到更一般的情况,可以得到 n 维数组中数据元素的存储地址与数组的下标之间的关系:

$$\mathrm{Loc}(j_1, j_2, \cdots, j_n) = \mathrm{Loc}(0,0,\cdots,0) + (b_1 b_2 \cdots b_{n-1} j_0 + b_2 b_3 \cdots b_{n-1} j_1 + \cdots + b_{n-1} j_{n-2} + j_{n-1})m$$

其中,$b_i(1 \leqslant i \leqslant n-1)$是第 i 维的长度,j_i 是数组的第 i 维下标。

在 Python 中,通常采用列表表示数组,若创建一个长度为 n 的一维数组 a,语句如下:

```
n=10
a=[None]*n
```

若创建一个 $m \times n$ 的二维数组 a,语句如下:

```
m,n=10,20
a=[[None]*n for i in range(m)]
```

其中,a 为嵌套列表,其大小为 10 行、20 列。

4.4.3 特殊矩阵的压缩存储

矩阵是科学计算、工程数学和数值分析经常用到的对象。在高级语言中,通常使用二维数组存储矩阵。在有些高阶矩阵中,非零元素非常少,此时若使用二维数组,将造成存储空间的浪费,这时可只存储部分元素,从而提高存储空间的利用率。这种存储方式称为矩阵的压缩存储。所谓压缩存储,指的是为多个具有相同值的元素只分配一个存储单元,对值为零的元素不分配存储单元。

非零元素非常少(远少于 mn 个)或元素分布呈一定规律的矩阵称为特殊矩阵。

1. 对称矩阵的压缩存储

如果一个 n 阶的矩阵 $\boldsymbol{A}$ 中的元素满足 $a_{i,j} = a_{j,i}(0 \leqslant i, j \leqslant n-1)$,则称这种矩阵为 n 阶对称矩阵。

对于对称矩阵,每一对对称位置上的元素值相同,只需要为这样一对元素分配一个存储单元,这样就可以用 $n(n+1)/2$ 个存储单元存储 n^2 个元素。n 阶对称矩阵和下三角矩阵如图 4-14 所示。

$$\boldsymbol{A}_{n\times n} = \begin{bmatrix} a_{0,0} & a_{0,1} & \cdots & a_{0,n-1} \\ a_{1,0} & a_{1,1} & \cdots & a_{1,n-1} \\ \vdots & \vdots & \ddots & \vdots \\ a_{n-1,0} & a_{n-1,1} & \cdots & a_{n-1,n-1} \end{bmatrix}$$

n阶对称矩阵

$$\boldsymbol{A}_{n\times n} = \begin{bmatrix} a_{0,0} & & & \\ a_{1,0} & a_{1,1} & & \\ \vdots & \vdots & \ddots & \\ a_{n-1,0} & a_{n-1,1} & \cdots & a_{n-1,n-1} \end{bmatrix}$$

n阶下三角矩阵

图 4-14 n 阶对称矩阵和下三角矩阵

假设用一维数组 s 存储对称矩阵 **A** 的上三角或下三角元素，则一维数组 s 的下标 k 与 n 阶对称矩阵 **A** 的元素 $a_{i,j}$ 之间的对应关系为

$$k=\begin{cases}\dfrac{i(i+1)}{2}+j, & i\geqslant j\\[2ex]\dfrac{j(j+1)}{2}+i, & i<j\end{cases}$$

当 $i\geqslant j$ 时，n 阶对称矩阵 **A** 以下三角形式存储，$i(i+1)/2+j$ 为 n 阶对称矩阵 **A** 中元素的线性序列编号；当 $i<j$ 时，n 阶对称矩阵 **A** 以上三角形式存储，$j(j+1)/2+i$ 为 n 阶对称矩阵 **A** 中元素的线性序列编号。任意给定一组下标 (i, j)，就可以确定 n 阶对称矩阵 **A** 在一维数组 s 中的存储位置。s 称为 n 阶对称矩阵 **A** 的压缩存储。

n 阶对称矩阵 **A** 的下三角元素的压缩存储表示如图 4-15 所示。

k	0	1	2	3		$\frac{n(n-1)}{2}$		$\frac{n(n+1)}{2}-1$
	$a_{0,0}$	$a_{1,0}$	$a_{1,1}$	$a_{2,0}$	…	$a_{n-1,0}$	…	$a_{n-1,n-1}$

图 4-15　对称矩阵的压缩存储

2. 三角矩阵的压缩存储

三角矩阵可分为两种，即上三角矩阵和下三角矩阵。其中，下三角矩阵的元素均为常数 C 或 0 的 n 阶矩阵称为 n 阶上三角矩阵，上三角矩阵的元素均为常数 C 或 0 的 n 阶矩阵称为 n 阶下三角矩阵。n 阶上三角矩阵和 n 阶下三角矩阵如图 4-16 所示。

$$\boldsymbol{A}_{n\times n}=\begin{bmatrix}a_{0,0} & a_{0,1} & \cdots & a_{0,n-1}\\ & a_{1,1} & \cdots & a_{1,n-1}\\ & C & \ddots & \vdots\\ & & & a_{n-1,n-1}\end{bmatrix}\qquad \boldsymbol{A}_{n\times n}=\begin{bmatrix}a_{0,0} & & & \\ a_{1,0} & a_{1,1} & C & \\ \vdots & \vdots & \ddots & \\ a_{n-1,0} & a_{n-1,1} & \cdots & a_{n-1,n-1}\end{bmatrix}$$

n阶上三角矩阵　　　　n阶下三角矩阵

图 4-16　n 阶上三角矩阵和 n 阶下三角矩阵

上三角矩阵的压缩原则是只存储上三角的元素，不存储下三角的零元素（或只用一个存储单元存储下三角的常数元素）。下三角矩阵的压缩原则与上三角矩阵类似。如果用一维数组存储三角矩阵，则需要存储 $n(n+1)/2+1$ 个元素。一维数组的下标 k 与 n 阶上三角矩阵和下三角矩阵的下标 (i, j) 的对应关系如下。

(1) 上三角矩阵：

$$k=\begin{cases}\dfrac{i(2n-i+1)}{2}+j-i, & i\leqslant j\\[2ex]\dfrac{n(n+1)}{2}, & i>j\end{cases}$$

(2) 下三角矩阵：

$$k=\begin{cases}\dfrac{i(i+1)}{2}+j, & i\geqslant j\\[2ex]\dfrac{n(n+1)}{2}, & i<j\end{cases}$$

其中，第 $n(n+1)/2$ 个位置存放的是零元素或者常数 C。

$$A_{5\times5}=\begin{bmatrix}1&2&3&4&5\\0&6&7&8&9\\0&0&10&11&12\\0&0&0&13&14\\0&0&0&0&15\end{bmatrix}$$

图 4-17　5 阶上三角矩阵

上述公式可根据等差数列的性质推导得出。

下面讨论以行为主序与以列为主序压缩存储的相互转换。例如,设有一个 n 阶上三角矩阵 $\mathbf{A}$ 的上三角元素已按行为主序连续存放在嵌套列表 b 中。设计一个算法将 b 中元素按列为主序连续存放在列表 c 中。当 $n=5$ 时,矩阵 $\mathbf{A}$ 如图 4-17 所示。

可知,$b=(1,2,3,4,5,6,7,8,9,10,11,12,13,14,15)$,$c=(1,2,6,3,7,10,4,8,11,13,5,9,12,14,15)$。如何根据嵌套列表 b 得到 c 呢?

本例主要考查特殊矩阵的压缩存储中对数组(列表)下标的使用。用 i 和 j 分别表示矩阵中元素的行列下标,用 k 表示压缩矩阵 b 元素的下标。算法的关键是找出以行为主序和以列为主序的数组(列表)下标的对应关系(初始时,$i=0,j=0,k=0$),即 $c[j(j+1)/2+i]=b[k]$,其中,$j(j+1)/2+i$ 就是根据等差数列的性质得出的。根据这种对应关系,直接把 b 中的元素赋给 c 中对应位置的元素即可。但是读出 c 中一列(即 b 中的一行)元素(1,2,3,4,5)之后,还要改变行下标 i 和列下标 j,开始读(6,7,8,9)元素时,列下标 j 需要从 1 开始,行下标 i 也需要增加 1,以此类推,可以得出修改行下标和列下标的规则:当一行还没有结束时,$j++$;否则 $i++$ 并修改下一行的元素个数及 i、j 的值,直到 $k=n(n+1)/2$ 为止。

根据以上分析,相应的压缩存储转换算法如下:

```
def trans(b,n):
#将 b 中元素按列为主序连续存放到列表 c 中
    step=n
    count=0
    i=0
    j=0
    c=[None for i in range(int(n*(n+1)/2))]
    for k in range(int(n*(n+1)/2)):
        count+=1                          #记录一行是否读完
        c[int(j*(j+1)/2+i)] = b[k]        #把以行为主序的数存放到以列为主序的列表中
        if count==step:                   #一行读完后
            step-=1
            count=0                       #下一行重新开始计数
            i+=1                          #下一行的开始列
            j=n-step                      #一行读完后,下一行的开始列
        else:
            j+=1                          #一行还没有读完,继续读下一列的数
    return c
```

3. 对角矩阵的压缩存储

对角矩阵(也叫带状矩阵)也是一类特殊的矩阵。所谓对角矩阵,就是所有的非零元素都集中在以主对角线(左上到右下方向)为中心的带状区域内(对角线的个数为奇数)。也就是说,除了主对角线和主对角线上、下若干条平行线上的元素外,其他元素的值均为 0。一个 3 对角矩阵如图 4-18 所示。

$$A_{6\times6}=\begin{bmatrix}8&5&0&0&0&0\\2&12&9&0&0&0\\0&6&5&11&0&0\\0&0&10&7&6&0\\0&0&0&9&3&7\\0&0&0&0&2&15\end{bmatrix}$$

图 4-18　3 对角矩阵

通过观察,可以发现 3 对角矩阵具有以下特点:当 $i=0$、$j=1,2$ 时,即第一行,有两个非零元素;当 $0<i<n-1$, $j=i-1,i,i+1$ 时,即第 2 行到第 $n-1$ 行,每一行有 3 个非零元素;当 $i=n-1$、$j=n-2,n-1$ 时,

即最后一行，有两个非零元素；除此以外，其他元素均为0。

可见，3对角矩阵除了第1行和最后1行的非零元素为两个以外，其余各行非零元素均为3个。因此，若用一维数组(列表)存储这些非零元素，需要 $2+3\times(n-2)+2=3n-2$ 个存储单元。3对角矩阵的压缩存储如图4-19所示。

k	0	1	2	3	4	5	6	7		$3n-3$
矩阵	$a_{0,0}$	$a_{0,1}$	$a_{1,0}$	$a_{1,1}$	$a_{1,2}$	$a_{2,1}$	$a_{2,2}$	$a_{2,3}$	…	$a_{n-1,n-1}$

图4-19　3对角矩阵的压缩存储

下面确定一维数组(列表)的下标 k 与矩阵中元素的下标 (i, j) 之间的关系。先确定下标为 (i,j) 的元素与第一个元素之间在一维数组(列表)中的关系，$\mathrm{Loc}(i,j)$ 表示 a_{ij} 在一维数组(列表)中的位置，$\mathrm{Loc}(0,0)$ 表示第一个元素的在一维数组(列表)中的位置。

$\mathrm{Loc}(i,j)=\mathrm{Loc}(0,0)+$ 前 $i-1$ 行的非零元素个数 $+$ 第 i 行的非零元素个数。

前 $i-1$ 行的非零元素个数为 $3\times(i-1)-1$，第 i 行的非零元素个数为 $j-i+1$。其中，

$$j-i=\begin{cases}-1, & i>j\\ 0, & i=j\\ 1, & i<j\end{cases}$$

因此，

$$\mathrm{Loc}(i, j)=\mathrm{Loc}(0,0)+3i+j-i=\mathrm{Loc}(0,0)+2i+j$$

4.4.4　稀疏矩阵的压缩存储

稀疏矩阵中的大多数元素是0，为了节省存储单元，需要对稀疏矩阵进行压缩存储。本节主要介绍稀疏矩阵的定义、稀疏矩阵的抽象数据类型、稀疏矩阵的三元组表示及算法实现。

1. 什么是稀疏矩阵

假设在 $m\times n$ 矩阵中有 t 个元素不为0，令 $\delta=\dfrac{t}{m\times n}$，称 δ 为矩阵的稀疏因子，如果 $\delta\leqslant 0.05$，则称该矩阵为稀疏矩阵。直观地看，若矩阵中大多数元素值为0，只有很少的非零元素，这样的矩阵就是稀疏矩阵。

例如，图4-20所示是一个6×7的稀疏矩阵。

$$\boldsymbol{M}_{6\times 7}=\begin{bmatrix}0&0&0&6&0&0&0\\0&3&0&0&0&0&0\\0&0&7&2&0&0&0\\9&0&0&0&-2&0&0\\0&0&4&3&0&0&0\\0&0&0&0&8&0&0\end{bmatrix}$$

图4-20　6×7稀疏矩阵

2. 稀疏矩阵的三元组表示

为了节省内存单元，需要对稀疏矩阵进行压缩存储。在进行压缩存储的过程中，可以只存储稀疏矩阵的非零元素。为了表示非零元素在矩阵中的位置，还需存储非零元素对应的行和列的位置 (i, j)。即，可以通过存储非零元素的行号、列号和元素值实现稀疏矩阵的压缩存储，这种存储表示称为稀疏矩阵的三元组表示。三元组的结点结构如图4-21所示。

图4-20中的非零元素可以用三元组((0,3,6)，(1,1,3)，(2,2,7)，(2,3,2)，(3,0,9)，(3,4,−2)，(4,2,4)，(4,3,3)，(5,4,8))表示。将这些三元组按照行为主序存放在结构类型的列表中(在Python语言中用类表示)，如图4-22所示，其中 k 表示列表的下标。

一般情况下，数组采用顺序存储结构存储，采用顺序存储结构的三元组称为三元组顺序表。三元组顺序表的类型描述如下：

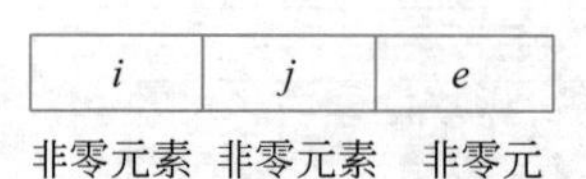

图 4-21　稀疏矩阵的三元组结点结构

k	i	j	e
0	0	3	6
1	1	1	3
2	2	2	7
3	2	3	2
4	3	0	9
5	3	4	−2
6	4	2	4
7	4	3	3
8	5	4	8

图 4-22　稀疏矩阵的三元组存储结构

```
class Triple:                                   #三元组表示的数据元素类型定义
    def __init__(self,i,j,e):
        self.i=i                                #非零元素的行号
        self.j=j                                #非零元素的列号
        self.e=e                                #非零元素的值
class TriSeqMat:                                #三元组表示的矩阵类型定义
    def __init__(self,m,n,len):
        self.data=[]
        self.m=m                                #矩阵的行数
        self.n=n                                #矩阵的列数
        self.len=len                            #矩阵中非零元素的个数
```

3. 稀疏矩阵的三元组实现

稀疏矩阵的基本操作的算法实现如下。

(1) 创建稀疏矩阵。根据输入的行号、列号和元素值创建一个稀疏矩阵。注意按照行优先顺序输入。创建成功返回 True,否则返回 False。算法实现如下:

```
def CreateMatrix(self):
#创建稀疏矩阵(按照行优先顺序排列)
    self.m, self.n, self.len = (int(i) for i in input("请输入稀疏矩阵的行数、列数及
        非零元素个数:").split(","))
if self.len>MaxSize:
    return False
for i in range(self.len):
    m,n,e=(int(i) for i in input("请按行优先顺序输入第%d个非零元素所在的行(0~%d),
        列(0~%d),元素值:"%(i+1,self.m-1,self.n-1)).split(","))
    triple_value=Triple(m,n,e)
    self.data.append(triple_value)
self.data.sort(key=lambda x: (x.i, x.j))
return True
```

(2) 复制稀疏矩阵。为了得到稀疏矩阵 **M** 的一个副本 **N**,要将稀疏矩阵 **M** 的非零元素的行号、列号及元素值依次赋给矩阵 **N** 的行号、列号及元素值。复制稀疏矩阵的算法实现如下:

```
def CopyMatrix(self,M,N):                       #复制稀疏矩阵 M,得到另一个副本 N
    N.len = M.len                               #修改稀疏矩阵 N 的非零元素的个数
    N.m = M.m                                   #修改稀疏矩阵 N 的行数
    N.n = M.n                                   #修改稀疏矩阵 N 的列数
```

```
    for i in range(M.len):                         #把 M 中非零元素的行号、列号及元素值依
                                                   #次赋给 N 的行号、列号及元素值
        N.data[i].i=M.data[i].i
        N.data[i].j=M.data[i].j
        N.data[i].e=M.data[i].e
    return N
```

(3) 转置稀疏矩阵。将矩阵中的元素由原来的存放位置(i,j)变为(j,i),也就是将元素的行列互换。例如,图 4-23 所示的 6×7 矩阵经过转置后变为 7×6 矩阵,并且矩阵中的元素也要以主对角线为中线进行交换。

(i,j,e) 矩阵M → j,i,e 矩阵N

图 4-23　稀疏矩阵转置

将稀疏矩阵 **M** 的三元组中的行和列互换,就可以得到转置后的矩阵 **N**,如图 4-23 所示。稀疏矩阵的三元组顺序表转置的过程如图 4-24 所示。

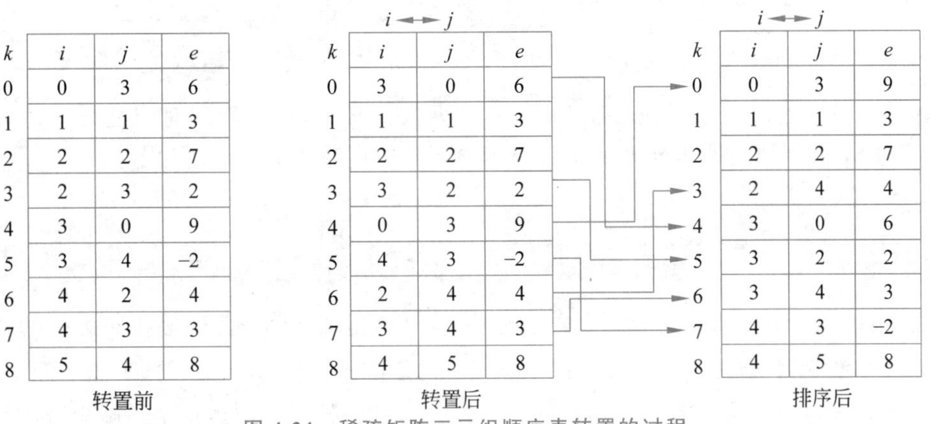

转置前

k	i	j	e
0	0	3	6
1	1	1	3
2	2	2	7
3	2	3	2
4	3	0	9
5	3	4	-2
6	4	2	4
7	4	3	3
8	5	4	8

转置后 ($i \leftrightarrow j$)

k	i	j	e
0	3	0	6
1	1	1	3
2	2	2	7
3	3	2	2
4	0	3	9
5	4	3	-2
6	2	4	4
7	3	4	3
8	4	5	8

排序后 ($i \leftrightarrow j$)

k	i	j	e
0	0	3	9
1	1	1	3
2	2	2	7
3	2	4	4
4	3	0	6
5	3	2	2
6	3	4	3
7	4	3	-2
8	4	5	8

图 4-24　稀疏矩阵三元组顺序表转置的过程

行列下标互换后,还需要将行、列下标重新进行排序,才能保证转置后的矩阵也是以行序优先存放的。为了避免这种排序,以列优先的顺序对元素进行转置,然后按照顺序依次存放到转置后的矩阵中,这样得到的三元组顺序表正好是以行为主序存放的。具体算法实现有两种。

① 逐次扫描三元组顺序表 **M**。第 1 次扫描 M,找到 $j=0$ 的元素,将行号和列号互换后存入三元组顺序表 **N** 中,即把(3,0,9)直接存入 N 中,作为 **N** 的第一个元素;第 2 次扫描 **M**,找到 $j=1$ 的元素,将行号和列号互换后存入三元组顺序表 **N** 中;以此类推,直到所有元素都存入 **N** 中。转置前后的三元组顺序表如图 4-25 所示。

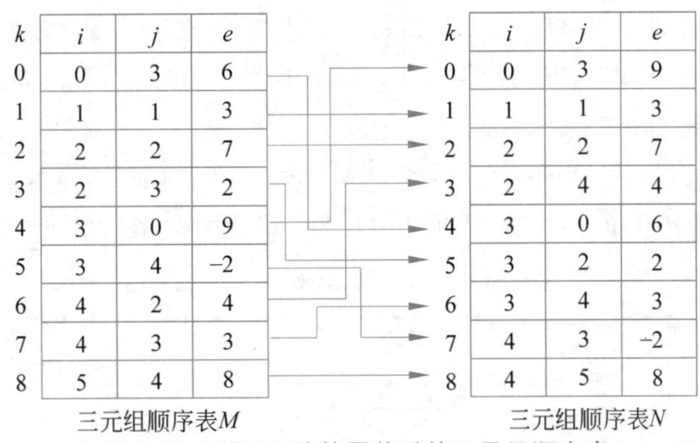

三元组顺序表M

k	i	j	e
0	0	3	6
1	1	1	3
2	2	2	7
3	2	3	2
4	3	0	9
5	3	4	-2
6	4	2	4
7	4	3	3
8	5	4	8

三元组顺序表N

k	i	j	e
0	0	3	9
1	1	1	3
2	2	2	7
3	2	4	4
4	3	0	6
5	3	2	2
6	3	4	3
7	4	3	-2
8	4	5	8

图 4-25　稀疏矩阵转置前后的三元组顺序表

稀疏矩阵转置的算法一实现如下：

```
def TransposeMatrix(self, M, N):
    #稀疏矩阵的转置
    N.m = M.n
    N.n = M.m
    N.len = M.len
    if N.len:
        k=0
        for col in range(M.n):                    #按照列号扫描三元组顺序表
            for i in range(M.len):
                if M.data[i].j == col:            #如果元素的列号是当前列,则进行转置
                    N.data[k].i=M.data[i].j
                    N.data[k].j=M.data[i].i
                    N.data[k].e=M.data[i].e
                    k+=1
    return N
```

该转置算法的时间主要耗费在for语句的两层循环上，故算法的时间复杂度是$O(n\times len)$，即与$\boldsymbol{M}$的列数及非零元素的个数成正比。一般矩阵的转置算法如下：

```
for col in range(M.n):
    for row in range(M.m):
        N[col][row]=M[row][col]
```

其时间复杂度为$O(nm)$。当非零元素的个数len与mn同数量级时，稀疏矩阵的转置算法时间复杂度就变为$O(mn^2)$。假设在200×500的矩阵中，有len=20 000个非零元素，虽然三元组顺序表存储方式节省了存储空间，但时间复杂度提高了，因此这个稀疏矩阵的转置算法仅适用于len<< mn的情况。

稀疏矩阵的快速转置

② 稀疏矩阵的快速转置。按照$\boldsymbol{M}$中三元组的次序进行转置，并将转置后的三元组置入$\boldsymbol{N}$中的恰当位置。若能预先确定矩阵$\boldsymbol{M}$中的每一列第一个非零元素在$\boldsymbol{N}$中的应有位置，那么对$\boldsymbol{M}$中的三元组进行转置时，便可直接放到N中的恰当位置。

为了确定这些位置，在转置前，应先求得$\boldsymbol{M}$的每一列中非零元素的个数，进而求得每一列的第一个非零元素在$\boldsymbol{N}$中的应有位置。

设置两个列表num和position，num[col]表示三元组顺序表$\boldsymbol{M}$中第col列的非零元素个数，position[col]表示$\boldsymbol{M}$中的第col列的第一个非零元素在$\boldsymbol{N}$中的恰当位置。

依次扫描三元组顺序表$\boldsymbol{M}$，可以得到每一列非零元素的个数，即num[col]。position[col]的值可以由num[col]得到，显然，position[col]与num[col]存在如下关系：

$$\text{position}[0]=0$$

$$\text{position}[\text{col}]=\text{position}[\text{col}-1]+\text{num}[\text{col}-1],1\leqslant \text{col}\leqslant n-1$$

例如，图4-20所示的稀疏矩阵$\boldsymbol{M}$的num[col]和position[col]的值如表4-4所示。

表4-4 稀疏矩阵M的num[col]和position[col]的值

列号col	0	1	2	3	4	5	6
num[col]	1	1	2	3	2	0	0
position[col]	0	1	2	4	7	9	9

稀疏矩阵转置的算法二实现如下：

```
def FastTransposeMatrix(self, M, N):          #稀疏矩阵的快速转置运算
    num=[0 for i in range(M.n+1)]             #列表 num 用于存放 M 中的每一列非零元素个数
    position=[0 for i in range(M.n+1)]        #列表 position 用于存放 N 中每一行非零元素
                                              #的第一个位置
    N.n = M.m
    N.m = M.n
    N.len = M.len
    if N.len>0:
        for col in range(M.n):
            num[col]=0                        #初始化 num
        for t in range(M.len):                #计算 M 中每一列非零元素的个数
            num[M.data[t].j]+=1
        position[0]=0                         #N 中第一行的第一个非零元素的序号为 0
        for col in range(M.n):                #N 中第 col 行的第一个非零元素的位置
            position[col]=position[col-1]+num[col-1]
        for i in range(M.len):                #依据 position 对 M 进行转置,存入 N
            col=M.data[i].j
            k=position[col]                   #取出 N 中非零元素应该存放的位置,赋给 k
            N.data[k].i=M.data[i].j
            N.data[k].j=M.data[i].i
            N.data[k].e=M.data[i].e
            position[col]+=1                  #修改下一个非零元素应该存放的位置
    return N
```

先扫描 $\boldsymbol{M}$，得到 $\boldsymbol{M}$ 中每一列非零元素的个数，存放到 num 中。然后根据 num[col]和 position[col]的关系，求出 $\boldsymbol{N}$ 中每一行第一个非零元素的位置。初始时，position[col]是 $\boldsymbol{M}$ 的第 col 列第一个非零元素的位置。要将每个 $\boldsymbol{M}$ 中的第 col 列的非零元素存入 $\boldsymbol{N}$ 中，应将 position[col]加 1，使 position[col]的值始终为下一个要转置的非零元素应该存放的位置。

该算法中有 4 个并列的单循环，循环次数分别为 n 和 len，因此总的时间复杂度为 $O(n+\text{len})$。当 $\boldsymbol{M}$ 的非零元素个数 len 与 mn 处于同一个数量级时，该算法的时间复杂度变为 $O(mn)$，与经典的矩阵转置算法时间复杂度相同。

（4）销毁稀疏矩阵。算法实现如下：

```
def DestroyMatrix(self):
    self.m,self.n,self.len=0,0,0
```

4. 稀疏矩阵应用举例

【例 4-3】 有两个稀疏矩阵 $\boldsymbol{A}$ 和 $\boldsymbol{B}$，相加得到 $\boldsymbol{C}$，如图 4-26 所示。请利用三元组顺序表实现两个稀疏矩阵的相加，并输出结果。

$$\boldsymbol{A}_{4\times4}=\begin{bmatrix}0&5&0&0\\3&0&0&0\\0&0&3&0\\0&0&0&-2\end{bmatrix}\qquad \boldsymbol{B}_{4\times4}=\begin{bmatrix}0&0&4&0\\0&-3&0&2\\0&0&0&0\\8&0&0&0\end{bmatrix}\qquad \boldsymbol{C}_{4\times4}=\begin{bmatrix}0&5&4&0\\3&-3&0&2\\0&0&3&0\\8&0&0&-2\end{bmatrix}$$

图 4-26　两个稀疏矩阵相加

【提示】 矩阵中两个元素相加可能会出现如下 3 种情况：

（1）$\boldsymbol{A}$ 中的元素 $a_{i,j}\neq0$ 且 $\boldsymbol{B}$ 中的元素 $b_{i,j}\neq0$，但是结果可能为 0。如果结果为 0，则不保存元素值；如果结果不为 0，则将结果保存在 $\boldsymbol{C}$ 中。

(2) **A** 中的第(i, j)个位置存在非零元素 $a_{i,j}$，而 **B** 中不存在非零元素，则只需要将 $a_{i,j}$ 赋给 **C**。

(3) **B** 中的第(i, j)个位置存在非零元素 $b_{i,j}$，而 **A** 中不存在非零元素，则只需要将 $b_{i,j}$ 赋值给 **C**。

两个稀疏矩阵相加的算法实现如下：

```
def AddMatrix(self, M, N, Q):
#求两个稀疏矩阵的和。将两个矩阵 M 和 N 对应的元素值相加,得到另一个稀疏矩阵 Q
  m=0
  n=0
  k=-1
  #如果两个矩阵的行数与列数不相等,则不能够相加
  if M.m!=N.m or M.n!=N.n:
      return False
  Q.m=M.m
  Q.n=M.n
  while m < M.len and n < N.len:
      if self.CompareElement(M.data[m].i, N.data[n].i)==-1:
                                  #比较两个矩阵对应元素的行号
          k+=1
          Q.data.append(M.data[m])#将矩阵 M 中的元素,即行号小的元素赋给 Q
          m+=1
      elif self.CompareElement(M.data[m].i, N.data[n].i)==0:
                                  #如果矩阵 M 和 N 的行号相等,则比较列号
          if self.CompareElement(M.data[m].j, N.data[n].j)==-1:
                                  #如果 M 的列号小于 N 的列号,则将矩阵 M 的元素赋给 Q
              k+=1
              Q.data.append(M.data[m])
              m+=1
          elif self.CompareElement(M.data[m].j, N.data[n].j)==0:
                                  #如果 M 和 N 的行号、列号均相等,则将两个元素相加,存入 Q
              k+=1
              Q.data.append(M.data[m])
              m+=1
              Q.data[k].e += N.data[n].e
              n+=1
              if Q.data[k].e == 0:  #如果两个元素的和为 0,则不保存
                  k -=1
                  Q.data.pop(-1)
          elif self.CompareElement(M.data[m].j, N.data[n].j)==1:
                                  #如果 M 的列号大于 N 的列号,则将矩阵 N 的元素赋给 Q
              k+=1
              Q.data.append(N.data[n])
              n+=1
      elif self.CompareElement(M.data[m].i, N.data[n].i)==1:
                                  #如果 M 的行号大于 N 的行号,则将矩阵 N 的元素赋给 Q
          k+=1
          Q.data.append(N.data[n])
          n+=1
  while m < M.len:                #如果矩阵 M 的元素还未处理完毕,则将 M 中的元素赋给 Q
      k+=1
      Q.data.append(M.data[m])
```

```
        m+=1
    while n < N.len:                #如果矩阵 N 的元素还未处理完毕,则将 N 中的元素赋给 Q
        k+=1
        Q.data.append(N.data[n])
        n+=1
    Q.len = k+1                     #修改非零元素的个数
    return True
```

m 和 n 分别为矩阵 $\boldsymbol{M}$ 和 $\boldsymbol{N}$ 当前处理的非零元素下标,初始时为 0。需要特别注意的是,最后求得的非零元素个数为 $k+1$,其中,k 为非零元素最后一个元素的下标。

程序运行结果如图 4-27 所示。

```
Run:   稀疏矩阵的相加4
C:\ProgramData\Anaconda3\python.exe "D:/Python程序/数据结构/第4章
请输入稀疏矩阵的行数、列数及非零元素个数：4,4,4
请按行序顺序输入第1个非零元素所在的行(0~3),列(0~3),元素值:0,1,5
请按行序顺序输入第2个非零元素所在的行(0~3),列(0~3),元素值:1,0,3
请按行序顺序输入第3个非零元素所在的行(0~3),列(0~3),元素值:2,2,3
请按行序顺序输入第4个非零元素所在的行(0~3),列(0~3),元素值:3,3,-2
稀疏矩阵(按矩阵形式输出):
长度 4
   0   5   0   0
   3   0   0   0
   0   0   3   0
   0   0   0  -2
稀疏矩阵是4行4列，共4个非零元素
行 列 元素值
  0   1   5
  1   0   3
  2   2   3
  3   3  -2
请输入稀疏矩阵的行数、列数及非零元素个数：4,4,4
```

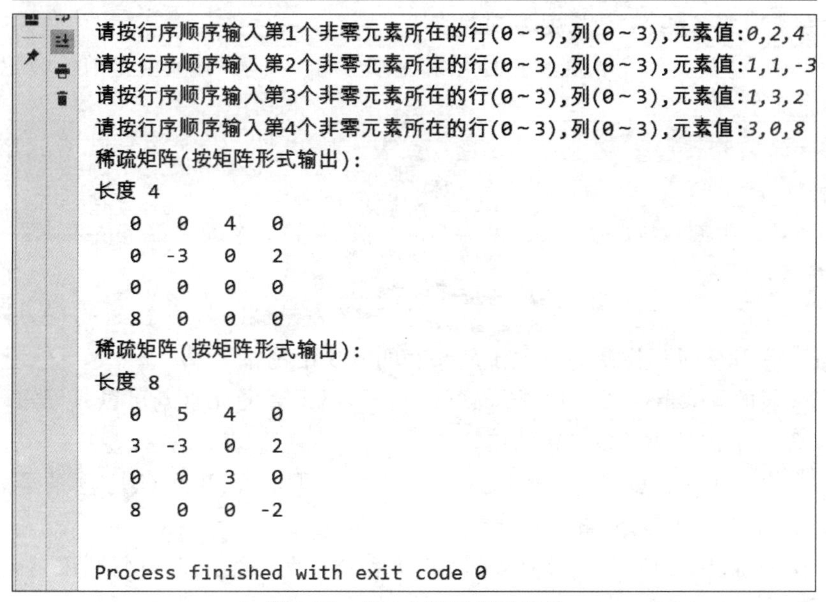

图 4-27　例 4-3 程序运行结果

稀疏矩阵 **A** 和 **B** 相减算法与相加算法类似,只需要将相加算法中的+改成-即可,也可以将第二个矩阵的元素值都乘以-1,然后调用矩阵相加的函数即可。稀疏矩阵相减的算法实现如下:

```
def SubMatrix(self, A, B,C):
#稀疏矩阵相减
    for i in range(B.len):
        B.data[i].e*= -1                    #将矩阵 B 的元素都乘以-1,然后将两个矩阵相加
    return AddMatrix(A, B, C)
```

4.5 广义表

广义表是一种特殊的线性表,是线性表的扩展。广义表中的元素可以是单个元素,也可以是一个广义表。

4.5.1 什么是广义表

广义表,也称为列表(list),是由 n 个类型相同的数据元素(a_1,a_2,…,a_n)组成的有限序列。其中,广义表中的元素 a_i 可以是单个元素,也可以是一个广义表。

通常,广义表记为 GL=(a_1,a_2,…,a_n)。其中,GL 是广义表的名字,n 是广义表的长度。如果广义表中的 a_i 是单个元素,则称 a_i 是原子;如果广义表中的 a_i 是一个广义表,则称 a_i 是广义表的子表。

习惯上用大写字母表示广义表,用小写字母表示原子。

对于非空广义表 GL,a_1 称为 GL 的表头(head),其余元素组成的表(a_2,a_3,…,a_n)称为 GL 的表尾(tail)。广义表是一个递归的定义,因为在描述广义表时又用到了广义表的概念。以下是一些广义表的例子。

(1) A=()。广义表 A 是长度为 0 的空表。

(2) B=(a)。B 是一个长度为 1 且元素为原子的广义表(其实就是前面讨论过的一般的线性表)。

(3) C=(a,(b,c))。C 是长度为 2 的广义表。其中,第一个元素是原子 a,第二个元素是一个子表(b,c)。

(4) D=(A,B,C)。D 是一个长度为 3 的广义表,这 3 个元素都是子表,第一个元素 A 是一个空表。

(5) E=(a,E)。E 是一个长度为 2 的递归广义表,相当于 E=(a,(a,(a,…)))。

由上述定义和例子可推出如下关于广义表的重要结论:

(1) 广义表的元素既可以是原子,也可以是子表;子表的元素既可以是元素,也可以是子表。广义表的结构是一个多层次的结构。

(2) 一个广义表还可以是另一个广义表的元素。例如,A、B 和 C 是 D 的子表,在表 D 中不需要列出 A、B 和 C 的元素。

(3) 广义表可以是递归的表,即广义表可以是本身的一个子表。例如,E 就是一个递归的广义表。

任何一个非空广义表的表头既可以是一个原子，也可以是一个广义表；而表尾一定是一个广义表。例如，head(B)=a，tail(B)=()，head(C)=a，tail(C)=((b,c))，head(D)=A，tail(D)=(B,C)。其中，head(B)表示取广义表B的表头元素，tail(B)表示取广义表B的表尾元素。

【例4-4】 已知广义表LS=((a,b,c),(d,e,f))，运用head和tail函数取出LS中原子e的运算是(　　)。

A. head(tail(LS))　　　　B. tail(head(LS))

C. head(tail(head(tail(LS))))　　　　D. head(tail(tail(head(LS))))

【分析】 根据广义表的表头和表尾的定义，head(LS)=(a,b,c)，tail(LS)=((d,e,f))，head(tail(LS))=(d,e,f)，tail(head(tail(LS)))=(e,f)，head(tail(head(tail(LS))))=e，故选C。

注意：对于非空的广义表，才能进行求表头和表尾的操作。根据表头和表尾的定义，广义表的表头元素不一定是广义表，而表尾元素一定是广义表。广义表LS()和LS(())不同：前者是空表，长度为0；后者长度为1，head(())=()，tail(())=()。

4.5.2 广义表的抽象数据类型

广义表的抽象数据类型描述如表4-5所示。

表4-5 广义表的抽象数据类型描述

数据对象	{a_i|1≤i≤n，a_i可以是原子，也可以是广义表}	
数据关系	广义表可看作线性表的扩展。广义表中的元素可以是原子，也可以是广义表。例如，A=(a,(b,c))是一个广义表，A中包含两个元素a和(b,c)，第二个元素为子表，包含了两个元素b和c。若把(b,c)看成一个整体，则a和(b,c)构成了一个线性表。在子表(b,c)的内部，b和c又构成了线性表	
基本操作	GetHead(L)	求广义表的表头。如果广义表是空表，则返回None；否则返回表头结点的引用
	GetTail(L)	求广义表的表尾。如果广义表是空表，则返回None；否则返回表尾结点的引用
	GListLength(L)	返回广义表的长度。如果广义表是空表，则返回0；否则返回广义表的长度
	CopyGList(&T,L)	复制广义表。由广义表L复制得到广义表T。如果复制成功，则返回True，否则返回False
	GListDepth(L)	求广义表的深度。广义表的深度就是广义表中括号嵌套的层数。如果广义表是空表，则返回0；否则返回广义表的深度

4.5.3 广义表的头尾链表表示

因广义表中有原子和子表两种元素，所以广义表的链表结点也分为原子结点和子表结点两种，其中，原子结点包含标志域和值域两个域，子表结点包含标志域、指向表头的指针域和指向表尾的指针域3个域。表结点和原子结点的存储结构如图4-28所示。其中，tag=0

表示原子,atom 用于存储原子的值;tag=1 表示是子表,hp 和 tp 分别指向表头结点和表尾结点。

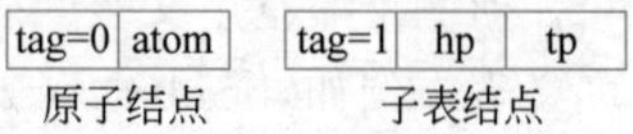

tag=0	atom

tag=1	hp	tp

原子结点　　子表结点

图 4-28　原子结点和子表结点的存储结构

广义表的这种存储结构称为头尾链表存储结构。例如,用头尾链法表示的广义表 $A=()$、$B=(a)$、$C=(a,(b,c))$、$D=(A,B,C)$、$E=(a,E)$如图 4-29 所示。

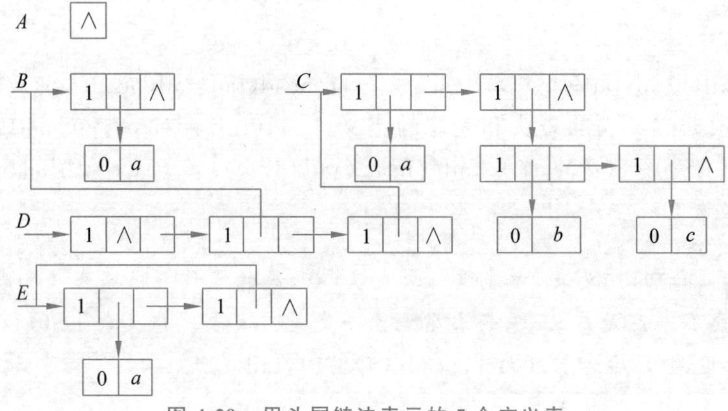

图 4-29　用头尾链法表示的 5 个广义表

4.5.4　广义表的扩展线性链表表示

采用扩展线性链表表示的广义表也包含两种结点,分别为原子结点和子表结点,这两种结点都包含 3 个域。其中,原子结点由标志域 tag、原子的值域 atom 和表尾指针域 tp 构成,子表结点由标志域 tag、表头指针域 hp 和表尾指针域 tp 构成。

标志域 tag 用来区分当前结点是原子结点还是子表结点,tag=0 时为原子结点,tag=1 时为子表结点。hp 和 tp 分别指向广义表的表头和表尾,atom 用来存储原子结点的值。扩展线性链表的结点结构如图 4-30 所示。

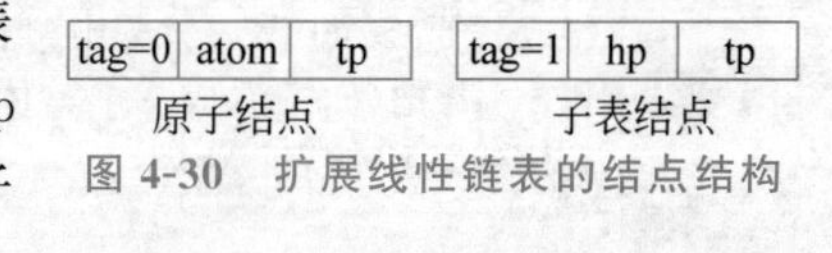

图 4-30　扩展线性链表的结点结构

例如,$A=()$,$B=(a)$,$C=(a,(b,c))$,$D=(A,B,C)$,$E=(a,E)$,则广义表 A、B、C、D、E 的扩展线性链表表示如图 4-31 所示。

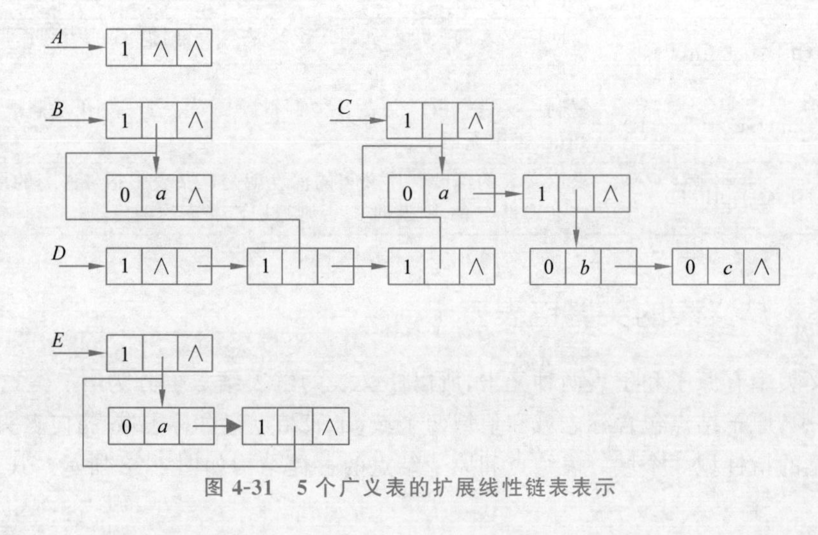

图 4-31　5 个广义表的扩展线性链表表示

广义表的扩展线性链表存储结构的类型描述如下：

```
class GListNode:
    def __init__(self, tag = None, ptr = None, tp = None):
        self.tag=tag
        self.ptr=ptr
        self.tp=tp
```

这里的 ptr 是广义表的扩展线性链表中 atom 和 hp 的统一表示。

求广义表的长度和深度的算法实现如下：

```
def getGListNodeLength(self, GLNode):          #求广义表的长度
    if GLNode.tp is None or GLNode.tp.ptr is None:
        return 0
    count = 0
    node = GLNode.tp
    while node:
        count += 1
        node = node.tp
    return count
def getGListNodeDepth(self, GLNode):           #求广义表的深度
    depth =- 1
    while GLNode:
        if GLNode.tag == 1:                    #如果是子表就递归遍历
            count = self.getGListNodeDepth(GLNode.ptr)
            if count > depth:
                depth = count
        GLNode = GLNode.tp                     #遍历下一个元素
    return depth + 1
```

思政元素：KMP 算法是在 Brute-Force 算法的基础上改进的。特殊矩阵的压缩存储充分利用了各种特殊矩阵的特点而选择合适的策略，以降低压缩存储空间。做事情要尊重物质运动的客观规律，从客观实际出发，找出事物本身所具有的规律性，作为行动的依据，这样可起到事半功倍的效果。

4.6 小结

串是由零个或多个字符组成的有限序列。串的模式匹配有两种方法：朴素模式匹配（即 Brute-Force 算法）与改进算法（即 KMP 算法）。对于 Brute-Force 算法，在每次出现主串与子串的字符不相等时，主串的指针均需回退；而 KMP 算法利用子串中的 next 函数值，消除了主串中的字符与子串中的字符不匹配时主串指针的回退，提高了算法的效率。

数组和广义表可看作线性表的扩展。数组中的元素可以是原子，也可以是一个线性表。广义表中的元素可以是原子，也可以是广义表。

常见的特殊矩阵有对称矩阵、三角矩阵和对角矩阵。可根据这些特殊矩阵的特点，只存储其中的上三角或下三角或带状区域的元素，将这些元素存储到一维数组或列表中，以节省存储空间，称为特殊矩阵的压缩存储。

稀疏矩阵的压缩存储方式有两种：稀疏矩阵的三元组顺序表表示和稀疏矩阵的十字链表表示。本章只介绍了前一种表示方式。三元组顺序表通过存储矩阵中非零元素的行号、列号和非零元素值表示非零元素。三元组顺序表在实现创建、复制、转置、输出等操作时比较方便，但是在进行矩阵的相加和相乘的运算中时间复杂度比较高。

习惯上，广义表的名字用大写字母表示，原子用小写字母表示。由于广义表中的数据元素既可以是原子，也可以是广义表，其长度是不固定的，因此，广义表通常采用链式存储结构表示。广义表的链式存储结构包括两种：广义表的头尾链表表示和广义表的扩展线性链表表示。

4.7 上机实验

4.7.1 基础实验

基础实验 1：实现字符串的模式匹配算法

实验目的：考查是否理解 Brute-Force 和 KMP 这两种字符串模式匹配算法。

实验要求：编写程序比较 Brute-Force 算法与 KMP 算法的效率。例如，主串 S＝"cabaadcabaababaabacabababab"，子串 T＝"abaabacababa"，统计 Brute-Force 算法与 KMP 算法在匹配过程中的比较次数，并输出子串的 next 函数值。

基础实验 2：打印折叠方阵

实验目的：考查对二维数组的掌握情况。

实验要求：折叠方阵就是按指定的折叠方向排列的正整数方阵。例如，一个 5×5 折叠方阵如图 4-32 所示。起始数位于方阵的左上角，然后每一层从上到下再从右往左依次递增。

1	2	5	10	17
4	3	6	11	18
9	8	7	12	19
16	15	14	13	20
25	24	23	22	21

图 4-32　5×5 折叠方阵

4.7.2 综合实验：稀疏矩阵相加

实验目的：熟练掌握稀疏矩阵三元组表示的相加运算。

实验要求：设有两个 4×4 的稀疏矩阵 **A** 和 **B**，相加得到 **C**，如图 4-33 所示。请编写算法，要求利用三元组表示法实现两个稀疏矩阵的相加运算，并用矩阵形式输出结果。

$$\boldsymbol{A}_{4\times4}=\begin{bmatrix}7&0&6&0\\0&22&0&0\\0&0&0&0\\0&0&0&-6\end{bmatrix}\quad \boldsymbol{B}_{4\times4}=\begin{bmatrix}0&0&0&8\\0&-7&0&5\\0&0&0&0\\0&0&12&1\end{bmatrix}\quad \boldsymbol{C}_{4\times4}=\begin{bmatrix}7&0&6&8\\0&15&0&5\\0&0&0&0\\0&0&12&-5\end{bmatrix}$$

图 4-33　稀疏矩阵相加

实验思路：先比较两个稀疏矩阵 **A** 和 **B** 的行号。如果行号相等，则比较列号；如果行号与列号都相等，则将对应的元素值相加，并将下标 m 与 n 都加 1，比较下一个元素；如果行号相等，列号不相等，则将列号小的矩阵的元素值赋给矩阵 **C**，并用列号小的下标继续比较下一个元素；如果行号与列号都不相等，则将行号较小的矩阵的元素值赋给 **C**，并用行号小的下标继续比较下一个元素。

将两个矩阵中对应元素相加，需要考虑以下 3 种情况：

(1) **A** 中的元素 $a_{i,j}\neq0$ 且 **B** 中的元素 $b_{i,j}\neq0$，但是结果可能为 0。如果结果为 0，则不保存该元素；如果结果不为 0，则将结果保存到 **C** 中。

(2) **A** 中的第(i,j)个位置存在非零元素 $a_{i,j}$，而 **B** 中不存在非零元素，则只需要将该值赋给 **C**。

(3) **B** 中的第(i,j)个位置存在非零元素 $b_{i,j}$，而 **A** 中不存在非零元素，则只需要将该值赋给 **C**。

为了将结果以矩阵形式输出，可以先将一个二维数组的全部元素初始化为 0，然后确定每一个非零元素的行号和列号，将该非零元素存入对应位置，最后输出该二维数组。

习题

一、单项选择题

1. 设有两个串 S1 和 S2，求串 S2 在 S1 中首次出现位置的运算称作(　　)。

A. 连接　　B. 求子串　　C. 模式匹配　　D. 判断子串

2. 已知串 S='aaab'，则 next 数组值为(　　)。

A. 0,1,2,3　　B. 1,1,2,3　　C. 1,2,3,1　　D. 1,2,1,1

3. 串与普通的线性表相比的特殊性体现在(　　)。

A. 顺序的存储结构　　B. 链式存储结构

C. 数据元素是一个字符　　D. 数据元素任意

4. 设串长为 n，子串长为 m，则 KMP 算法所需的附加空间为(　　)。

A. $O(m)$　　B. $O(n)$　　C. $O(mn)$　　D. $O(n\log_2 m)$

5. 空串和空格串(　　)。

A. 相同　　B. 不相同

C. 可能相同　　D. 无法确定是否相同

6. 设 SUBSTR(S,i,k)是求 S 中从第 i 个字符开始的连续 k 个字符组成的子串的操作，则对于 S='Beijing&Nanjing'，SUBSTR$(S,4,5)$=(　　)。

A. 'ijing'　　B. 'jing&'　　C. 'ingNa'　　D. 'ing&N'

7. 对一些特殊矩阵采用压缩存储的目的主要是(　　)。

A. 使表达变得简单　　B. 使得对矩阵元素的存取变得简单

C. 去掉矩阵中的多余元素　　D. 减少不必要的存储空间开销

8. 设矩阵 **A** 是一个对称矩阵，为了节省存储空间，将其下三角部分按行序存放在一维数组 $B[1,n(n-1)/2]$中。下三角部分中任一元素 $a_{i,j}(i\geqslant j)$在一维数组 **B** 的下标位置 k 的值是(　　)。

A. $i(i-1)/2+j-1$　　B. $i(i-1)/2+j$

C. $i(i+1)/2+j-1$　　D. $i(i+1)/2+j$

9. 广义表 $A=((a),a)$的表头是(　　)。

A. a　　B. (a)

C. ()　　D. $((a))$

10. 假设以三元组顺序表表示稀疏矩阵，则与如图 4-34 所示三元组顺序表对应的 4×5 的稀疏矩阵是(　　)。(注：矩阵的行列下标均从 1 开始。)

0	1	2	-8
1	1	4	6
2	2	1	7
3	2	5	3
4	3	1	-5
5	3	3	4

图 4-34　三元组顺序表

A. $\begin{pmatrix} 0 & -8 & 0 & 6 & 0 \\ 7 & 0 & 0 & 0 & 0 \\ 0 & 0 & 0 & 0 & 0 \\ -5 & 0 & 4 & 0 & 0 \end{pmatrix}$　　B. $\begin{pmatrix} 0 & -8 & 0 & 6 & 0 \\ 7 & 0 & 0 & 0 & 3 \\ -5 & 0 & 4 & 0 & 0 \\ 0 & 0 & 0 & 0 & 0 \end{pmatrix}$

C. $\begin{pmatrix} 0 & -8 & 0 & 6 & 0 \\ 0 & 0 & 0 & 0 & 3 \\ 7 & 0 & 0 & 0 & 0 \\ -5 & 0 & 4 & 0 & 0 \end{pmatrix}$　　D. $\begin{pmatrix} 0 & -8 & 0 & 6 & 0 \\ 7 & 0 & 0 & 0 & 0 \\ -5 & 0 & 4 & 0 & 3 \\ 0 & 0 & 0 & 0 & 0 \end{pmatrix}$

11. 设广义表 $L=((a,b,c))$,则 L 的长度和深度分别为(　　)。

A. 1和1　　B. 1和3　　C. 1和2　　D. 2和3

12. 广义表 $((a),a)$ 的表尾是(　　)。

A. a　　B. (a)　　C. ()　　D. $((a))$

13. 稀疏矩阵的常见压缩存储方法有(　　)。

A. 二维数组和三维数组　　B. 三元组和散列表

C. 三元组和十字链表　　D. 散列表和十字链表

14. 一个非空广义表的表头(　　)。

A. 不可能是子表　　B. 只能是子表

C. 只能是原子　　D. 可以是原子或子表

15. 广义表 $G=(a,b(c,d,(e,f)),g)$ 的长度是(　　)。

A. 3　　B. 4　　C. 7　　D. 8

16. 广义表 (a,b,c) 的表尾是(　　)。

A. b,c　　B. (b,c)　　C. c　　D. (c)

二、算法分析题

1. 以下函数实现串的模式匹配算法,请将算法补充完整。

```
def index_bf(s,t,start):
    i=start-1
    j=0
    while i<s.len and j<t.len:
        if s.data[i]==t.data[j]:
            i+=1
            j+=1
        else:
            i=___(1)___
            j=0
    if j>=t.len:
          return___(2)___
    else:
          return -1
```

2. 写出以下算法的功能。

```
def function(s1,s2):
    i=0
    while i<s1.length and i<s2.length:
        if s.data[i]!=s2.data[i]:
```

```
            return s1.data[i]-s2.data[i]
        i+=1
    return s1.length-s2.length
```

3. 以下程序将自然数 1,2,…,n^2 依次按蛇形方式存放在二维数组 $a[n][n]$中，当 $n=4$ 时其存放形式如下所示。请将程序补充完整。

$$a_{[4][4]}=\begin{bmatrix}1 & 2 & 6 & 7\\3 & 5 & 8 & 13\\4 & 9 & 12 & 14\\10 & 11 & 15 & 16\end{bmatrix}$$

```
if __name__ == '__main__':
    MAXSIZE=20
    a= [[None for col in range(MAXSIZE)] for row in range(MAXSIZE)]
    n=int(input('请输入一个正整数'))
    m = 1
    for k in range(1,___(1)___):
        if k < n:
            q=k
        else:
            ___(2)___
        for p in range(1,q+1):
            if ___(3)___:
                i=q-p+1
                j=p
            else:
                i=p
                j=q-p+1
            if ___(4)___:
                i=i+n-q
                j=j+n-q
            a[i][j]=m
            ___(5)___
    for i in range(1,n+1):
        for j in range(1,n+1):
            print(' % 4d' %a[i][j],end='')
    print()
```

三、算法设计题

1. 编写一个算法，计算子串 T 在主串 S 中出现的次数。

2. 实现字符串的比较函数与字符串的复制函数。字符串的比较函数原型为 def strcmp(s1,s2)，字符串的复制函数原型为 def strcpy(dest, src)。

3. 已知一个稀疏矩阵以三元组顺序表存储，请编写一个将三元组顺序表按矩阵形式输出的算法。

4. 以下是 5×5 的螺旋方阵，请编写一个算法输出该形式的 n 阶方阵。

$$\boldsymbol{A}_{5\times5}=\begin{bmatrix}1 & 2 & 3 & 4 & 5\\16 & 17 & 18 & 19 & 6\\15 & 24 & 25 & 20 & 7\\14 & 23 & 22 & 21 & 8\\13 & 12 & 11 & 10 & 9\end{bmatrix}$$

第5章 树和二叉树

前面介绍了几种常见的线性结构，本章介绍的树和二叉树与第 6 章介绍的图属于非线性数据结构。线性结构中的每个元素有唯一的前驱元素和唯一的后继元素，而非线性结构中元素间前驱和后继的关系并不具有唯一性。其中，树中结点间的关系是前驱结点唯一而后继结点不唯一，即结点间是一对多的关系；图中结点的前驱结点和后继结点都不唯一，即结点间是多对多的关系。树的应用非常广泛，特别是在需要进行大量数据处理的时候，如在文件系统、编译系统、目录组织等方面，显得更加突出。

本章学习重难点：

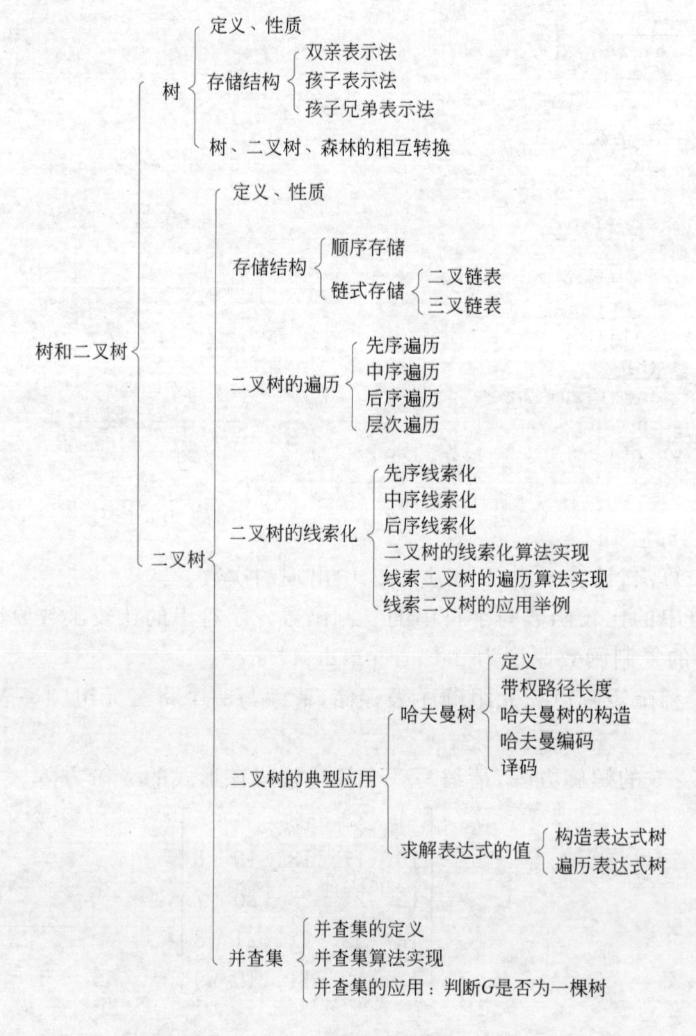

5.1　树

树是一种非线性的数据结构，树中的元素之间具有一对多的层次关系。

5.1.1　树的定义

树(tree)是 $n(n\geqslant 0)$ 个结点的有限集合。其中，当 $n=0$ 时，称为空树；当 $n>0$ 时，称为非空树。树满足以下条件：

(1) 有且只有一个称为根(root)的结点。

(2) 当 $n>1$ 时，其余 $n-1$ 个结点可以划分为 m 个有限集合 $T_1,T_2,\cdots,T_m$，且这 m 个有限集合互不相交，其中 $T_i(1\leqslant i\leqslant m)$ 又是一棵树，称为根的子树。

图 5-1 给出了一棵树的逻辑结构，它像一棵倒立的树。

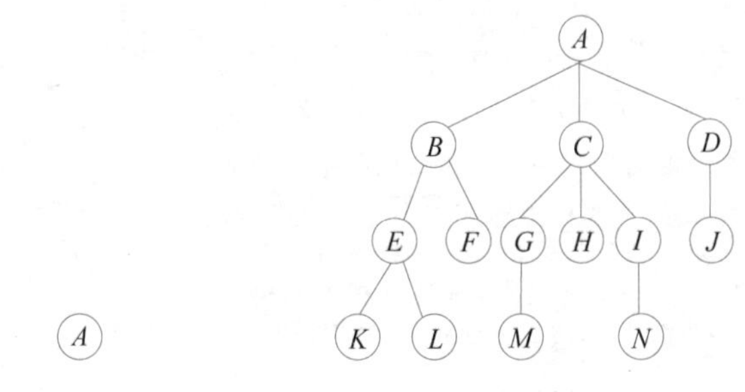

只有根结点的树　　　　一般的树

图 5-1　树的逻辑结构

在图 5-1 中，A 为根结点。左边的树只有根结点。右边的树有 14 个结点，除了根结点，其余的 13 个结点分为 3 个不相交的子集：$T_1=\{B,E,F,K,L\}$、$T_2=\{C,G,H,I,M,N\}$ 和 $T_3=\{D,J\}$。其中，T_1、T_2 和 T_3 是根结点 A 的子树，并且它们本身也是一棵树。例如，T_2 的根结点是 C，其余的 5 个结点又分为 3 个不相交的子集：$T_{21}=\{G,M\}$、$T_{22}=\{H\}$ 和 $T_{23}=\{I,N\}$。T_{21}、T_{22} 和 T_{23} 是 T_2 的子树。G 是 T_{21} 的根结点，$\{M\}$ 是 G 的子树；I 是 T_{23} 的根结点，$\{N\}$ 是 I 的子树。

表 5-1 是树的基本概念。

表 5-1　树的基本概念

概念	定　义	举　例
树的结点	包含一个数据元素及若干指向子树分支的信息	A、B、C 等都是结点
结点的度	一个结点拥有子树的个数	结点 C 有 3 个子树，度为 3
叶子结点	也称为终端结点，是没有子树的结点，它的度为 0	K、L、F、M、H、N 和 J 都是叶子结点
分支结点	也称为非终端结点，是度不为 0 的结点	B、C、D、E 等都是分支结点
孩子结点	一个结点的子树的根结点	B 是 A 的孩子结点，E 是 B 的孩子结点，H 是 C 的孩子结点
双亲结点	也称父结点，如果一个结点存在孩子结点，则该结点就称为孩子结点的双亲结点	A 是 B 的双亲结点，B 是 E 的双亲结点，I 是 N 的双亲结点

续表

概念	定　义	举　例
子孙结点	在一个根结点的子树中的任何一个结点都称为该根结点的子孙结点	$\{G,H,I,M,N\}$是 C 的子树,子树中的结点 G、H、I、M 和 N 都是 C 的子孙结点
祖先结点	从根结点开始到达一个结点经过的所有分支结点都称为该结点的祖先结点	N 的祖先结点为 A、C 和 I
兄弟结点	一个双亲结点的所有孩子结点之间互为兄弟结点	E 和 F 是 B 的孩子结点,因此,E 和 F 互为兄弟结点
树的度	树中所有结点的度的最大值	结点 C 的度为 3,结点 A 的度为 3,这两个结点的度是树中度最大的结点,因此树的度为 3
结点的层次	从根结点开始,根结点为第一层,根结点的孩子结点为第二层,以此类推,如果某一个结点是第 L 层,则其孩子结点位于第 $L+1$ 层	在图 5-1 所示的树中,A 的层次为 1,B 的层次为 2,G 的层次为 3,M 的层次为 4
树的深度	也称为树的高度,树中所有结点的层次最大值	图 5-1 所示的树的深度为 4
有序树	如果树中各个子树有先后次序,则称之为有序树	
无序树	如果树中各个子树没有先后次序,则称之为无序树	
森林	m 棵互不相交的树构成一个森林。如果把一棵非空树的根结点删除,则该树就变成了一个森林,森林中的树由原来的根结点和各个子树构成。如果给一个森林加上一个根结点,将该森林中的树变成该根结点的子树,则该森林就转换成一棵树	

5.1.2 树的逻辑表示

树的逻辑表示可分为 4 种：树形表示法、文氏图表示法、广义表表示法和凹入表示法。

(1) 树形表示法。图 5-1 就是树形表示法。树形表示法是最常用的一种逻辑表示,它能直观、形象地表示出树的逻辑结构,能够清晰地反映出树中结点之间的逻辑关系。树中的结点使用圆圈表示,结点间的关系使用直线表示,位于直线上方的结点是双亲结点,位于直线下方的结点是孩子结点。

(2) 文氏图表示法。文氏图是利用数学中的集合描述树的逻辑关系的图。图 5-1 的树采用文氏图表示如图 5-2 所示。

(3) 广义表表示法。可以采用广义表的形式表示树的逻辑结构,广义表的子表表示结点的子树。图 5-1 的树利用广义表表示如下所示：

$$(A(B(E(K,L),F),C(G(M),H,I(N)),D(J)))$$

(4) 凹入表示法。图 5-1 的树采用凹入表示法如图 5-3 所示。

在这 4 种树的表示法中,树形表示法最为常用。

5.1.3 树的抽象数据类型

树的抽象数据类型定义了树中的数据对象、数据关系及基本操作。树的抽象数据类型描述如表 5-2 所示。

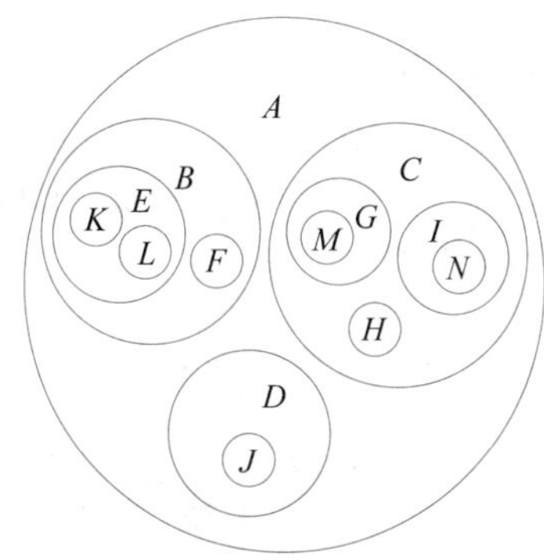

图 5-2　树的文氏图表示法

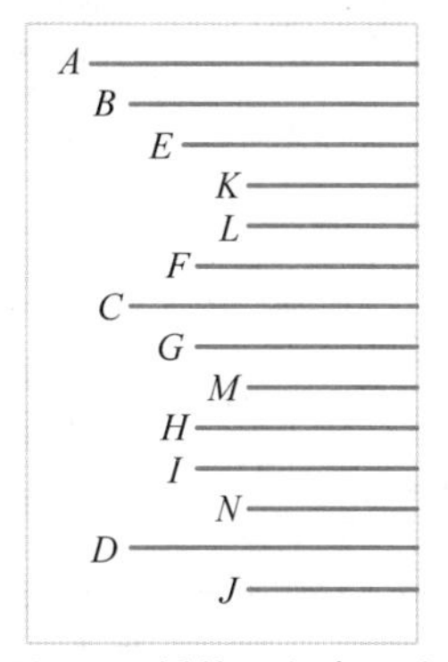

图 5-3　树的凹入表示法

表 5-2　树的抽象数据类型描述

数据对象	D 是具有相同特性的数据元素的集合	
数据关系	若 D 为空集，则称为空树。若 D 仅含一个数据元素，则 R 为空集，否则 $R=\{H\}$，H 是如下二元关系： (1) 在 D 中存在唯一的称为根的数据元素 root，它在关系 H 下无前驱结点。 (2) 若 $D-\{\text{root}\}\neq\varnothing$，则存在 $D-\{\text{root}\}$ 的一个划分 $D_1, D_2, \cdots, D_m (m>0)$，对任意的 $j\neq k (1\leqslant j, k\leqslant m)$ 有 $D_j \cap D_k=\varnothing$，且对任意的 $i(1\leqslant i\leqslant m)$，唯一存在数据元素 $x_i\in D_i$，有 $<\text{root}, x_i>\in H$。 (3) 对应于 $D-\{\text{root}\}$ 的划分，$H-\{<\text{root}, x_1>\}, <\text{root}, x_2>, \cdots, <\text{root}, x_n>\}$ 有唯一的一个划分 $H_1, H_2, \cdots, H_m (m>0)$，对任意的 $j\neq k (1\leqslant j, k\leqslant m)$ 有 $D_j\cap D_k=\varnothing$，且对任意的 $i(1\leqslant i\leqslant m)$，$H_i$ 是 D_i 上的二元关系，$(D_i, \{H_i\})$ 是一棵符合本定义的树，称为 root 的子树	
基本操作	InitTree(&T)	初始条件：树 T 不存在。 操作结果：构造空树 T
	DestroyTree(&T)	初始条件：树 T 存在。 操作结果：销毁树 T
	CreateTree(&T)	初始条件：树 T 不存在。 操作结果：根据给定条件构造树 T
	TreeEmpty(T)	初始条件：树 T 存在。 操作结果：若树 T 为空树，则返回 True；否则返回 False
	Root(T)	初始条件：树 T 存在。 操作结果：若树 T 非空，则返回树的根结点；否则返回 None
	Parent(T,e)	初始条件：树 T 存在，e 是 T 中的某个结点。 操作结果：若 e 不是根结点，则返回该结点的双亲；否则返回 None
	FirstChild(T,e)	初始条件：树 T 存在，e 是 T 中的某个结点。 操作结果：若 e 是树 T 的非叶子结点，则返回该结点的第一个孩子结点；否则返回 None
	NextSibling(T,e)	初始条件：树 T 存在，e 是 T 中的某个结点。 操作结果：若 e 不是其双亲结点的最后一个孩子结点，则返回它的下一个兄弟结点；否则返回 None
	InsertChild(&T,p,i,Child)	初始条件：树 T 存在，p 指向 T 中的某个结点，非空树 Child 与 T 不相交。 操作结果：将非空树 Child 插入到 T 中，使 Child 成为 p 指向的结点的第 i 棵子树

续表

基本操作	DeleteChild(&T,p,i)	初始条件：树 T 存在，p 指向 T 中的某个结点，$1\leqslant i\leqslant d$，d 为 p 所指向结点的度。 操作结果：将 p 所指向的结点的第 i 棵子树删除。如果删除成功，返回 True，否则返回 False
	TraverseTree(T)	初始条件：树 T 存在。 操作结果：按照某种次序对 T 的每个结点访问且仅访问一次
	TreeDepth(T)	初始条件：树 T 存在。 操作结果：若树 T 非空，返回树的深度；否则返回 0

5.2 二叉树

在深入学习树之前，先介绍一种比较简单的树——二叉树。

5.2.1 二叉树的定义

二叉树(binary tree)是另一种树结构，它的特点是每个结点最多只有两棵子树。在二叉树中，每个结点的度只可能是 0、1 和 2。每个结点的孩子结点有左右之分，位于左边的孩子结点称为左孩子结点或左孩子，位于右边的孩子结点称为右孩子结点或右孩子。如果 $n=0$，则称该二叉树为空二叉树。

下面给出二叉树的 5 种基本形态，如图 5-4 所示。

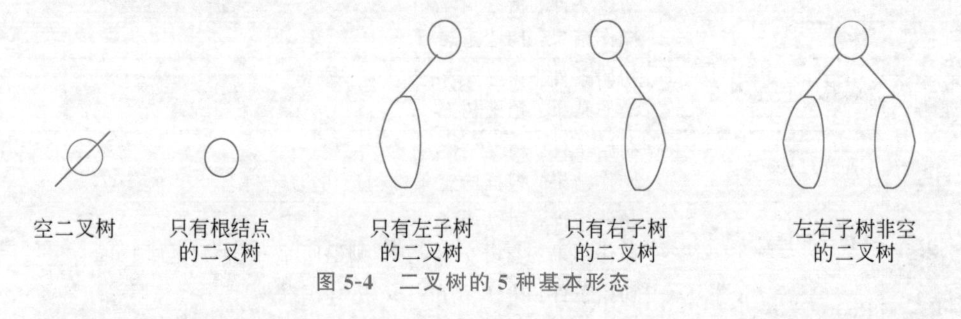

图 5-4　二叉树的 5 种基本形态

一个由 12 个结点构成的二叉树如图 5-5 所示。F 是 C 的左孩子结点，G 是 C 的右孩子结点，L 是 G 的右孩子结点，G 的左孩子结点不存在。

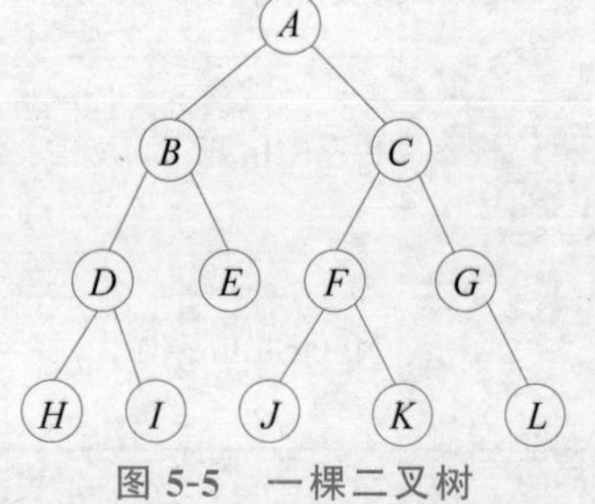

图 5-5　一棵二叉树

对于深度为 k 的二叉树，若结点数为 2^k-1，即除了叶子结点外，其他结点都有两个孩子结点，这样的二叉树称为满二叉树。在满二叉树中，每一层的结点都具有最大的结点个数，每个结点的度或者为 2，或者为 0(即叶子结点)，不存在度为 1 的结点。从根结点出发，从上到下，从左到右，依次对每个结点进行连续编号，一棵深度为 4 的满二叉树及其结点编号如图 5-6 所示。

如果一棵二叉树有 n 个结点，并且这 n 个结点的结构与满二叉树的前 n 个结点的结构完全相同，则称这样的二叉树为完全二叉树。完全二叉树及其结点编号如图 5-7 所示。而

图 5-8 所示就不是一棵完全二叉树。

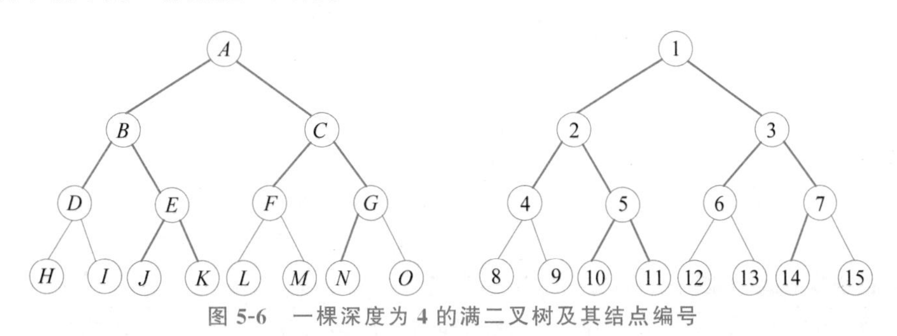

图 5-6　一棵深度为 4 的满二叉树及其结点编号

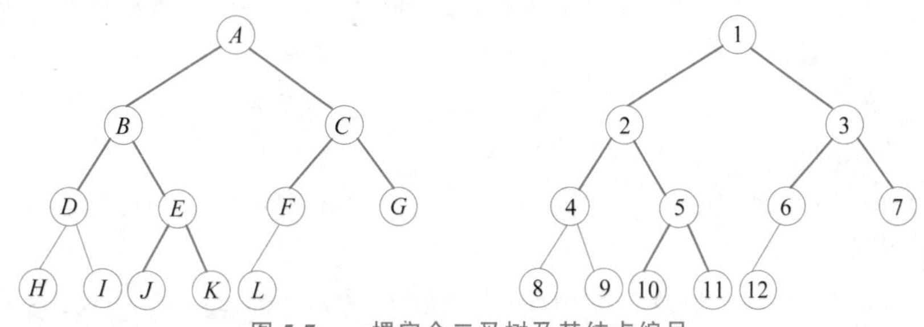

图 5-7　一棵完全二叉树及其结点编号

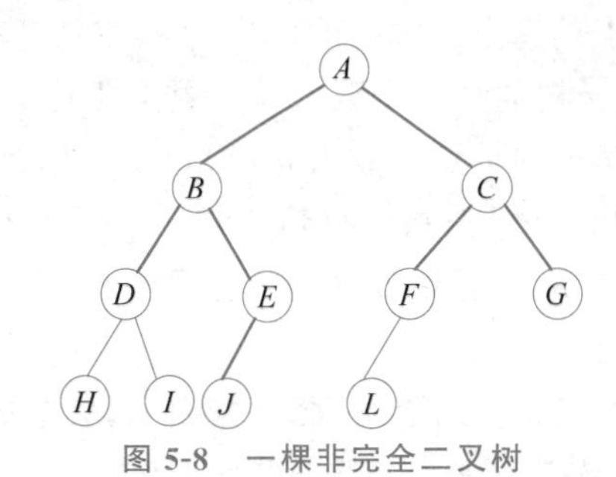

图 5-8　一棵非完全二叉树

由此可以看出，如果二叉树的层数为 k，则满二叉树的叶子结点一定在第 k 层，而完全二叉树的叶子结点一定在第 k 层或者第 $k-1$ 层。满二叉树一定是完全二叉树，而完全二叉树却不一定是满二叉树。

5.2.2　二叉树的性质

二叉树具有以下重要的性质。

性质 1　在二叉树中，第 $m(m\geqslant1)$层上至多有 2^{m-1}个结点(规定根结点为第一层)。

证明：利用数学归纳法证明。

当 $m=1$ 时，即根结点所在的层次，有 $2^{m-1}=2^{1-1}=2^0=1$，命题成立。

假设当 $m=k$ 时命题成立，即第 k 层至多有 2^{k-1}个结点。因为在二叉树中每个结点的度最大为 2，则在第 $k+1$ 层，结点的个数最多是第 k 层的 2 倍，即 $2\times2^{k-1}=2^{k-1+1}=2^k$。因此，当 $m=k+1$ 时，命题成立。

性质 2　深度为 $k(k\geqslant1)$的二叉树至多有 2^k-1 个结点。

证明：第 i 层结点的最多个数 2^{i-1}，将深度为 k 的二叉树中每一层结点的最大值相加，就得到二叉树中结点的最大值，因此深度为 k 的二叉树的结点总数至多为

$$\sum_{i=1}^{k}(\text{第 } i \text{ 层的结点最大个数}) = \sum_{i=1}^{k} 2^{i-1} = 2^0 + 2^1 + \cdots + 2^{k-1} = \frac{2^0(2^k-1)}{2-1} = 2^k - 1$$

命题成立。

性质3 对任何一棵二叉树 T，如果叶子结点总数为 n_0，度为2的结点总数为 n_2，则有 $n_0 = n_2 + 1$。

证明：假设在二叉树中，结点总数为 n，度为1的结点总数为 n_1。二叉树中结点的总数 n 等于度为0、度为1和度为2的结点总数的和，即 $n = n_0 + n_1 + n_2$。

假设二叉树的分支数为 Y。在二叉树中，除了根结点外，每个结点都存在一个进入的分支，所以有 $n = Y + 1$。

又因为二叉树的所有分支都是由度为1和度为2的结点发出，所以分支数 $Y = n_1 + 2n_2$。故 $n = Y + 1 = n_1 + 2n_2 + 1$。

联合 $n = n_0 + n_1 + n_2$ 和 $n = n_1 + 2n_2 + 1$ 两式，得到 $n_0 + n_1 + n_2 = n_1 + 2n_2 + 1$，即 $n_0 = n_2 + 1$。命题成立。

性质4 如果完全二叉树有 n 个结点，则深度为 $\lfloor \log_2 n \rfloor + 1$。符号 $\lfloor x \rfloor$ 表示不大于 x 的最大整数，而 $\lceil x \rceil$ 表示不小于 x 的最小整数。

证明：假设具有 n 个结点的完全二叉树的深度为 k。k 层完全二叉树的结点个数介于 $k-1$ 层满二叉树与 k 层满二叉树的结点个数之间。根据性质2，$k-1$ 层满二叉树的结点总数为 $n_1 = 2^{k-1} - 1$，k 层满二叉树的结点总数为 $n_2 = 2^k - 1$。因此有 $n_1 < n \leqslant n_2$，即 $n_1 + 1 \leqslant n < n_2 + 1$，又 $n_1 = 2^{k-1} - 1$ 和 $n_2 = 2^k - 1$，故得到 $2^{k-1} - 1 \leqslant n < 2^k - 1$，同时对不等式两边取对数，有 $k - 1 \leqslant \log_2 n < k$。因为 k 是整数，$k-1$ 也是整数，所以 $k - 1 = \lfloor \log_2 n \rfloor$，即 $k = \lfloor \log_2 n \rfloor + 1$。命题成立。

性质5 如果完全二叉树有 n 个结点，按照从上到下、从左到右的顺序对二叉树中的每个结点从1到 n 进行编号，则对于任意结点 i 有以下性质：

(1) 如果 $i = 1$，则序号 i 对应的结点就是根结点，该结点没有双亲结点。如果 $i > 1$，则序号为 i 的结点的双亲结点的序号为 $\lfloor i/2 \rfloor$。

(2) 如果 $2i > n$，则序号为 i 的结点没有左孩子结点。如果 $2i \leqslant n$，则序号为 i 的结点的左孩子结点的序号为 $2i$。

(3) 如果 $2i + 1 > n$，则序号为 i 的结点没有右孩子结点。如果 $2i + 1 \leqslant n$，则序号为 i 的结点的右孩子结点序号为 $2i + 1$。

证明：

(1)利用性质(2)和(3)证明。当 $i = 1$ 时，该结点一定是根结点，根结点没有双亲结点。当 $i > 1$ 时，假设序号为 m 的结点是序号为 i 的结点的双亲结点。如果序号为 i 的结点是序号为 m 的结点的左孩子结点，则根据性质(2)有 $2m = i$，即 $m = i/2$；如果序号为 i 的结点是序号为 m 的结点的右孩子结点，则根据性质(3)有 $2m + 1 = i$，即 $m = (i-1)/2 = i/2 - 1/2$。综上以上两种情况，当 $i > 1$ 时，序号为 i 的结点的双亲结点序号为 $\lfloor i/2 \rfloor$。结论成立。

(2) 利用数学归纳法证明。当 $i = 1$ 时，有 $2i = 2$。如果 $2 > n$，则该二叉树中不存在序号为2的结点，也就不存在序号为 i 的左孩子结点；如果 $2 \leqslant n$，则该二叉树中存在两个结

点，序号为 2 的结点是序号为 i 的结点的左孩子结点。

假设当 $i=k$ 时，如果 $2k\leqslant n$，序号为 k 的结点的左孩子结点存在且序号为 $2k$；如果 $2k>n$，序号为 k 的结点的左孩子结点不存在。

当 $i=k+1$ 时，在完全二叉树中，如果序号为 $k+1$ 的结点的左孩子结点存在($2i\leqslant n$)，则其左孩子结点的序号为序号为 k 的结点的右孩子结点的序号加 1，即序号为 $k+1$ 的结点的左孩子结点的序号为 $(2k+1)+1=2(k+1)=2i$。因此，当 $2i>n$ 时，序号为 i 的结点的左孩子不存在。结论成立。

(3) 同理，利用数学归纳法证明。当 $i=1$ 时，如果 $2i+1=3>n$，则该二叉树中不存在序号为 3 的结点，即序号为 i 的结点的右孩子不存在；如果 $2i+1=3\leqslant n$，则该二叉树存在序号为 3 的结点，且序号为 3 的结点是序号为 i 的结点的右孩子结点。

假设当 $i=k$ 时，如果 $2k+1\leqslant n$，序号为 k 的结点的右孩子结点存在且序号为 $2k+1$，当 $2k+1>n$ 时，序号为 k 的结点的右孩子结点不存在。

当 $i=k+1$ 时，在完全二叉树中，如果序号为 $k+1$ 的结点的右孩子结点存在，其序号为 $2i+1\leqslant n$，则其右孩子结点的序号为序号为 k 的结点的右孩子结点的序号加 2，即序号为 $k+1$ 的结点的右孩子结点的序号为 $(2k+1)+2=2(k+1)+1=2i+1$。因此，当 $2i+1>n$ 时，序号为 i 的结点的右孩子不存在。结论成立。

5.2.3 二叉树的抽象数据类型

二叉树的抽象数据类型定义了二叉树中的数据对象、数据关系及基本操作。二叉树的抽象数据类型描述如表 5-3 所示。

表 5-3　二叉树的抽象数据类型描述

<table>
<tr><td>数据对象</td><td colspan="2">D 是具有相同特性的数据元素的集合</td></tr>
<tr><td>数据关系</td><td colspan="2">若 $D=\varnothing$，则称之为空二叉树。
若 $D\neq\varnothing$，则 $R=\{H\}$，H 是如下二元关系：
(1) 在 D 中存在唯一的称为根的数据元素 root，它在关系 H 下无前驱结点。
(2) 若 $D-\{\text{root}\}\neq\varnothing$，则存在 $D-\{\text{root}\}=\{D_l,D_r\}$，且 $D_l\cap D_r=\varnothing$。
(3) 若 $D_l\neq\varnothing$，则 D_l 中存在唯一的元素 x_l，$<\text{root},x_l>\in H$，且存在 D_l 上的关系 $H_l\subset H$；若 $D_r\neq\varnothing$，则 D_r 中存在唯一的元素 x_r，$<\text{root},x_r>\in H$，且存在 D_r 上的关系 $H_r\subset H$；$H=\{<\text{root},x_l>,<\text{root},x_r>,H_l,H_r\}$。
(4) $(D_l,\{H_l\})$是一棵符合本定义的二叉树，称为根的左子树；$(D_r,\{H_r\})$是一棵符合本定义的二叉树，称为根的右子树</td></tr>
<tr><td rowspan="4">基本操作</td><td>InitBiTree(&T)</td><td>初始条件：二叉树 T 不存在。
操作结果：构造空二叉树 T</td></tr>
<tr><td>CreateBiTree(&T)</td><td>初始条件：给出了二叉树 T 的定义。
操作结果：创建一棵非空的二叉树 T</td></tr>
<tr><td>DestroyBiTree(&T)</td><td>初始条件：二叉树 T 存在。
操作结果：销毁二叉树 T</td></tr>
<tr><td>InsertLeftChild(p,c)</td><td>初始条件：二叉树 c 存在且非空 c 的右子树为空
操作结果：将 c 插入到 p 所指向的左子树，使 p 所指结点的左子树成为 c 的右子树</td></tr>
</table>

续表

基本操作	InsertRightChild(p,c)	初始条件：二叉树 c 存在且非空，c 的右子树为空。 操作结果：将 c 插入到 p 所指向的右子树，使 p 所指结点的右子树成为 c 的右子树
	LeftChild(&T,e)	初始条件：二叉树 T 存在，e 是 T 中的某个结点。 操作结果：若结点 e 存在左孩子结点，则将 e 的左孩子结点返回；否则返回空
	RightChild(&T,e)	初始条件：二叉树 T 存在，e 是 T 的某个结点。 操作结果：若结点 e 存在右孩子结点，则将 e 的右孩子结点返回；否则返回空
	DeleteLeftChild(&T,p)	初始条件：二叉树 T 存在，p 指向 T 中的某个结点。 操作结果：将 p 所指向的结点的左子树删除。如果删除成功，返回 True；否则返回 False
	DeleteRightChild(&T,p)	初始条件：二叉树 T 存在，p 指向 T 中的某个结点。 操作结果：将 p 所指向的结点的右子树删除。如果删除成功，返回 True；否则返回 False
	PreOrderTraverse(T)	初始条件：二叉树 T 存在。 操作结果：先序遍历二叉树 T，即先访问根结点，再访问左子树，最后访问右子树，对二叉树中的每个结点访问且仅访问一次
	InOrderTraverse(T)	初始条件：二叉树 T 存在。 操作结果：中序遍历二叉树 T，即先访问左子树，再访问根结点，最后访问右子树，对二叉树中的每个结点访问且仅访问一次
	PostOrderTraverse(T)	初始条件：二叉树 T 存在。 操作结果：后序遍历二叉树 T，即先访问左子树，再访问右子树，最后访问根结点，对二叉树中的每个结点访问且仅访问一次
	LevelTraverse(T)	初始条件：二叉树 T 存在。 操作结果：对二叉树 T 进行层次遍历，即按照从上到下、从左到右的顺序依次对二叉树中的每个结点进行访问
	BiTreeDepth(T)	初始条件：二叉树 T 存在。 操作结果：若二叉树 T 非空，返回它的深度；若 T 是空二叉树，返回 0

5.2.4 二叉树的存储表示

二叉树的存储表示方式有两种：顺序存储结构和链式存储结构。

1. 二叉树的顺序存储结构

我们已经知道，完全二叉树中每个结点的序号可以通过公式计算得到，因此，完全二叉树可以按照从上到下、从左到右的顺序依次存储在一维数组或列表中。完全二叉树及其顺序存储结构如图 5-9 所示。

如果按照从上到下、从左到右的顺序把非完全二叉树的结点依次存放在一维数组或列表

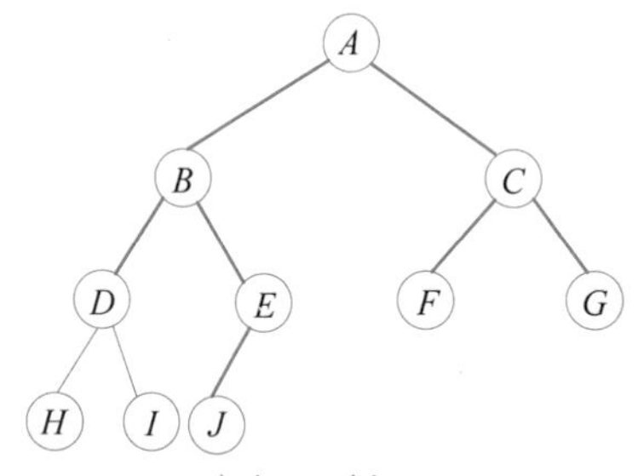

完全二叉树

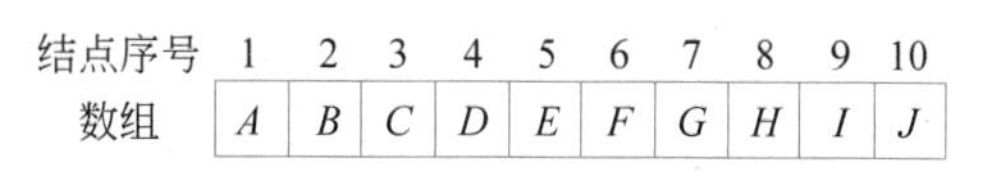

结点序号	1	2	3	4	5	6	7	8	9	10
数组	*A*	*B*	*C*	*D*	*E*	*F*	*G*	*H*	*I*	*J*

完全二叉树的顺序存储结构

图 5-9　完全二叉树及其顺序存储结构

中。为了能够正确反映二叉树中结点之间的逻辑关系，需要在一维数组(列表)中将二叉树中不存在的结点位置空出，并用∧填充。非完全二叉树及其顺序存储结构如图 5-10 所示。

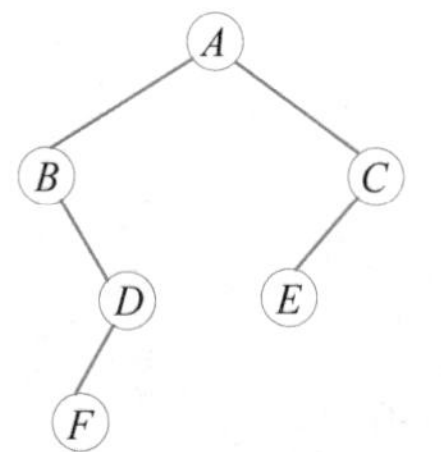

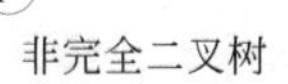

非完全二叉树

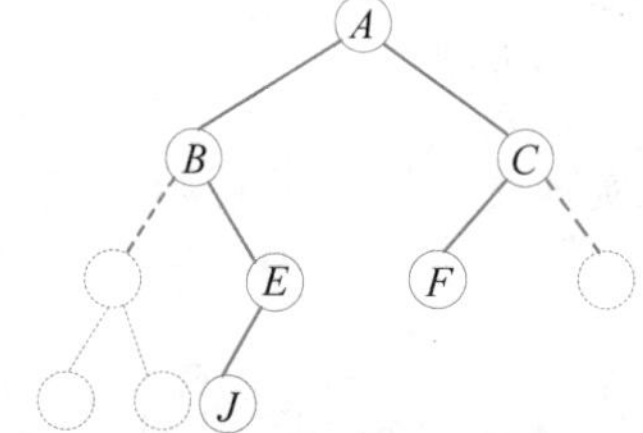

非完全二叉树对应的完全二叉树形式

结点序号	1	2	3	4	5	6	7	8	9	10
数组	*A*	*B*	*C*	∧	*D*	*E*	∧	∧	∧	*F*

非完全二叉树的顺序存储结构

图 5-10　非完全二叉树及其顺序存储结构

顺序存储结构对于完全二叉树来说是比较适合的，因为采用顺序存储结构能够节省存储单元，并能够利用公式得到每个结点的存储位置。但是，对于非完全二叉树来说，这种存储方式会浪费存储空间。在最坏的情况下，如果每个结点只有右孩子结点，而没有左孩子结点，则需要占用 2^k-1 个存储单元，而实际上该二叉树只有 k 个结点。

2. 二叉树的链式存储结构

在二叉树中，每个结点有一个双亲结点和两个孩子结点。从一棵二叉树的根结点开始，通过结点的左右孩子地址就可以找到二叉树的每一个结点。因此二叉树的链式存储结构包括三个域：数据域、左孩子指针域和右孩子指针域。其中，数据域存放结点的值，左孩子指针域指向左孩子结点，右孩子指针域指向右孩子结点。这种链式存储结构称为二叉链表，其结点结构如图 5-11 所示。

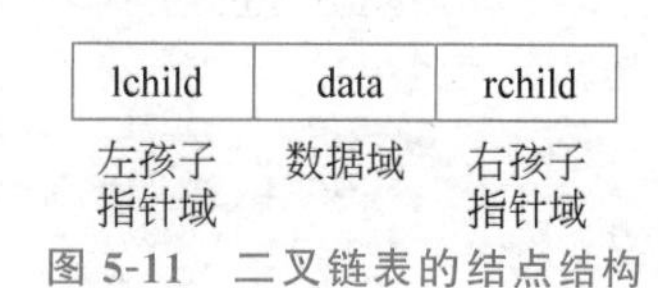

图 5-11　二叉链表的结点结构

二叉树的二叉链表存储表示如图 5-12 所示。

有时为了方便找到结点的双亲结点，在二叉链表的存储结构中增加一个指向双亲结点的指针域 parent，这种存储结构称为三叉链表，其结点结构如图 5-13 所示。

通常情况下，二叉树采用二叉链表表示。二叉链表存储结构的类型定义如下：

```
class BiTreeNode():                                  #二叉树中的结点
    def __init__(self,data,lchild=None,rchild=None):
        self.data=data                               #二叉树的结点值
        self.lchild=lchild                           #左孩子指针
        self.rchild=rchild                           #右孩子指针
```

定义了二叉树的结点后，为了实现二叉树的插入、删除、遍历和线索化，必须先创建二叉

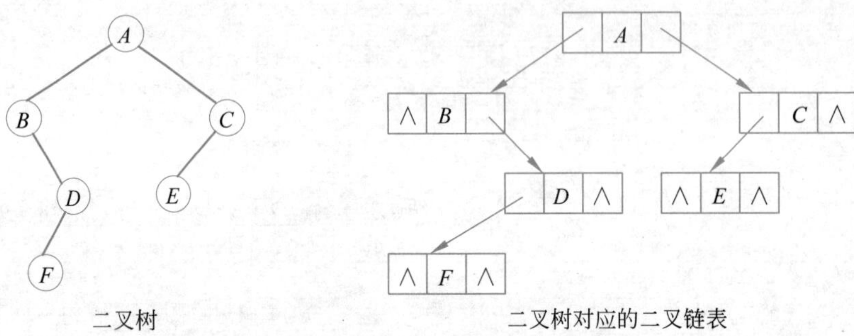

图 5-12　二叉树的二叉链表存储表示

lchild	data	rchild	parent
左孩子指针域	数据域	右孩子指针域	双亲结点指针域

图 5-13　三叉链表的结点结构

树,二叉树的操作可通过定义 BiTree 类实现。二叉树的初始化代码如下:

```
class BiTree(object):
    def __init__(self):
        self.root=BiTreeNode(None)
        self.num=0
```

创建二叉树的算法实现如下:

```
def CreatBiTree(self,vals):
    if len(vals) == 0:
        return None
    if vals[0] != '#':              #本层构建 3 个结点: root、root.lchild、root.rchild
        node= BiTreeNode(vals[0])
        if self.num==0:
            self.root=node
        self.num+=1
        vals.pop(0)
        node.lchild = self.CreatBiTree(vals) #构造左子树
        node.rchild = self.CreatBiTree(vals) #构造右子树
        return node                          #递归结束,返回构造好的二叉树的根结点
    else:
        vals.pop(0)
        return None  #递归结束,返回构造好的二叉树的根结点
```

使用完二叉树后,需要将其销毁,该操作的算法实现如下:

```
def DestroyBiTree(self,T):                   #销毁二叉树操作
    if T:                                    #如果是非空二叉树
        if T.lchild:
            self.DestroyBiTree(T.lchild)
        if T.rchild:
            self.DestroyBiTree(T.rchild)
        del T
        T=None
    return T
```

5.3　二叉树的遍历

在二叉树的应用中，常常需要对每个结点进行访问，即二叉树的遍历。

5.3.1　二叉树遍历的定义

二叉树的遍历，即按照某种规律对二叉树的每个结点进行访问，使得每个结点仅被访问一次的操作。这里的访问可以是对结点的输出、统计结点的个数等。

二叉树的遍历过程其实也是将二叉树的非线性序列转换成线性序列的过程。二叉树是一种非线性的结构，通过遍历二叉树，按照某种规律对二叉树中的每个结点进行访问，且仅访问一次，就能得到一个线性序列。

由二叉树的定义可知，二叉树是由根结点、左子树和右子树构成的。如果将这 3 部分依次遍历，就完成了整个二叉树的遍历。二叉树的基本结构如图 5-14 所示。如果用 D、L、R 分别代表遍历根结点、遍历左子树和遍历右子树，根据组合原理，有 6 种遍历方案：DLR、DRL、LDR、LRD、RDL 和 RLD。

如果限定先左后右的次序，则在以上 6 种遍历方案中只剩下 3 种方案：DLR、LDR 和 LRD。其中，DLR 称为先序遍历，LDR 称为中序遍历，LRD 称为后序遍历。

5.3.2　二叉树的先序遍历

先序非递归算法

二叉树的先序遍历的递归定义如下。

如果二叉树为空，则执行空操作。如果二叉树非空，则执行以下操作：

(1) 访问根结点。

(2) 先序遍历左子树。

(3) 先序遍历右子树。

根据二叉树的先序遍历的递归定义，图 5-15 所示的二叉树的先序序列为：A,B,D,G,E,H,I,C,F,J。

在二叉树的先序遍历过程中，对每一棵二叉树重复执行以上的递归遍历操作，就可以得到先序序列。例如，在遍历根结点 A 的左子树时，根据先序遍历的递归定义，先访问根结点 B，然后遍历 B 的左子树，最后遍历 B 的右子树。访问过 B 之后，开始遍历 B 的左子树，先访问根结点 D，因为 D 没有左子树，所以遍历其右子树，右子树只有一个结点 G，所以访问 G。B 的左子树遍历完毕，按照以上方法遍历 B 的右子树。最后得到结点 A 的左子树先序序列：B,D,G,E,H,I。

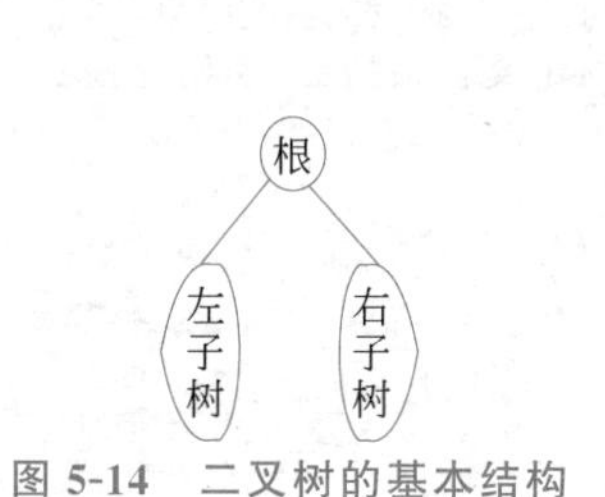

图 5-14　二叉树的基本结构

图 5-15　二叉树

依据二叉树的先序遍历的递归定义,可以得到二叉树的先序遍历的递归算法:

```
def PreOrderTraverse(self, T):
    #先序遍历二叉树的递归实现
    if T:
        print(T.data, end=' ')                  #访问根结点
        self.PreOrderTraverse(T.lchild)         #先序遍历左子树
        self.PreOrderTraverse(T.rchild)         #先序遍历右子树
```

下面介绍二叉树的先序遍历的非递归算法实现。在第 4 章对递归的消除作了具体讲解,现在利用栈实现二叉树的先序遍历的非递归算法。

算法思想如下。从二叉树的根结点开始,访问根结点,然后将根结点的指针入栈。接下来,重复执行以下两个步骤,直到栈空为止:

(1) 如果该结点的左孩子结点存在,访问左孩子结点,并将左孩子结点的指针入栈。重复执行此操作,直到结点的左孩子不存在。

(2) 将栈顶的元素(指针)出栈。如果该指针指向的右孩子结点存在,则将当前指针指向右孩子结点。该算法流程图如图 5-16 所示。

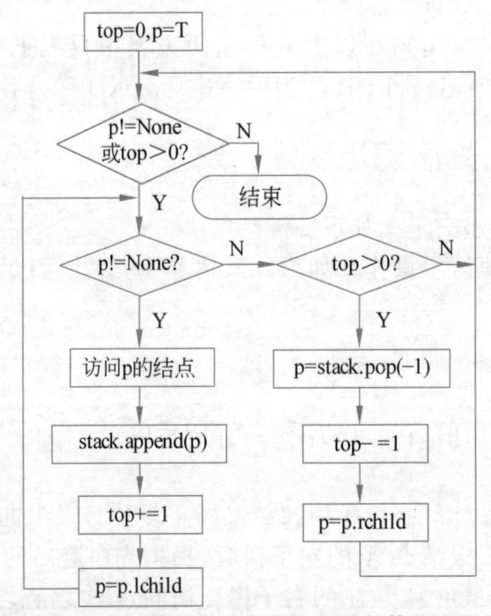

图 5-16　二叉树的先序遍历的非递归算法流程图

二叉树的先序遍历的非递归算法实现如下:

```
def PreOrderTraverse2(self,T):
    #先序遍历二叉树的非递归实现
    stack=[]                                    #定义一个栈,用于存放结点的指针
    top=0                                       #定义栈顶指针,初始化栈
    p = T
    while p != None or top>0:
        while p != None:                        #如果 p 不空,访问根结点,遍历左子树
            print('% 2c' %p.data, end='')       #访问根结点
            stack.append(p)
            top+=1
```

```
            p = p.lchild                         #遍历左子树
        if top > 0:                              #如果栈不空
            p=stack.pop(-1)                      #栈顶元素出栈
            top-=1
            p = p.rchild                         #遍历右子树
```

以上算法直接利用列表模拟栈的实现，当然也可以定义一个栈类型实现。如果用链式栈实现，需要将数据类型改为指向二叉树结点的指针类型。

5.3.3　二叉树的中序遍历

二叉树的中序遍历的递归定义如下。

如果二叉树为空，则执行空操作。如果二叉树非空，则执行以下操作：

（1）中序遍历左子树。

（2）访问根结点。

（3）中序遍历右子树。

根据二叉树的中序遍历的递归定义，图 5-15 所示的二叉树的中序序列为：D,G,B,H,E,I,A,F,J,C。

在二叉树的中序遍历过程中，对每一棵二叉树重复执行以上的递归遍历操作，就可以得到二叉树的中序序列。

例如，如果要中序遍历 A 的左子树，根据中序遍历的递归定义，需要先中序遍历 B 的左子树，然后访问根结点 B，最后中序遍历 B 的右子树。在 B 的左子树中，D 是根结点，它没有左子树，因此访问根结点 D，接着遍历 D 的右子树，因为只有一个结点 G，所以直接访问 G。

在左子树遍历完毕之后，访问根结点 B。最后要遍历 B 的右子树，E 是根结点。先遍历 E 的左子树，因为只有一个结点 H，所以直接访问 H。然后访问根结点 E。最后要遍历 E 的右子树，也只有一个结点 I，所以直接访问 I。至此 B 的右子树遍历完毕。因此，A 的左子树的中序序列为：D,G,B,H,E,I。

从中序序列可以看出，A 的左边是其左子树序列，右边是其右子树序列。同样，B 的左边是其左子树序列，右边是其右子树序列。根结点把二叉树的中序序列分为左右两棵子树序列，左边是左子树中序序列，右边是右子树中序序列。

依据二叉树的中序遍历的递归定义，可以得到二叉树的中序遍历的递归算法：

```
def InOrderTraverse(self, T):
    #中序遍历二叉树的递归实现
    if T:                                        #如果二叉树不为空
        self.InOrderTraverse(T.lchild)           #中序遍历左子树
        print(T.data, end=' ')                   #访问根结点
        self.InOrderTraverse(T.rchild)           #中序遍历右子树
```

下面介绍二叉树的中序遍历的非递归算法实现。

算法思想如下。从二叉树的根结点开始，将根结点的指针入栈。接下来重复执行以下两个步骤，直到栈空为止：

（1）如果该结点的左孩子结点存在，将左孩子结点的指针入栈。重复执行此操作，直到结点的左孩子不存在。

(2) 将栈顶的元素(指针)出栈,并访问该指针指向的结点。如果该指针指向的右孩子结点存在,则将当前指针指向右孩子结点。该算法流程图如图 5-17 所示。

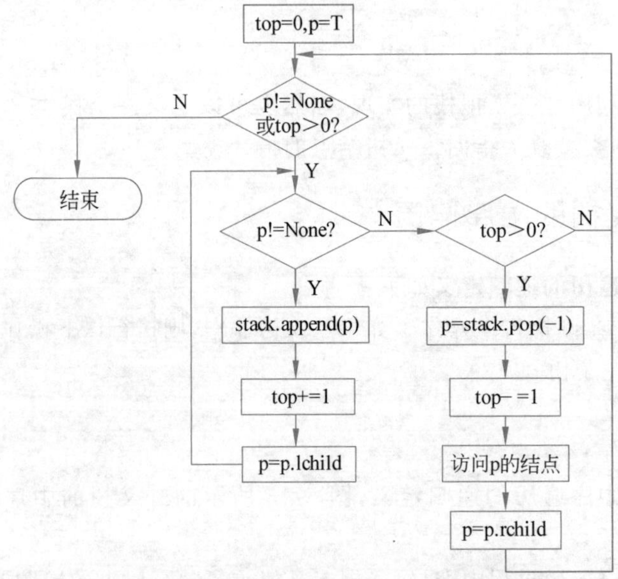

图 5-17　二叉树的中序遍历的非递归算法流程图

二叉树的中序遍历的非递归算法实现如下:

```
def InOrderTraverse2(self,T):
    #中序遍历二叉树的非递归实现
    stack=[]                                    #定义一个栈,用于存放结点的指针
    top=0                                       #定义栈顶指针,初始化栈
    p=T
    while p != None or top > 0:
        while p != None:                        #如果 p 不空,则遍历左子树
            stack.append(p)                     #将 p 入栈
            top+=1
            p = p.lchild                        #遍历左子树
        if top > 0:                             #如果栈不空
            p=stack.pop(-1)                     #栈顶元素出栈
            top-=1
            print('% 2c'%p.data,end='')         #访问根结点
            p=p.rchild                          #遍历右子树
```

后序非递归算法

5.3.4　二叉树的后序遍历

二叉树的后序遍历的递归定义如下。

如果二叉树为空,则执行空操作。如果二叉树非空,则执行以下操作:

(1) 后序遍历左子树。

(2) 后序遍历右子树。

(3) 访问根结点。

根据二叉树的后序遍历的递归定义,图 5-15 的二叉树的后序序列为:G,D,H,I,E,B,J,F,C,A。

在二叉树的后序遍历过程中，对每一棵二叉树重复执行以上的递归遍历操作，就可以得到二叉树的后序序列。

例如，如果要后序遍历 A 的左子树，根据后序遍历的递归定义，需要先后序遍历 B 的左子树，再后序遍历 B 的右子树，最后访问根结点 B。在 B 的左子树中，D 是根结点，没有左子树，因此遍历 D 的右子树，因为右子树只有一个结点 G，所以直接访问 G，接着访问根结点 D。

在 B 的左子树遍历完毕之后，需要遍历 B 的右子树，E 是根结点。需要先遍历左子树，因为左子树只有一个结点 H，所以直接访问 H；然后遍历右子树，右子树也只有一个结点 I，所以直接访问 I，最后访问根结点 E。

此时，B 的左、右子树均访问完毕。最后访问结点 B。因此，A 的左子树的后序序列为：G,D,H,I,E,B。

依据二叉树的后序遍历的递归定义，可以得到二叉树的后序遍历的递归算法。

```
def PostOrderTraverse(self,T):
    #后序遍历二叉树的递归实现
    if T:                                   #如果二叉树不为空
        self.PostOrderTraverse(T.lchild)    #后序遍历左子树
        self.PostOrderTraverse(T.rchild)    #后序遍历右子树
        print('% 2c'%T.data)                #访问根结点
```

下面介绍二叉树后序遍历的非递归算法实现。

算法思想如下。从二叉树的根结点开始，将根结点的指针入栈。接下来重复执行以下两个步骤，直到栈空为止：

(1) 如果该结点的左孩子结点存在，将左孩子结点的指针入栈。重复执行此操作，直到结点的左孩子不存在。

(2) 取栈顶元素（指针）并赋给 p。如果 p.rchild==None 或 p.rchild=q，即 p 没有右孩子或右孩子结点已经访问过，则访问根结点，即 p 指向的结点，并用 q 记录刚刚访问过的结点指针，将栈顶元素退栈；如果 p 有右孩子且右孩子结点没有被访问过，则执行 p=p.rchild。

该算法的流程图如图 5-18 所示。

二叉树的后序遍历的非递归算法实现如下：

```
def PostOrderTraverse3(self,T):
#后序遍历二叉树的非递归实现
    stack=[]                                #定义一个栈,用于存放结点的指针
    p=T
    q=None                                  #初始化结点的指针
    while p != None or len(stack) > 0:
        while p != None:                    #如果 p 不空,则遍历左子树
            stack.append(p)                 #将 p 入栈
            p = p.lchild                    #遍历左子树
        if len(stack)>0:                    #如果栈不空
            p = stack[-1]                   #取栈顶元素
            if p.rchild == None or p.rchild == q:
                                #如果 p 没有右孩子结点或右孩子结点已经访问过
                print('% 2c'%(p.data),end='')  #访问根结点
                q = p                       #记录刚刚访问过的结点
                p = None                    #为遍历右子树做准备
                stack.pop()                 #出栈
```

```
        else:
            p = p.rchild
```

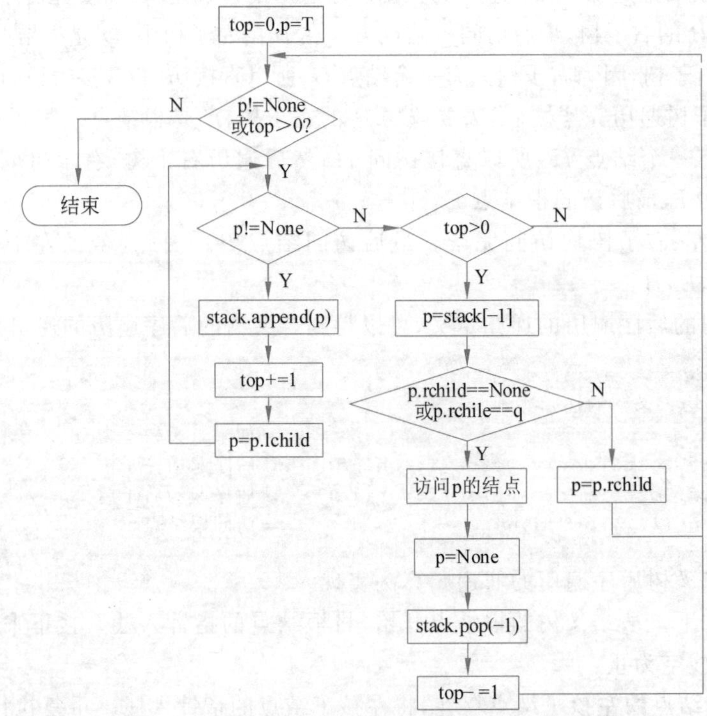

图 5-18　二叉树的后序遍历的非递归算法流程图

5.3.5　二叉树的层次遍历

除了以上遍历方式,还可以从根结点逐层往下对二叉树进行层次遍历。例如,对于图 5-15所示的二叉树,通过层次遍历得到的结点序列为:A,B,C,D,E,F,G,H,I,J。这可通过队列实现,在遍历二叉树的结点时,从根结点开始,先将根结点入队,然后依次判断队列是否为空。若队列不为空,则将队列中的元素出队,并输出该结点。接下来,若该结点的左孩子结点不为空,则将其左孩子结点入队;若该结点右孩子结点不为空,则将其右孩子结点入队。重复执行以上过程,直到队列为空。

```
def LevelTraverse(self, T):
    if T is None:
        return
    queue = []                                  #定义队列
    queue.append(T)                             #将根结点入队
    while q:
        p = queue.pop()                         #出队
        print(p.data, end=' ')                  #输出队头元素
        if p.lchild:                            #若左孩子不为空
            queue.append(p.lchild)
        if node.rchild:                         #若右孩子不为空
            queue.append(p.rchild)
```

5.4　二叉树的线索化

在二叉树中，采用二叉链表作为存储结构，只能找到结点的左孩子结点和右孩子结点。要想找到结点的前驱结点或者后继结点，必须对二叉树进行遍历，但这并不是最直接、最简便的方法。通过对二叉树线索化，可以很方便地找到结点的前驱结点和后继结点。

5.4.1　二叉树的线索化定义

为了能够在二叉树的遍历过程中直接找到结点的前驱结点或者后继结点，可在二叉链表结点中增加两个指针域：一个用来指示结点的前驱结点，另一个用来指向结点的后继结点。但这样做需要为结点增加更多的存储单元，使结点结构的利用率大大下降。

在二叉链表的存储结构中，具有 n 个结点的二叉链表有 $n+1$ 个空指针域。由此，可以利用这些空指针域存放结点的前驱结点和后继结点的信息。可以做以下规定：如果结点存在左子树，则指针域 lchild 指示其左孩子结点；否则，指针域 lchild 指示其前驱结点。如果结点存在右子树，则指针域 rchild 指示其右孩子结点；否则，指针域 rchild 指示其后继结点。

为了区分指针域指向的是左孩子结点还是前驱结点，以及指向的是右孩子结点还是后继结点，增加两个标志域 ltag 和 rtag。结点的存储结构如图 5-19 所示。

lchild	ltag	data	rtag	rchild
	前驱结点标志域		后继结点标志域	

图 5-19　结点的存储结构

其中，当 ltag=0 时，lchild 指示结点的左孩子结点；当 ltag=1 时，lchild 指示结点的直接前驱结点。当 rtag=0 时，rchild 指示结点的右孩子结点；当 rtag=1 时，rchild 指示结点的直接后继结点。

以这种存储结构构成的二叉链表称为线索二叉树。采用这种存储结构的二叉链表称为线索链表。其中，指向结点的前驱结点和后继结点的指针称为线索。在二叉树的先序遍历过程中加上线索之后，得到先序线索二叉树。同理，在二叉树的中序(后序)遍历过程中加上线索之后，得到中序(后序)线索二叉树。按照某种遍历方式使二叉树变为线索二叉树的过程称为二叉树的线索化。图 5-20 就是二叉树按照先序、中序和后序遍历方式线索化的结果。

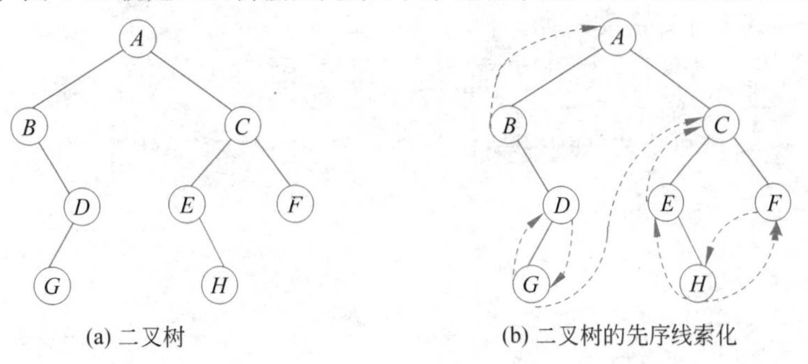

图 5-20　二叉树按照先序、中序和后序遍历方式线索化的结果

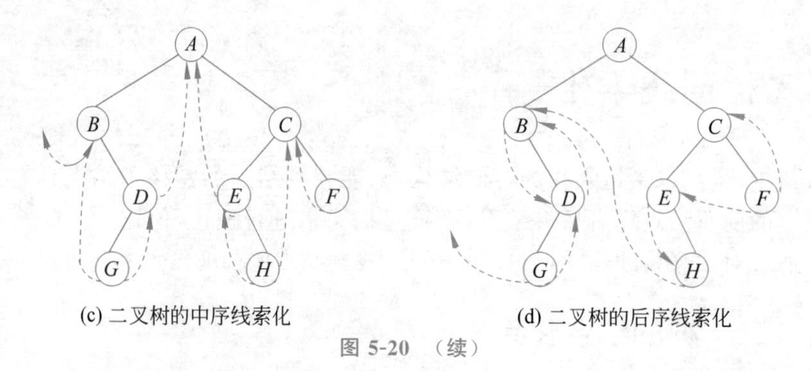

(c) 二叉树的中序线索化　　(d) 二叉树的后序线索化

图 5-20 （续）

线索二叉树的存储结构类型描述如下：

```
class BiThrNode():                                       #线索二叉树结点
    def __init__(self,data,lchild=None,rchild=None,ltag=None,rtag=None):
        self.data=data                                   #二叉树的结点值
        self.lchild=lchild                               #左孩子结点
        self.rchild=rchild                               #右孩子结点
        self.ltag=ltag                                   #线索标志域
        self.rtag=rtag                                   #线索标志域
```

5.4.2 二叉树线索化方法

二叉树的线索化就是利用二叉树中结点的空指针域指示结点的前驱结点或后继结点。而要得到结点的前驱结点和后继结点，需要对二叉树进行遍历，同时将结点的空指针域修改为指示其前驱结点或后继结点。因此，二叉树的线索化就是对二叉树的遍历过程。这里以二叉树的中序线索化为例介绍二叉树线索化的方法。

为了方便，在二叉树线索化时，可增加一个头结点。使头结点的指针域 lchild 指向二叉树的根结点，指针域 rchild 指向二叉树中序遍历时的最后一个结点，二叉树中的第一个结点的线索指针指向头结点。在初始化时，使二叉树的头结点指针域 lchild 和 rchild 均指向头结点，并将头结点的标志域 ltag 置为 Link，标志域 rtag 置为 Thread。

线索化以后的二叉树类似于一个循环链表，操作线索二叉树就像操作循环链表一样，即，可以从线索二叉树中的第一个结点开始，根据结点的后继线索指针遍历整棵二叉树，也可以从线索二叉树的最后一个结点开始，根据结点的前驱线索指针遍历整棵二叉树。中序线索化后的二叉树及链表如图 5-21 所示。其中，Thr 为指向头结点的指针。

二叉树中序线索化算法实现如下：

```
pre = None
def InOrderThreading(self,T):
#通过中序遍历二叉树 T,使 T 中序线索化。thrt 是指向头结点的指针
    global pre
    thrt=BiThrNode(None)
    #将头结点线索化
    thrt.ltag=0                                  #修改前驱线索标志
    thrt.rtag = 1                                #修改后继线索标志
    thrt.rchild = thrt                           #将头结点的 rchild 指针指向自己
    if not T:                                    #如果二叉树为空,则将 lchild 指针指向自己
```

```
        thrt.lchild = thrt
    else:
        thrt.lchild=T                        #将头结点的左指针指向根结点
        pre=thrt                             #将 pre 指向已经线索化的结点
        T=self.InThreading(T)                #中序遍历进行线索化
        #将最后一个结点线索化
        pre.rchild = thrt                    #将最后一个结点的右指针指向头结点
        pre.rtag = 1                         #修改最后一个结点的 rtag 标志域
        thrt.rchild=pre                      #将头结点的 rchild 指针指向最后一个结点

        thrt.lchild = T                      #将头结点的左指针指向根结点
    return thrt
def InThreading(self,p):
#二叉树中序线索化
    global pre
    if p!=None:
        self.InThreading(p.lchild)           #左子树线索化
        if p.lchild is None:                 #前驱线索化
            p.ltag=1
            p.lchild=pre
        if pre.rchild is None:               #后继线索化
            pre.rtag=1
            pre.rchild=p
        pre=p                    #pre 指向的结点线索化完毕,使 p 指向的结点成为前驱结点
        self.InThreading(p.rchild)           #右子树线索化
    return p
```

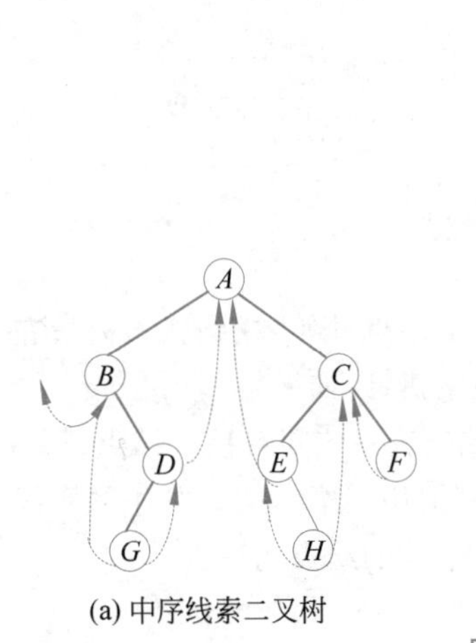

(a) 中序线索二叉树

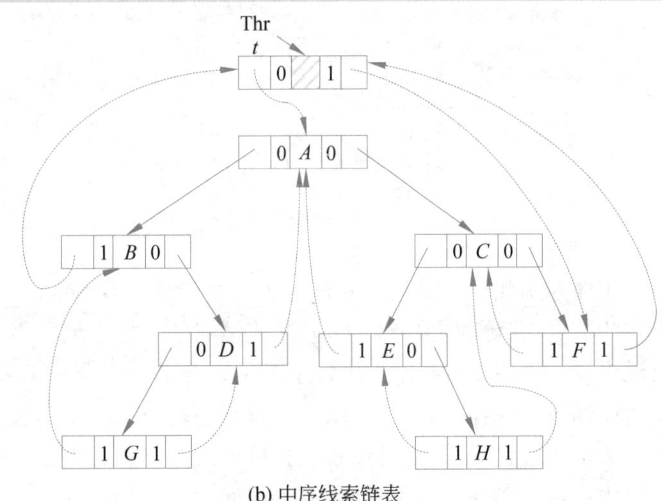

(b) 中序线索链表

图 5-21　中序线索化后的二叉树及链表

5.4.3　线索二叉树的遍历

可以利用在线索二叉树中查找结点的前驱结点和后继结点的方法遍历线索二叉树。

1. 查找指定结点的中序前驱结点

在中序线索二叉树中,对于指定的结点 p(即指针 p 指向的结点),如果 p.ltag=1,那么 p.lchild 指向的结点就是 p 的中序前驱结点。例如,在图 5-21 中,结点 E 的前驱标志域为

1,即 Thread,则中序前驱结点为 A(即 lchild 指向的结点)。如果 p.ltag=0,那么 p 的中序前驱结点就是 p 的左子树最右下端的结点。例如,结点 A 的中序前驱结点为 D,即结点 A 的左子树最右下端的结点。

查找指定结点的中序前驱结点的算法实现如下:

```
def InOrderPre(self,p):
    #在中序线索树中找结点 p 的中序前驱结点
    if p.ltag == 1:          #如果 p 的标志域 ltag 为线索,则 p 的左子树结点即为前驱结点
        return p.lchild
    else:
        pre = p.lchild                                  #查找 p 的左子树最右下端的结点
        while pre.rtag == 0:                            #右子树非空时,沿右链往下查找
            pre = pre.rchild
        return pre                                      #pre 就是最右下端结点
```

2. 查找指定结点的中序后继结点

在中序线索二叉树中,查找指定的结点 p 的中序后继结点,与查找指定结点的中序前驱结点类似。如果 p.rtag=1,那么 p.rchild 指向的结点就是 p 的后继结点。例如,在图 5-21 中,结点 G 的后继标志域为 1,即 Thread,则中序后继结点为 D,即 rchild 指向的结点。如果 p.rtag=0,那么 p 的中序后继结点就是 p 的右子树最左下端的结点。例如,结点 B 的中序后继结点为 G,即结点 B 的右子树最左下端的结点。

查找指定结点的中序后继结点的算法实现如下:

```
def InOrderPost(self, p): #在中序线索树中查找结点 p 的中序后继结点
    if p.rtag==1:          #如果 p 的标志域 ltag 为线索,则 p 的右子树结点即为后继结点
        return p.rchild
    else:
        post=p.rchild                                   #查找 p 的右子树最左下端的结点
        while post.ltag==0:                             #左子树非空时,沿左链往下查找
            post=pre.lchild
        return post                                     #post 就是最左下端结点
```

3. 中序遍历线索二叉树

中序遍历线索二叉树的算法分为 3 个步骤:第 1 步,从第一个结点开始,找到二叉树最左下端的结点,并访问之;第 2 步,判断该结点的右标志域是否为线索指针,如果是,即 p.rtag==1,说明 p.rchild 指向结点的中序后继结点,则将指针指向右孩子结点,并访问右孩子结点;第 3 步,将当前指针指向该右孩子结点。重复执行以上 3 个步骤,直到遍历完毕。整个中序遍历线索二叉树的过程,就是通过线索查找后继结点和查找右子树最左下端的结点的过程。

中序遍历线索二叉树的算法实现如下:

```
def InOrderTraverse(self,T,visit):
    #中序遍历线索二叉树。其中 visit 是函数的引用,指向访问结点的函数实现
    p=T.lchild                                          #p 指向根结点
    while p!=T:                                         #空树或遍历结束时,p==T
        while p!=None and p.ltag==0:
            p=p.lchild
        if visit(p)!=1:                                 #打印
            return False
        while p.rtag==1 and p.rchild!=T:                #访问后继结点
```

```
            p=p.rchild
            visit(p)
        p=p.rchild
    return True
```

5.4.4　线索二叉树的应用举例

【例 5-1】　编写程序，建立如图 5-21 所示的二叉树，并将其中序线索化。任意输入一个结点，输出该结点的中序前驱结点和中序后继结点。例如，结点 D 的中序前驱结点是 G，中序后继结点是 A。

程序代码如下：

```
if __name__ == '__main__':
    Root = BiTree()
    strs="(A(B(,D(G)),C(E(,H),F))"                    #中序遍历扩展的二叉树序列
    vals = list(strs)
    Roots=Root.CreatBiTree(vals)                      #Roots 就是二叉树的根结点
    print('线索二叉树的输出序列:')
    Thrt=Root.InOrderThreading(Roots)
    Root.InOrderTraverse(Thrt,Root.Print)
    p = Root.FindPoint(Thrt, 'D')
    pre = Root.InOrderPre(p)
    print("元素 D 的中序直接前驱元素是:%c" %(pre.data))
    post = Root.InOrderPost(p)
    print("元素 D 的中序直接后继元素是:%c" %(post.data))
    p = Root.FindPoint(Thrt, 'E')
    pre = Root.InOrderPre(p)
    print("元素 E 的中序直接前驱元素是:%c"%(pre.data))
    post = Root.InOrderPost(p)
    print("元素 E 的中序直接后继元素是:%c"%(post.data))
def CreatBiTree(self,strs):
    top=-1                                            #初始化栈顶指针
    k=0
    T=None
    flag=0
    strs=list(strs)
    stack=[]
    ch=strs[k]
    p=None
    while k<len(strs):                                #如果字符串没有扫描结束
        ch=strs[k]
        if ch=='(':
            stack.append(p)
            top += 1
            flag=1
        elif ch==')':
            stack.pop()
            top-=1
        elif ch==',':
            flag=2
        else:
            p=BiThrNode(ch)
            if not T:                                 #如果是第一个结点,表示是根结点
```

```
                T=p
            else:
                if flag==1:
                    stack[top].lchild = p
                elif flag==2:
                    stack[top].rchild=p
                if stack[top].lchild!=None:
                    stack[top].ltag=0
                if stack[top].rchild!=None:
                    stack[top].rtag=0
        k+=1
    return T
def Print(self,T):                                   #打印线索二叉树中的结点及线索
    if T.ltag==0:
        lflag='Link'
    else:
        lflag='Thread'
    if T.rtag==0:
        rflag='Link'
    else:
        rflag='Thread'
    print("%2d\t%s\t  %2c\t  %s\t" % (self.row, lflag, T.data,rflag))
    self.row+=1
    return 1
def FindPoint(self,T,e):
#中序遍历线索二叉树,返回元素值为e的结点的指针
    p = T.lchild                                     #p指向根结点
    while p != T:                                    #如果不是空二叉树
        while p.ltag == 0:
            p = p.lchild
        if p.data==e:
            return p
        while p.rtag == 1 and p.rchild != T:         #访问后继结点
            p = p.rchild
            if p.data == e:                          #找到结点,返回指针
                return p
        p = p.rchild
    return None
```

程序运行结果如图5-22所示。

```
C:\Users\o.o\.conda\envs\tensorflow\python.exe
线索二叉树的输出序列:
 0  Thread     B      Link
 1  Thread     G      Thread
 2  Link       D      Thread
 3  Link       A      Link
 4  Thread     E      Link
 5  Thread     H      Thread
 6  Link       C      Link
 7  Thread     F      Thread
元素D的中序直接前驱元素是:G
元素D的中序直接后继元素是:A
元素E的中序直接前驱元素是:A
元素E的中序直接后继元素是:H

Process finished with exit code 0
```

图5-22　例5-1程序运行结果

5.5　树、森林与二叉树

本节介绍树的表示及遍历操作，并建立森林与二叉树的关系。

5.5.1　树的存储结构

树的存储结构有 3 种：双亲表示法、孩子表示法和孩子兄弟表示法。

1. 双亲表示法

双亲表示法是利用一组连续的存储单元存储树的每个结点，并利用一个指示器表示结点的双亲结点在树中的相对位置。在 Python 语言中通常利用列表实现连续存储单元的存储。树的双亲表示法如图 5-23 所示。

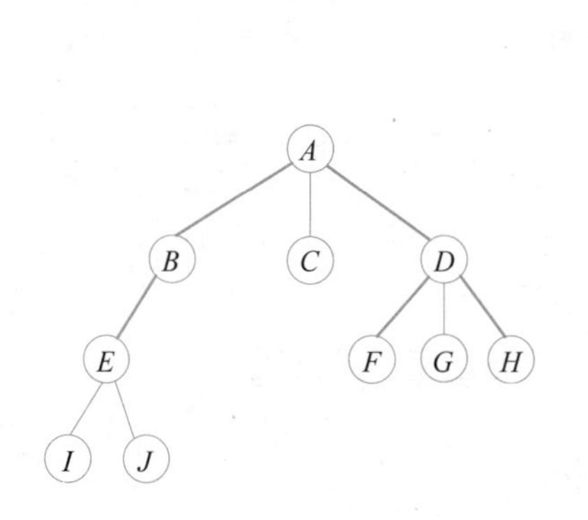

数组下标	结点	双亲位置
0	*A*	−1
1	*B*	0
2	*C*	0
3	*D*	0
4	*E*	1
5	*F*	3
6	*G*	3
7	*H*	3
8	*I*	4
9	*J*	4

图 5-23　树的双亲表示法

其中，树的根结点的双亲位置用－1 表示。

利用树的双亲表示法查找已知结点的双亲结点非常容易。通过反复调用求双亲结点函数，就可以找到树的树根结点。树的双亲表示法的存储结构描述如下：

```
class PNode:                                    #双亲表示法的结点定义
    def __init__(self,data=None,parent=None):
        self.data=data
        self.parent=parent                      #指示结点的双亲
class PTree:                                    #双亲表示法的类型定义
    def __init__(self):
        self.node=[]
        self.num=0                              #结点的个数
```

2. 孩子表示法

把每个结点的孩子结点排列起来，看成一个线性表，且以单链表作为存储结构，则 n 个结点有 n 个链表(叶子结点的链表为空表)，这样的链表称为孩子链表。例如，图 5-23 所示的树的孩子表示法如图 5-24 所示，其中，∧表示空。

利用树的孩子表示法查找已知结点的孩子结点非常容易。通过查找某结点的链表，就

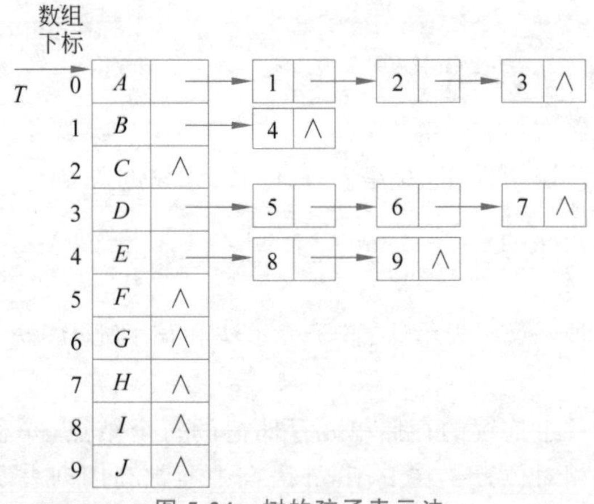

图 5-24　树的孩子表示法

可以找到该结点的每个孩子结点。但是孩子表示法查找双亲结点不方便,可以把双亲表示法与孩子表示法结合在一起。图 5-25 就是将两者结合在一起的带双亲的孩子链表。

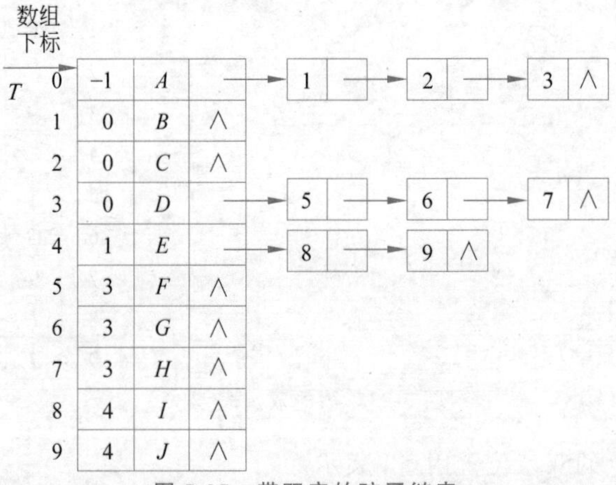

图 5-25　带双亲的孩子链表

树的孩子表示法的存储结构描述如下:

```
class ChildNode:                                    #孩子结点的类型定义
    def __init__(self,child=None,next=None):
        self.child=child
        self.next=next                              #指向下一个结点
class DataNode:                                     #n个结点数据与孩子链表的指针构成一个结构
    def __init__(self):
        self.data=data
        self.firstchild=ChildNode()                 #孩子链表的指针
class CTree:                                        #孩子表示法的类型定义
    def __init__(self,num=0,root=None):
        self.node=[]
        self.num=num                                #结点的个数
        self.root=root                              #根结点在顺序表中的位置
```

3. 孩子兄弟表示法

孩子兄弟表示法也称为树的二叉链表表示法,即以二叉链表作为树的存储结构。二叉链表中结点的两个链域分别指向该结点的第一个孩子结点和下一个兄弟结点，分别命名为 firstchild 域和 nextsibling 域。

图 5-23 所示的树的孩子兄弟表示法如图 5-26 所示。

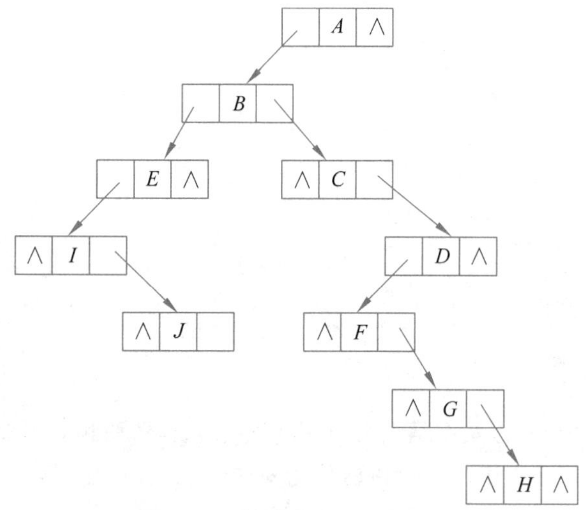

图 5-26　树的孩子兄弟表示法

树的孩子兄弟表示法的结点类型描述如下：

```
class CSNode:                                          #孩子兄弟表示法的类型定义
    def __init__(self,firstchild=None,nextsibling=None):
        self.data=data
        self.firstchild=firstchild                     #指向第一个孩子结点
        self.nextsibling=nextsibling                   #指向下一个兄弟结点
```

其中，指针 firstchild 指向结点的第一个孩子结点，nextsibling 指向结点的下一个兄弟结点。

利用孩子兄弟表示法可以实现树的各种操作。例如，要查找树中 D 的第 3 个孩子结点，则只需要从 D 的 firstchild 找到第一个孩子结点 F，然后顺着结点的 nextsibling 域走两步，就可以找到 D 的第 3 个孩子结点 H。

5.5.2　树转换为二叉树

从树的孩子兄弟表示和二叉树的二叉链表表示来看，它们在物理上的存储方式是相同的，也就是说，从相同的物理结构既可以得到一棵树，也可以得到一棵二叉树。因此，树与二叉树存在着对应关系。从图 5-27 可以看出，树与二叉树有相同的存储结构。

下面讨论如何将树转换为二叉树。树中双亲结点的孩子结点是无序的，二叉树中的左右孩子是有序的。为了便于说明，规定树中的每一个孩子结点从左至右按顺序编号。例如，在图 5-27 中，结点 A 有 3 个孩子结点 B、C 和 D，规定 B 是 A 的第一个孩子结点，C 是 A 的第二个孩子结点，D 是 A 的第三个孩子结点。

按照以下步骤，可以将一棵树转换为对应的二叉树。

(1) 在树中的兄弟结点之间加一条连线。

(2) 在树中，只保留双亲结点与第一个孩子结点之间的连线，将双亲结点与其他孩子结

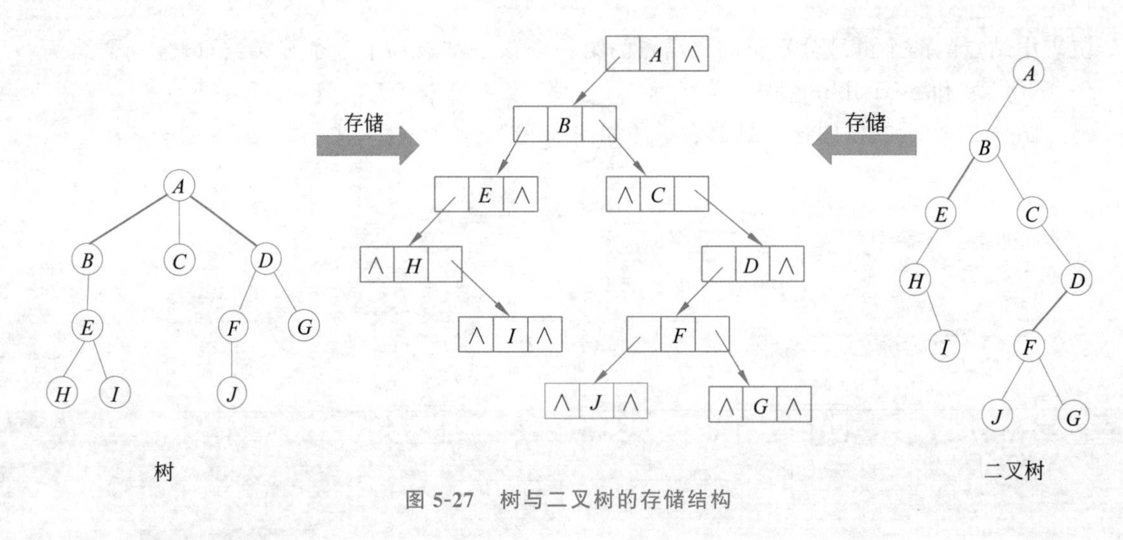

图 5-27　树与二叉树的存储结构

点之间的连线删除。

(3) 将树中的各个分支以某个结点为中心进行旋转，使子树相对于根结点变成对称形状。

按照以上步骤，图 5-27 中的树可以转换为对应的二叉树，如图 5-28 所示。

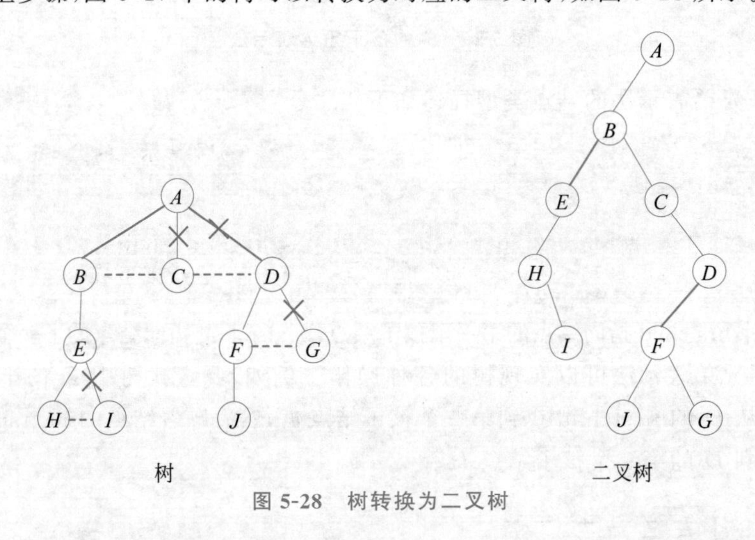

图 5-28　树转换为二叉树

将树转换为对应的二叉树后，树中的结点与二叉树中的结点一一对应，树中一个结点的第一个孩子结点变为二叉树中对应结点的左孩子结点，第二个孩子结点变为第一个孩子结点的右孩子结点，第三个孩子结点变为第二个孩子结点的右孩子结点，以此类推。例如，结点 C 变为结点 B 的右孩子结点，结点 D 变为结点 C 的右孩子结点。

5.5.3　森林转换为二叉树

森林是由若干棵树组成的集合，树可以转换为二叉树，那么森林也可以转换为对应的二叉树。将森林中的每棵树转换为对应的二叉树，再将这些二叉树按照规则转换为一棵二叉树，就实现了森林到二叉树的转换。森林转换为对应的二叉树的步骤如下：

(1) 把森林中的所有树都转换为对应的二叉树。

(2) 从第二棵树开始，将转换后的二叉树作为前一棵树根结点的右孩子，插入前一棵树中，然后将转换后的二叉树进行相应的旋转。

按照以上两个步骤，就可以将森林转换为一棵二叉树。图 5-29 为森林转换为二叉树的过程。

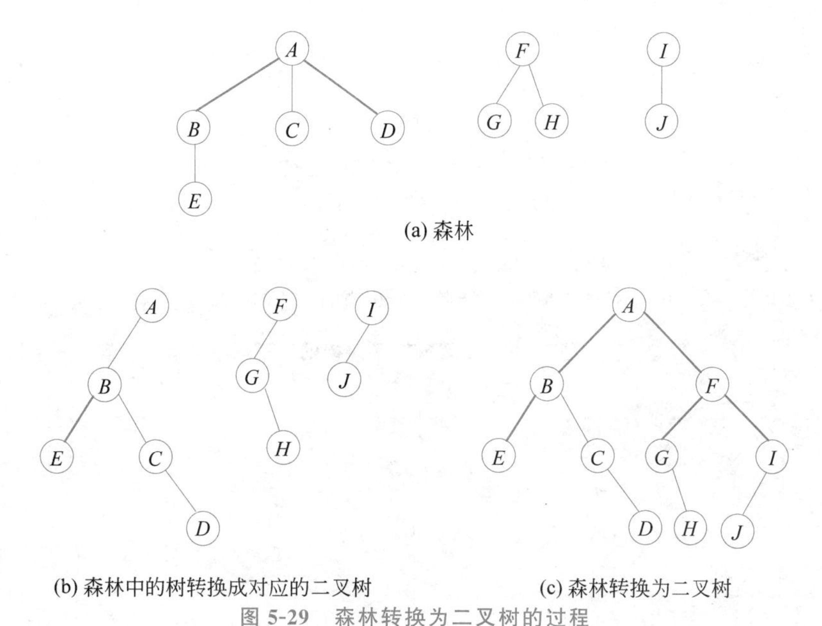

图 5-29　森林转换为二叉树的过程

在图 5-29 中，将森林中的每棵树转换为对应的二叉树之后，将第二棵二叉树(即根结点为 F 的二叉树)作为第一棵二叉树根结点 A 的右子树插入第一棵二叉树中，将第三棵二叉树(即根结点为 I 的二叉树)作为第二棵二叉树根结点 F 的右子树插入第一棵二叉树中，这样就构成了一棵二叉树。

5.5.4　二叉树转换为树和森林

二叉树转换为树或者森林就是将树或者森林转换为二叉树的逆过程。树转换为二叉树时，二叉树的根结点一定没有右孩子结点。森林转换为二叉树时，根结点有右孩子结点。按照树或森林转换为二叉树的逆过程，可以将二叉树转换为树或森林。将一棵二叉树转换为树或者森林的步骤如下：

(1) 在二叉树中，将某结点的所有右孩子结点、右孩子的右孩子结点……都与该结点的双亲结点用线连接。

(2) 删除二叉树中双亲结点与右孩子结点原来的连线。

(3) 调整转换后的树或森林，使一个结点的所有孩子结点处于同一层次。

利用以上方法将一棵二叉树转换为树的过程如图 5-30 所示。

同理，利用以上方法，可以将一棵二叉树转换为森林，如图 5-31 所示。

【例 5-2】 设 F 是一个森林，B 是由 F 转换而来的二叉树。若 F 中有 n 个非终端结点，则 B 中右指针域为空的结点有(　　)个。

A. n　　　　B. $n-1$　　　　C. $n+1$　　　　D. $n+2$

【分析】 根据森林与二叉树的转换规则，森林 F 转换为二叉树 B 后，若 B 的右指针域为

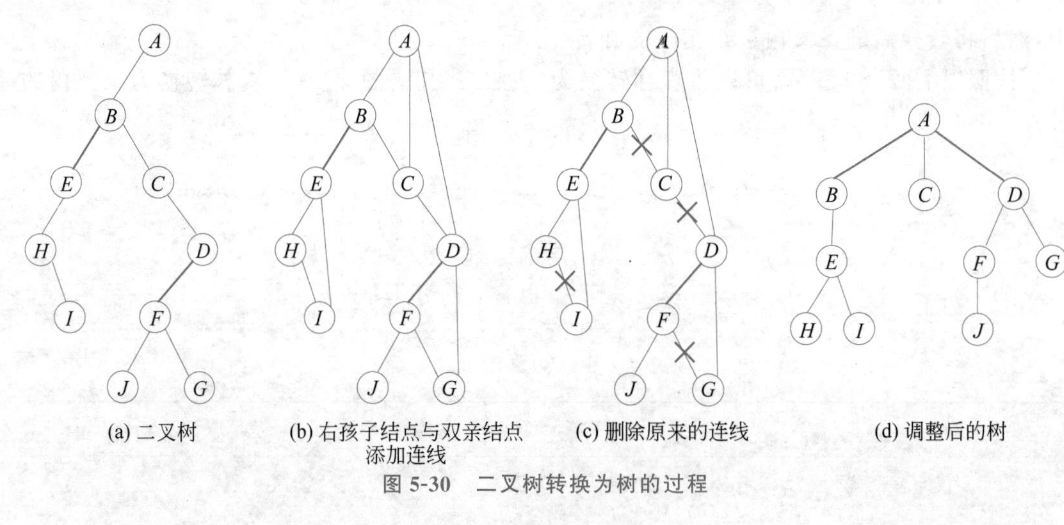

图 5-30　二叉树转换为树的过程

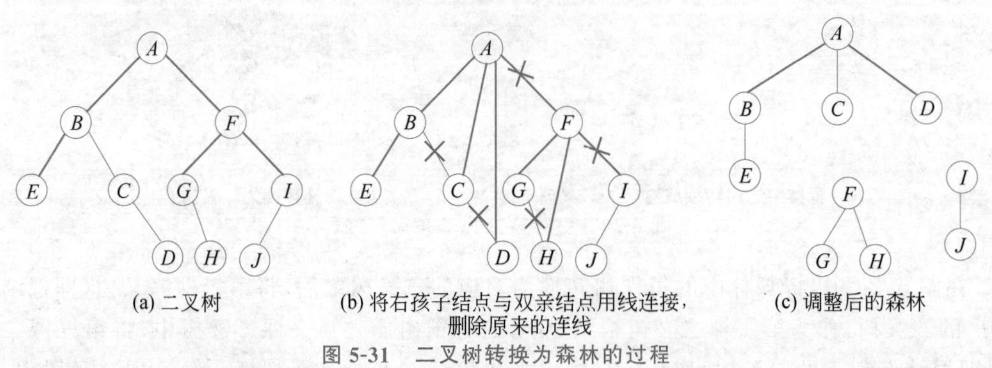

图 5-31　二叉树转换为森林的过程

空，则说明该结点没有兄弟结点。在森林中，从第二棵树开始，将每一棵树的根结点依次挂接在前一棵树的根结点下，成为前一棵树的右孩子结点，由此可知，最后一棵树的根结点没有右孩子，因此它的右指针域为空。此外，在将森林转换为二叉树后，每个非终端结点的最后一个孩子结点的右指针域也为空。综合以上分析，B 的右指针域为空的结点为 $n+1$ 个，故选 C。

例如，图 5-32 是一个森林转换为二叉树的示例。不难看出，森林中有 7 个非终端结点：A、B、C、D、E、N、Q，当该森林转换为对应的二叉树后，森林中 A 的最右端孩子结点 D、森林中 B 的最右端孩子结点 F、森林中 C 的最右端孩子结点 I、森林中 D 的最右端孩子结点 K、森林中 E 的最右端孩子结点 M、森林中 N 的最右端孩子结点 P 和森林中 Q 的最右端孩子结点

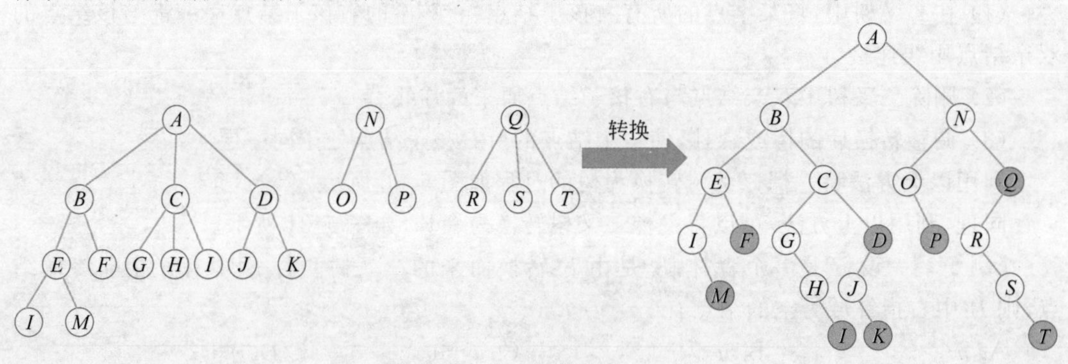

图 5-32　一个森林转换为二叉树

T 在转换为二叉树后没有右孩子结点，这些右指针域为空的结点刚好与森林中非终端结点是一一对应的。此外，森林中最后一棵树的根结点 Q 在转换为二叉树后也没有右孩子结点。综上，转换后的二叉树中右指针域为空的结点个数刚好为森林中非终端结点的个数加 1。

【例 5-3】 已知一棵有 2011 个结点的树，其叶结点个数为 116，该树对应的二叉树中无右孩子的结点个数是(　　)。

A. 115　　B. 1896　　C. 1895　　D. 116

【分析】 与例 5-2 类似，本例也考查森林、树转换为二叉树后的特点。当树转换为二叉树后，树中的每个非终端结点的所有子结点中最右边的结点无右孩子结点，根结点转换后也没有右孩子结点。因此，树转换后的二叉树中无右孩子结点的结点个数为非终端结点个数加 1，即 2011－116＋1＝1896，故选择 B。为便于理解，也可以画出一个只有 116 个叶子结点的特殊的树，将其转换为对应的二叉树后，非叶子结点和最右边的叶子结点均没有右孩子结点，如图 5-33 所示。这些结点的个数为 1896。

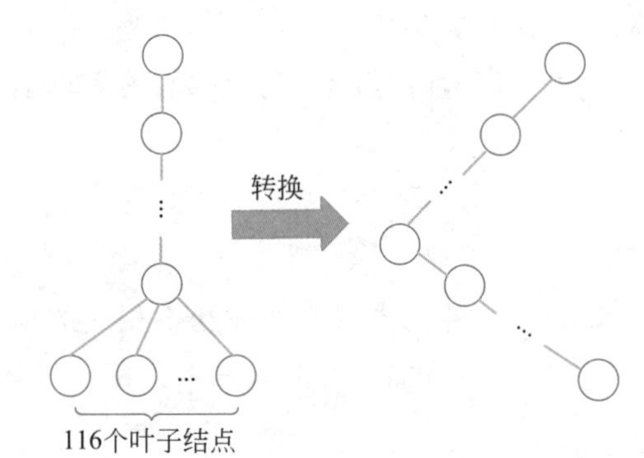

图 5-33　一个只有 116 个叶子结点的树转换为二叉树

再看另一种方法。一棵树的结点可分为 4 类：有孩子有兄弟的结点，其个数记为 n_2；有孩子无兄弟结点，其个数记为 n_{11}；无孩子有兄弟结点，其个数记为 n_{12}；无孩子无兄弟结点，其个数记为 n_0。则树的总结点个数 $n=n_2+n_{11}+n_{12}+n_0=2011$。根据题意，有 $n_{12}+n_0=116$，则 $n_2+n_{11}=2011-116=1895$。二叉树中无右孩子结点个数为 $n_0+n_{11}=n_2+1+n_{11}=1896$。

5.5.5　树和森林的遍历

与二叉树的遍历类似，树和森林的遍历也是按照某种规律对树和森林中的每个结点进行访问，且仅访问一次的操作。

1. 树的遍历

通常情况下，按照访问树中根结点的先后次序，树的遍历方式分为两种：先序遍历和后序遍历。

先序遍历树的步骤如下：

(1) 访问根结点。

(2) 按照从左到右的顺序依次先序遍历每一棵子树。

例如，图 5-30 所示的树的先序遍历得到的结点序列是：A,B,E,H,I,C,D,F,J,G。

后序遍历树的步骤如下：

(1) 按照从左到右的顺序依次后序遍历每一棵子树。

(2) 访问根结点。

例如,图 5-30 所示的树的后序遍历得到的结点序列是:H,I,E,B,C,J,F,G,D,A。

2. 森林的遍历

森林的遍历方法有两种:先序遍历和中序遍历。

先序遍历森林的步骤如下:

(1) 访问森林中第一棵树的根结点。

(2) 先序遍历第一棵树的根结点的子树。

(3) 先序遍历森林中剩余的树。

例如,图 5-31 所示的森林的先序遍历得到的结点序列是:A,B,E,C,D,F,G,H,I,J。

中序遍历森林的步骤如下:

(1) 中序遍历第一棵树的根结点的子树。

(2) 访问森林中第一棵树的根结点。

(3) 中序遍历森林中剩余的树。

例如,图 5-31 所示的森林的中序遍历得到的结点序列是:E,B,C,D,A,G,H,F,J,I。

5.6 并查集

并查集(disjoint set union)是一种主要用于处理互不相交的集合的合并和查询操作的树结构。这种数据结构是把一些元素按照一定的关系组合在一起形成的。

5.6.1 并查集的定义

并查集,在一些有 N 个元素的集合应用问题中,初始时通常将每个元素看成一个单元素的集合,然后按一定次序将属于同一组的元素所在的集合两两合并,其间要反复查找一个元素在哪个集合中。按照这样的过程形成的集合称为并查集。关于并查集的运算,通常可采用树结构实现。并查集的基本操作有初始化、查找和合并。并查集的基本操作如表 5-4 所示。

表 5-4 并查集的基本操作

基本操作	方法名称
初始化	__init__(self,n=100)
查找 x 所属的集合(根结点)	Find(self,x)
将 x 和 y 所属的两个集合(两棵树)合并	Merge(self,x,y)

5.6.2 并查集的实现

并查集的实现包括初始化、查找和合并操作,这些操作可以在一个类中实现。首先可定义一个 DisjointSet 类。

1. 初始化

初始时,每个元素代表一棵树。假设有 n 个编号分别为 $1,2,\cdots,n$ 的元素,使用列表 parent 存储每个元素的父结点,先将父结点设为自身。

```
class DisjointSet:
    def __init__(self,n=100):
        self.MAXSIZE=100
        self.parent= [0] * self.MAXSIZE
        self.rank= [0] * self.MAXSIZE
        for i in range(1,n+1):
            self.parent[i] = i
```

并查集的初始状态如图 5-34(a)所示。

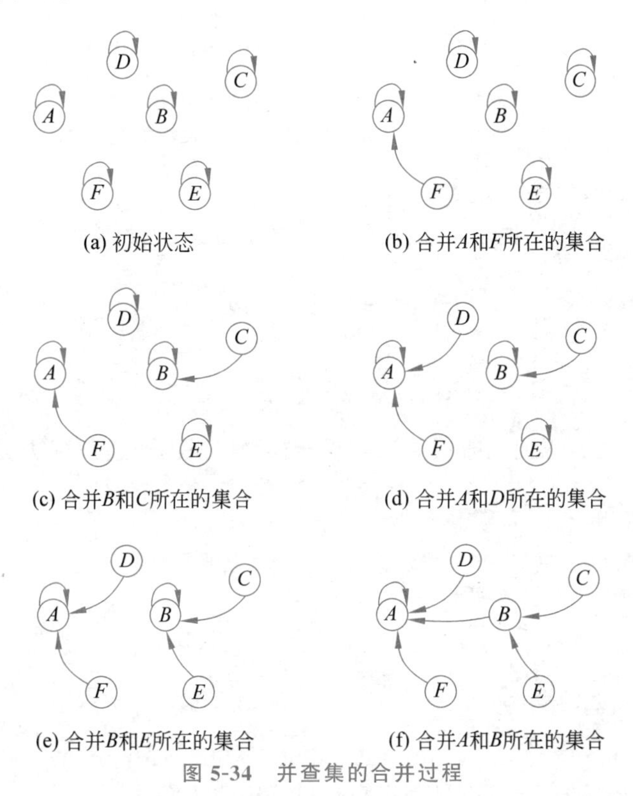

图 5-34　并查集的合并过程

将 A 和 F 所在的集合(即把 A 和 F 两棵树)合并后,使 A 成为由两个结点构成的树的父结点。如图 5-34(b)所示。将 B 和 C 所在的集合合并,B 成为父结点。如图 5-34(c)所示。继续将其他结点进行合并操作,直到所有结点构成一棵树,如图 5-34(f)所示。

2. 查找

查找操作是查找 x 结点所在子树的根结点。从图 5-34 中可以看出,一棵子树中的根结点满足条件 parent[y]=y。这可通过不断顺着分支查找双亲结点找到,即 y=parent[y]。例如,查找结点 E 的根结点时,沿着 $E \rightarrow B \rightarrow A$ 路径可找到根结点 A。

查找操作的算法实现如下:

```
def Find(self,x):
    if self.parent[x] == x:
        return x
    else:
        return self.Find(self.parent[x])
```

随着树的深度不断增加，从终端结点查找根结点的效率就会变得越来越低。有没有更好的办法呢？如果每个结点都指向根结点，则查找效率会提高很多，因此，可在查找的过程中使用路径压缩的方法，令查找路径上的结点逐个指向根结点，如图 5-35 所示。

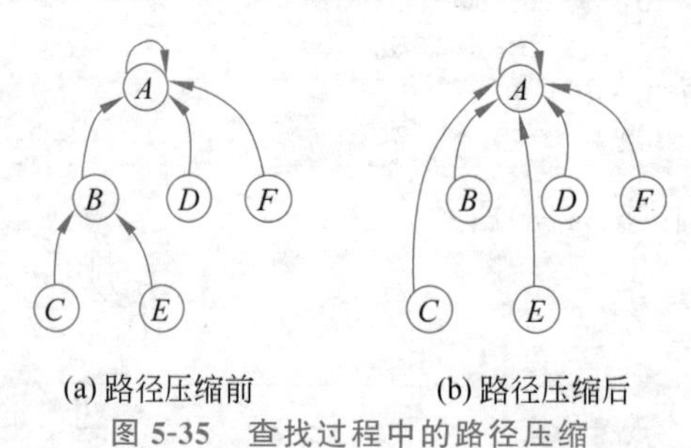

(a) 路径压缩前　　(b) 路径压缩后

图 5-35　查找过程中的路径压缩

带路径压缩的查找算法实现如下：

```
def Find(self,x):
    if self.parent[x] == x:
        return x
    else:
        self.parent[x]=self.Find(x)
        return self.parent[x]
```

为了方便理解，可将以上的查找算法实现转换为以下的非递归算法实现：

```
def Find_NonRec(self,x):
    root=x
    while self.parent[root]!=root:                #查找根结点
        root=self.parent[root]
    y=x
    while y!=root:                                #路径压缩
        self.parent[y]=root
        y=self.parent[y]
    return root
```

经过以上的路径压缩后，可以显著提高查找算法的效率。

3. 合并

两棵树的合并操作就是将 x 和 y 所属的两棵子树合并为一棵子树。合并算法的主要思想是：找到 x 和 y 所属子树的根结点 root_x 和 root_y。若 root_x＝root_y，则表明它们属于同一棵子树，无须合并；否则，需要比较两棵子树的深度，即秩，使合并后的子树深度尽可能小：

(1) 若 x 所在子树的秩较小，即 rank[root_x]＜rank[root_y]，则将秩较小的 root_x 作为 root_y 的孩子结点，此时 root_y 的秩不变。

(2) 若 x 所在子树的秩较大，即 rank[root_x]＞rank[root_y]，则将秩较小的 root_y 作为 root_x 的孩子结点，此时 root_x 的秩不变。

(3) 若 x 和 y 所在子树的秩相等，即 rank[root_x]＝＝rank[root_y]，则既可以将 root_x 作为 root_y 的孩子结点，也可以将 root_y 作为 root_x 的孩子结点，合并后子树的秩加 1。

两棵子树的合并如图 5-36 所示。

合并算法实现如下：

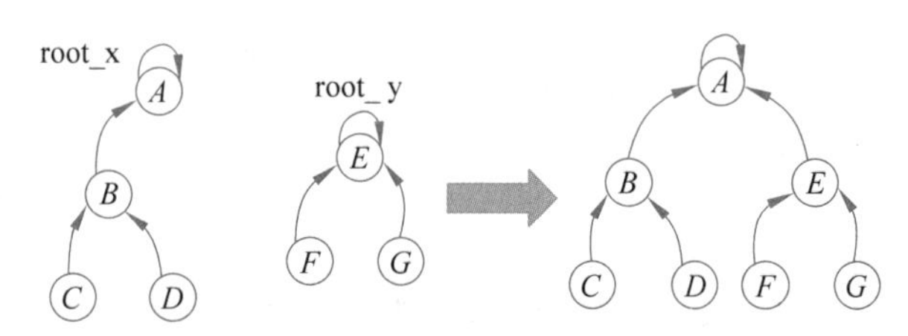

(a) 因为rank[root_x]>rank[root_y]，以第2棵子树作为第1棵子树根结点的孩子结点，合并后的树的秩为rank[root_x]

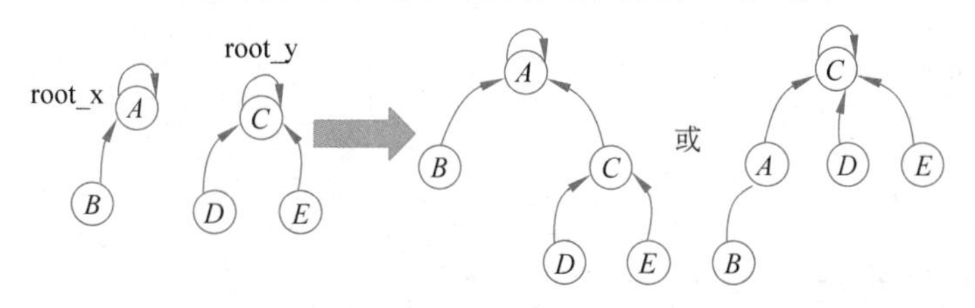

(b) 因为rank[root_x]=rank[root_y]，可将第2棵子树作为第1棵子树根结点的孩子结点，或将第1棵子树作为第2棵子树根结点的孩子结点，合并后的树的秩为rank[root_x]+1

图 5-36　两棵子树的合并

```
def Merge(self,x,y):
    root_x,root_y=self.Find(x),self.Find(y) #找到两个根结点
    if self.rank[root_x] <= self.rank[root_y]: #若前者的树的深度小于或等于后者的树
        self.parent[root_x]=root_y
    else:                                   #否则
        self.parent[root_y]=root_x
    if self.rank[root_x] == self.rank[root_y] and root_x != root_y:
        #如果深度相同且根结点不同,则新的根结点的深度加 1
        self.rank[root_y]+=1
```

5.6.3　并查集的应用

【例 5-4】　给定一个包含 N 个顶点和 M 条边的无向图 G，判断 G 是否为一棵树。

【分析】　判断包含 N 个顶点和 M 条边的无向图是否为一棵树的充分必要条件是 $N=M+1$ 且 N 个顶点连通。因此，关键在于判断这 N 个顶点是不是连通的。判断连通性一般有两种方法：

(1) 利用图的连通性判断。从一个顶点（比如 1 号顶点）开始进行深度或广度优先搜索，搜索的过程中把遇到的顶点都进行标记，最后统计被标记顶点的数量。若为 N，则表明这个图是一棵树；否则它不是一棵树。

(2) 用并查集的基本操作实现判断。依次搜索每条边，把与每条边相关联的两个顶点都合并到一个集合里，最后检查是不是 N 个顶点都在同一个集合中。若 N 个顶点都在同一个集合中，则这个图是一棵树；否则它不是一棵树。

算法实现如下：

```
def FindParent(x,parent):
#在并查集中查找 x 结点的根结点
    if x == parent[x]:
```

```
        return x
    parent[x]=FindParent(parent[x],parent)
    return parent[x]
if __name__=='__main__':
    SIZE = 100
    parent = [None for i in range(SIZE)]
    n,m=map(int,input('请分别输入顶点数和边数:').split())
    flag = False
    if m != n - 1:
        flag=True
    for i in range(1,n+1):
        parent[i]=i
    iter=1
    while m!=0:
        print('请输入第%d条边:'%iter,end='')
        x,y=map(int,input('').split())
        fx,fy = FindParent(x,parent), FindParent(y,parent)
        if parent[fx] != parent[fy]:
            parent[fx] = parent[fy]
        m-=1
        iter+=1
    root = FindParent(parent[1],parent)
    for i in range(2,n+1):
        if FindParent(parent[i],parent) != root:
            flag=True
            break
    if flag:
        print("这不是一棵树!")
    else:
        print("这是一棵树!")
```

程序运行结果如图 5-37 所示。

```
Run: 并查集的应用
C:\ProgramData\Anaconda3\python.exe "D:/Python程序/数据结构
请分别输入顶点数和边数：5 4
请输入第1条边:1 2
请输入第2条边:1 3
请输入第3条边:2 4
请输入第4条边:2 5
这是一棵树!

Process finished with exit code 0
```

图 5-37　例 5-4 程序运行结果

5.7　二叉树的典型应用——哈夫曼树

哈夫曼树(Huffman tree),也称最优二叉树。它是一种带权路径长度最短的树,有着广泛的应用。

5.7.1　哈夫曼树及应用

1. 哈夫曼树的定义

在介绍哈夫曼树之前，先介绍几个与哈夫曼树相关的定义。

1）路径和路径长度

路径是指在树中从一个结点到另一个结点所走过的路程。路径长度是一个结点到另一个结点的分支数目。树的路径长度是指从树的树根到每一个结点的路径长度之和。

2）树的带权路径长度

在一些实际应用中，根据结点的重要程度，将树中的某个结点赋予一个有意义的值，则这个值就是结点的权。结点的带权路径长度是指在一棵树中某个结点的路径长度与该结点的权的乘积。而树的带权路径长度是指树中所有叶子结点的带权路径长度之和。树的带权路径长度公式为

$$\mathrm{WPL}=\sum_{i=1}^{n} w_i l_i$$

其中，n 是树中叶子结点的个数，w_i 是第 i 个叶子结点的权值，l_i 是第 i 个叶子结点的路径长度。

例如，图 5-38 所示的 3 棵二叉树的带权路径长度分别是

$$\mathrm{WPL}=8\times 2+4\times 2+2\times 2+3\times 2=34$$

$$\mathrm{WPL}=8\times 2+4\times 3+2\times 3+3\times 1=37$$

$$\mathrm{WPL}=8\times 1+4\times 2+2\times 3+3\times 3=31$$

从图 5-38 可以看出，第三棵树的带权路径长度最小，它其实就是一棵哈夫曼树。

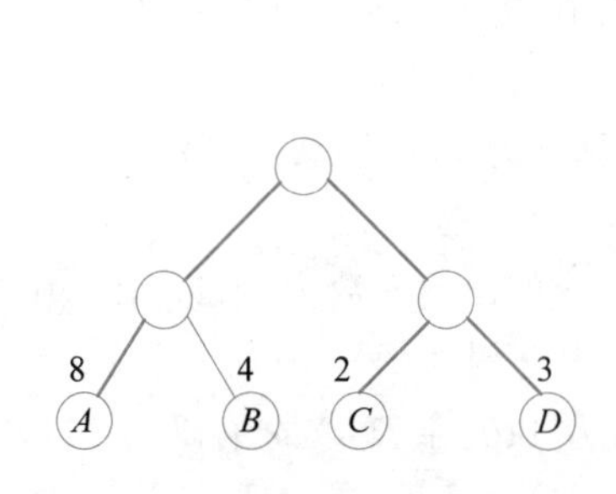

(a) 带权路径长度为34

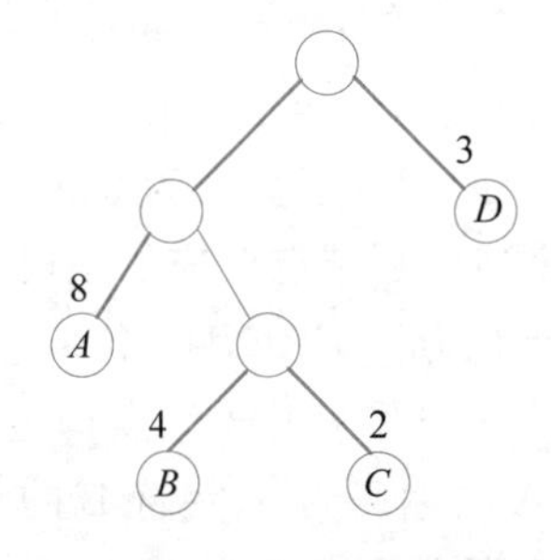

(b) 带权路径长度为37

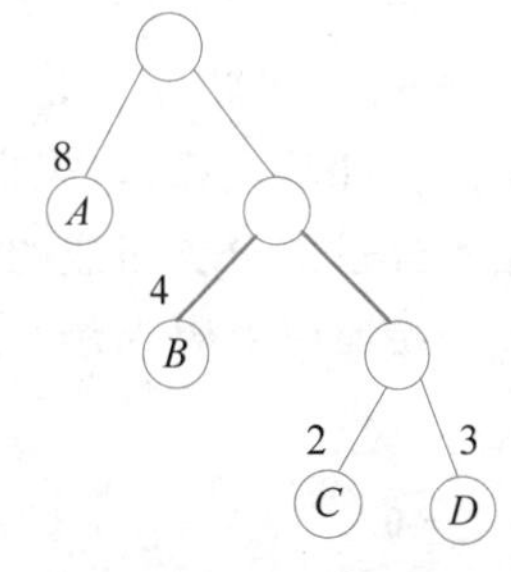

(c) 带权路径长度为31

图 5-38　二叉树的带权路径长度

3）哈夫曼树

哈夫曼树就是带权路径长度最小的树，权值越小的结点越远离根结点，权值越大的结点越靠近根结点。

哈夫曼树的构造算法如下：

(1) 由给定的 n 个权值$\{w_1, w_2, \cdots, w_n\}$构成 n 棵只有根结点的二叉树集合 $F=\{T_1, T_2, \cdots, T_n\}$，每个结点的左右子树均为空。

(2) 在二叉树集合 F 中，找出根结点的权值最小和次小的树，作为左、右子树构造一棵新的二叉树，新二叉树的根结点的权重为左、右子树根结点的权重之和。

(3) 在二叉树集合 F 中，删除作为左、右子树的两棵二叉树，并将新二叉树加入集合

F 中。

(4) 重复执行步骤(2)和(3),直到集合 F 中只剩下一棵二叉树为止。这棵二叉树就是要构造的哈夫曼树。

例如,给定一组权值{1,3,6,9},按照哈夫曼树的构造算法针对集合的权重构造哈夫曼树的过程如图 5-39 所示。

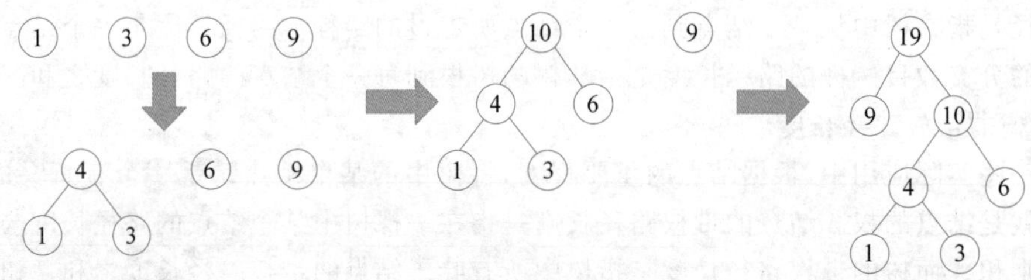

图 5-39 哈夫曼树的构造过程

2. 哈夫曼编码

哈夫曼编码常应用在数据通信中,在传送数据时,需要将字符转换为二进制编码。例如,假设传送的电文是 ABDAACDA,电文中有 A、B、C 和 D 这 4 种字符,如果规定 A、B、C 和 D 的编码分别为 00、01、10 和 11,则上面的电文的码为 0001110000101100,总共 16 个二进制数。

在传送电文时,希望电文的编码尽可能短。如果每个字符按照不同长度进行编码,出现频率高的字符采用尽可能短的编码,则电文的编码长度就会减小。可以利用哈夫曼树对电文进行编码,最后得到的编码就是长度最小的编码。具体构造方法如下:

假设需要编码的字符集合为$\{c_1,c_2,\cdots,c_n\}$,相应地,字符在电文中的出现次数为$\{w_1,w_2,\cdots,w_n\}$,以字符 $c_1,c_2,\cdots,c_n$ 作为叶子结点,以 $w_1,w_2,\cdots,w_n$ 为对应叶子结点的权值,构造一棵哈夫曼树,规定哈夫曼树的左孩子分支为 0,右孩子分支为 1,从根结点到每个叶子结点经过的分支组成的 0 和 1 序列就是结点对应的编码。

按照以上构造方法,若字符集合为{A,B,C,D},各个字符相应的出现次数为{4,1,1,2},则以这些字符作为叶子结点构造的哈夫曼树如图 5-40 所示。其中,字符 A 的编码为 0,字符 B 的编码为 110,字符 C 的编码为 111,字符 D 的编码为 10。

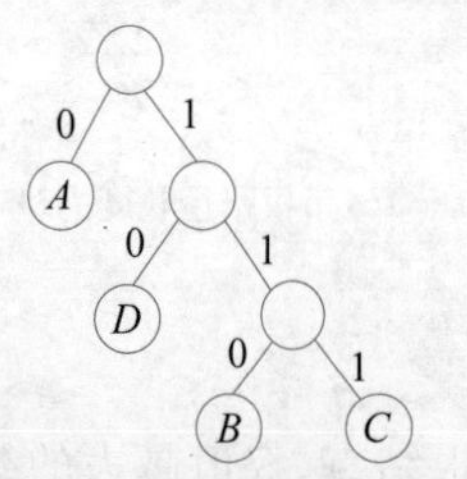

图 5-40 字符集合{A,B,C,D}的哈夫曼树

因此,可以得到电文 ABDAACDA 的哈夫曼编码为 01101000111100,共 13 个二进制字符,这样就保证了电文的编码最短。

在设计不等长编码时,必须使任何一个字符的编码都不是其他字符编码的前缀。例如,字符 A 的编码为 10,字符 B 的编码为 100,则字符 A 的编码就称为字符 B 的编码的前缀。如果一个代码为 10010,在进行译码时,无法确定是将前两位译为 A,还是要将前三位译为 B。但是在利用哈夫曼树进行编码时,每个编码是叶子结点的编码,一个字符不会出现在另一个字符的前面,也就不会出现一个字符的编码是另一个字符编码的前缀编码的情况。

哈夫曼树编码

3. 哈夫曼编码算法的实现

下面利用哈夫曼编码的设计思想,通过一个实例实现哈夫曼编码的算法。

【例 5-5】 假设一个字符序列为{A,B,C,D},对应的权重为{1,3,6,9}。设计一棵哈夫曼树,并输出相应的哈夫曼编码。若已知哈夫曼编码为 101110101101110110,其对应的字符序列是什么?

【分析】 在哈夫曼编码算法中,为了设计的方便,利用一个嵌套列表实现。每个元素需要保存字符的权重、双亲结点的位置、左孩子结点的位置和右孩子结点的位置。因此需要设计 n 行 4 列。哈夫曼树的结点类型定义如下:

哈夫曼树构造

```
class HTNode:                                              #哈夫曼树类型定义
    def __init__(self,weight=None,parent=None,lchild=None,rchild=None):
        self.weight=weight
        self.parent=parent
        self.lchild=lchild
        self.rchild=rchild
```

算法思想:定义一个类型为 HuffmanCode 的变量 HT,用来存放每一个叶子结点的哈夫曼编码。初始时,将每一个叶子结点的双亲结点域、左孩子域和右孩子域初始化为−1。如果有 n 个叶子结点,则非叶子结点有 $n-1$ 个,所以总的结点数目是 $2n-1$ 个。同时也要将剩下的 $n-1$ 个非叶子结点的双亲结点域初始化为−1,这主要是为了便于查找权值最小的结点。

依次选择两个权值最小的结点,分别作为左子树结点和右子树结点,修改它们的双亲结点域,使它们指向同一个双亲结点。然后修改双亲结点的权值,使其等于两个左、右子树结点权值的和,并修改左、右孩子结点域,使其分别指向左、右孩子结点。重复执行上述操作 $n-1$ 次,即求出 $n-1$ 个非叶子结点的权值。这样就得到了一棵哈夫曼树。

通过求得的哈夫曼树,得到每一个叶子结点的哈夫曼编码。从叶子结点开始,通过该结点的双亲结点域找到该结点的双亲结点,然后通过双亲结点的左孩子域和右孩子域判断该结点是其双亲结点的左孩子结点还是右孩子结点。如果是左孩子结点,则编码为 0;否则编码为 1。按照这种方法,直到找到根结点,即可求出叶子结点的编码。

(1) 构造哈夫曼树及实现哈夫曼编码。

以下是哈夫曼树的构造和哈夫曼编码的实现:

```
def HuffmanCoding(self,w,n):
#构造哈夫曼树 HT,哈夫曼树的编码存放在 HC 中,w 为 n 个字符的权值
    if n<=1:
        return
    m=2*n-1
    HT=[]
    for i in range(n):                        #初始化 n 个叶子结点
        p=HTNode()
        p.weight=w[i]
        p.parent=-1
        p.lchild=-1
        p.rchild=-1
        HT.append(p)
    for i in range(n,m):                      #将 n-1 个非叶子结点的双亲结点初始化为-1
        p = HTNode()
        HT.append(p)
        HT[i].parent=-1
    for i in range(n,m):                      #构造哈夫曼树
```

```
            s1,s2=self.Select(HT,i-1)        #查找树中权值最小的两个结点
            HT[s1].parent=i
            HT[s2].parent=i
            HT[i].lchild=s1
            HT[i].rchild=s2
            HT[i].weight=HT[s1].weight+HT[s2].weight
        #从叶子结点到根结点求每个字符的哈夫曼编码
        HC=[]                                #存储哈夫曼编码
        #求n个叶子结点的哈夫曼编码
        for i in range(n):
            cd = []
            c=i
            f=HT[i].parent
            while f!=0:                      #从叶子结点到根结点求编码
                if HT[f].lchild==c:
                    cd.insert(0,'0')
                else:
                    cd.insert(0,'1')
                c=f
                f=HT[f].parent
            HC.append(cd.copy())             #将求出的当前结点的哈夫曼编码复制到HC
            del cd
        return HT,HC
```

(2) 查找权值最小和次小的两个结点。

接下来在结点的权值中选择两个权值最小的和次小的结点作为二叉树的叶子结点。算法实现如下:

```
    def Select(self,t,n):
        #在n个结点中选择两个权值最小的结点,其中s1最小,s2次小
        s1=self.Min(t,n)
        s2=self.Min(t,n)
        if t[s1].weight>t[s2].weight  #如果s1的权值大于s2的权值,将两者交换
            x=s1
            s1=s2
            s2=x
        return s1,s2
    def Min(self,t,n):
        #返回哈夫曼树的n个结点中权值最小的结点序号
        f=float('inf')                #f为一个无限大的值
        for i in range(n+1):
            if t[i].weight<f and t[i].parent==-1:
                f=t[i].weight
                flag=i
        t[flag].parent=1              #给选中的结点的双亲结点赋值1,避免再次查找该结点
        return flag
```

(3) 将哈夫曼编码翻译成字符串序列。

根据哈夫曼树的构造原理,从根结点开始遍历。如果遇到的编码是0,则应顺着左孩子结点往下遍历;如果遇到的编码是1,则顺着右孩子结点往下遍历。对其他结点重复执行以上操作,直到叶子结点为止,则得到的编码就是该叶子结点对应的字符的编码。算法实现如下:

```
    def GetStr(self,HT,nums,w,str):
        i=0
```

```
        n=2*nums-2
        length=len(str)
        for i in range(0,length):
            if str[i]=='1':
                n=HT[n].rchild
            elif str[i]=='0':
                n=HT[n].lchild
            else:
                return
            for j in range(0,nums):
                if j==n:
                    n=2*nums-2
                    print(w[j],end=' ')
                    break
```

(4) 测试代码部分。

这部分主要包括头文件、宏定义、函数的声明和主函数。算法实现如下：

```
if __name__ == '__main__':
    HufTree=HTNode()
    n=int(input("请输入叶子结点的个数: "))
    w=[]                                          #为 n 个结点的权值分配内存空间
    for i in range(n):
        v=int(input("请输入第%d 个结点的权值:"%(i+1)))
        w.append(v)
    HT,HC=HufTree.HuffmanCoding(w,n)
    for i in range(len(HC)):
        print("哈夫曼编码:",HC[i])
    str= '101110101101110110'
    ch=['A','B','C','D']
    HufTree.GetStr(HT,n,ch,str)
```

在算法中，嵌套列表 HT 在初始化后和哈夫曼树生成后的状态如图 5-41 所示。

下标	weight	parent	lchild	rchild
0	1	0	0	0
1	3	0	0	0
2	6	0	0	0
3	9	0	0	0
4		0		
5		0		
6		0		

HT在初始化后的状态

下标	weight	parent	lchild	rchild
0	1	4	0	0
1	3	4	0	0
2	6	5	0	0
3	9	6	0	0
4	4	5	0	1
5	10	6	4	2
6	19	0	3	5

HT在哈夫曼树生成后的状态

图 5-41　HT 在初始化后和哈夫曼树生成后的状态

利用以上算法生成的哈夫曼树如图 5-42 所示。从中可以看出，权值为 1、3、6 和 9 的结点的哈夫曼编码分别是 100、101、11 和 0。

以上算法从叶子结点开始到根结点逆向求哈夫曼编码。当然也可以从根结点开始到叶子结点正向求哈夫曼编码，留给大家思考。

程序运行结果如图 5-43 所示。

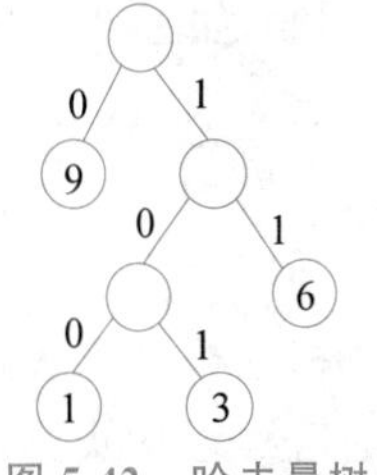

图 5-42　哈夫曼树

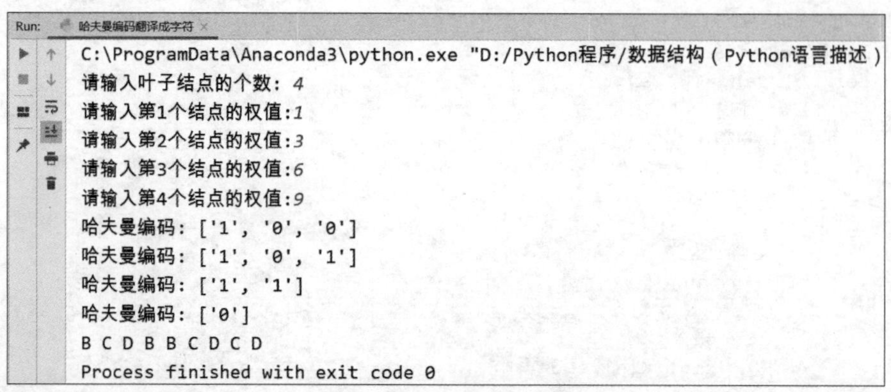

图 5-43　例 5-5 程序运行结果

5.7.2　利用二叉树求算术表达式的值

【例 5-6】　通过键盘输入一个表达式,如 6+(7-1)*3+9/2,将其转换为二叉树,即表达式树,然后通过二叉树的遍历操作求表达式的值。

【分析】　与利用栈求表达式的值的思想类似,将中缀表达式转换为表达式树也需要借助栈的后进先出特性实现,区别在于将运算符出栈之后不是将其直接输出,而是将其作为子树的根结点创建一棵二叉树,再将该二叉树作为一个表达式入栈。在算法结束时,就可以构造出一棵由这些运算符和操作数组成的二叉树。最后利用二叉树的后序遍历求出表达式的值。

算法思想:设置运算符栈 OptrStack 和表达式栈 ExpTreeStack,分别用于存放运算符和表达式树的根结点。假设 θ_1 为栈顶运算符,θ_2 为当前扫描的运算符。依次读入表达式中的每个字符,根据扫描到的当前字符进行以下处理:

(1) 初始化栈,并将#入栈。

(2) 若当前读入的字符 θ_2 是操作数,则将该操作数压入 ExpTreeStack 栈,并读入下一个字符。

(3) 若当前字符 θ_2 是运算符,则将其与栈顶的运算符 θ_1 比较。

- 若 θ_1 的优先级低于 θ_2,则将 θ_2 压入 OptrStack 栈,继续读入下一个字符。
- 若 θ_1 的优先级高于 θ_2,则从 OptrStack 栈中弹出 θ_1,将其作为子树的根结点,并使 ExpTreeStack 栈执行两次出栈操作,弹出的两个表达式 rcd 和 lcd 分别作为 θ_1 的右子树和左子树,从而创建一棵二叉树,并将该二叉树的根结点压入 ExpTreeStack 栈中。
- 若 θ_1 的优先级与 θ_2 相等,且 θ_1 为左括号,θ_2 为右括号,则将 θ_1 出栈,继续读入下一个字符。

(4) 如果 θ_2 的优先级与 θ_1 相等,且 θ_1 和 θ_2 都为#,从 OptrStack 栈中将 θ_1 弹出。

重复执行(2)~(4),直到所有字符读取完毕且 OptrStack 为空。至此就完成了中缀表达式转换为表达式树,ExpTreeStack 的栈顶元素就是表达式树的根结点,算法结束。

利用以上算法可将 6+(7-1)*3+9/2 转换为一棵二叉树,如图 5-44 所示。

根据得到的表达式树,通过中序遍历可得到对应的中缀表达式,通过后序遍历可得到对应的后缀表达式。根据输入的字符串 str,创建表达式树的算法实现如下:

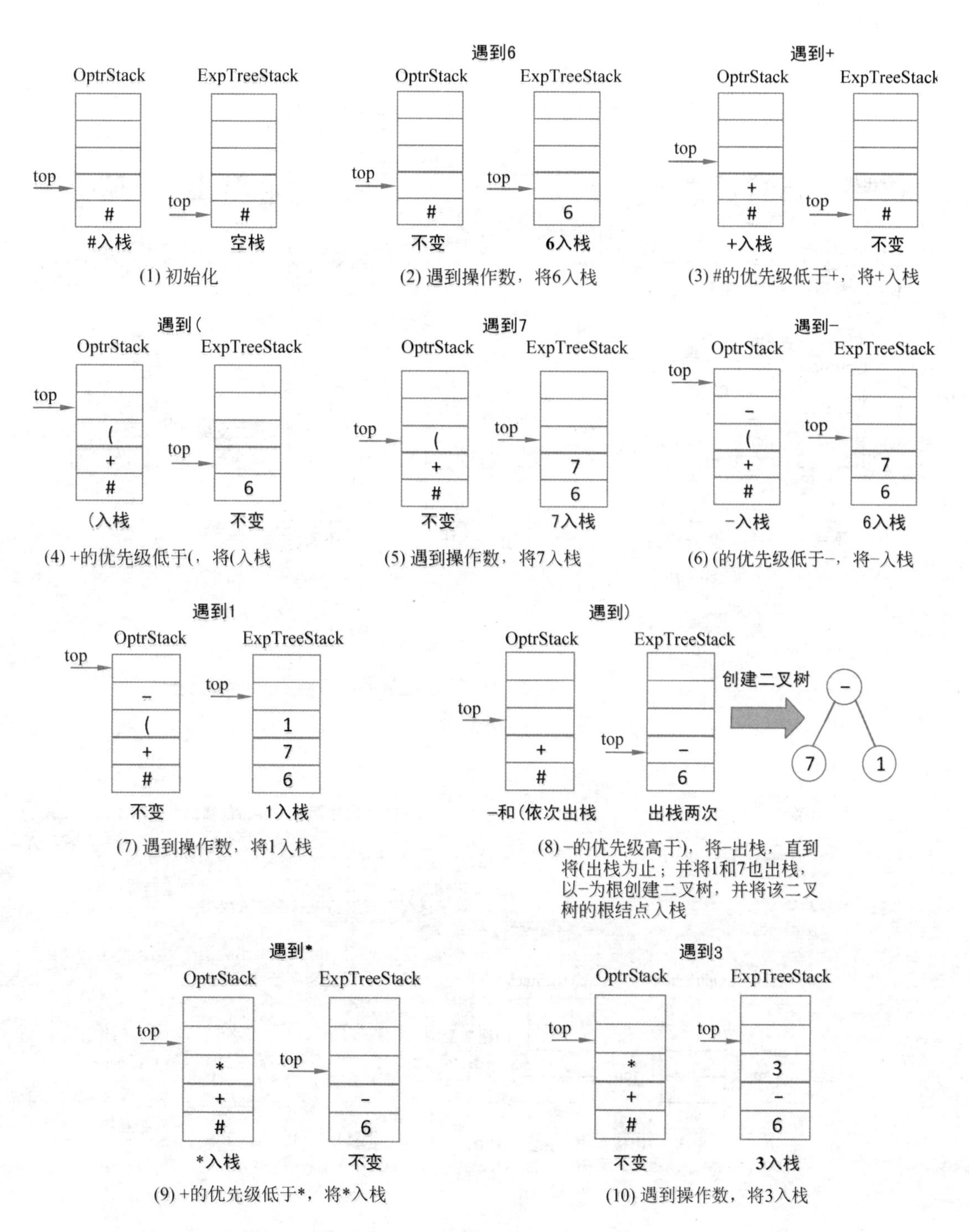

图 5-44　创建表达式树的过程

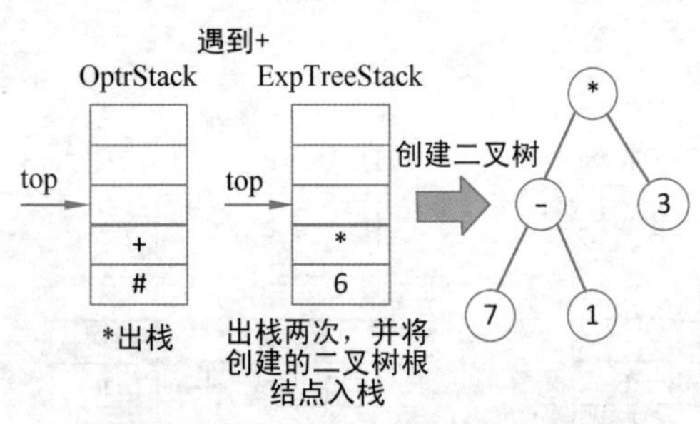

(11) *的优先级高于+，将*出栈，并将表达式栈中元素出栈两次，分别作为*的右孩子和左孩子，创建二叉树，并将根结点入栈

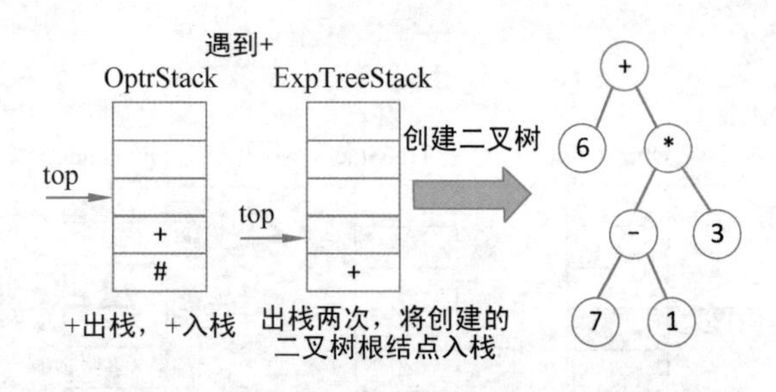

(12) 栈顶的+的优先级高于当前的+，将+出栈，并将表达式栈中的元素出栈两次，分别作为+的右孩子结点和左孩子结点，创建二叉树，并将根结点入栈，+入运算符栈

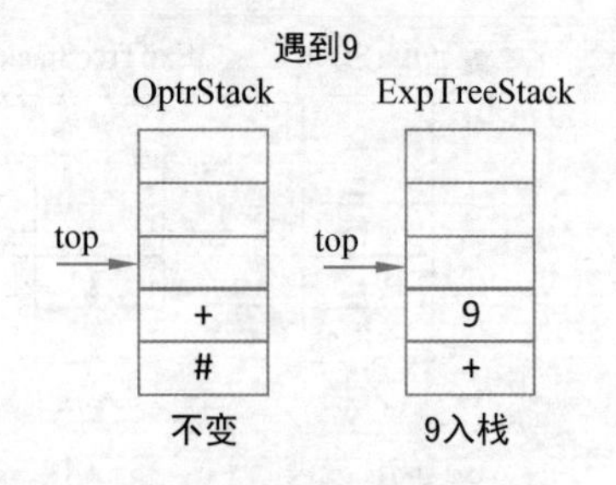

(13) 遇到操作数，将9入栈

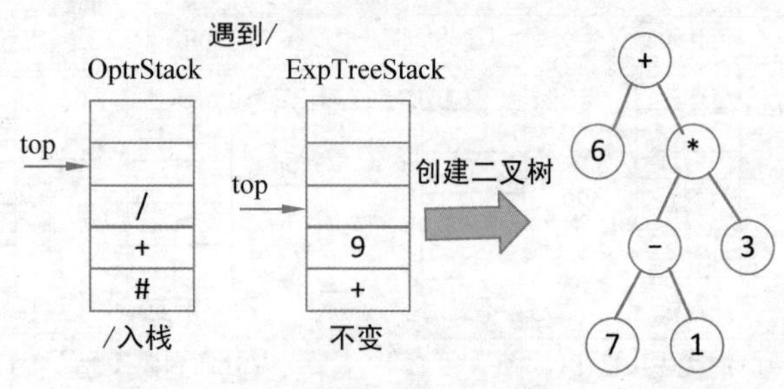

(14) 遇到操作数，将9入栈

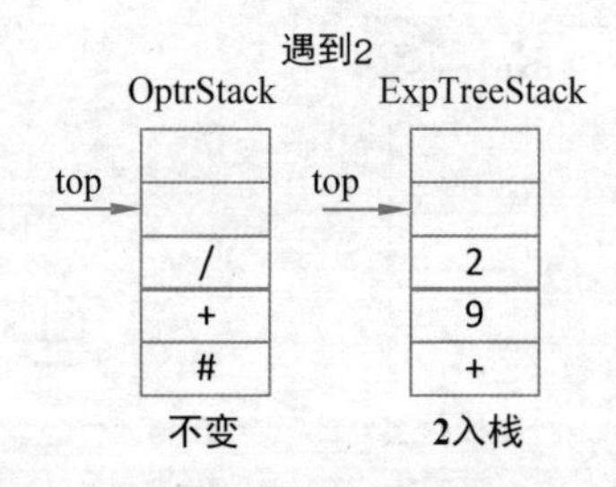

(15) 遇到操作数，将2入栈

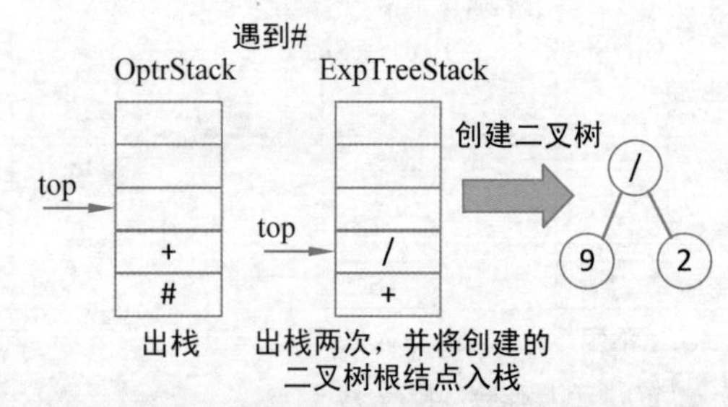

(16) /的优先级高于#，将/出栈，并将表达式栈的元素出栈两次，分别作为/的右孩子和左孩子结点，创建二叉树，将根结点入表达式栈

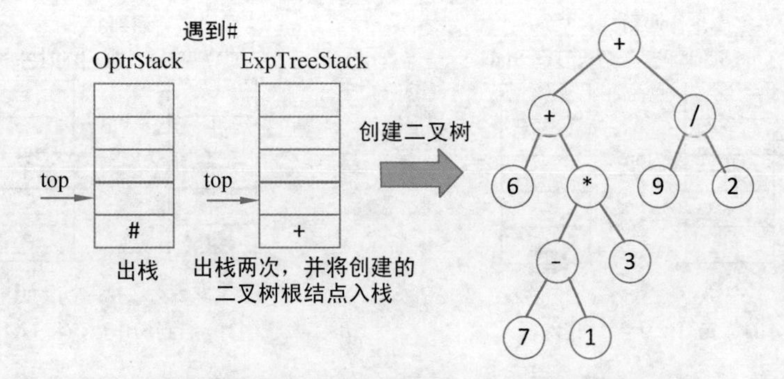

(17) +的优先级高于#，将+出栈，并将表达式栈的元素出栈两次，分别作为+的右孩子和左孩子结点，创建二叉树，将根结点入表达式栈

图 5-44 （续）

```
def CreateExpTree(str):
    Expt=ExpTreeStack()
    Optr=OptrStack()
    Optr.Push('#')
    n=len(str)
    i=0
    while i<n or Optr.GetTop() is not None:
        if i<n and not IsOperator(str[i]):
            data=[None] * 20
            j=0
            data[j] = str[i]
            j+=1
            i+=1
            while i<n and not IsOperator(str[i]):
                data[j]=str[i]
                i+=1
            if i>=n:
                j-=1
            T= BiTree()
            p=T.CreateETree(StrtoInt(data,j), None,None)
            Expt.Push(p)
        else:
            if Precede(Optr.GetTop(),str[i])=='<':
                Optr.Push(str[i])
                i+=1
            elif Precede(Optr.GetTop(),str[i])=='>':
                theta=Optr.Pop()
                rcd=Expt.Pop()
                lcd=Expt.Pop()
                p=T.CreateETree(theta,lcd,rcd)
                Expt.Push(p)
            elif Precede(Optr.GetTop(),str[i])=='=':
                theta=Optr.Pop()
                i+=1
    return Expt.GetTop()
```

根据得到的表达式树，利用二叉树的后序遍历即可求出表达式的值。算法实现如下：

```
def CalcExpTree(T):
#后序遍历表达树进行表达式求值
    leftExp,rightExp=0,0
    if not T.lchild and notT.rchild:
        return T.data
    else:
        leftExp=CalcExpTree(T.lchild)
        rightExp=CalcExpTree(T.rchild)
        return GetValue(T.data,leftExp,rightExp)
#7 种运算符
operator= "+-*/()#"
#运算符优先级表
prior_table=[[ '>','>','<','<','<','>','>' ],
             ['>','>','<','<','<','>','>' ],
             [ '>','>','>','>','<','>','>' ],
```

```
                [ '>','>','>','>','<','>','>' ],
                [ '<','<','<','<','<','=',' ' ],
                [ '>','>','>','>',' ','>','>' ],
                [ '<','<','<','<','<',' ','=' ]]
def IsOperator(ch):
#判断 ch 是否为运算符
    i=0
    length=len(operator)
    while i<length and operator[i]!=ch:
        i+=1
    if i>=length:
        return False
    else:
        return True
def StrtoInt(str,n):
#将数值型字符串转换成 int 型数值
    res=0
    i=0
    while i<n:
        res = res * 10 + int(str[i])
        i+=1
    return res
def Precede(ch1,ch2):
#判断运算符的优先级
    i,j=0,0
    while operator[i] and operator[i]!=ch1:
        i+=1
    while operator[j] and operator[j]!=ch2:
        j+=1
    return prior_table[i][j]
def GetExpValue(ch,a,b):
#求值
    if ch=='+':
        return a + b
    elif ch=='-':
        return a-b
    elif ch=='*':
        return a*b
    elif ch=='/':
        return a/b
```

主函数如下：

```
if __name__=='__main__':
    str=input('请输入算术表达式串:')
    root=BiTree()
    T = CreateExpTree(str)
    print('先序遍历:')
    root.PreOrderTree(T)
    print('\n 中序遍历:')
    root.InOrderTree2(T)
    print('\n 表达式的值:')
    value=CalcExpTree(T)
    print(value)
```

程序运行结果如图 5-45 所示。

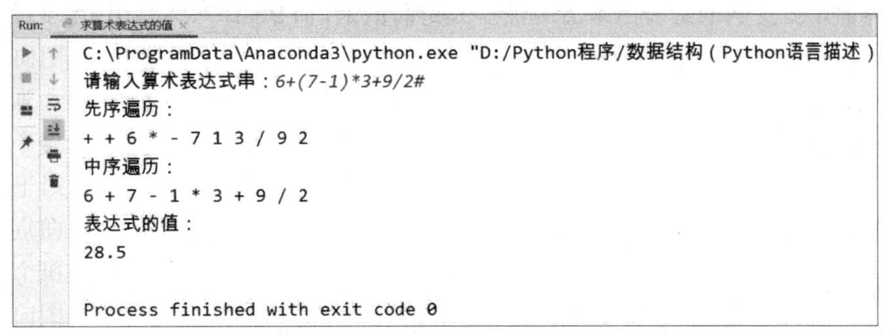

图 5-45　例 5-6 程序运行结果

思政元素：哈夫曼树的构造是整体和部分关系的具体体现，由于每次选择的都是权值最小的结点，最终构成的二叉树的权值才会最小。在做任何事情时，都应该有全局观念，把握好整体和局部的关系，增强大局意识和协同意识，只有这样，才能把事情做到最好。“大河有水小河满，小河无水大河干”“不谋全局者不足以谋一隅”体现了整体与部分的关系，整体和部分不可分割，且相互影响，任何部分的变动都会影响全局，全局的任何变化都会影响部分。

5.8　小结

树在数据结构中占据着非常重要的地位，树反映的是一种层次结构的关系。在树中，每个结点只允许有一个前驱结点，允许有多个后继结点，结点之间是一种一对多的关系。

树的定义是递归的。一棵树或者为空，或者是由 m 棵子树 $T_1, T_2, \cdots, T_m$ 组成，这 m 棵子树又是由其他子树构成的。树中的孩子结点没有次序之分，是一种无序树。

二叉树最多有两棵子树，分别叫作左子树和右子树。二叉树可以看作树的特例，但是与树不同的是，二叉树的两棵子树有次序之分。二叉树也是递归定义的，二叉树的两棵子树又是由左子树和右子树构成的。

在二叉树中，有两种特殊的树：满二叉树和完全二叉树。满二叉树中每个非叶子结点都存在左子树和右子树，所有的叶子结点都处在同一层次上。完全二叉树是指与满二叉树的前 n 个结点结构相同。满二叉树是一种特殊的完全二叉树。

采用顺序存储的完全二叉树可实现随机存取，实现起来也比较方便。但是，如果二叉树不是完全二叉树，则采用顺序存储会浪费大量的存储空间。因此，一般情况下，二叉树采用链式存储——二叉链表。在二叉链表中，结点有一个数据域和两个指针域。其中一个指针域指向左孩子结点，另一个指针域指向右孩子结点。

二叉树的遍历分为先序遍历、中序遍历和后序遍历。二叉树遍历的过程就是将二叉树这种非线性结构转换成线性结构的过程。

通过将二叉树线索化，不仅可充分利用二叉链表中的空指针域，还能很方便地找到指定结点的前驱结点。

在哈夫曼树中，只有叶子结点和度为 2 的结点。哈夫曼树是带权路径最小的二叉树，通常用于解决最优化问题。

树、森林和二叉树可以相互转换，树实现起来不是太方便，在实际应用中，可以将问题转化为二叉树的相关问题加以实现。

5.9 上机实验

5.9.1 基础实验

基础实验 1：实现二叉树的基本操作

实验目的：考查是否理解二叉树的存储结构并熟练掌握基本操作。

实验要求：创建一棵如图 5-46 所示的二叉树，包含至少以下基本操作。

(1) 二叉树的创建。

(2) 按照先序遍历方式输出二叉树的各结点。

(3) 按照中序遍历方式输出二叉树的各结点。

(4) 按照后序遍历方式输出二叉树的各结点。

(5) 按照层次遍历方式输出二叉树的各结点。

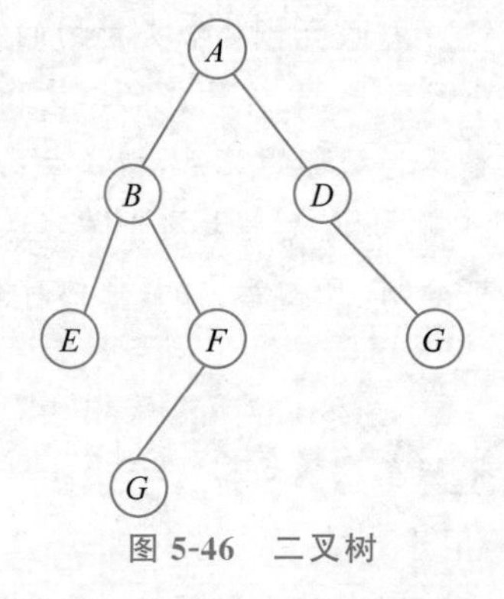

图 5-46　二叉树

基础实验 2：利用二叉树的遍历方式构造二叉树

实验目的：考查是否熟练掌握二叉树的前序遍历、中序遍历、后序遍历的算法思想。

实验要求：已知二叉树的先序遍历序列——A,B,D,E,G,C,F 和中序遍历序列——D,B,G,E,A,C,F，编写算法创建二叉树。创建一个 BiTree 类，至少包含以下基本操作。

(1) 构造二叉树。

(2) 按后序遍历方式输出二叉树的各结点。

(3) 按层次遍历方式输出二叉树的各结点。

(4) 输出二叉树的深度。

5.9.2 综合实验：哈夫曼树、二叉树及应用

综合实验 1：哈夫曼树的构造及编码

实验目的：深入理解二叉树的存储结构，熟练掌握哈夫曼树的构造及哈夫曼编码。

实验要求：一个单位有 12 个部门，每个部门都有一部电话，但是整个单位只有一根外线，当有电话打进来的时候，由接线员转到内线电话。已知各部门使用外线电话的频率(单位为次/天)是 5、20、10、12、8、43、5、6、9、15、19、32。利用哈夫曼树算法思想设计内线电话号码，使得接线员拨号次数尽可能少。要求如下。

(1) 依据使用外线电话的频率构造二叉树。

(2) 输出设计的各部门内线电话号码。

实验思路：以各部门外线电话的使用频率作为权值构造哈夫曼树，然后对哈夫曼树进行先序遍历得到内线电话号码。

综合实验2：算术表达式求值

实验目的：深入理解二叉树的存储结构，熟练掌握二叉树的前序遍历、中序遍历、后序遍历的算法思想及应用。

实验要求：实现一个简单的运算器。通过键盘输入一个包含圆括号、加、减、乘、除等运算符组成的算术表达式字符串，输出该算术表达式的值。要求如下。

(1) 实现加、减、乘、除等运算。

(2) 利用二叉树算法思想求表达式的值，先构造由表达式构成的二叉树，然后再通过对二叉树进行后序遍历求算术表达式的值。

实验思路：依次扫描输入的算术表达式中的每个字符，遇到运算符，则将扫描到的运算符与栈顶运算符的优先级比较。若栈顶运算符的优先级低于当前运算符，则将当前运算符入栈；若栈顶运算符优先级高于当前运算符，则将栈顶运算符出栈，且将操作数栈中的元素出栈两次，以该运算符作为根结点构造二叉树，其左右孩子结点为操作数栈出栈的操作数。最后对构造好的二叉树进行后序遍历，得到后序遍历序列，再利用栈对该后缀表达式求值。

习题

一、单项选择题

1. 二叉树的深度为 k，则二叉树最多有(　　)个结点。

A. $2k$　　B. 2^{k-1}　　C. 2^k-1　　D. $2k-1$

2. 用顺序存储的方法，将完全二叉树中所有结点按层逐个从左到右的顺序存放在一维数组 $R[1..N]$ 中，若结点 $R[i]$ 有右孩子，则其右孩子是(　　)。

A. $R[2i-1]$　　B. $R[2i+1]$　　C. $R[2i]$　　D. $R[2/i]$

3. 在一棵具有5层的满二叉树中，结点总数为(　　)。

A. 31　　B. 32　　C. 33　　D. 16

4. 下列关于树的表述中正确的是(　　)。

Ⅰ. 对于有 n 个结点的二叉树，其深度为 $\log_2 n$

Ⅱ. 在完全二叉树中，若一个结点没有左孩子，则它必是叶结点

Ⅲ. 深度为 $h(h>0)$ 的完全二叉树对应的森林一定有 h 棵树

Ⅳ. 一棵树中的叶子数一定等于与其对应的二叉树的叶子数

A. Ⅰ和Ⅲ　　B. Ⅳ　　C. Ⅰ和Ⅱ　　D. Ⅱ

5. 某二叉树的中序序列为 A,B,C,D,E,F,G，后序序列为 B,D,C,A,F,G,E，则其左子树中结点数目为(　　)。

A. 3　　B. 2　　C. 4　　D. 5

6. 若以{4,5,6,7,8}作为权值构造哈夫曼树，则该树的带权路径长度为(　　)。

A. 67　　B. 68　　C. 69　　D. 70

7. 将一棵有100个结点的完全二叉树从根这一层开始，在每一层从左到右依次对结点进行编号，根结点的编号为1，则编号为49的结点的左孩子结点的编号为(　　)。

A. 98　　B. 99　　C. 50　　D. 48

8. 已知一棵有2011个结点的树，其叶子结点个数为116，该树对应的二叉树中无右孩

子结点的结点个数是(　　)。

A. 115　　B. 116　　C. 1895　　D. 1896

9. 对某二叉树进行先序遍历的结果为 A,B,D,E,F,C,中序遍历的结果为 D,B,F,E,A,C,则后序遍历的结果为(　　)。

A. D,B,F,E,A,C　　B. D,F,E,B,C,A

C. B,D,F,E,C,A　　D. B,D,E,F,A,C

10. 若一棵二叉树的前序序列为 A,E,B,D,C,后序序列为 B,C,D,E,A,则根结点的孩子结点(　　)。

A. 只有 E　　B. 有 E、B　　C. 有 E、C　　D. 无法确定

11. 表达式 $A*(B+C)/(D-E+F)$的后缀表达式是(　　)。

A. $A*B+C/D-E+F$　　B. $AB*C+D/E-F+$

C. $ABC+*DE-F+/$　　D. $ABCDED*+/-+$

12. 将森林转换为对应的二叉树,若在二叉树中,结点 U 是结点 V 的父结点的父结点,则在原来的森林中 U 和 V 可能具有的关系是(　　)。

Ⅰ. 父子结点

Ⅱ. 兄弟结点

Ⅲ. U 的父结点与 V 的父结点是兄弟关系

A. 只有Ⅱ　　B. Ⅰ和Ⅱ　　C. Ⅰ和Ⅲ　　D. Ⅱ和Ⅲ

13. 按照二叉树的定义,具有 3 个结点的二叉树有(　　)种。

A. 3　　B. 4　　C. 5　　D. 6

14. 若 X 是后序线索二叉树中的叶子结点,且 X 存在左兄弟结点 Y,则 X 的右线索指向的是(　　)。

A. X 的父结点　　B. 以 Y 为根的子树的最左下结点

C. X 的左兄弟结点 Y　　D. 以 Y 为根的子树的最右下结点

15. 由权值为 3、6、7、2、5 的叶子结点生成一棵哈夫曼树,它的带权路径长度为(　　)。

A. 51　　B. 23　　C. 53　　D. 74

16. 一棵有 124 个叶子结点的完全二叉树最多有(　　)个结点。

A. 247　　B. 248　　C. 249　　D. 250

17. 若一个具有 n 个顶点、e 条边的无向图是一个森林,则该森林中必有(　　)棵树。

A. n　　B. e　　C. $n-e$　　D. 1

二、算法分析题

1. 函数 tree_depth 返回二叉树的深度,请将算法补充完整。

```
def tree_depth(self,T):
    if not T:
        return 0
    left, right = 0, 0
    if T.lchild:
        left = ___(1)___
    if T.rchild:
        right = self.tree_depth(T.rchild)
    return ___(2)___
```

2. 写出下面算法的功能。

```
def function(self, T):
    if T:
        T.lchild, T.rchild = T.rchild, T.lchild
        self.function(T.lchild)
        self.function(T.rchild)
    return T
```

3. 写出下面算法的功能。

```
def function2(self,T):
    if T:
        self.function2(T.lchild)
        self.function2(T.rchild)
        print('%2c'%T.data,end='')
```

三、综合分析题

1. 已知二叉树的前序序列为 A,B,C,D,E,F,G,H，中序序列为 C,B,E,D,F,A,G,H，请画出该二叉树。

2. 已知权值集合为{5,7,2,3,6,9}，要求给出哈夫曼树，并计算带权路径长度 WPL。

3. 已知一棵二叉树的中序序列为 B,D,A,E,C,F，后序序列为 D,B,E,F,C,A，请画出该二叉树。

4. 已知如图 5-47 所示的 3 棵树组成的森林，请将其转换为二叉树。

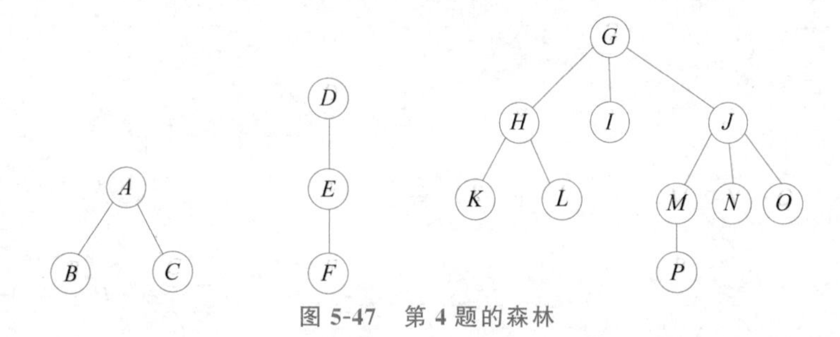

图 5-47　第 4 题的森林

5. 若某非空二叉树的先序序列和后序序列相反，则该二叉树的形态是什么？

6. 若某非空二叉树的先序序列和后序序列相同，则该二叉树的形态是什么？

7. 已知某森林的二叉树如图 5-48 所示，试画出它所表示的森林。

8. 已知如图 5-49 所示的二叉树，请写出先序遍历、中序遍历、后序遍历的序列。

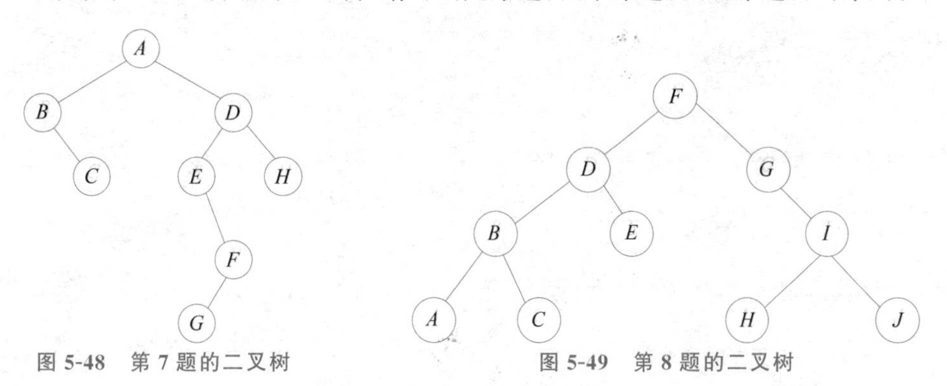

图 5-48　第 7 题的二叉树　　图 5-49　第 8 题的二叉树

四、算法设计题

1. 给出求二叉树的所有结点的算法实现。

2. 编写算法,判断二叉树是否是完全二叉树。

3. 在二叉链表存储结构的二叉树中,p是指向二叉树中的某个结点的指针。编写算法,求p的所有祖先结点。

4. 编写算法,创建如图5-50所示的二叉树,并按照先序遍历、中序遍历和后序遍历的方式输出二叉树的每个结点的值。

5. 创建一棵二叉树,按照层次输出二叉树的每个结点,并按照树状打印二叉树。例如,一棵二叉树如图5-51所示,按照层次输出的序列为:A,B,C,D,E,F,G,H,I,按照树状输出的二叉树如图5-52(a)所示,它是二叉树逆时针旋转90°后的形式,如图5-52(b)所示。

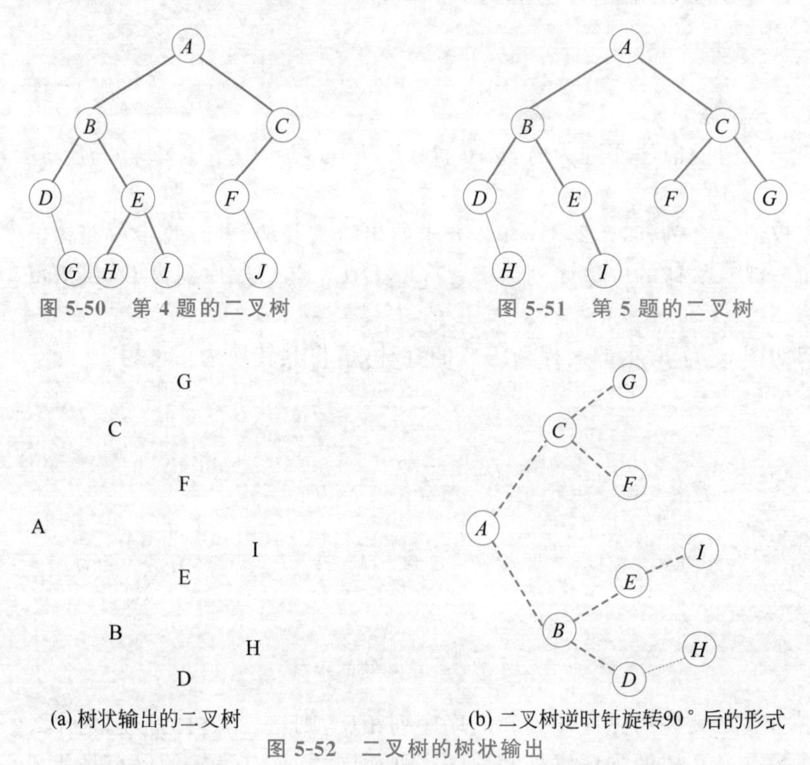

图5-50　第4题的二叉树

图5-51　第5题的二叉树

(a) 树状输出的二叉树

(b) 二叉树逆时针旋转90°后的形式

图5-52　二叉树的树状输出

6. 创建一棵二叉树,计算二叉树的叶子结点数目、非叶子结点数目和二叉树的深度。例如,图5-53所示的二叉树的叶子结点数目为5个,非叶子结点数目为7个,深度为5。

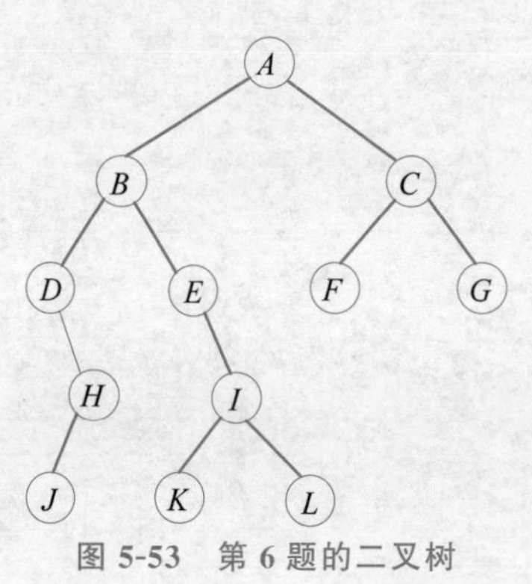

图5-53　第6题的二叉树

7. 编写一个判断两棵二叉树是否相似的算法。相似二叉树指的是二叉树的结构相似。假设存在两棵二叉树 T1 和 T2，T1 和 T2 都是空二叉树或者都不是空树，且 T1 和 T2 的左、右子树的结构分别相似。则称 T1 和 T2 是相似二叉树。

8. 编写算法，给定一棵二叉树的前序序列和中序序列，可唯一确定这棵二叉树。例如，已知前序序列 A,B,C,D,E,F,G 和中序序列 B,D,C,A,F,E,G，则可以确定一棵二叉树，如图 5-54 所示。

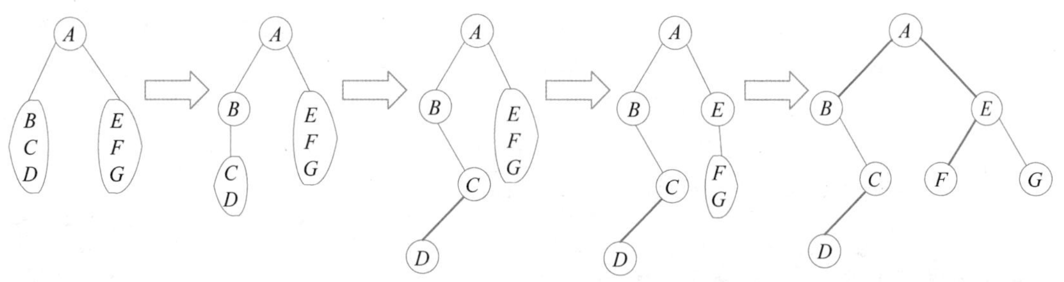

图 5-54　由前序序列和中序序列确定二叉树的过程

第6章 图

图(graph)是另一种非线性数据结构，图中的每个元素都可以与其他任何元素相关，元素之间是多对多的关系，即一个元素对应多个前驱元素和多个后继元素。图作为一种非线性数据结构，被广泛应用于许多技术领域，例如系统工程、化学分析、遗传学、控制论、人工智能等。在离散数学中侧重于对图理论的研究，本章主要应用图论知识讨论图在计算机中的表示与处理。

本章学习重难点：

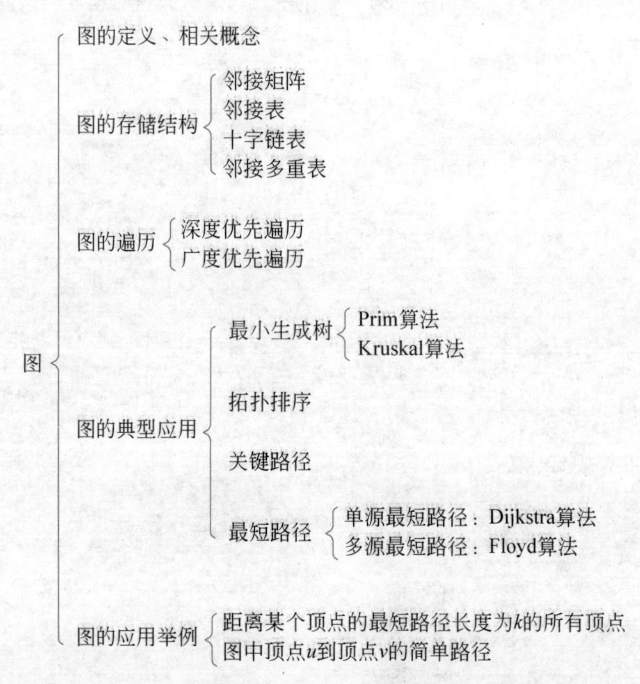

6.1 图的定义与相关概念

6.1.1 图的定义

图由数据元素集合与边的集合构成。在图中，数据元素常称为顶点(vertex)，因此数据元素集合称为顶点集合。顶点集合不能为空。边用连线表示顶点之间的关系。顶点集合用 V 表示，边的集合用 E 表示。图 G 的形式化定义为 $G=(V,E)$，其中，$V=\{x \mid x \in$ 数据元素集合$\}$，$E=\{\langle x,y\rangle \mid \mathrm{Path}(x,y) \wedge (x\in V, y\in V)\}$。$\mathrm{Path}(x,y)$表示从 x 到 y 的关系属性。

如果$\langle x,y\rangle \in E$，则$\langle x,y\rangle$表示从顶点 x 到顶点 y 的一条弧(Arc)，x 称为弧尾

(tail)或起始点(initial node),y 称为弧头(head)或终端点(terminal node)。这种图的边是有方向的,这样的图被称为有向图(digraph)。如果$<x,y>\in E$ 且有$<y,x>\in E$,则用无序对(x,y)代替有序对$<x,y>$和$<y,x>$,表示 x 与 y 之间存在一条边(edge),这样的图被称为无向图。有向图与无向图如图 6-1 所示。

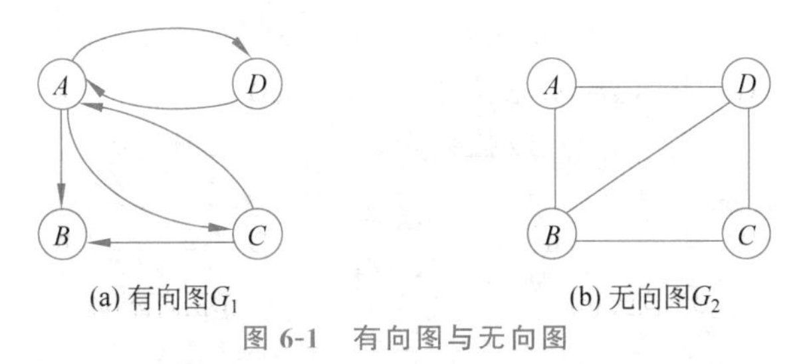

(a) 有向图G_1　　(b) 无向图G_2

图 6-1　有向图与无向图

在图 6-1 中,有向图 G_1 可以表示为 $G_1=(V_1,E_1)$,其中,顶点集合 $V_1=\{A,B,C,D\}$,边的集合 $E_1=\{<A,B>,<A,C>,<A,D>,<C,A>,<C,B>,<D,A>\}$;无向图 G_2 可以表示为 $G_2=(V_2,E_2)$,其中,顶点集合 $V_2=\{A,B,C,D\}$,边的集合 $E_2=\{(A,B),(A,D),(B,C),(B,D),(C,D)\}$。

在图中,通常将有向图的边称为弧。顶点的顺序可以是任意的。

下面介绍几种特殊的图。

(1) 完全图。假设图的顶点数目是 n,图的边数或者弧的数目是 e。如果不考虑顶点到自身的边或弧,即如果$<v_i,v_j>$,则 $v_i\neq v_j$。对于无向图,边数 e 的取值范围为 $0\sim n(n-1)/2$。将具有 $n(n-1)/2$ 条边的无向图称为完全图(completed graph)。

(2) 有向完全图。对于有向图,弧度 e 的取值范围是 $0\sim n(n-1)$。将具有 $n(n-1)$条弧的有向图称为有向完全图。

(3) 稀疏图和稠密图。具有 $e<n\log_2 n$ 条弧或边的图称为稀疏图(sparse graph)。具有 $e>n\log_2 n$ 条弧或边的图称为稠密图(dense graph)。

6.1.2　图的相关概念

下面介绍一些有关图的概念。

1. 邻接点

在无向图 $G=(V,E)$中,如果存在边$(v_i,v_j)\in E$,则称 v_i 和 v_j 互为邻接点(adjacent),即 v_i 和 v_j 相互邻接。边(v_i,v_j)依附于顶点 v_i 和 v_j,或者称边(v_i,v_j)与顶点 v_i 和 v_j 相互关联。在有向图 $G=(V,A)$中,如果存在弧$<v_i,v_j>\in A$,则称顶点 v_j 邻接自顶点 v_i,顶点 v_i 邻接到顶点 v_j。弧$<v_i,v_j>$与顶点 v_i 和 v_j 相互关联。

例如,在图 6-1 中,无向图 G_2 的边的集合为 $E=\{(A,B),(A,D),(B,C),(B,D),(C,D)\}$。顶点 A 和 B 互为邻接点,边(A,B)依附于顶点 A 和 B。顶点 B 和 C 互为邻接点,边(B,C)依附于顶点 B 和 C。有向图 G_1 的弧的集合为 $A=\{<A,B>,<A,C>,<A,D>,<C,A>,<C,B>,<D,A>\}$。顶点 A 邻接到顶点 B,弧$<A,B>$与顶点 A 和 B 相互关联。顶点 A 邻接到顶点 C,弧$<A,C>$与顶点 A 和 C 相互关联。

2. 顶点的度

在无向图中,顶点 v 的度是指与 v 相关联的边的数目,记作 $\mathrm{TD}(v)$。在有向图中,以顶

点 v 为弧头的弧数目称为顶点 v 的入度(In-Degree),记作 ID(v)。以顶点 v 为弧尾的弧的数目称为 v 的出度(Out-Degree),记作 OD(v)。顶点 v 的度为顶点 v 的入度和出度之和,即 TD(v)=ID(v)+OD(v)。

例如,在图 6-1 中,无向图 G_2 顶点 A 的度为 2,顶点 B 的度为 3,顶点 C 的度为 2,顶点 D 的度为 3。有向图 G_1 顶点 A、B、C 和 D 的入度分别为 2、2、1 和 1,顶点 A、B、C 和 D 的出度分别为 3、0、2 和 1,顶点 A、B、C 和 D 的度分别为 5、2、3 和 2。

在图中,设顶点的个数为 n,边数或弧数为 e,顶点 v_i 的度为 TD(v_i),则顶点的度与边数或者弧数满足以下关系:

$$e=\frac{1}{2}\sum_{i=1}^{n}\mathrm{TD}(v_i)$$

3. 路径

在图中,从顶点 v_i 出发,经过一系列顶点到达顶点 v_j,称为从顶点 v_i 到 v_j 的路径(path)。路径的长度是路径上弧或边的数目。在路径中,如果第一个顶点与最后一个顶点相同,则这样的路径称为回路(loop)或环(ring)。在路径所经过的顶点序列中,如果顶点不重复出现,则称这样的路径为简单路径。在回路中,除了第一个顶点和最后一个顶点外,如果其他的顶点不重复出现,则称这样的回路为简单回路或简单环。

例如,在图 6-1 中,有向图 G_1 的顶点序列 A、C 和 A 就构成了一个简单回路,无向图 G_2 从顶点 A 到顶点 C 所经过的路径为 A、B 和 C。

4. 子图

假设存在两个图 $G=\{V,E\}$ 和 $G'=\{V',E'\}$,如果 G' 的顶点和关系都是 G 中顶点和关系的子集,即有 $V'\subseteq V$,$E'\subseteq E$,则 G' 为 G 的子图。子图的示例如图 6-2 所示。

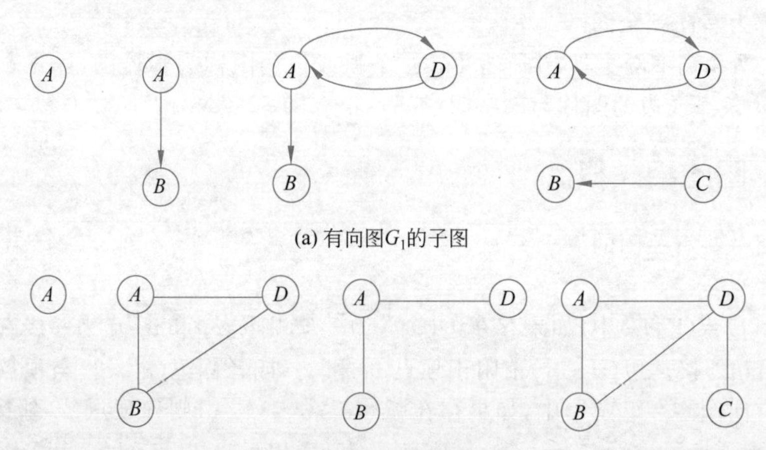

(a) 有向图G_1的子图

(b) 无向图G_2的子图

图 6-2　有向图与无向图的子图

5. 连通图和强连通图

在无向图中,如果从顶点 v_i 到顶点 v_j 存在路径,则称顶点 v_i 到 v_j 是连通的。推广到图的所有顶点,如果图中的任何两个顶点之间都是连通的,则称图是连通图(connected graph)。无向图中的极大连通子图称为连通分量(connected component)。无向图与连通分量如图 6-3 所示。

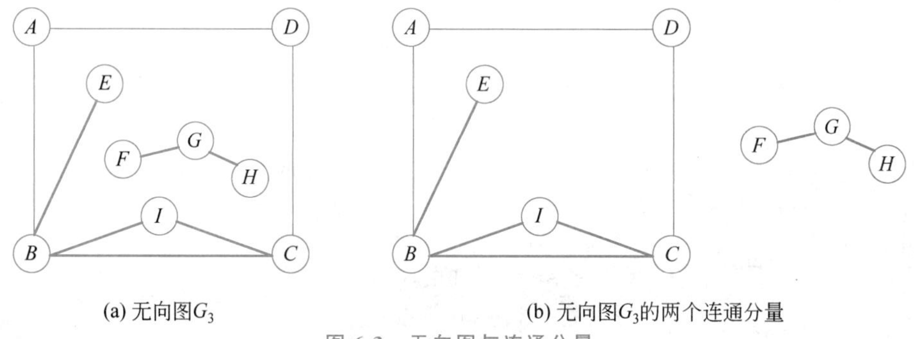

(a) 无向图G_3　　(b) 无向图G_3的两个连通分量

图 6-3　无向图与连通分量

在有向图中，如果对于任意两个顶点 v_i 和 v_j，$v_i \neq v_j$，从顶点 v_i 到顶点 v_j 以及从顶点 v_j 到顶点 v_i 都存在路径，则该图称为强连通图。在有向图中，极大强连通子图称为强连通分量。有向图与强连通分量如图 6-4 所示。

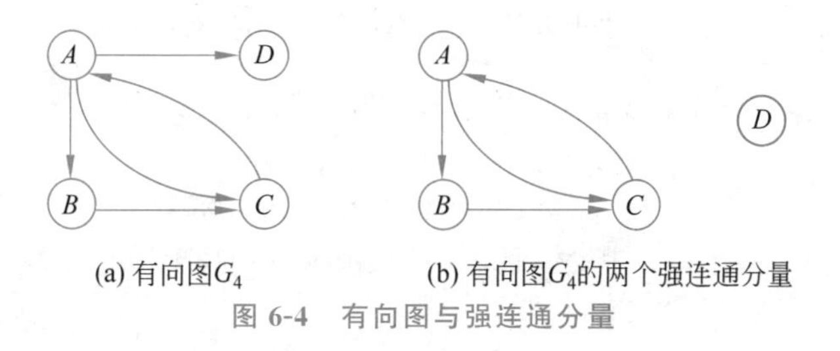

(a) 有向图G_4　　(b) 有向图G_4的两个强连通分量

图 6-4　有向图与强连通分量

6. 生成树

一个连通图(假设有 n 个顶点)的生成树是一个极小连通子图，它含有图中的全部顶点，但只有足以构成一棵树的 $n-1$ 条边。如果在该生成树中添加一条边，则必定构成一个环；如果少于 $n-1$ 条边，则该图是非连通的。反过来，具有 $n-1$ 条边的图不一定能构成生成树。一个图的生成树不一定是唯一的。无向图与生成树如图 6-5 所示。

7. 网

在实际应用中，图的边或弧往往与具有一定意义的数有关，即每一条边都有与它相关的数，称为权，这些权可以表示从一个顶点到另一个顶点的距离或花费等信息。这种带权的图称为带权图或网，本书采用网这一名称。一个网如图 6-6 所示。

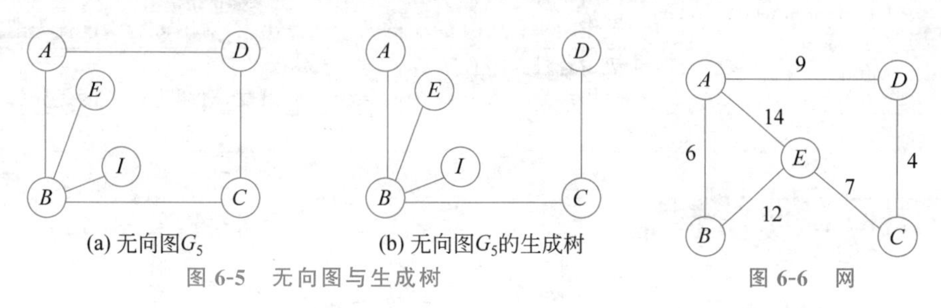

(a) 无向图G_5　　(b) 无向图G_5的生成树

图 6-5　无向图与生成树　　图 6-6　网

6.1.3　图的抽象数据类型

图的抽象数据类型定义了图中数据对象、数据关系和基本操作。图的抽象数据类型描述如表6-1所示。

表6-1　图的抽象数据类型描述

数据对象	V是具有相同特性的数据元素的集合,称为顶点集	
数据关系	$R=\{VR\}$ $VR=\{(x,y)\mid x,y\in V$且$P(x,y)$,(x,y)表示从x到y的边或弧,谓词$P(x,y)$定义了边或弧(x,y)的意义或信息$\}$	
基本操作	CreateGraph(&G)	初始条件:图G不存在。 操作结果:创建图G
	DestroyGraph(&T)	初始条件:图G存在。 操作结果:销毁图G
	LocateVertex(G,v)	初始条件:图G存在,顶点v合法。 操作结果:若图G中存在顶点v,则返回顶点v在图G中的位置;否则函数返回值为空
	GetVertex(G,i)	初始条件:图G存在。 操作结果:返回图G中序号i对应的值。i是图G中某个顶点的序号
	FirstAdjVertex(G,v)	初始条件:图G存在,顶点v的值合法。 操作结果:返回图G中v的第一个邻接顶点。若v无邻接顶点或图G中无顶点v,则函数返回-1
	NextAdjVertex(G,v,w)	初始条件:图G存在,w是图G中顶点v的某个邻接顶点。 操作结果:返回顶点v的下一个邻接顶点。若w是v的最后一个邻接顶点,则函数返回-1
	InsertVertex(&G,v)	初始条件:图G存在,v和图G中顶点有相同的特征。 操作结果:在图G中增加新的顶点v,并将图的顶点数增1
	DeleteVertex(&G,v)	初始条件:图G存在,v是图G中的某个顶点。 操作结果:删除图G中顶点v及相关的边或弧
	InsertArc(&G,v,w)	初始条件:图G存在,v和w是G中的两个顶点。 操作结果:在图G中增加边(v,w)或弧$\langle v,w\rangle$。对于有向图,还要插入弧$\langle w,v\rangle$
	DeleteArc(&G,v,w)	初始条件:图G存在,v和w是G中的两个顶点。 操作结果:在图G中删除边(v,w)或弧$\langle v,w\rangle$。对于有向图,还要删除弧$\langle w,v\rangle$
	DFSTraverseGraph(G)	初始条件:图G存在。 操作结果:从图G中的某个顶点出发,对图进行深度优先遍历
	BFSTraverseGraph(G)	初始条件:图G存在。 操作结果:从图G中的某个顶点出发,对图进行广度优先遍历

6.2　图的存储结构

图的存储结构有4种:邻接矩阵、邻接表、十字链表和邻接多重表。

6.2.1　邻接矩阵

图的邻接矩阵(adjacency matrix)采用两个数组(或列表)表示图:一个是用于存储顶点

信息的一维数组(或列表),另一个是用于存储图中顶点之间的关联关系的二维数组(嵌套列表),这个关联关系数组称为邻接矩阵。对于无权图,邻接矩阵表示为

$$\mathbf{A}[i][j]=\begin{cases}1, & \text{当} <v_i,v_j> \in E \text{ 或}(v_i,v_j)\in E \\ 0, & \text{其他}\end{cases}$$

对于带权图,邻接矩阵表示为

$$\mathbf{A}[i][j]=\begin{cases}w_{ij}, & \text{当} <v_i,v_j> \in E \text{ 或}(v_i,v_j)\in E \\ \infty, & \text{其他}\end{cases}$$

其中,w_{ij} 表示顶点 i 与顶点 j 构成的弧或边的权值,如果顶点之间不存在弧或边,则用∞表示。

在图 6-1 中,图 G_1 的弧的集合为 $A=\{<A,B>,<A,C>,<A,D>,<C,A>,<C,B>,<D,A>\}$,图 G_2 的边的集合为 $E=\{(A,B),(A,D),(B,C),(B,D),(C,D)\}$。它们的邻接矩阵表示如图 6-7 所示。

$$\begin{array}{c} \quad A \quad B \quad C \quad D \\ \begin{bmatrix} 0 & 1 & 1 & 1 \\ 0 & 0 & 0 & 0 \\ 1 & 1 & 0 & 0 \\ 1 & 0 & 0 & 0 \end{bmatrix} \begin{matrix} A \\ B \\ C \\ D \end{matrix} \end{array}$$

(a) 有向图G_1的邻接矩阵表示

$$\begin{array}{c} \quad A \quad B \quad C \quad D \\ \begin{bmatrix} 0 & 1 & 0 & 1 \\ 1 & 0 & 1 & 1 \\ 0 & 1 & 0 & 1 \\ 1 & 1 & 1 & 0 \end{bmatrix} \begin{matrix} A \\ B \\ C \\ D \end{matrix} \end{array}$$

(b) 无向图G_2的邻接矩阵表示

图 6-7 图的邻接矩阵表示

在无向图的邻接矩阵中,如果有边(A,B)存在,需要将 A 行 B 列和 B 行 A 列的对应位置都置为 1。

带权图的邻接矩阵表示如图 6-8 所示。

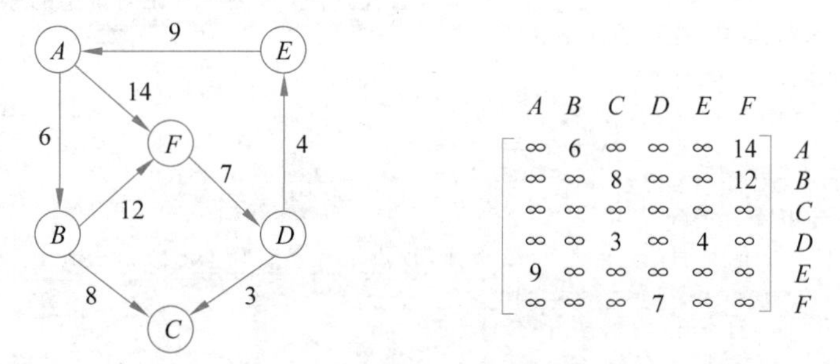

图 6-8 带权图的邻接矩阵表示

图的邻接矩阵存储结构描述如下:

```
class MGraph:
   def __init__(self):
       self.vex=[]                         #用于存储顶点
       self.arc=[]                         #邻接矩阵,存储边或弧的信息
       self.vexnum=0                       #顶点数
       self.arcnum=0                       #边或弧的数目
       self.kind=None                      #图的类型
```

其中,列表 vex 用于存储图中的顶点信息,如 A、B、C、D,arcs 用于存储图中边或弧的信息,称为邻接矩阵。

【例 6-1】 编写算法,利用邻接矩阵表示法创建一个有向网。

```
class MGraph:
  def __init__(self):
    self.vex=[]                         #用于存储顶点
    self.arc=[]                         #邻接矩阵,存储边或弧的信息
    self.vexnum=0                       #顶点数
    self.arcnum=0                       #边或弧的数目
    self.kind=None                      #图的类型
  #采用邻接矩阵表示法创建有向网
  def CreateGraph(self,kind):
    self.vexnum,self.arcnum=map(int,input("请输入有向网 N 的顶点数,弧数:").
split(' '))
    self.arc = [[0 for _ in range(self.vexnum)] for _ in range(self.vexnum)]
    print("请输入%d 个顶点的值(字符)"%self.vexnum,end=',')
    v=input("以空格分隔各个字符:").split(' ')
    for e in v:
      self.vex.append(e)
    for i in range(self.vexnum):      #初始化邻接矩阵
      for j in range(self.vexnum):
        self.arc[i][j]=float('inf')
    print("请输入%d 条弧的弧尾 弧头 权值(以空格作为间隔):"%self.arcnum)
    print("顶点 1 顶点 2 权值")
    for k in range(self.arcnum):
      v1,v2,w=map(str,input("").split(" "))  #输入两个顶点和弧的权值
      i=self.LocateVertex(v1)
      j=self.LocateVertex(v2)
      self.arc[i][j]=int(w)
  def LocateVertex(self,v):             #在顶点向量中查找顶点 v
                                        #若找到,返回该顶点在向量中的序号;否则返回-1
    for i in range(self.vexnum):
      if self.vex[i]==v:
        return i
    return -1
  def DisplayGraph(self):
  #输出用邻接矩阵表示的图
    print("有向网具有%d 个顶点%d 条弧,顶点依次是:"%(self.vexnum, self.arcnum))
    for i in range(self.vexnum):
      print(self.vex[i],end=' ')
    print("\n 有向网 N 的:")
    print("序号 i=")
    for i in range(self.vexnum):
      print("%4d"% i,end=' ')
    print()
    for i in range(self.vexnum):
      print("%6d"%i,end=' ')
      for j in range(self.vexnum):
        if self.arc[i][j]!=float('inf'):
          print("%4d"%self.arc[i][j],end=' ')
        else:
          print('%4s'%'∞',end=' ')
      print()
if __name__ == '__main__':
```

```
    print("创建一个有向网 N:")
    N=MGraph()
    N.CreateGraph('网')
    print("输出网的顶点和弧:")
    N.DisplayGraph()
```

程序运行结果如图 6-9 所示。

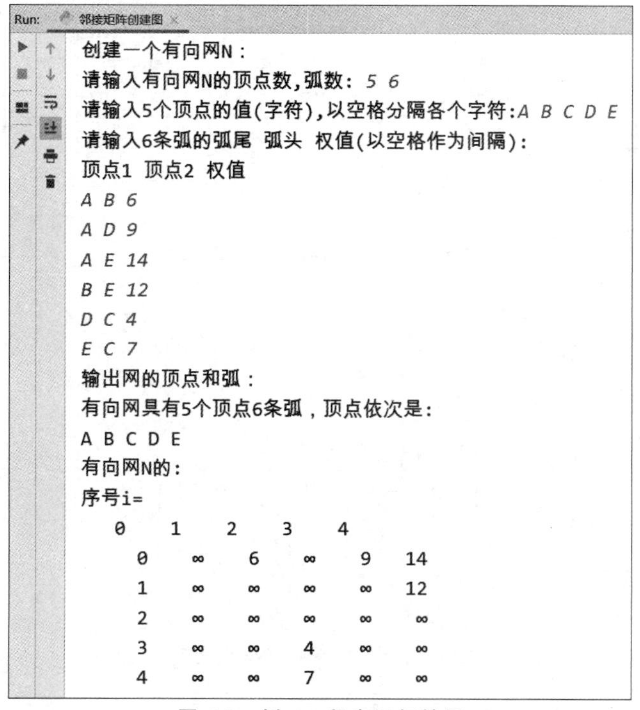

图 6-9 例 6-1 程序运行结果

6.2.2 邻接表

图的邻接矩阵表示法虽然有很多优点，但对于稀疏图来讲，用邻接矩阵表示会造成存储空间的很大浪费。邻接表(adjacency list)实际上是一种链式存储结构，它克服了邻接矩阵的弊病。其基本思想是：只存储邻接顶点的信息，对于图中不相互邻接的顶点则不保留相关信息。在邻接表中，对于图中的每个顶点，建立一个带头结点的边表，如第 i 个单链表中的结点则表示依附于顶点 v_i 的边。每个边表的头结点又构成一个表头结点表。这样，一个 n 个顶点的图的邻接表由表头结点和边表结点两部分构成。

表头结点由两个域组成：数据域和指针域。其中，数据域用来存放顶点信息，指针域用来指向边表中的第一个结点。通常情况下，表头结点采用顺序存储结构实现，这样可以随机地访问任意顶点。边表结点由 3 个域组成：邻接点域、数据域和指针域。其中，邻接点域表示与相应的表头顶点邻接的点的位置，数据域存储边或弧的信息，指针域用来指示下一个边或弧的结点。表头结点和边表结点的存储结构如图 6-10 所示。

图 6-1 的两个图 G_1 和 G_2 用邻接表表示如图 6-11 所示。

图 6-8 的带权图用邻接表表示如图 6-12 所示。

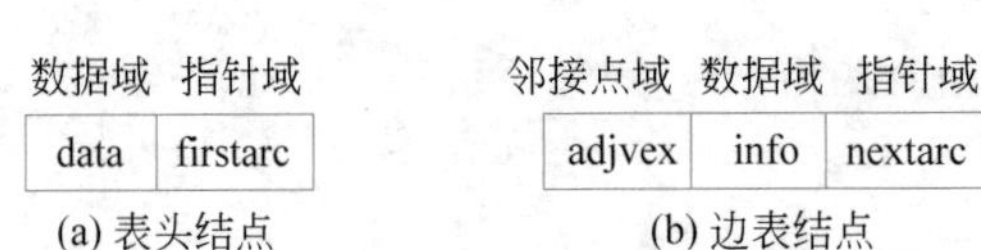

(a) 表头结点　　(b) 边表结点

图 6-10　表头结点和边表结点的存储结构

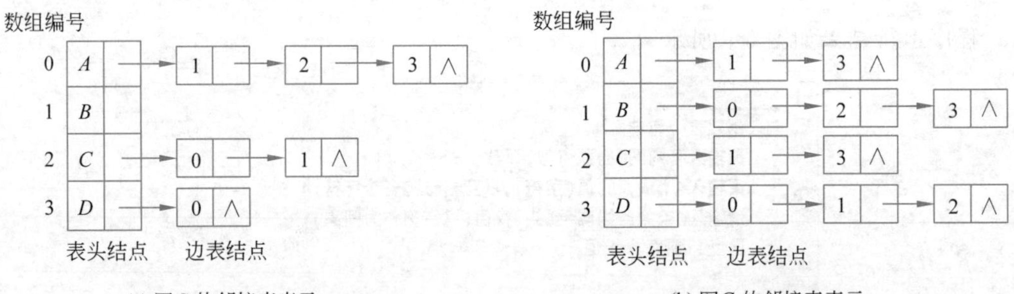

图 6-11　图 G_1 和 G_2 的邻接表表示

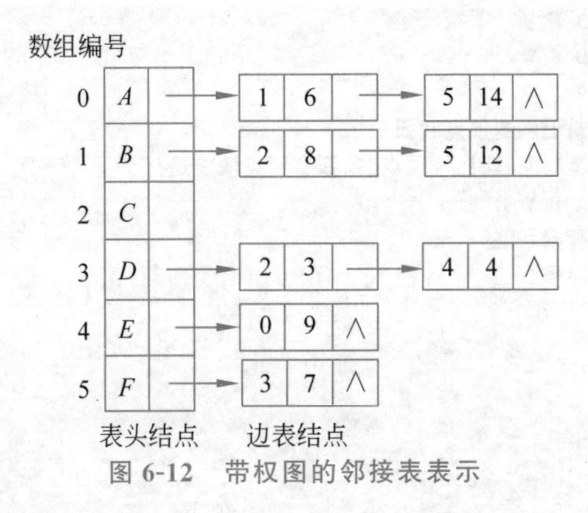

图 6-12　带权图的邻接表表示

图的邻接表存储结构描述如下：

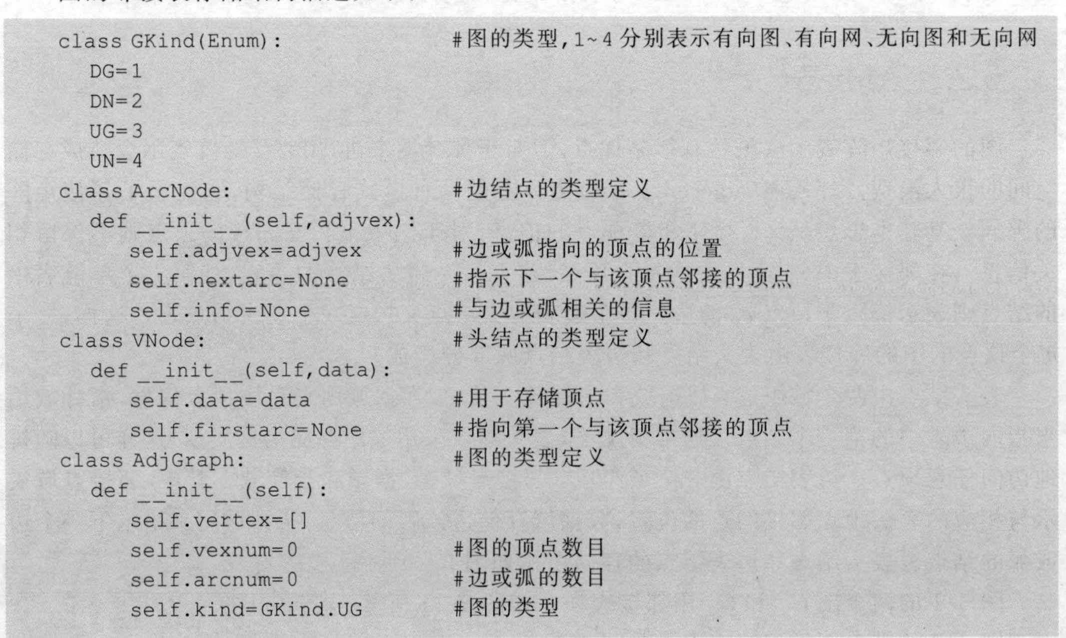

```
class GKind(Enum):                  #图的类型,1~4 分别表示有向图、有向网、无向图和无向网
  DG=1
  DN=2
  UG=3
  UN=4
class ArcNode:                      #边结点的类型定义
  def __init__(self,adjvex):
     self.adjvex=adjvex             #边或弧指向的顶点的位置
     self.nextarc=None              #指示下一个与该顶点邻接的顶点
     self.info=None                 #与边或弧相关的信息
class VNode:                        #头结点的类型定义
  def __init__(self,data):
     self.data=data                 #用于存储顶点
     self.firstarc=None             #指向第一个与该顶点邻接的顶点
class AdjGraph:                     #图的类型定义
  def __init__(self):
     self.vertex=[]
     self.vexnum=0                  #图的顶点数目
     self.arcnum=0                  #边或弧的数目
     self.kind=GKind.UG             #图的类型
```

如果无向图 G 中有 n 个顶点和 e 条边，则采用邻接表表示时，需要 n 个头结点和 $2e$ 个表结点。在 e 远小于 $n(n-1)/2$ 时，采用邻接表显然要比采用邻接矩阵更能节省存储空间。

在无向图的邻接表存储结构中，表头结点并没有存储顺序的要求。某个顶点的度正好等于该顶点对应的邻接表的结点个数。在有向图的邻接表存储结构中，某个顶点的出度等于该顶点对应的邻接表的结点个数。为了便于求某个顶点的入度，需要建立一个有向图的逆邻接表，也就是为每个顶点 v_i 建立一个以 v_i 为弧头的链表。图 6-1 所示的有向图 G_1 的逆邻接表如图 6-13 所示。

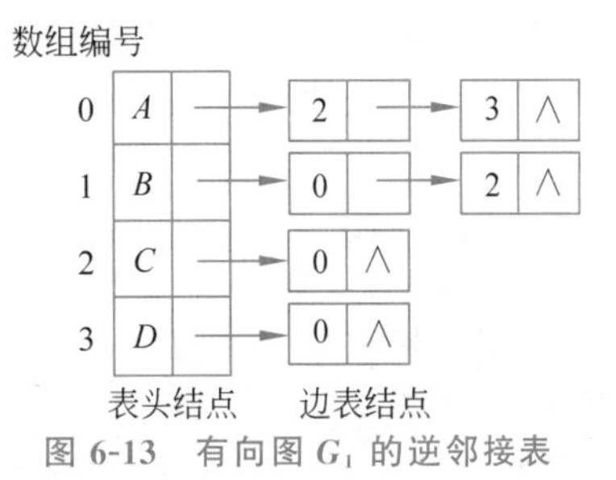

图 6-13 有向图 G_1 的逆邻接表

【例 6-2】 编写算法，采用邻接表创建一个无向图 G。

```
from enum import Enum
class ArcNode:                                    #边结点的类型定义
  def __init__(self,adjvex):
     self.adjvex=adjvex                           #边指向的顶点的位置
     self.nextarc=None                            #指示下一个与该顶点邻接的顶点
     self.info=None                               #与边相关的信息
class VNode:                                      #头结点的类型定义
  def __init__(self,data):
     self.data=data                               #用于存储顶点
     self.firstarc=None                           #指向第一个与该顶点邻接的顶点
class AdjGraph:                                   #图的类型定义
  def __init__(self):
     self.vertex=[]
     self.vexnum=0                                #图的顶点数目
     self.arcnum=0                                #边的数目
     self.kind=GKind.UG                           #图的类型

  def CreateGraph(self):                          #采用邻接表存储结构,创建无向图 G
     self.vexnum, self.arcnum = map(int, input("请输入无向图 G 的顶点数和边数(以
空格分隔):").split(' '))
     print("请输入%d个顶点的值:"%self.vexnum,end=' ')
     #将顶点存储在头结点中
     vnodelist = map(str, input("").split(' '))
     for v in vnodelist:
        vtex=VNode(v)
        self.vertex.append(vtex)
     print("请输入边的顶点(以空格分隔):")
     for k in range(self.arcnum):                 #建立边链表
        v1,v2 = map(str, input("").split(' '))
        i=self.LocateVertex(v1)
        j=self.LocateVertex(v2)
        #以 j 为入边,以 i 为出边,创建邻接表
        p=ArcNode(j)
        p.nextarc=self.vertex[i].firstarc
        self.vertex[i].firstarc=p
        #以 i 为入边,以 j 为出边,创建邻接表
        p=ArcNode(i)
        p.nextarc=self.vertex[j].firstarc
        self.vertex[j].firstarc=p
```

```
        self.kind=GKind.UG
    def LocateVertex(self, v):
        #在顶点向量中查找顶点 v。若找到,返回它在向量中的序号;否则返回-1
        for i in range(self.vexnum):
            if self.vertex[i].data== v:
                return i
        return -1
    def DisplayGraph(self):
        #图的邻接表存储结构的输出
        print("%d 个顶点:"%self.vexnum)
        for i in range(self.vexnum):
            print(self.vertex[i].data,end=' ')
        print("\n%d 条边:"%(2*self.arcnum))
        for i in range(self.vexnum):
            p=self.vertex[i].firstarc                    #将 p 指向边表的第一个结点
            while p!=None:                               #输出无向图的所有边
                print("%s→%s"%(self.vertex[i].data,self.vertex[p.adjvex].data),
end=' ')
                p=p.nextarc
            print()
if __name__ == '__main__':
    print("创建一个无向图 G:")
    N=AdjGraph()
    N.CreateGraph()
    print("输出无向图 G 的顶点和边:")
    N.DisplayGraph()
```

程序的运行结果如图 6-14 所示。

```
Run: 邻接表创建无向图
C:\ProgramData\Anaconda3\python.exe "D:/Python程序/数据结构
创建一个无向图G:
请输入无向图G的顶点数和边数(以空格分隔): 4 5
请输入4个顶点的值: A B C D
请输入边的顶点(以空格分隔):
A B
A D
B C
B D
C D
输出无向图G的顶点和边:
4个顶点:
A B C D
10条边:
A→D A→B
B→D B→C B→A
C→D C→B
D→C D→B D→A

Process finished with exit code 0
```

图 6-14　例 6-2 程序运行结果

6.2.3 十字链表

十字链表(orthogonal list)是有向图的另一种链式存储结构,可以把它看成将有向图的邻接表与逆邻接表结合起来的一种链表。在十字链表中,将表头结点称为顶点结点。其中,顶点结点包含 3 个域:数据域和两个指针域。数据域存放顶点的信息;两个指针域,一个指向以顶点为弧头的顶点,另一个指向以顶点为弧尾的顶点。

弧结点包含 5 个域:尾域(tailvex)、头域(headvex)、info 域和两个指针域(hlink 和 tlink)。其中,尾域用于表示弧尾顶点在图中的位置,头域表示弧头顶点在图中的位置,info 域表示弧的相关信息,指针域 hlink 指向弧头相同的结点,指针域 tlink 指向弧尾相同的结点。

有向图 G_1 的十字链表表示如图 6-15 所示。

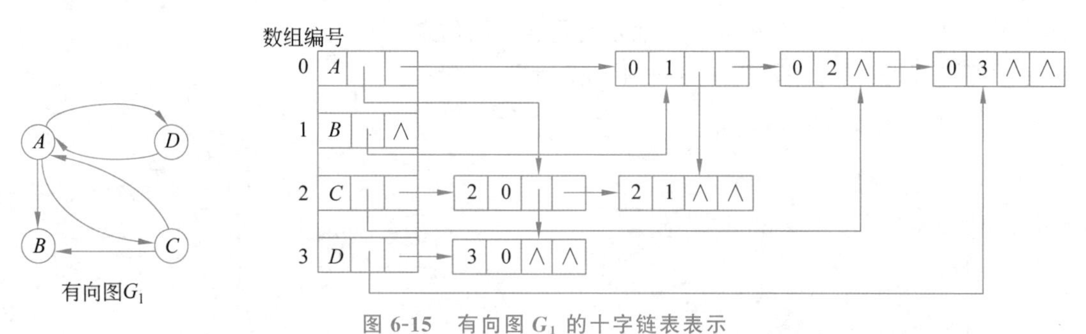

图 6-15 有向图 G_1 的十字链表表示

有向图的十字链表存储结构描述如下:

```
class ArcNode:                                         #弧结点的类型定义
    def __init__(self,headvex=None,tailvex=None,info=None):
        self.headvex=headvex                           #弧的头顶点位置
        self.tailvex=tailvex                           #弧的尾顶点位置
        self.info=info                                 #与弧相关的信息
        self.hlink=None                                #指示弧头相同的结点
        self.tlink=None                                #指示弧尾相同的结点
class VNode:                                           #顶点结点的类型定义
    def __init__(self,data=None):
        self.data= data                                #存储顶点
        self.firstin=ArcNode()                         #指向顶点的第一条入弧
        self.firstout=ArcNode()                        #指向顶点的第一条出弧
class OLGraph:                                         #图的类型定义
    def __init__(self):
        self.vertex=[]
        self.vexnum=0                                  #图的顶点数目
        self.arcnum=0                                  #图的弧数目
```

在十字链表存储表示的图中,可以很容易找到以某个顶点为弧头和弧尾的弧。

6.2.4 邻接多重表

邻接多重表(adjacency multilist)是无向图的另一种链式存储结构。邻接多重表可以提供更为方便的边处理信息。在无向图的邻接表表示法中,每一条边(v_i,v_j)在邻接表中都对应两个结点,它们分别在第 i 个边表和第 j 个边表中,这给图的某些边操作带来不便。例如,检测某条边是否被访问过,则需要同时找到表示该条边的两个结点,而这两个结点又分别在两个边表中。邻接多重表是将图的一条边用一个结点表示,它的结点存储结构如图 6-16 所示。

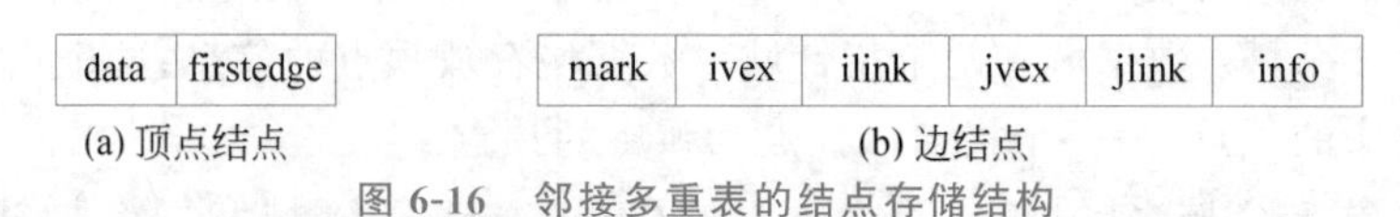

(a) 顶点结点　　(b) 边结点

图 6-16　邻接多重表的结点存储结构

顶点结点由两个域构成: data 域和 firstedge 域。data 域用于存储顶点的数据信息,firstedge 域指示依附于顶点的第一条边。边结点包含 6 个域: mark 域、ivex 域、ilink 域、jvex 域、jlink 域和 info 域。其中,mark 域用来表示边是否被检索过,ivex 域和 jvex 域表示依附于边的两个顶点 i 和 j 在图中的位置,ilink 域指向依附于顶点 i 的下一条边,jlink 域指向依附于顶点 j 的下一条边,info 域表示与边相关的信息。

无向图 G_2 的邻接多重表表示如图 6-17 所示。

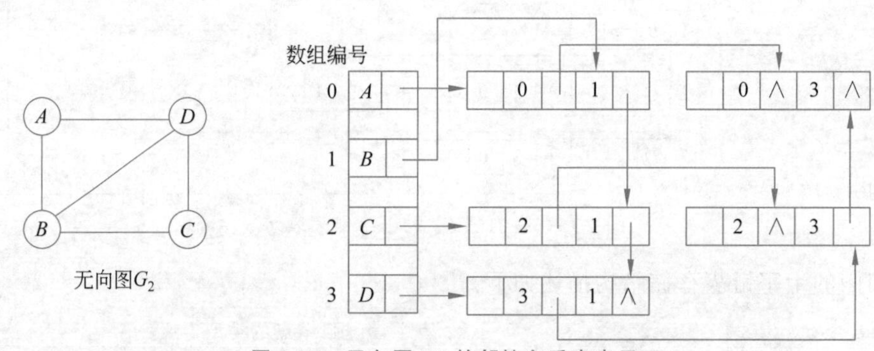

图 6-17　无向图 G_2 的邻接多重表表示

无向图的邻接多重表存储结构描述如下:

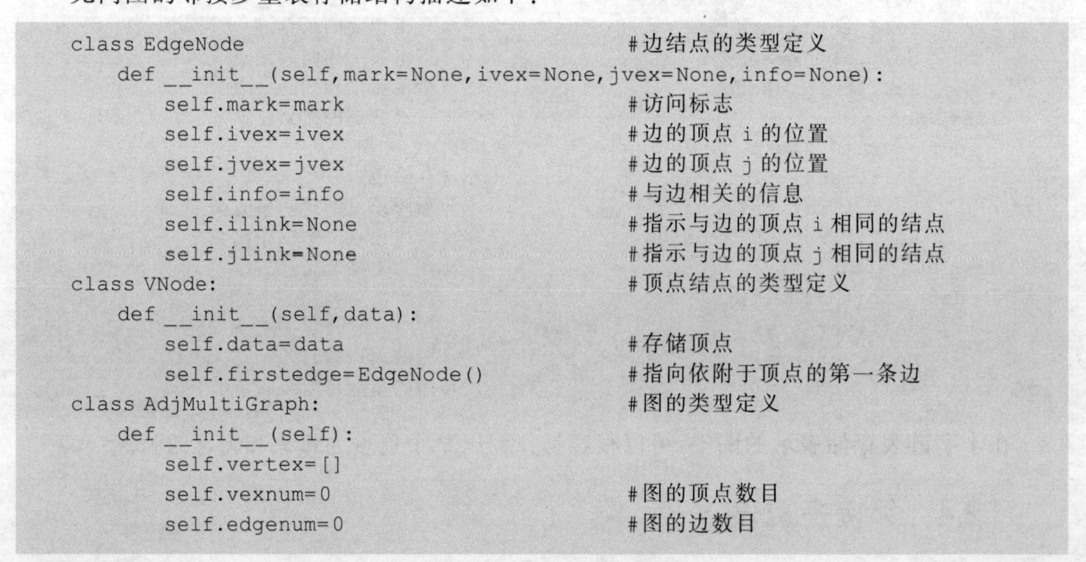

```
class EdgeNode                                         #边结点的类型定义
    def __init__(self,mark=None,ivex=None,jvex=None,info=None):
        self.mark=mark                                 #访问标志
        self.ivex=ivex                                 #边的顶点 i 的位置
        self.jvex=jvex                                 #边的顶点 j 的位置
        self.info=info                                 #与边相关的信息
        self.ilink=None                                #指示与边的顶点 i 相同的结点
        self.jlink=None                                #指示与边的顶点 j 相同的结点
class VNode:                                           #顶点结点的类型定义
    def __init__(self,data):
        self.data=data                                 #存储顶点
        self.firstedge=EdgeNode()                      #指向依附于顶点的第一条边
class AdjMultiGraph:                                   #图的类型定义
    def __init__(self):
        self.vertex=[]
        self.vexnum=0                                  #图的顶点数目
        self.edgenum=0                                 #图的边数目
```

6.3 图的遍历

与树的遍历一样，图的遍历是图中每个顶点仅被访问一次的操作。图的遍历方式主要有两种：深度优先遍历和广度优先遍历。

6.3.1 图的深度优先遍历

图的深度优先遍历

1. 图的深度优先遍历的定义

图的深度优先遍历是树的先序遍历的推广。图的深度优先遍历的思想是：从图中某个顶点 v_0 出发，访问顶点 v_0，访问顶点 v_0 的第一个邻接点，然后以该邻接点为新的顶点，访问该顶点的邻接点。重复执行以上操作，直到当前顶点没有邻接点为止。返回到上一个已经访问过但还有未被访问的邻接点的顶点，按照以上步骤继续访问该顶点的其他未被访问的邻接点。依此类推，直到图中所有的顶点都被访问过。

图 G_6 及其深度优先遍历过程如图 6-18 所示。访问顶点的方向用实箭头表示，回溯用虚箭头表示，图中的数字表示访问或回溯的次序。

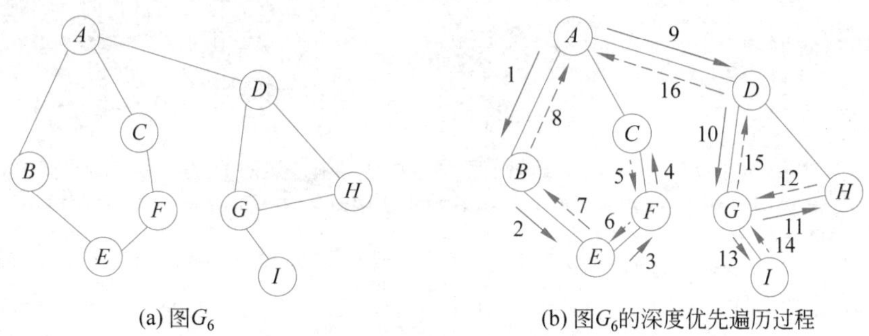

图 6-18 图 G_6 及其深度优先遍历过程

图 G_6 的深度优先遍历过程如下：

(1) 首先访问 A，顶点 A 的邻接点有 B、C、D，然后访问 A 的第一个邻接点 B。

(2) 顶点 B 未访问的邻接点只有顶点 E，因此访问顶点 E。

(3) 顶点 E 的邻接点只有 F 且未被访问过，因此访问顶点 F。

(4) 顶点 F 的邻接点只有 C 且未被访问过，因此访问顶点 C。

(5) 顶点 C 的邻接点只有 A 但已经被访问过，因此要回溯到上一个顶点 F。

(6) 同理，顶点 F、E、B 都已经被访问过，且没有其他未被访问的邻接点，因此，回溯到顶点 A。

(7) 顶点 A 未被访问的邻接点只有顶点 D，因此访问顶点 D。

(8) 顶点 D 的邻接点有顶点 G 和顶点 H，访问第一个顶点 G。

(9) 顶点 G 的邻接点有顶点 H 和顶点 I，访问第一个顶点 H。

(10) 顶点 H 的邻接点只有 D 且已经被访问过，因此回溯到上一个顶点 G。

(11) 顶点 G 未被访问过的邻接点有顶点 I，因此访问顶点 I。

(12) 顶点 I 没有未被访问的邻接点，因此回溯到顶点 G。

(13) 同理,顶点 G、D 都没有未被访问的邻接点,因此回溯到顶点 A。

(14) 顶点 A 也没有未被访问的邻接点。

因此,图的深度优先遍历的序列为:A,B,E,F,C,D,G,H,I。

在图的深度优先的遍历过程中,图中可能存在回路,因此,在访问了某个顶点之后,沿着某条路径遍历,有可能又回到该顶点。例如,在访问了顶点 A 之后,接着访问顶点 B、E、F、C,顶点 C 的邻接点是顶点 A,沿着边 (C,A) 会再次访问顶点 A。为了避免再次访问已经访问过的顶点,需要设置一个列表 visited[n]记录结点是否已经被访问过。

2. 图的深度优先遍历的算法实现

图的深度优先遍历(邻接表实现)的算法如下:

```
def DFSTraverse(self,visited):
#从第 1 个顶点起,深度优先遍历图
    for v in range(self.vexnum):
        visited.append(0)                              #访问标志列表初始化为未访问
    for v in range(self.vexnum):
        if visited[v]==0:
            self.DFS(v)                                #对未访问的顶点 v 进行深度优先遍历
    print()
def DFS(self,v):                                       #从顶点 v 出发递归深度优先遍历图
    visited[v] = 1                                     #访问标志设置为已访问
    print(self.vertex[v].data, end=' ')                #访问第 v 个顶点
    w=self.FirstAdjVertex(self.vertex[v].data)
    while w>=0:
        if visited[w]==0:
            self.DFS(w)              #递归调用 DFS 对 v 未被访问的序号为 w 的邻接顶点进行访问
        w=self.NextAdjVertex(self.vertex[v].data, self.vertex[w].data)
```

如果该图是一个无向连通图或者强连通图,则只需要调用一次 DFS(G,v)就可以遍历整个图;否则需要多次调用 DFS(G,v)。在上面的算法中,查找顶点 v 的第一个邻接点的算法 FirstAdjVex(G,G.vexs[v])以及查找顶点 v 相对于顶点 w 的下一个邻接点的算法 NextAdjVex(G,G.vexs[v],G.vexs[w])对图采用了不同的存储结构,其时间耗费也是不一样的。当采用邻接矩阵作为图的存储结构时,如果图的顶点个数为 n,则查找顶点的邻接点需要的时间为 $O(n^2)$。如果无向图中的边或有向图中的弧的数目为 e,当采用邻接表作为图的存储结构时,则查找顶点的邻接点需要的时间为 $O(e)$。

以邻接表作为存储结构,查找顶点 v 的第一个邻接点的算法实现如下:

```
def FirstAdjVertex(self,v):
#返回顶点 v 的第一个邻接顶点的序号
    v1 = self.LocateVertex(v)                          #v1 为顶点 v 在图 G 中的序号
    p=self.vertex[v1].firstarc
    if p!=None:              #如果顶点 v 的第一个邻接点存在,返回邻接点的序号;否则返回-1
        return p.adjvex
    else:
        return -1
```

以邻接表作为存储结构,查找顶点 v 相对于顶点 w 的下一个邻接点的算法实现如下:

```
def NextAdjVertex(self,v,w):
#返回 v 相对于 w 的下一个邻接顶点的序号
```

```
    v1=self.LocateVertex(v)                 #v1 为顶点 v 在图 G 中的序号
    w1=self.LocateVertex(w)                 #w1 为顶点 w 在图 G 中的序号
    next=self.vertex[v1].firstarc
    while next!=None:
        if next.adjvex!=w1:
            next=next.nextarc
        else:
            break
    p=next                                  #p 指向顶点 v 的邻接点 w
    if p==None or p.nextarc==None:          #如果 w 不存在或 w 是最后一个邻接点,则返回-1
        return -1
    else:
        return p.nextarc.adjvex             #返回 v 相对于 w 的下一个邻接点的序号
```

图的深度优先遍历的非递归算法如下：

```
def DFSTraverse2(self,v,visited):
    stack=[]
    for i in range(self.vexnum):#将所有顶点都添加未访问标志
        visited.append(0)
    print(self.vertex[v].data,end=' ')  #访问顶点 v 并将访问标志置为 1,表示已经访问
    visited[v]=1
    top=-1                                  #初始化栈
    p=self.vertex[v].firstarc               #p 指向顶点 v 的第一个邻接点
    while top>-1 or p!=None:
        while p != None:
            if visited[p.adjvex] == 1:  #如果 p 指向的顶点已经访问过,则 p 指向下一个邻接点
                p = p.nextarc
            else:
                print(self.vertex[p.adjvex].data,end=' ')   #访问 p 指向的顶点
                visited[p.adjvex]=1
                top+=1
                stack.append(p)                             #保存 p 指向的顶点
                p = self.vertex[p.adjvex].firstarc          #p 指向当前顶点的第一个邻接点
        if top>-1:
            p=stack.pop(-1)                                 #如果当前顶点都已访问,则退栈
            top-=1
            p = p.nextarc                                   #p 指向下一个邻接点
```

6.3.2 图的广度优先遍历

图的广度优先遍历

1. 图的广度优先遍历的定义

图的广度优先遍历与树的层次遍历类似。图的广度优先遍历的思想是：从图的某个顶点 v 出发，首先访问顶点 v，然后按照次序访问顶点 v 未被访问的每一个邻接点，接着访问这些邻接点的邻接点，并保证先被访问的邻接点的邻接点先访问，后被访问的邻接点的邻接点后访问的原则，依次访问邻接点的邻接点。按照这种思想，直到图的所有顶点都被访问，这样就完成了对图的广度优先遍历。

例如，图 G_6 的广度优先遍历的过程如图 6-19 所示。其中，箭头表示广度优先遍历的方向，数字表示遍历的次序。

图 G_6 的广度优先遍历的过程如下：

(1) 首先访问顶点 A,顶点 A 的邻接点有 B、C、D,然后访问 A 的第一个邻接点 B。

(2) 访问顶点 A 的第二个邻接点 C,再访问顶点 A 的第三个邻接点 D。

(3) 顶点 B 的邻接点只有顶点 E,因此访问顶点 E。

(4) 顶点 C 的邻接点只有 F 且未被访问过,因此访问顶点 F。

(5) 顶点 D 的邻接点有 G 和 H,且都未被访问过,因此先访问第一个邻接点 G,然后访问第二个邻接点 H。

图 6-19　图 G_6 的广度优先遍历过程

(6) 顶点 E 和 F 不存在未被访问的邻接点。顶点 G 的未被访问的邻接点有 I,因此访问顶点 I。至此,图 G_6 所有的顶点已经被访问完毕。

因此,图 G_6 的广度优先遍历的序列为:A,B,C,D,E,F,G,H,I。

2. 图的广度优先遍历的算法实现

在图的广度优先遍历过程中,同样也需要一个列表 visited[MaxSize]指示顶点是否被访问过。图的广度优先遍历的算法实现思想:将图中的所有顶点对应的标志列表 visited[v_i]都初始化为 0,表示顶点均未被访问。从第一个顶点 v_0 开始,访问该顶点且将其标志位置为 1,表示顶点已经访问过。然后将 v_0 入队,当队列不为空时,将队头元素(顶点)出队,依次访问该顶点的所有邻接点,并将邻接点依次入队,同时将其标志位置为 1。以此类推,直到图中的所有顶点都已经被访问过。

图的广度优先遍历的算法实现如下:

```
def BFSTraverse(self):
#从第 1 个顶点出发,按广度优先非递归遍历图
    MaxSize=20
    visited=[]
    queue=[]                                        #定义一个队列
    front=-1
    rear = -1                                       #初始化队列
    for v in range(self.vexnum):                    #初始化标志位
        visited.append(0)
    v=0
    visited[v]=1                                    #设置访问标志位为 1,表示已经被访问过
    print(self.vertex[v].data,end=' ')
    rear=(rear+1) % MaxSize
    queue.append(v)                                 #v 入队列
    while front < rear:                             #如果队列不空
        front = (front + 1) % MaxSize
        v=queue.pop(0)                              #队头元素出队并赋值给 v
        p = self.vertex[v].firstarc
        while p != None:                            #遍历序号为 v 的所有邻接点
            if visited[p.adjvex] == 0:              #如果该顶点未被访问过
                visited[p.adjvex]=1
                print(self.vertex[p.adjvex].data, end=' ')
                rear = (rear + 1) % MaxSize
                queue.append(p.adjvex)
            p = p.nextarc                           #p 指向下一个邻接点
```

假设图的顶点个数为 n，边（弧）的数目为 e，则采用邻接表实现图的广度优先遍历的时间复杂度为 $O(n+e)$。

图的深度优先遍历和广度优先遍历的结果并不是唯一的，这主要与图的邻接表存储结点的位置有关。

6.4　图的连通性问题

在 6.1.2 节中介绍了连通图和强连通图概念。那么，如何判断一个图是否为连通图呢？怎样求一个连通图的连通分量呢？本节讨论如何利用遍历算法求解图的连通性问题并讨论最小代价生成树算法。

6.4.1　无向图的连通分量与生成树

在无向图的深度优先遍历和广度优先遍历的过程中，对于连通图，从任何一个顶点出发，都可以遍历图中的每一个顶点；而对于非连通图，则需要从多个顶点出发对图进行遍历，每次从新顶点开始遍历得到的序列就是图的各个连通分量的顶点集合。图 6-3 中的非连通图 G_3 的邻接表如图 6-20 所示。对图 G_3 进行深度优先遍历时，因为图 G_3 是非连通图且有两个连通分量，所以需要从图的至少两个顶点（顶点 A 和顶点 F）出发，才能完成对图中的每个顶点的访问。对图 G_3 进行深度优先遍历得到的序列为：A,B,C,D,I,E 和 F,G,H。

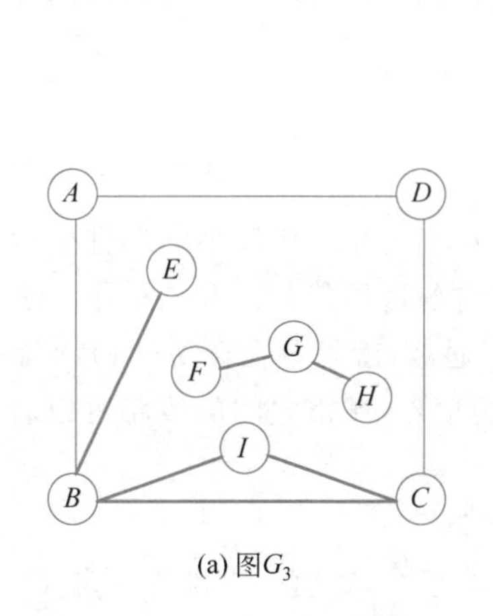

(a) 图G_3

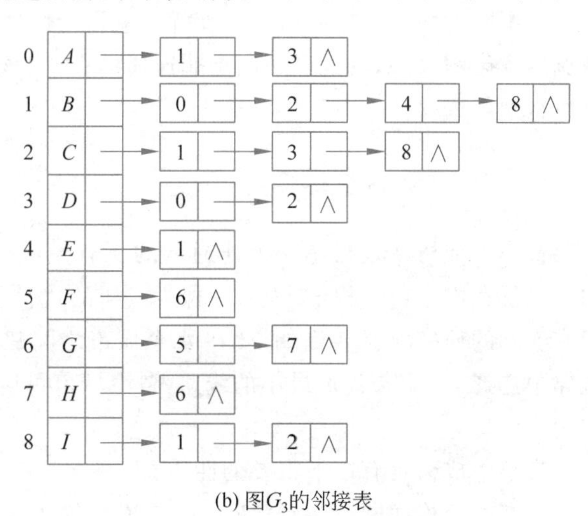

(b) 图G_3的邻接表

图 6-20　图 G_3 的邻接表

由此可以看出，对非连通图进行深度优先遍历或广度优先遍历，就可以分别得到连通分量的顶点序列。

对于连通图，从某一顶点出发，对图进行深度优先遍历，按照访问路径得到一棵生成树，称为深度优先生成树。从某一顶点出发，对图进行广度优先遍历，得到的生成树称为广度优先生成树。图 6-21 就是图 G_6 的深度优先生成树和广度优先生成树。

对于非连通图而言，从某一顶点出发，对图进行深度优先遍历或者广度优先遍历，按照访问路径会得到一系列生成树，这些生成树在一起构成生成森林。对图 G_3 进行深度优先

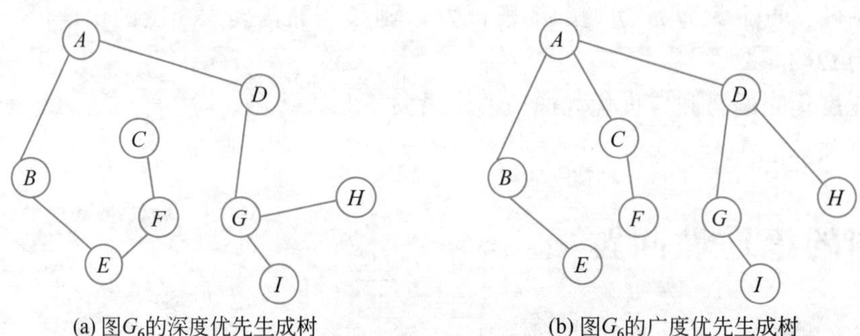

(a) 图G_6的深度优先生成树　　(b) 图G_6的广度优先生成树

图 6-21　图 G_6 的深度优先生成树和广度优先生成树

遍历构成的深度优先生成森林如图 6-22 所示。

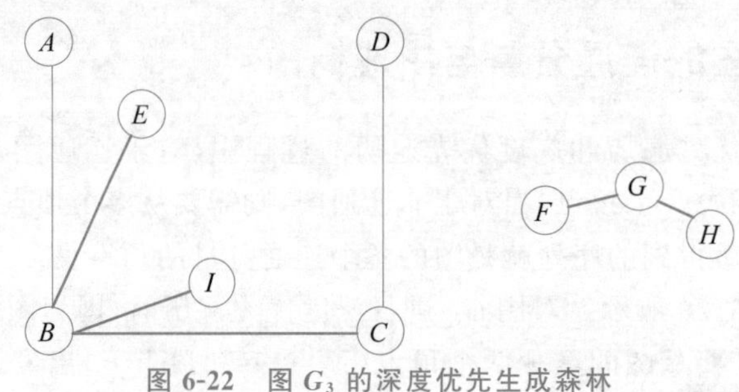

图 6-22　图 G_3 的深度优先生成森林

利用图的深度优先遍历或广度优先遍历可以判断一个图是否是连通图。如果不止一次地调用遍历图算法，则说明该图是非连通的；否则该图是连通图。进一步，对图进行遍历还可以得到生成树。

6.4.2　最小生成树

最小生成树就是指在一个连通网的所有生成树中所有边的代价之和最小的那棵生成树。代价在网中通过权值表示，一棵生成树的代价就是生成树各边的代价之和。最小生成树有实际的研究意义。例如，要在 n 个城市之间建立一个交通网，就是要在 $n(n-1)/2$ 条线路中选择 $n-1$ 条代价最小的线路，各个城市可以看作图的顶点，城市之间的线路可以看作边。

最小生成树具有以下重要的性质：

设有一个连通网 $N=(V,E)$，V 是顶点的集合，E 是边的集合，V 有一个非空子集 U。如果(u,v)是一条具有最小权值的边，其中，$u\in U$，$v\in V-U$，那么一定存在一棵最小生成树包含边(u,v)。

下面用反证法证明以上性质。

假设所有的最小生成树都不存在这样的一条边(u,v)。设 T 是连通网 N 中的一棵最小生成树，如果将边(u,v)加入 T 中，根据生成树的定义，T 一定出现包含(u,v)的回路。另外，T 中一定存在一条边(u',v')的权值大于或等于(u,v)的权值，如果删除边(u',v')，则得到一棵代价小于或等于 T 的生成树 T'。T'是包含边(u,v)的最小生成树，这与假设矛盾。由此，以上性质得证。

最小生成树的构造算法有两个：Prim(普里姆)算法和 Kruskal(克鲁斯卡尔)算法。

1. Prim 算法

Prim 算法描述如下：

假设 $N=\{V,E\}$是连通网，TE 是 N 的最小生成树边的集合。执行以下操作：

(1) 初始时，令 $U=\{u_0\}(u_0\in V)$，TE=$\varnothing$。

(2) 对于所有的边 $u\in U,v\in V-U$ 的边$(u,v)\in E$，将一条代价最小的边(u_0,v_0)放到集合 TE 中，同时将顶点 v_0 放进集合 U 中。

(3) 重复执行步骤(2)，直到 $U=V$ 为止。

这时，边集合 TE 一定有 $n-1$ 条边，$T=\{V,\mathrm{TE}\}$就是连通网 N 的最小生成树。

例如，图 6-23 就是利用 Prim 算法构造最小生成树的过程。

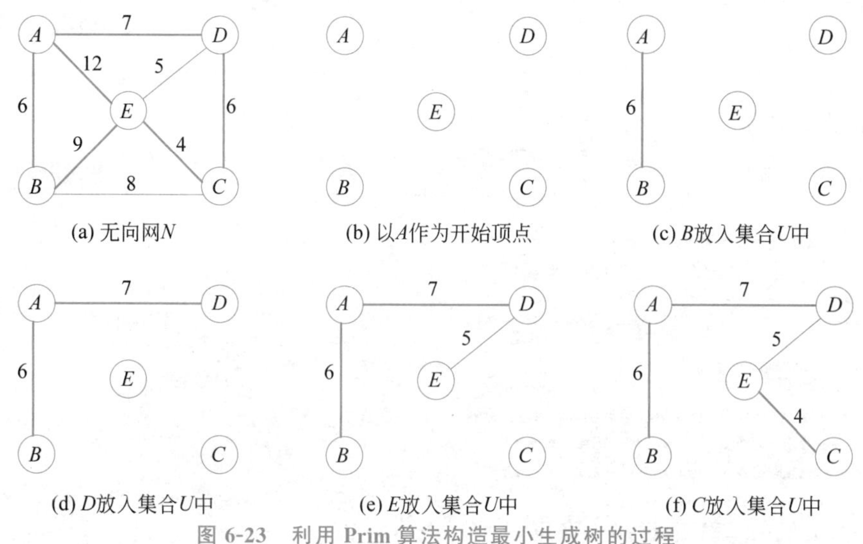

图 6-23 利用 Prim 算法构造最小生成树的过程

初始时，集合 $U=\{A\}$，集合 $V-U=\{B,C,D,E\}$，边集合为$\varnothing$。$A\in U$ 且 U 中只有一个元素，将 A 从 U 中取出，比较顶点 A 与集合 $V-U$ 中顶点构成的代价最小边，在(A,B)、(A,D)、(A,E)中，最小的边是(A,B)。将顶点 B 加入集合 U 中，将边(A,B)加入 TE 中，因此有 $U=\{A,B\}$，$V-U=\{C,D,E\}$，TE==$\{(A,B)\}$。然后在集合 U 与集合 $V-U$ 构成的所有边(A,E)、(A,D)、(B,E)、(B,C)中，其中最小边为(A,D)，故将顶点 D 加入集合 U 中，将边(A,D)加入 TE 中，因此有 $U=\{A,B,D\}$，$V-U=\{C,E\}$，TE==$\{(A,B,D)\}$。以此类推，直到所有的顶点都加入 U 中。

在算法实现时，需要设置一个列表 closeedge[MaxSize]，用来保存 U 到 $V-U$ 最小代价的边。对于每个顶点 $v\in V-U$，在列表中存在一个分量 closeedge[v]，它包括两个域：adjvex 和 lowcost，其中，adjvex 域用来表示该边中属于 U 的顶点，lowcost 域存储该边对应的权值。用公式描述如下：

$$\text{closeedge}[v].\text{lowcost}=\text{Min}(\{\text{cost}(u,v)\mid u\in U\})$$

利用 Prim 算法构造最小生成树，其对应过程中各参数的变化情况如表 6-2 所示。

表 6-2 利用 Prim 算法构造最小生成树的过程中各参数的变化情况

closeedge[i]	i					U	V−U	k	(u_0,v_0)
	0	1	2	3	4				
adjvex lowcost	0	A 6	A ∞	A 7	A 12	{A}	{B,C,D,E}	1	(A,B)
adjvex lowcost	0	0	B 8	A 7	B 9	{A,B}	{C,D,E}	3	(A,D)
adjvex lowcost	0	0	D 6	0	D 5	{A,B,D}	{C,E}	4	(D,E)
adjvex lowcost	0	0	E 4	0	0	{A,B,D,E}	{C}	2	(E,C)
adjvex lowcost	0	0	0	0	0	{A,B,D,E,C}	{}		

Prim 算法描述如下:

```
class CloseEdge:
#记录从顶点集合 U 到 V - U 的代价最小的边的定义
   def __init__(self,adjvex,lowcost):
      self.adjvex=adjvex
      self.lowcost=lowcost
def Prim(self, u, closeedge):                  #利用 Prim 算法求从第 u 个顶点出发构造
                                               #连通网 G 的最小生成树
   k = self.LocateVertex(u)                    #k 为顶点 u 对应的序号
   for j in range(self.vexnum):                #列表初始化
      close_edge=CloseEdge(u,self.arc[k][j])
      closeedge.append(close_edge)
   closeedge[k].lowcost=0                      #初始时集合 U 只包括顶点 u
   print("最小代价生成树的各条边为:")
   for i in range(1,self.vexnum):              #选择剩下的 G.vexnum-1 个顶点
      k=self.MiniNum(closeedge)                #k 为与 U 中顶点相邻接的下一个顶点的序号
      print("(%s-%s)"%(closeedge[k].adjvex, self.vex[k]))  #输出生成树的边
      closeedge[k].lowcost=0                   #第 k 个顶点并入 U 集
      for j in range(self.vexnum):
         if self.arc[k][j] < closeedge[j].lowcost:
                                               #新顶点加入 U 集后重新将最小边存入列表
            closeedge[j].adjvex=self.vex[k]
            closeedge[j].lowcost=self.arc[k][j]
```

Prim 算法中有两个嵌套的 for 循环,假设顶点的个数是 n,则第一层循环的频度为 $n-1$,第二层循环的频度为 n,因此该算法的时间复杂度为 $O(n^2)$。

【例 6-3】 利用邻接矩阵创建一个如图 6-23 所示的无向网 N,然后利用 Prim 算法求该无向网的最小生成树。

分析:本例主要考察利用 Prim 算法生成无向网的最小生成树的算法实现。closedge 有两个域:adjvex 域和 lowcost 域。其中,adjvex 域用来存放依附于集合 U 的顶点,lowcost 域用来存放列表下标对应的顶点到顶点(adjvex 中的值)的最小权值。因此,查找无向网 N 中的最小权值的边就是在列表 lowcost 中找到最小值,输出生成树的边后,要将新的顶点对应的列表值置为 0,即将新顶点加入集合 U 中。以此类推,直到所有的顶点都加入集合 U 中。

closeedge 中的 adjvex 域和 lowcost 域变化情况如图 6-24 所示。

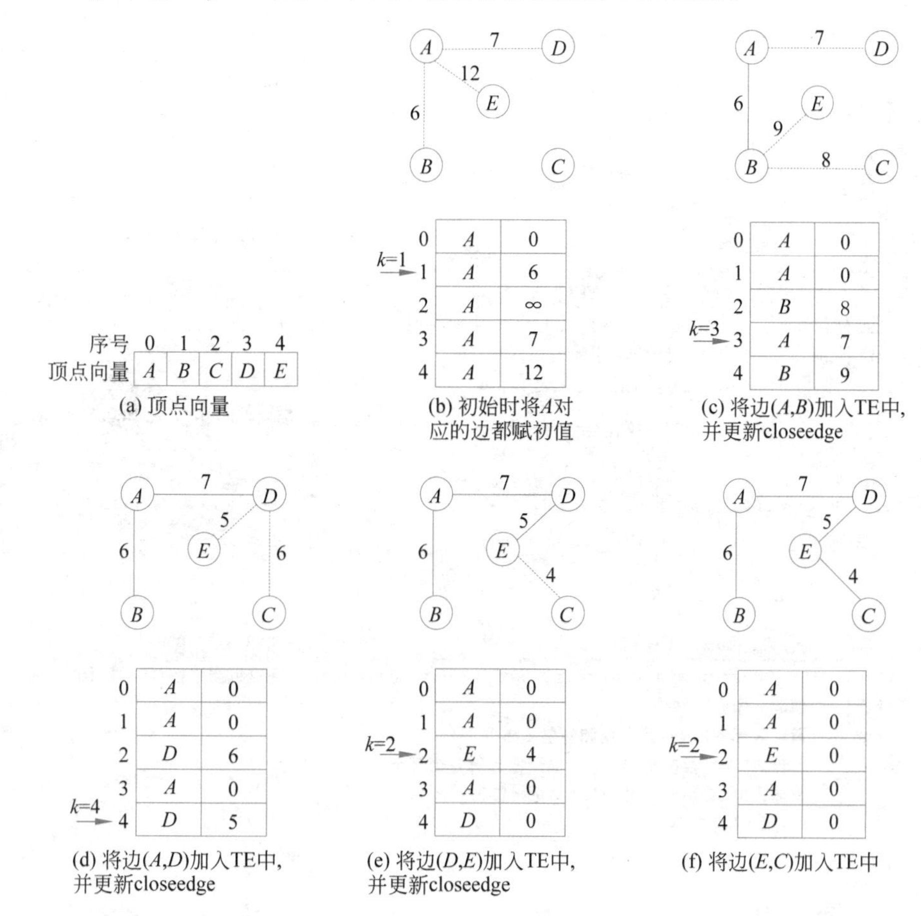

图 6-24　closeedge 值的变化情况

```
def MiniNum(self, edge):
#将 lowcost 的最小值的序号返回
    i=0
    while edge[i].lowcost==0:                              #忽略列表中为 0 的值
        i+=1
    min=edge[i].lowcost                                    #min 为第一个不为 0 的值
    k=i
    for j in range(i+1,self.vexnum):
        if edge[j].lowcost>0 and edge[j].lowcost<min:  #将最小值对应的序号赋给 k
            min=edge[j].lowcost
            k=j
    return k
if __name__ == '__main__':
    print("创建一个无向网 N:")
    N=MGraph()
    N.CreateGraph()
    print("输出网的顶点和边:")
    N.DisplayGraph()
    closeedge=[]
    N.Prim("A",closeedge)
```

```
def CreateGraph(self):
#采用邻接矩阵表示法创建无向网 N
    self.vexnum,self.arcnum=map(int,input("请输入无向网 N 的顶点数和边数: ").split(' '))
    self.arc = [[0 for _ in range(self.vexnum)] for _ in range(self.vexnum)]
    print("请输入%d 个顶点的值(字符)"%self.vexnum,end=',')
    v=input("以空格分隔各个字符:").split(' ')
    for e in v:
        self.vex.append(e)
    for i in range(self.vexnum):                          #初始化邻接矩阵
        for j in range(self.vexnum):
            self.arc[i][j]=float('inf')
    print("请输入%d 条边的顶点权值(以空格作为间隔): "%self.arcnum)
    print("顶点 1 顶点 2 权值")
    for k in range(self.arcnum):
        v1,v2,w=map(str,input("").split(" "))            #输入两个顶点和边的权值
        i=self.LocateVertex(v1)
        j=self.LocateVertex(v2)
        self.arc[i][j]=int(w)
        self.arc[j][i]=int(w)
```

程序运行结果如图 6-25 所示。

```
C:\ProgramData\Anaconda3\python.exe "D:/Python程序/数据结构/第6章 图
创建一个无向网N：
请输入无向网N的顶点数和边数: 5 8
请输入5个顶点的值(字符),以空格分隔各个字符:A B C D E
请输入8条边的顶点和权值(以空格作为间隔):
顶点1 顶点2 权值
A B 6
A D 7
A E 12
B C 8
B E 9
C D 6
C E 4
D E 5
输出网的顶点和边：
有向网具有5个顶点8条边，顶点依次是:
A B C D E
有向网N的:
序号i=
        0    1    2    3    4
   0    ∞    6    ∞    7   12
   1    6    ∞    8    ∞    9
   2    ∞    8    ∞    6    4
   3    7    ∞    6    ∞    5
   4   12    9    4    5    ∞
最小代价生成树的各条边为:
(A-B)
(A-D)
(D-E)
(E-C)

Process finished with exit code 0
```

图 6-25 例 6-3 程序运行结果

2. Kruskal 算法

首先介绍 Kruskal 算法的基本思想。假设 $N=\{V,E\}$是连通网，TE 是 N 的最小生成树边的集合。执行以下操作：

(1) 初始时，最小生成树中只有 n 个顶点，这 n 个顶点分别属于不同的集合，而边的集合 TE=∅。

(2) 从连通网 N 中选择一个代价最小的边，如果边所依附的两个顶点在不同的集合中，将该边加入 TE 中，并将该边依附的两个顶点合并到同一个集合中。

(3) 重复执行步骤(2)，直到所有的顶点都属于同一个顶点集合为止。

例如，图 6-26 就是利用 Kruskal 算法构造最小生成树的过程。

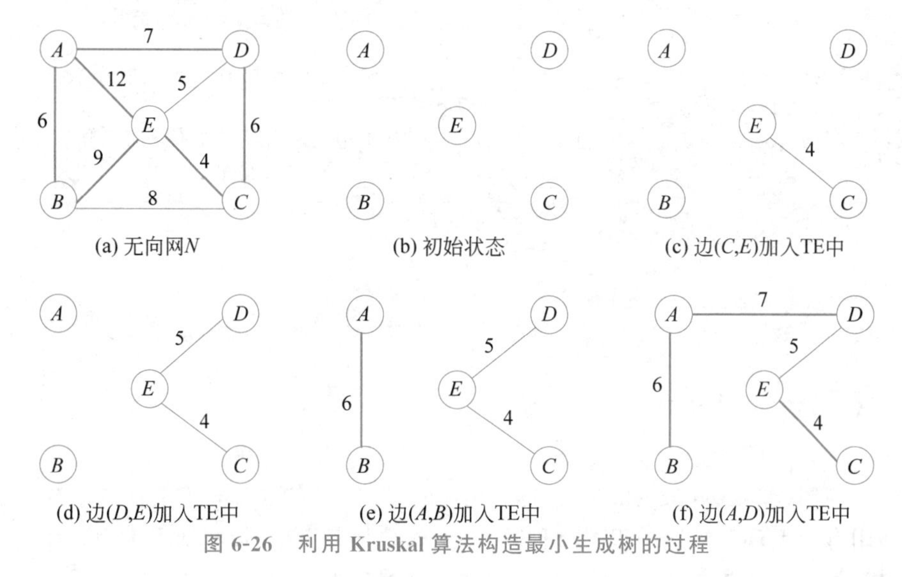

图 6-26 利用 Kruskal 算法构造最小生成树的过程

初始时，边的集合 TE 为空集，顶点 A、B、C、D、E 分别属于不同的顶点集合，假设$U_1=\{A\}$，$U_2=\{B\}$，$U_3=\{C\}$、$U_4=\{D\}$、$U_5=\{E\}$。连通网中含有 8 条边，将这 8 条边按照权值从小到大排列，依次取出权值最小的边且依附于边的两个顶点属于不同的集合，则将该边加入集合 TE 中，并将这两个顶点合并为一个集合。重复执行类似操作，直到所有顶点都属于一个集合为止。

在这 8 条边中，权值最小的边是(C,E)，其权值 $\text{cost}(C,E)=4$，并且 $C\in U_3$，$E\in U_5$，$U_3\neq U_5$，因此，将边(C,E)加入集合 TE 中，并将两个顶点集合合并为一个集合，$\text{TE}=\{(C,E)\}$，$U_3=U_5=\{C,E\}$。在剩下的边的集合中，边(D,E)权值最小，其权值 $\text{cost}(D,E)=5$，并且 $D\in U_4$，$E\in U_3$，$U_3\neq U_4$，因此，将边(D,E)加入边的集合 TE 中并合并顶点集合，有 $\text{TE}=\{(C,E),(D,E)\}$，$U_3=U_5=U_4=\{C,E,D\}$。然后继续从剩下的边的集合中选择权值最小的边，依次加入 TE 中，合并顶点集合，直到所有的顶点都加入顶点集合。

Kruskal 算法描述如下：

```
def Kruskal(self):
    #Kruskal 算法求最小生成树
    set=[]
    a=0
```

```
    b=0
    min=self.arc[a][b]
    k=0
    for i in range(self.vexnum):              #初始时,各顶点分别属于不同的集合
        set.append(i)
    print("最小生成树的各条边为:")
    while k<self.vexnum-1:                    #查找所有权值最小的边
        for i in range(self.vexnum):          #在矩阵的上三角查找权值最小的边
            for j in range(i+1,self.vexnum):
                if self.arc[i][j]<min:
                    min=self.arc[i][j]
                    a=i
                    b=j
        self.arc[a][b]=float('inf')           #删除上三角中权值最小的边,下次不再查找
        min=self.arc[a][b]
        if set[a]!=set[b]:                    #如果边的两个顶点在不同的集合中
            print("%s-%s"%(self.vex[a],self.vex[b]))  #输出权值最小的边
            k+=1
            for r in range(self.vexnum):
                if set[r]==set[b]:            #合并顶点集合
                    set[r]=set[a]
```

6.5 有向无环图

有向无环图(directed acyclic graph)即无环的有向图,它用来描述工程或系统的运行过程。在利用有向无环图描述工程的过程时,将工程分为若干个活动,即子工程。在这些活动之间存在互相制约的关系。例如,一些活动必须在另一些活动完成之后才能开始。整个工程涉及两个问题:一个是各个活动的进行顺序;另一个是整个工程的最短完成时间。其实这就是有向图的两个应用:拓扑排序和关键路径。

6.5.1 AOV网与拓扑排序

由AOV网可以得到拓扑排序。在介绍拓扑排序之前,先介绍AOV网。

1. AOV网

在每一个工程过程中,可以将工程分为若干活动。如果用图中的顶点表示活动,以有向图的弧表示活动之间的优先关系,这样的有向图称为AOV网(Activity On Vertex network),即以顶点表示活动的网。在AOV网中,如果从顶点 v_i 到顶点 v_j 之间存在一条路径,则顶点 v_i 是顶点 v_j 的前驱,顶点 v_j 是顶点 v_i 的后继。如果 $<v_i, v_j>$ 是AOV网的一条弧,则称顶点 v_i 是顶点 v_j 的直接前驱,顶点 v_j 是顶点 v_i 的直接后继。

活动之间的制约关系可以通过AOV网中的弧表示。例如,计算机科学与技术专业的学生必须修完一系列专业基础课程和专业课程才能毕业,学习这些课程的过程可以被看成一项工程,每一门课程可以被看成一个活动。计算机科学与技术专业的课程先修关系如表6-3所示。

表 6-3 计算机科学与技术专业的课程先修关系

课程编号	课程名称	先修课程编号
C_1	程序设计语言	无
C_2	汇编语言	C_1
C_3	离散数学	C_1
C_4	数据结构	C_1,C_3
C_5	编译原理	C_2,C_4
C_6	高等数学	无
C_7	大学物理	C_6
C_8	数字电路	C_7
C_9	计算机组成结构	C_8
C_{10}	操作系统	C_9

在这些课程中,"高等数学"是基础课,它独立于其他课程;在修完了"程序设计语言"和"离散数学"才能学习"数据结构"。这些课程构成的有向无环图如图 6-27 所示。

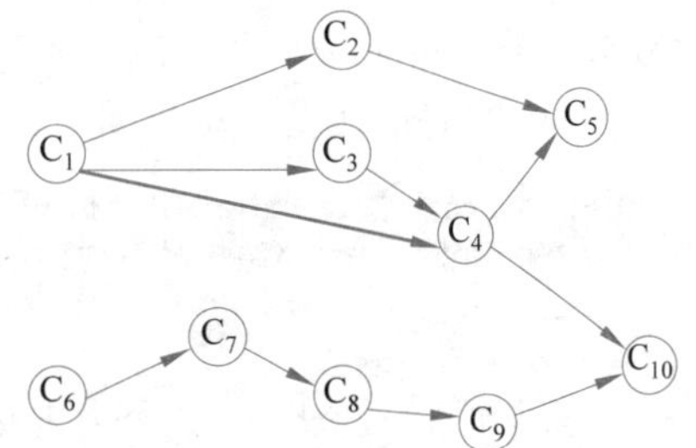

图 6-27 表示课程之间优先关系的有向无环图

在 AOV 网中,不允许出现环,如果出现环就表示某个活动是自己的先决条件。因此,需要对 AOV 网判断是否存在环,可以利用有向图的拓扑排序进行判断。

2. 拓扑排序

拓扑排序就是将 AOV 网中的所有顶点排列成一个线性序列,并且该序列满足以下条件:在 AOV 网中,如果从顶点 v_i 到 v_j 存在一条路径,则在该线性序列中,顶点 v_i 一定出现在顶点 v_j 之前。因此,拓扑排序的过程就是将 AOV 网中的所有顶点排成线性序列的操作。AOV 网表示一个工程图,而拓扑排序则是将 AOV 网中的各个活动组成一个可行的实施方案。

对 AOV 网进行拓扑排序的方法如下:

(1) 在 AOV 网中任意选择一个没有前驱的顶点,即该顶点入度为 0,将该顶点输出。

(2) 从 AOV 网中删除该顶点以及从该顶点出发的弧。

(3) 重复执行步骤(1)和(2),直到 AOV 网中的所有顶点都已经被输出,或者 AOV 网中不存在无前驱的顶点为止。

按照以上步骤,图 6-27 所示的 AOV 网的拓扑序列为(C_1,C_2,C_3,C_4,C_5,C_6,C_7,C_8,C_9,C_{10})或(C_6,C_7,C_8,C_9,C_1,C_2,C_3,C_4,C_5,C_{10})。

图 6-28 是一个 AOV 网的拓扑序列的构造过程。其拓扑序列为(V_1,V_2,V_3,V_5,V_4,V_6)。

在对 AOV 网进行拓扑排序结束后,可能会出现两种情况:一种是 AOV 网中的顶点全部输出,表示 AOV 网中不存在回路;另一种是 AOV 网中还存在没有输出的顶点,未输出顶点的入度都不为 0,表示 AOV 网中存在回路。

采用邻接表存储结构的 AOV 网的拓扑排序算法思想是:遍历邻接表,将各个顶点的入度保存在列表 indegree 中。将入度为 0 的顶点入栈,依次将栈顶元素出栈并输出该顶点。将该

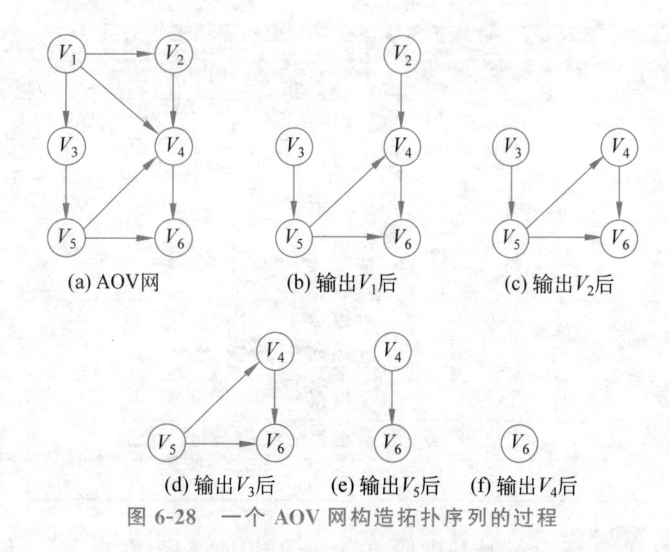

图 6-28　一个 AOV 网构造拓扑序列的过程

顶点的邻接顶点的入度减 1。如果邻接顶点的入度为 0,则入栈;否则,将下一个邻接顶点的入度减 1 并进行相同的处理。然后继续将栈中元素出栈,重复执行以上操作,直到栈空为止。

AOV 网的拓扑排序算法如下:

```
def TopologicalOrder(self):
    #采用邻接表存储结构的有向图的拓扑排序
    count=0
    indegree=[]                              #列表 indegree 用于存储各顶点的入度
    #将各顶点的入度保存在列表 indegree 中
    for i in range(self.vexnum):             #将列表 indegree 赋初值
        indegree.append(0)
    for i in range(self.vexnum):
        p=self.vertex[i].firstarc
        while p != None:
            k = p.adjvex
            indegree[k] +=1
            p = p.nextarc
    S=Stack()                                #创建栈 S
    print("拓扑序列:")
    for i in range(self.vexnum):
        if indegree[i]==0:                   #将入度为 0 的顶点入栈
            S.PushStack(i)
        while not S.StackEmpty():            #如果栈 S 不为空
            i=S.PopStack()                   #从栈 S 中将已进行拓扑排序的顶点 i 弹出
            print("%s "%self.vertex[i].data,end='')
            count +=1                        #对入栈 T 的顶点计数
            p=self.vertex[i].firstarc
            while p:                         #处理编号为 i 的顶点的每个邻接点
                k=p.adjvex                   #顶点序号为 k
                indegree[k]-=1
                if indegree[k] == 0:         #如果 k 的入度减 1 后变为 0,则将 k 入栈 S
                    S.PushStack(k)
                p = p.nextarc
        if count < self.vexnum:
            print("该 AOV 网有回路")
```

```
        return 0
    else:
        return 1
```

在拓扑排序的实现过程中，入度为0的顶点入栈的时间复杂度为$O(n)$，有向图的顶点进栈、出栈操作及while循环语句的执行次数是e次，因此，拓扑排序的时间复杂度为$O(n+e)$。

6.5.2 AOE网与关键路径

AOE网是以边表示活动的有向无环图。AOE网在工程计划和工程管理中非常有用，在AOE网中，具有最大路径长度的路径称为关键路径，它表示完成工程的最短工期。

1. AOE网

AOE网是一个带权的有向无环图。其中，顶点表示事件，弧表示活动，权值表示活动持续的时间。AOE网是以边表示活动的网(Activity On Edge network)。

AOV网描述了活动之间的优先关系，可以认为是一个定性的研究，但是有时候还需要定量地研究工程的进度，如整个工程的最短完成时间、各个子工程对整个工程的影响程度、每个子工程的最短完成时间和最长完成时间。在AOE网中，通过研究事件与活动之间的关系，可以确定整个工程的最短完成时间，明确活动之间的相互影响，确保整个工程的顺利进行。

在用AOE网表示一个工程计划时，顶点表示各个事件，弧表示子工程的活动，权值表示子工程的活动需要的时间。在顶点表示事件发生之后，从该顶点出发的有向弧所表示的活动才能开始；在进入某个顶点的有向弧所表示的活动完成之后，该顶点表示的事件才能发生。

图6-29是一个具有10个活动、8个事件的AOE网。$v_1,v_2,\cdots,v_8$表示8个事件，$<v_1,v_2>,<v_1,v_3>,\cdots,<v_7,v_8>$表示10个活动，$a_1,a_2,\cdots,a_{10}$表示活动的执行时间(本例以天为单位)。进入顶点的有向弧表示的活动已经完成，从顶点出发的有向弧表示的活动可以开始。顶点v_1表示整个工程的开始，顶点v_8表示整个工程的结束。顶点v_5表示活动a_4、a_5、a_6已经完成，活动a_7和a_8可以开始。其中，完成活动a_1和活动a_3分别需要5天和6天。

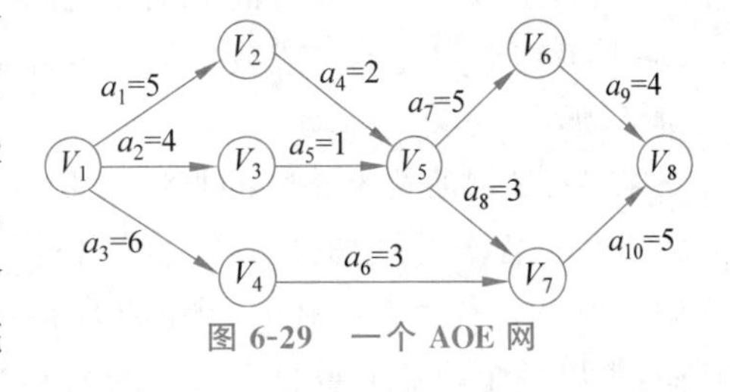

图6-29 一个AOE网

对于一个工程来说，只有一个开始状态和一个结束状态，因此，在AOE网中，只有一个入度为0的点，表示工程的开始，称为源点；只有一个出度为0的点，表示工程的结束，称为汇点。

2. 关键路径

关键路径是指在AOE网中从源点到汇点的最长路径。这里的路径长度是指路径上各个活动持续时间之和。在AOE网中，有些活动是可以并行执行的，关键路径其实就是完成工程的最短时间所经过的路径。关键路径上的活动称为关键活动。

下面是与关键路径有关的几个概念。

(1) 事件v_i的最早发生时间。从源点到顶点v_i的最长路径长度称为事件v_i的最早发生时间，记作ve(i)。求解ve(i)可以从源点ve(0)=0开始，按照拓扑排序规则根据递推得到：

$$\mathrm{ve}(i)=\mathrm{Max}\{\mathrm{ve}(k)+\mathrm{dut}(<k,i>)\mid <k,i>\in T,1\leqslant i\leqslant n-1\}$$

其中,T 是所有以第 i 个顶点为弧头的弧的集合,$\mathrm{dut}(<k,i>)$表示弧$<k,i>$对应的活动的持续时间。

(2) 事件 v_i 的最晚发生时间。在保证整个工程完成的前提下,活动必须最迟的开始时间,记作 $\mathrm{vl}(i)$。在求解事件 v_i 的最早发生时间 $\mathrm{ve}(i)$的前提 $\mathrm{vl}(n-1)=\mathrm{ve}(n-1)$下,从汇点开始,向源点推进得到 $\mathrm{vl}(i)$:

$$\mathrm{vl}(i)=\mathrm{Min}\{\mathrm{vl}(k)-\mathrm{dut}(<i,k>)\mid <i,k>\in S,0\leqslant i\leqslant n-2\}$$

其中,S 是所有以第 i 个顶点为弧尾的弧的集合,$\mathrm{dut}(<i,k>)$表示弧$<i,k>$对应的活动的持续时间。

(3) 活动 a_i 的最早开始时间 $e(i)$。如果弧$<v_k,v_j>$表示活动 a_i,当事件 v_k 发生之后,活动 a_i 才开始。因此,事件 v_k 的最早发生时间也就是活动 a_i 的最早开始时间,即 $e(i)=\mathrm{ve}(k)$。

(4) 活动 a_i 的最晚开始时间 $l(i)$。是指在不推迟整个工程完成时间的基础上,活动 a_i 最迟必须开始的时间。如果弧$<v_k,v_j>$表示活动 a_i,持续时间为 $\mathrm{dut}(<k,j>)$,则活动 a_i 的最晚开始时间 $l(i)=\mathrm{vl}(j)-\mathrm{dut}(<k,j>)$。

(5) 活动 a_i 的松弛时间。活动 a_i 的最晚开始时间与最早开始时间之差就是活动 a_i 的松弛时间,记作 $l(i)-e(i)$。

在图 6-29 所示的 AOE 网中,从源点 v_1 到汇点 v_8 的关键路径是(v_1,v_2,v_5,v_6,v_8),路径长度为 16,也就是说事件 v_8 的最早发生时间为 16。活动 a_7 的最早开始时间是 7,最晚开始时间也是 7。活动 a_8 的最早开始时间是 7,最晚开始时间是 8,如果 a_8 推迟 1 天开始,不会影响到整个工程的进度。

当 $e(i)=l(i)$时,对应的活动 a_i 称为关键活动。在关键路径上的所有活动都称为关键活动,非关键活动提前完成或推迟完成并不会影响到整个工程的进度。例如,活动 a_8 是非关键活动,a_7 是关键活动。

求 AOE 网的关键路径的算法如下:

(1) 对 AOE 网中的顶点进行拓扑排序。如果得到的拓扑序列中的顶点数小于 AOE 网中的顶点数,则说明 AOE 网中有环存在,不能求关键路径,终止算法。否则,从源点 v_0 开始,求出各个顶点的最早发生时间 $\mathrm{ve}(i)$。

(2) 从汇点 v_n 出发,$\mathrm{vl}(n-1)=\mathrm{ve}(n-1)$,按照逆拓扑序列求其他顶点的最晚发生时间 $\mathrm{vl}(i)$。

(3) 由各顶点的最早发生时间 $\mathrm{ve}(i)$和最晚发生时间 $\mathrm{vl}(i)$,求出每个活动 a_i 的最早开始时间 $e(i)$和最晚开始时间 $l(i)$。

(4) 找出所有满足条件 $e(i)=l(i)$的活动 a_i,a_i 即是关键活动。

利用求 AOE 网的关键路径的算法,图 6-29 所示的 AOE 网中顶点对应的事件的最早发生时间 ve、最晚发生时间 vl 及弧对应的活动的最早发生时间 e、最晚发生时间 l 和松弛时间 $l-e$ 如图 6-30(a)所示。

显然,该 AOE 网的关键路径是(v_1,v_2,v_5,v_6,v_8),关键活动是 a_1、a_4、a_7 和 a_9,如图 6-30(b)所示。

关键路径经过的顶点满足条件 $\mathrm{ve}(i)==\mathrm{vl}(i)$,即,当事件的最早发生时间与最晚发生时间相等时,该顶点一定在关键路径之上。同样,关键活动满足条件 $e(i)=l(i)$,即当活动

顶点	ve	vl
v_1	0	0
v_2	5	5
v_3	4	6
v_4	6	8
v_5	7	7
v_6	12	12
v_7	10	11
v_8	16	16

活动	e	l	$l-e$
a_1	0	0	0
a_2	0	2	2
a_3	0	2	2
a_4	5	5	0
a_5	4	6	2
a_6	6	8	2
a_7	7	7	0
a_8	7	8	1
a_9	12	12	0
a_{10}	10	11	1

(a) 各事件和活动的相关时间

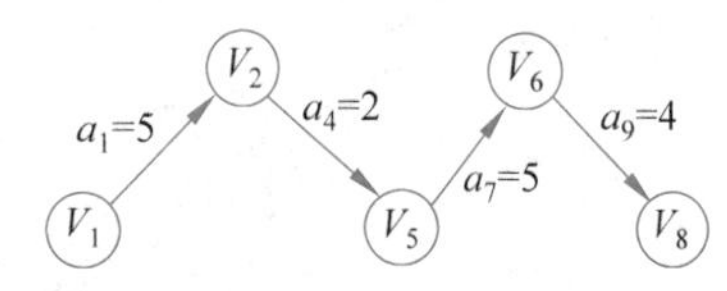

(b) 关键路径

图 6-30　AOE 网中各事件和活动的相关时间以及关键路径

的最早开始时间与最晚开始时间相等时，该活动一定是关键活动。因此，要求出关键路径，需要首先求出 AOE 网中每个顶点对应的事件的最早开始时间，然后再推出事件的最晚开始时间和活动的最早、最晚开始时间，最后再判断顶点是否在关键路径上，得到 AOE 网的关键路径。

要得到每一个顶点的最早开始时间，首先要对 AOE 网中的顶点进行拓扑排序。在此过程中，同时计算顶点的最早发生时间 ve(i)。从源点开始，由与源点相关联的弧的权值，可以得到与该弧相关联的顶点对应事件的最早发生时间。同时定义一个栈 T，保存顶点的逆拓扑序列。拓扑排序和求 ve(i)的算法实现如下：

```
def TopologicalOrder(self):
    #采用邻接表存储结构的 AOE 网 N 的拓扑排序，并求各顶点对应事件的最早发生时间 ve
    #如果 N 无回路，则用栈 T 返回 N 的一个拓扑序列，并返回 1；否则返回 0
    count=0
    ve = [0 for i in range(self.vexnum)]
    indegree=[]                              #列表 indegree 用于存储各顶点的入度
    #将各顶点的入度保存在列表 indegree 中
    for i in range(self.vexnum):             #将列表 indegree 赋初值
        indegree.append(0)
    for i in range(self.vexnum):
        p=self.vertex[i].firstarc
        while p != None:
            k = p.adjvex
            indegree[k] +=1
            p = p.nextarc
    S=Stack()                                #创建栈 S
    print("拓扑序列:")
    for i in range(self.vexnum):
        if indegree[i]==0:                   #将入度为 0 的顶点入栈
            S.PushStack(i)
        T=Stack()                            #创建拓扑序列顶点栈
        for i in range(self.vexnum):         #初始化 ve
            ve[i]=0
        while not S.StackEmpty():            #如果栈 S 不为空
```

```
        i=S.PopStack()                      #从栈 S 中将已进行拓扑排序的顶点 i 弹出
        print("%s "%self.vertex[i].data,end='')
        T.PushStack(i)                      #i 号顶点入逆拓扑排序栈 T
        count +=1                           #对入栈 T 的顶点计数

        p=self.vertex[i].firstarc
        while p:                            #处理编号为 i 的顶点的每个邻接点
            k=p.adjvex                      #顶点序号为 k
            indegree[k]-=1
            if indegree[k] == 0:            #如果 k 的入度减 1 后变为 0,则将 k 入栈 S
                S.PushStack(k)
            if ve[i]+ p.info > ve[k]:       #计算顶点 k 对应的事件的最早发生时间
                ve[k]=ve[i]+ p.info
            p = p.nextarc
    if count < self.vexnum:
        print("该有向网有回路")
        return 0,T,ve
    else:
        return 1,T,ve
```

在上面的算法中,语句

```
if ve[i]+p.info>ve[k]:
    ve[k]=ve[i]+p.info
```

就是求顶点 k 对应的事件的最早发生时间,其中 info 域保存的是对应的弧的权值,在这里将图的邻接表类型定义做了简单的修改。

在求出事件的最早发生时间之后,按照逆拓扑序列就可以推出事件的最晚发生时间以及活动的最早开始时间和最晚开始时间。在求出所有的参数之后,如果 ve(i)==vl(i),输出关键路径经过的顶点。如果 $e(i)=l(i)$,将与对应的弧关联的两个顶点存入列表 e1 和 e2,用来输出关键活动。

关键路径算法实现如下:

```
def CriticalPath(self):
#输出有向网 N 的关键路径
    vl=[0 for i in range(self.vexnum)]      #事件最晚发生时间
    e1=[0 for i in range(self.arcnum)]
    e2=[0 for i in range(self.arcnum)]
    flag,T,ve=self.TopologicalOrder()
    if flag==0:                             #如果有环存在,则返回 0
        return 0
    value = ve[0]
    for i in range(1,self.vexnum):
        if ve[i] > value:
            value = ve[i]                   #value 为事件的最早发生时间的最大值
    for i in range(self.vexnum):            #将事件的最晚发生时间初始化
        vl[i]=value
    while not T.StackEmpty():               #按逆拓扑排序求各顶点的 vl 值
        j=T.PopStack()                      #弹出栈 T 的元素, 赋给 j
        p=self.vertex[j].firstarc           #p 指向 j 的后继事件 k
```

```
        while p!=None:
            k=p.adjvex
            dut = p.info                          #dut为弧<j, k>的权值
            if vl[k] - dut < vl[j]:               #计算事件j的最晚发生时间
                vl[j] = vl[k] - dut
            p=p.nextarc
    print("\n事件的最早发生时间和最晚发生时间\ni ve[i] vl[i]")
    for i in range(self.vexnum):          #输出顶点对应的事件的最早发生时间和最晚发生时间
        print("%d   %d     %d"%(i, ve[i], vl[i]))
    print("关键路径为:(",end='')
    for i in range(self.vexnum):                  #输出关键路径经过的顶点
        if ve[i] == vl[i]:
            print("%s "%self.vertex[i].data,end='')
    print(")")
    count = 0
    print("活动最早开始时间和最晚开始时间\n   弧     e   l   l-e")
    for j in range(self.vexnum):                  #求活动的最早开始时间e和最晚开始时间l
        p=self.vertex[j].firstarc
        while p:
            k = p.adjvex
            dut = p.info                          #dut为弧<j, k>的权值
            e = ve[j]                             #e就是活动<j, k>的最早开始时间
            l = vl[k] - dut                       #l就是活动<j, k>的最晚开始时间
            print("%s→%s %3d %3d %3d"%(self.vertex[j].data,self.vertex[k].data,
e, l, l - e))
            if e == l:                            #将关键活动保存在列表中
                e1[count]=j
                e2[count]=k
                count+=1
            p=p.nextarc
    print("关键活动为:")
    for k in range(count):                        #输出关键路径
        i = e1[k]
        j= e2[k]
        print("(%s→%s) "%(self.vertex[i].data, self.vertex[j].data),end='')
    print()
    return 1
```

在以上两个算法中,其求解事件的最早发生时间和最晚发生时间的时间复杂度为$O(n+e)$。如果AOE网中存在多个关键路径,则需要同时改进所有的关键路径才能提高整个工程的进度。

程序运行结果如图6-31所示。

思政元素:从求解拓扑排序、关键路径算法得到的启示是:在日常生活中,要根据各种事情的轻重缓急,合理安排好做事情的优先顺序,只有这样,才能提高工作效率。在学习和工作中,经常会遇到多件事情需要处理,要养成合理管理时间、科学合理规划工作安排的良好习惯,既能保证工作任务按计划完成,又能提高工作效率。

```
Run:  关键路径 ×
C:\ProgramData\Anaconda3\python.exe "D:/Python程序/数据结构/
创建一个有向网N：
请输入有向网N的顶点数,弧数(以空格分隔): 8 10
请输入8个顶点的值: v1 v2 v3 v4 v5 v6 v7 v8
请输入弧尾 弧头 权值(以空格分隔):
v1 v2 5
v1 v3 4
v1 v4 6
v2 v5 2
v3 v5 1
v4 v7 3
v5 v7 3
v5 v6 5
v6 v8 4
v7 v8 5
拓扑序列：
v1 v2 v3 v5 v6 v4 v7 v8
```

```
事件的最早发生时间和最晚发生时间
i ve[i] vl[i]
0   0     0
1   5     5
2   4     6
3   6     8
4   7     7
5   12    12
6   10    11
7   16    16
关键路径为：(v1 v2 v5 v6 v8 )
```

```
活动最早开始时间和最晚开始时间
   弧    e   l   l-e
v1→v4   0   2    2
v1→v3   0   2    2
v1→v2   0   0    0
v2→v5   5   5    0
v3→v5   4   6    2
v4→v7   6   8    2
v5→v6   7   7    0
v5→v7   7   8    1
v6→v8  12  12    0
v7→v8  10  11    1
关键活动为：
(v1→v2) (v2→v5) (v5→v6) (v6→v8)

Process finished with exit code 0
```

图 6-31　求关键路径程序运行结果

6.6　最短路径

在日常生活中，经常会遇到求两个地点之间的最短路径的问题，例如在交通网络中城市A与城市B之间的最短路径。可以将每个城市作为图中的顶点，将两个城市之间的线路作为图的边或者弧，将城市之间的距离作为权值，这样就把一个实际的问题转化为求图的顶点之间的最短路径问题。求解图的最短路径问题有两种方法：Dijkstra（迪杰斯特拉）算法和Floyd（弗洛伊德）算法，分别用于求解从某一顶点出发到达其他顶点的最短路径问题和两个任意顶点之间的最短路径问题。

6.6.1　利用Dijkstra算法求最短路径

最短路径

1. 算法思想

从某个顶点到其余各顶点的最短路径问题也称为单源最短路径问题。带权有向图 G_7 及从 v_0 出发到其余各顶点的最短路径如图6-32所示。

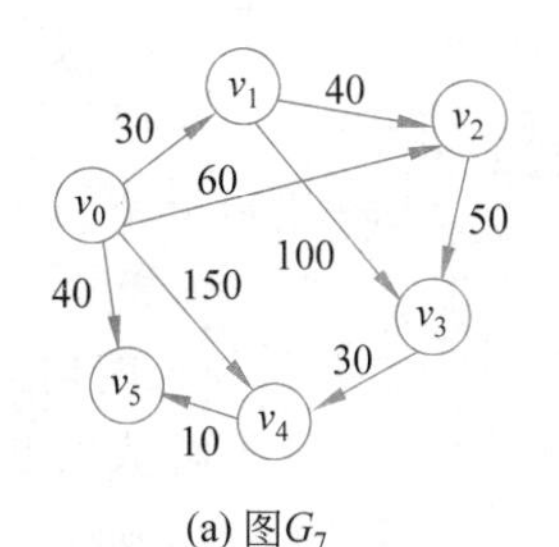

(a) 图G_7

始点	终点	最短路径	路径长度
v_0	v_1	(v_0,v_1)	30
v_0	v_2	(v_0,v_2)	60
v_0	v_3	(v_0,v_2,v_3)	110
v_0	v_4	(v_0,v_2,v_3,v_4)	140
v_0	v_5	(v_0,v_5)	40

(b) 从顶点v_0到其余各顶点的最短路径

图6-32　图 G_7 及从顶点 v_0 到其余各顶点的最短路径

从图6-32中可以看出，从顶点 v_0 到顶点 v_2 有两条路径：(v_0, v_1, v_2) 和 (v_0, v_2)。其中，前者的路径长度为70，后者的路径长度为60，因此 (v_0, v_2) 是从顶点 v_0 到顶点 v_2 的最短路径。从顶点 v_0 到顶点 v_3 有3条路径：(v_0, v_1, v_2, v_3)、(v_0, v_2, v_3) 和 (v_0, v_1, v_3)。其中，第一条路径长度为120，第二条路径长度为110，第三条路径长度为130，因此 (v_0, v_2, v_3) 是从顶点 v_0 到顶点 v_3 的最短路径。

下面介绍由Dijkstra提出的求最短路径算法。它的基本思想是根据路径长度递增顺序求解从顶点 v_0 到其余各顶点的最短路径。

设有一个带权有向图 $D=(V,E)$，定义一个列表dist，列表中的每个元素dist[i]表示顶点 v_0 到顶点 v_i 的最短路径长度。则长度为

$$\text{dist}[j]=\text{Min}\{\text{dist}[i] \mid v_i \in V\}$$

的路径表示从顶点 v_0 出发到顶点 v_j 的最短路径。也就是说，在所有的顶点 v_0 到顶点 v_j 的路径中，dist[j]是最短的一条路径。而列表dist的初始状态是：如果从顶点 v_0 到顶点 v_i 存在弧，则dist[i]是弧 $<v_0, v_j>$ 的权值；否则，dist[j]的值为∞。

假设 S 表示求出的最短路径对应终点的集合。在按路径长度递增顺序已经求出从顶点 v_0 出发到顶点 v_j 的最短路径之后，那么下一条最短路径，即从顶点 v_0 到顶点 v_k 的最短路径，或者是弧 $<v_0, v_k>$，或者是经过集合 S 中某个顶点然后到达顶点 v_k 的路径。从顶点 v_0 出发到顶点 v_k 的最短路径长度或者是弧 $<v_0, v_k>$ 的权值，或者是dist[j]与 v_j 到 v_k

的权值之和。

终点为 v_x 的最短路径或者是弧 $<v_0,v_x>$，或者是中间经过集合 S 中某个顶点后到达顶点 v_x 所经过的路径。下面用反证法证明此结论。假设该最短路径中有一个顶点 $v_z \in V-S$，即 $v_z \notin S$，则最短路径为 $(v_0,\cdots,v_z,\cdots,v_x)$。但是，这种情况是不可能出现的。因为最短路径是按照路径长度的递增顺序产生的，所以长度更短的路径已经出现，其终点一定在集合 S 中。因此假设不成立，结论得证。

例如，从图 6-32 可以看出：(v_0,v_2) 是从 v_0 到 v_2 的最短路径；(v_0,v_2,v_3) 是从 v_0 到 v_3 的最短路径，经过了顶点 v_2；(v_0,v_2,v_3,v_4) 是从 v_0 到 v_4 的最短路径，经过了顶点 v_3。

在一般情况下，下一条最短路径的长度一定是

$$\text{dist}[j]=\text{Min}\{\text{dist}[i] \mid v_i \in V-S\}$$

其中，$\text{dist}[i]$ 或者是弧 $<v_0,v_i>$ 的权值，或者是 $\text{dist}[k]$ $(v_k \in S)$ 与弧 $<v_k,v_i>$ 的权值之和。$V-S$ 表示还没有求出的最短路径的终点集合。

Dijkstra 算法求解最短路径的步骤如下(假设有向图用邻接矩阵存储)：

(1) 初始时，S 只包括源点 v_0，即 $S=\{v_0\}$，$V-S$ 包括除 v_0 以外的图中的其他顶点。v_0 到其他顶点的路径初始化为 $\text{dist}[i]=G.\text{arc}[0][i].\text{adj}$。

(2) 选择距离顶点 v_i 最短的顶点 v_k，使得 $\text{dist}[k]=\text{Min}\{\text{dist}[i] \mid v_i \in V-S\}$。其中，$\text{dist}[k]$ 表示从 v_0 到 v_k 的最短路径长度，v_k 表示对应的终点。将 v_k 加入 S 中。

(3) 修改从 v_0 到顶点 v_i 的最短路径长度，其中 $v_i \in V-S$。如果有 $\text{dist}[k]+G.\text{arc}[k][i]<\text{dist}[i]$，则修改 $\text{dist}[i]$，使得 $\text{dist}[i]=\text{dist}[k]+G.\text{arc}[k][i].\text{adj}$。

(4) 重复执行步骤(2)和(3)，直到所有从 v_0 到其余各顶点的最短路径长度均被求出。

利用以上 Dijkstra 算法求最短路径的思想，对图 6-32 所示的图 G_7 求解从顶点 v_0 到其余各顶点的最短路径，图 G_7 的邻接矩阵以及最短路径的求解过程如图 6-33 所示。

$$\begin{bmatrix} \infty & 30 & 60 & \infty & 150 & 40 \\ \infty & \infty & 40 & 100 & \infty & \infty \\ \infty & \infty & \infty & 50 & \infty & \infty \\ \infty & \infty & \infty & \infty & 30 & \infty \\ \infty & \infty & \infty & \infty & \infty & 10 \\ \infty & \infty & \infty & \infty & \infty & \infty \end{bmatrix}$$

(a) 图 G_7 的邻接矩阵

终点	路径长度和路径数组	从顶点 v_0 到其余各顶点的最短路径的求解过程				
		i=1	i=2	i=3	i=4	i=5
v_1	dist path	30 (v_0,v_1)				
v_2	dist path	60 (v_0,v_2)	60 (v_0,v_2)	60 (v_0,v_2)		
v_3	dist path	∞ −1	130 (v_0,v_1,v_3)	130 (v_0,v_1,v_3)	110 (v_0,v_2,v_3)	
v_4	dist path	150 (v_0,v_4)	150 (v_0,v_4)	150 (v_0,v_4)	150 (v_0,v_4)	140 (v_0,v_2,v_3,v_4)
v_5	dist path	40 (v_0,v_5)	40 (v_0,v_5)			
最短路径终点		v_1	v_5	v_2	v_3	v_4
集合S		$\{v_0,v_1\}$	$\{v_0,v_1,v_5\}$	$\{v_0,v_1,v_5,v_2\}$	$\{v_0,v_1,v_5,v_2,v_3\}$	$\{v_0,v_1,v_5,v_2,v_3,v_4\}$

(b) 从顶点 v_0 到其余各顶点的最短路径的求解过程

图 6-33　图 G_7 的邻接矩阵以及从顶点 v_0 到其余各顶点的最短路径的求解过程

根据 Dijkstra 算法，求图 G_7 的最短路径过程中各变量的状态变化情况如表 6-4 所示。

(1) 初始化：$S=\{v_0\}$，$V-S=\{v_1,v_2,v_3,v_4,v_5\}$，dist[]=[0,30,60,∞,150,40]（根据邻接矩阵得到 v_0 到其他各顶点的权值），path[]=[0,0,0,−1,0,0]（若顶点 v_0 到顶点 v_i 有边 $<v_0,v_i>$ 存在，则它就是从 v_0 到 v_i 的当前最短路径，令 path[i]=0，表示该最短路径上顶点 v_i 的前一个顶点是 v_0；若 v_0 到 v_i 没有路径，则令 path[i]=−1)。

表 6-4 求最短路径过程中各变量的状态变化情况

S	V−S	dist[]	path[]
$\{v_0\}$	$\{v_1,v_2,v_3,v_4,v_5\}$	[0,30,60,∞,150,40]	[0,0,0,−1,0,0]
$\{v_0,\boldsymbol{v_1}\}$	$\{v_2,v_3,v_4,v_5\}$	[0,30,60,**130**,150,40]	[0,0,0,1,0,0]
$\{v_0,v_1,\boldsymbol{v_5}\}$	$\{v_2,v_3,v_4\}$	[0,30,60,130,150,40]	[0,0,0,1,0,0]
$\{v_0,v_1,v_5,\boldsymbol{v_2}\}$	$\{v_3,v_4\}$	[0,30,60,**110**,150, 40]	[0,0,0,2,0,0]
$\{v_0,v_1,v_5,v_2,\boldsymbol{v_3}\}$	$\{v_4\}$	[0,30,60,110,**140**,40]	[0,0,0,2,3,0]
$\{v_0,v_1,v_5,v_2,v_3,\boldsymbol{v_4}\}$	{}	[0,30,60,110,140,40]	[0,0,0,2,3,0]

(2) 从 $V-S$ 集合中找到顶点 v_1，该顶点与 S 集合中的顶点构成的路径最短，即 dist[] 列表中值最小的顶点，将其添加到 S 中，则 $S=\{v_0,v_1\}$，$V-S=\{v_2,v_3,v_4,v_5\}$。考查顶点 v_1，发现从 v_1 到 v_2 和 v_3 存在边，则得到

dist[2] = min{dist[2],dist[1] + 40} = 60

dist[3] = min{dist[3],dist[1] + 100} = 130(修改)

因此，dist[]=[0,30,60,**130**,150,40]，同时修改 v_1 到 v_3 路径上的前驱顶点，path[]=[0,0,0,**1**,0,0]。

(3) 从 $V-S$ 中找到顶点 v_5，它与 S 中的顶点构成的路径最短，即 dist[]列表中值最小的顶点，将其添加到 S 中，则 $S=\{v_0,v_1,v_5\}$，$V-S=\{v_2,v_3,v_4\}$。考查顶点 v_5，发现 v_5 与其他顶点之间不存在边，则 dist[]和 path[]保持不变。

(4) 从 $V-S$ 中找到顶点 v_2，它与 S 中的顶点构成的路径最短，即 dist[]列表中值最小的顶点，将其加入 S 中，则 $S=\{v_0,v_1,v_5,v_2\}$，$V-S=\{v_3,v_4\}$。考查顶点 v_2，从 v_2 到 v_3 存在边，则得到

dist[3]=min{dist[3],dist[2]+50}=110(修改)

因此，dist[]=[0,30,60,**110**,150,40]，同时修改 v_1 到 v_3 路径上的前驱顶点，path[]=[0,0,0,**2**,0,0]。

(5) 从 $V-S$ 中找到顶点 v_3，它与 S 中的顶点构成的路径最短，即 dist[]列表中值最小的顶点，将其加入 S 中，则 $S=\{v_0,v_1,v_5,v_2,v_3\}$，$V-S=\{v_4\}$。考查顶点 v_3，从 v_3 到 v_4 存在边，则得到

dist[4]=min{dist[4],dist[3]+30}=140(修改)

因此，dist[]=[0,30,60,110,**140**,40]，同时修改 v_1 到 v_4 路径上的前驱顶点，path[]=[0,0,0,2,**3**,0]。

(6) 从 $V-S$ 中找到与 S 中的顶点构成的路径最短的顶点 v_4，即 dist[]列表中值最小的顶点，将其加入 S 中，则 $S=\{v_0,v_1,v_5,v_2,v_3,v_4\}$，$V-S=\{\ \}$。考查顶点 v_4，从 v_4 到 v_5 存在边，则得到

$$dist[5]=min\{dist[5],dist[4]+10\}=40$$

因此,dist[]和 path[]保持不变,即 dist[]=[0,30,60,110,140,40],path[]=[0,0,0,2,3,0]。

根据 dist[]和 path[]中的值输出从 v_0 到其余各顶点的最短路径。例如,从 v_0 到 v_4 的最短路径可根据 path[]获得:由 path[4]=3 得到 v_4 的前驱顶点为 v_3,由 path[3]=2 得到 v_3 的前驱顶点为 v_2,由 path[2]=0 得到 v_2 的前驱顶点为 v_0,因此反推出从 v_0 到 v_4 的最短路径为 $v_0 \rightarrow v_2 \rightarrow v_3 \rightarrow v_4$,最短路径长度为 dist[4],即 140。

2. 算法实现

求解最短路径的 Dijkstra 算法描述如下:

```
def Dijkstra(self, v0, path, dist, final):
#用 Dijkstra 算法求有向网 N 的 v0 顶点到其余各顶点 v 的最短路径 path[v]及带权长度 dist[v]
#final[v]为 1 表示 v∈S,即已经求出从 v0 到 v 的最短路径
   for v in range(self.vexnum):              #列表 dist 存储 v0 到 v 的最短距离,初始化
                                             #为 v0 到 v 的弧的数目
       final.append(0)
       dist.append(self.arc[v0][v])          #记录与 v0 有连接的顶点的权值
       if self.arc[v0][v]<float('inf'):
          path.append(v0)
       else:
          path.append(-1)                    #初始化路径列表 path 为-1
   dist[v0]=0                                #v0 到 v0 的路径为 0
   final[v0]=1                               #v0 顶点并入集合 S
   path[v0]=v0
   #从 v0 到其余 G.vexnum-1 个顶点的最短路径,并将这些顶点并入集合 S
   #利用循环每次求 v0 到某个顶点 v 的最短路径
   for v in range(1,self.vexnum):
       min = float('inf')                    #记录一次循环与 v0 最近的距离
       for w in range(self.vexnum):          #找出与 v0 最近的顶点
          #final[w]为 0 表示该顶点还没有记录与它最近的顶点
          if final[w]==0 and dist[w] < min:  #在不属于集合 S 的顶点中找到与 v0 最近的
                                             #顶点
             k = w                         #记录最小权值的下标,将与 v0 最近的顶点 w 赋给 k
             min = dist[w]                   #记录最小权值
       #将目前找到的与 v0 最近的顶点的下标置为 1,表示该顶点已被记录
       final[k] = 1                          #将 v 并入集合 S
       #修正当前最短路径
       for w in range(self.vexnum):
       #利用新并入集合 S 的顶点,更新 v0 到不属于集合 S 的顶点的最短路径长度和最短路径列表
          #如果经过顶点 v 的路径比现在的路径短,则修改顶点 v0 到 w 的距离
          if final[w]==0 and min<float('inf') and self.arc[k][w]<float('inf') and 
min + self.arc[k][w] < dist[w]:
             dist[w] = min + self.arc[k][w]  #修改顶点 w 到 v0 的最短路径长度
             path[w] = k                     #存储最短路径前驱顶点的下标
def PrintShortPath(self,v0,path,dist):
   k=0
   apath=[]
   apath = [0  for _ in range(self.vexnum)]
   print("存储最短路径前驱顶点下标的列表 path 的值为:")
   print("下标:")
   for i in range(self.vexnum):
       print(" %2d"%i,end=' ')
   print("\n 列表的值:",end=' ')
```

```
    for i in range(self.vexnum):
        print("%2d "%path[i],end=' ')
    #存储最短路径前驱结点下标的列表 path 为:
    #列表下标: 0  1  2  3  4  5
    #列表的值: 0  0  0  2  3  0
    #当 path[4] = 3 时表示顶点 4 的前驱顶点是顶点 3
    #找到顶点 3,path[3] = 2,表示顶点 3 的前驱顶点是顶点 2
    #找到顶点 2,path[2]=0,表示顶点 2 的前驱顶点是顶点 0
    #因此由顶点 4 到顶点 0 的最短路径为 4 -> 3 -> 2 -> 0
    #将这个顺序倒过来,即可得到顶点 0 到顶点 4 的最短路径
    print("\nv0 到其他顶点的最短路径如下:")
    for i in range(1,self.vexnum):
        k=0
        print("v%d -> v%d : "%(v0, i),end=' ')
        j = i
        print("%s "%self.vex[v0],end=' ')
        while path[j] != 0:
            apath[k] = path[j]
            j = path[j]
            k +=1
        for j in range(k-1,-1,-1):
            print("%s "%self.vex[apath[j]],end=' ')
        print("%s"%self.vex[i])
    print("顶点 v%d 到各顶点的最短路径长度为:"%v0)
    for i in range(1,self.vexnum):
        print("%s - %s : %d"%(self.vex[0], self.vex[i], dist[i]))
                                        #dist 中存放 v0 到各顶点的最短路径长度
```

其中,列表中的 dist[v]表示当前求出的从顶点 v_0 到顶点 v 的最短路径长度。先利用 v_0 到其他顶点的弧对应的权值初始化列表 path[]和 dist[],然后找出从 v_0 到顶点 v(不属于集合 S)的最短路径,并将 v 并入集合 S,将最短路径长度赋给 min。接着利用新并入的顶点 v 更新 v_0 到其他顶点(不属于集合 S)的最短路径长度和最短路径列表。重复执行以上步骤,直到从 v_0 到所有其他顶点的最短路径求出为止。列表中的 path[v]存放顶点 v 的前驱顶点的下标,根据 path[]中的值,可依次求出相应顶点的前驱,直到源点 v_0,逆推回去可得到从 v_0 到其余各顶点的最短路径。

该算法的时间主要耗费在第二个 for 循环语句上,外层 for 循环语句主要控制循环的次数,一次循环可得到从 v0 到某个顶点的最短路径,两个内层 for 循环共执行 n 次,如果不考虑每次求解最短路径的耗费,则该算法的时间复杂度是 $O(n^2)$。

下面通过一个具体例子来说明 Dijkstra 算法的应用。

【例 6-4】 建立一个如图 6-32 所示的有向网 N,输出有向网 N 中从 v_0 出发到其余各顶点的最短路径及其长度。

```
def CreateGraph(self,value,vnum,arcnum,ch):
#采用邻接矩阵表示法创建有向网
    self.vexnum,self.arcnum=vnum,arcnum
    self.arc = [[0 for _ in range(self.vexnum)] for _ in range(self.vexnum)]
    for e in ch:
        self.vex.append(e)
    for i in range(self.vexnum):                        #初始化邻接矩阵
        for j in range(self.vexnum):
```

```
            self.arc[i][j]=float('inf')
        for r in range(len(value)):
            i = value[r][0]
            j = value[r][1]
            self.arc[i][j] = value[r][2]
if __name__ == '__main__':
    vnum = 6
    arcnum = 9
    final=[]
    value= [ [0, 1, 30], [0, 2, 60], [0, 4, 150], [0, 5, 40],
             [1, 2, 40], [1, 3, 100], [2, 3, 50], [3, 4, 30], [4, 5, 10]]
    ch = ["v0", "v1", "v2", "v3", "v4", "v5"]
    path=[]                                         #存放最短路径所经过的顶点
    dist=[]                                         #存放最短路径长度
    N=MGraph()
    N.CreateGraph(value, vnum, arcnum, ch)          #创建有向网 N
    N.DisplayGraph()                                #输出有向网 N
    N.Dijkstra(0, path, dist, final)
    N.PrintShortPath(0, path, dist)                 #打印最短路径
def DisplayGraph(self):
   #输出邻接矩阵存储表示的有向网 N
    print("有向网具有%d 个顶点%d 条弧,顶点依次是: "%(self.vexnum, self.arcnum))
    for i in range(self.vexnum):
        print(self.vex[i],end=' ')
    print("\n 有向网 N 的:")
    print("序号 i=",end='')
    for i in range(self.vexnum):
        print("%4d"% i,end=' ')
    print()
    for i in range(self.vexnum):
        print("%5d"%i,end=' ')
        for j in range(self.vexnum):
            if self.arc[i][j]!=float('inf'):
                print("%4d"%self.arc[i][j],end=' ')
            else:
                print('%4s'%'∞',end=' ')
        print()
```

程序运行结果如图 6-34 所示。

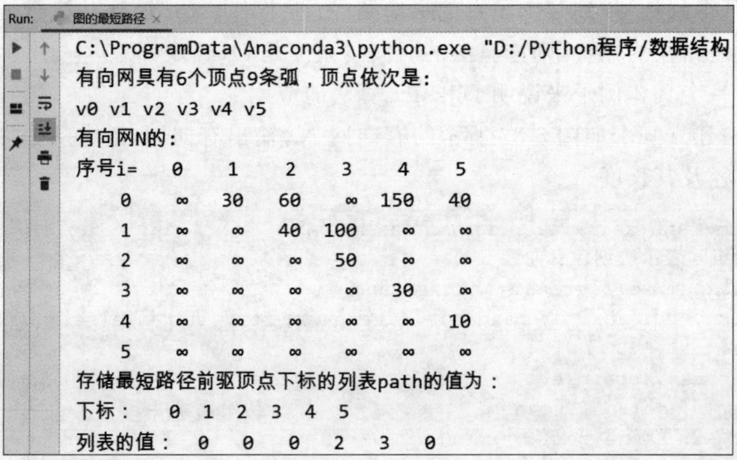

```
Run:  图的最短路径
C:\ProgramData\Anaconda3\python.exe "D:/Python程序/数据结构
有向网具有6个顶点9条弧，顶点依次是:
v0 v1 v2 v3 v4 v5
有向网N的:
序号i=   0    1    2    3    4    5
    0    ∞   30   60    ∞  150   40
    1    ∞    ∞   40  100    ∞    ∞
    2    ∞    ∞    ∞   50    ∞    ∞
    3    ∞    ∞    ∞    ∞   30    ∞
    4    ∞    ∞    ∞    ∞    ∞   10
    5    ∞    ∞    ∞    ∞    ∞    ∞
存储最短路径前驱顶点下标的列表path的值为：
下标：   0  1  2  3  4  5
列表的值：  0   0   0   2   3   0
```

图 6-34 程序运行结果

```
v0到其他顶点的最短路径如下：
v0 -> v1 :  v0  v1
v0 -> v2 :  v0  v2
v0 -> v3 :  v0  v2  v3
v0 -> v4 :  v0  v2  v3  v4
v0 -> v5 :  v0  v5
顶点v0到各顶点的最短路径长度为：
v0 - v1 : 30
v0 - v2 : 60
v0 - v3 : 110
v0 - v4 : 140
v0 - v5 : 40

Process finished with exit code 0
```

图 6-34 （续）

6.6.2 利用 Floyd 算法求最短路径

如果要计算每一对顶点之间的最短路径，只需要以任何一个顶点为出发点，将 Dijkstra 算法重复执行 n 次即可。这样求出的每一对顶点之间的最短路径的时间复杂度为 $O(n^3)$。下面介绍的 Floyd 算法，也称多源最短路径算法，其时间复杂度也是 $O(n^3)$。

1. 算法思想

求解一对顶点之间最短路径的 Floyd 算法的思想是：假设要求顶点 v_i 到顶点 v_j 的最短路径。如果从顶点 v_i 到顶点 v_j 存在弧，但是该弧所在的路径不一定是 v_i 到 v_j 的最短路径，需要进行 n 次比较。

首先需要从顶点 v_0 开始，如果有路径 (v_i, v_0, v_j) 存在，则比较路径 (v_i, v_j) 和 (v_i, v_0, v_j)，选择两者中较短的一个且中间顶点的序号不大于 0。

然后在路径上增加顶点 v_1，得到路径 $(v_i, \cdots, v_1)$ 和 $(v_1, \cdots, v_j)$，如果两者都是中间顶点不大于 0 的最短路径，则将该路径 $(v_i, \cdots, v_1, \cdots, v_j)$ 与上面已经求出的中间顶点序号不大于 0 的最短路径比较，选中其中最小的作为从 v_i 到 v_j 的中间顶点序号不大于 1 的最短路径。

接着在路径上增加顶点 v_2，得到路径 $(v_i, \cdots, v_2)$ 和 $(v_2, \cdots, v_j)$，按照以上方法进行比较，求出从 v_i 到 v_j 的中间顶点序号不大于 2 的最短路径。

以此类推，经过 n 次比较，可以得到从 v_i 到 v_j 的中间顶点序号不大于 $n-1$ 的最短路径。依照这种方法，可以得到任意两个顶点之间的最短路径。

假设采用邻接矩阵存储带权有向图 G，则各个顶点之间的最短路径可以保存在一个 n 阶矩阵 $\boldsymbol{D}$ 中，每次求出的最短路径可以用矩阵表示为 $\boldsymbol{D}^{-1}, \boldsymbol{D}^0, \boldsymbol{D}^1, \boldsymbol{D}^2, \cdots, \boldsymbol{D}^{n-1}$。其中 $D^{-1}[i][j] = G.\text{arc}[i][j].\text{adj}$，$D^k[i][j] = \text{Min}\{D^{k-1}[i][j], D^{k-1}[i][k] + D^{k-1}[k][j] \mid 0 \leqslant k \leqslant n-1\}$。其中，$D^k[i][j]$ 表示从顶点 v_i 到顶点 v_j 的中间顶点序号不大于 k 的最短路径长度，而 $D^{n-1}[i][j]$ 即为从顶点 v_i 到顶点 v_j 的最短路径长度。

根据 Floyd 算法，求解图 6-32 所示的带权有向图 G_7 的每一对顶点之间最短路径的过程如下（$\boldsymbol{D}$ 存放每一对顶点之间的最短路径长度，$\boldsymbol{P}$ 存放最短路径中到达某顶点的前驱顶点下标）。

(1) 初始时,**D** 中元素的值为顶点间弧的权值。若两个顶点间不存在弧,则其值为∞。顶点 v_2 到 v_3 存在弧,权值为 50,故 $D^{-1}[2][3]=50$;路径(v_2,v_3)的前驱顶点为 v_2,故 $P^{-1}[2][3]=2$。顶点 v_4 到 v_5 存在弧,权值为 10,故 $D^{-1}[4][5]=10$;路径(v_4,v_5)的前驱顶点为 v_4,故 $P^{-1}[4][5]=4$。若没有前驱顶点,则 **P** 中相应的元素值为−1。**D** 和 **P** 的初始状态如图 6-35 所示。

$$\boldsymbol{D}^{-1}=\begin{bmatrix} \infty & 30 & 60 & \infty & 150 & 40 \\ \infty & \infty & 40 & 100 & \infty & \infty \\ \infty & \infty & \infty & 50 & \infty & \infty \\ \infty & \infty & \infty & \infty & 30 & \infty \\ \infty & \infty & \infty & \infty & \infty & 10 \\ \infty & \infty & \infty & \infty & \infty & \infty \end{bmatrix} \qquad \boldsymbol{P}^{-1}=\begin{bmatrix} -1 & 0 & 0 & -1 & 0 & 0 \\ -1 & -1 & 1 & 1 & -1 & -1 \\ -1 & -1 & -1 & 2 & -1 & -1 \\ -1 & -1 & -1 & -1 & 3 & -1 \\ -1 & -1 & -1 & -1 & -1 & 4 \\ -1 & -1 & -1 & -1 & -1 & -1 \end{bmatrix}$$

图 6-35 **D** 和 **P** 的初始状态

(2) 考察顶点 v_0。经过比较,从顶点 v_i 到 v_j 经由顶点 v_0 的最短路径无变化,因此,$\boldsymbol{D}^0$ 和 $\boldsymbol{P}^0$ 如图 6-36 所示。

$$\boldsymbol{D}^{0}=\begin{bmatrix} \infty & 30 & 60 & \infty & 150 & 40 \\ \infty & \infty & 40 & 100 & \infty & \infty \\ \infty & \infty & \infty & 50 & \infty & \infty \\ \infty & \infty & \infty & \infty & 30 & \infty \\ \infty & \infty & \infty & \infty & \infty & 10 \\ \infty & \infty & \infty & \infty & \infty & \infty \end{bmatrix} \qquad \boldsymbol{P}^{0}=\begin{bmatrix} -1 & 0 & 0 & -1 & 0 & 0 \\ -1 & -1 & 1 & 1 & -1 & -1 \\ -1 & -1 & -1 & 2 & -1 & -1 \\ -1 & -1 & -1 & -1 & 3 & -1 \\ -1 & -1 & -1 & -1 & -1 & 4 \\ -1 & -1 & -1 & -1 & -1 & -1 \end{bmatrix}$$

图 6-36 经由顶点 v_0 的 **D** 和 **P** 的状态

(3) 考察顶点 v_1。从顶点 v_1 到 v_2 和 v_3 存在路径,由顶点 v_0 到 v_1 的路径可得到 v_0 到 v_2 和 v_3 的路径长度 $D^1[0][2]=70$(由于 70>60,$D^1[0][2]$的值保持不变)和 $D^1[0][3]=130$(由于 130<∞,故需更新 $D^1[0][3]$的值为 130,同时更新前驱顶点 $P^1[0][3]$的值为 1)。更新后的最短路径矩阵和前驱顶点矩阵如图 6-37 所示。

$$\boldsymbol{D}^{1}=\begin{bmatrix} \infty & 30 & 60 & 130 & 150 & 40 \\ \infty & \infty & 40 & 100 & \infty & \infty \\ \infty & \infty & \infty & 50 & \infty & \infty \\ \infty & \infty & \infty & \infty & 30 & \infty \\ \infty & \infty & \infty & \infty & \infty & 10 \\ \infty & \infty & \infty & \infty & \infty & \infty \end{bmatrix} \qquad \boldsymbol{P}^{1}=\begin{bmatrix} -1 & 0 & 0 & 1 & 0 & 0 \\ -1 & -1 & 1 & 1 & -1 & -1 \\ -1 & -1 & -1 & 2 & -1 & -1 \\ -1 & -1 & -1 & -1 & 3 & -1 \\ -1 & -1 & -1 & -1 & -1 & 4 \\ -1 & -1 & -1 & -1 & -1 & -1 \end{bmatrix}$$

图 6-37 经由顶点 v_1 的 **D** 和 **P** 的状态

(4) 考察顶点 v_2。从顶点 v_2 到 v_3 存在路径,由顶点 v_0 到 v_2 的路径可得到 v_0 到 v_3 的路径长度 $D^2[0][3]=110$(由于 110<130,故需更新 $D^2[0][3]$的值为 110,同时更新前驱顶点 $P^1[0][3]$的值为 2)。同时,修改从顶点 v_1 到 v_3 的最短路径长度($D^2[1][3]=90<100$)和 $P^2[1][3]$的值。更新后的最短路径矩阵和前驱顶点矩阵如图 6-38 所示。

$$\boldsymbol{D}^{2}=\begin{bmatrix} \infty & 30 & 60 & 110 & 150 & 40 \\ \infty & \infty & 40 & 90 & \infty & \infty \\ \infty & \infty & \infty & 50 & \infty & \infty \\ \infty & \infty & \infty & \infty & 30 & \infty \\ \infty & \infty & \infty & \infty & \infty & 10 \\ \infty & \infty & \infty & \infty & \infty & \infty \end{bmatrix} \qquad \boldsymbol{P}^{2}=\begin{bmatrix} -1 & 0 & 0 & 2 & 0 & 0 \\ -1 & -1 & 1 & 2 & -1 & -1 \\ -1 & -1 & -1 & 2 & -1 & -1 \\ -1 & -1 & -1 & -1 & 3 & -1 \\ -1 & -1 & -1 & -1 & -1 & 4 \\ -1 & -1 & -1 & -1 & -1 & -1 \end{bmatrix}$$

图 6-38 经由顶点 v_2 的 **D** 和 **P** 的状态

(5) 考察顶点 v_3。从顶点 v_3 到 v_4 存在路径,由顶点 v_0 到 v_3 的路径可得到 v_0 到 v_4 的路径长度 $D^3[0][4]=140$(由于 140<150,故需更新 $D^3[0][4]$的值为 140,同时更新前驱

顶点 $P^3[0][4]$的值为 3)。同时,更新从 v_1、v_2 到 v_4 的最短路径长度和前驱顶点。更新后的最短路径矩阵和前驱顶点矩阵如图 6-39 所示。

$$\boldsymbol{D}^3=\begin{bmatrix} \infty & 30 & 60 & 110 & 140 & 40 \\ \infty & \infty & 40 & 90 & 120 & \infty \\ \infty & \infty & \infty & 50 & 80 & \infty \\ \infty & \infty & \infty & \infty & 30 & \infty \\ \infty & \infty & \infty & \infty & \infty & 10 \\ \infty & \infty & \infty & \infty & \infty & \infty \end{bmatrix} \qquad \boldsymbol{P}^3=\begin{bmatrix} -1 & 0 & 0 & 2 & 3 & 0 \\ -1 & -1 & 1 & 2 & 3 & -1 \\ -1 & -1 & -1 & 2 & 3 & -1 \\ -1 & -1 & -1 & -1 & 3 & -1 \\ -1 & -1 & -1 & -1 & -1 & 4 \\ -1 & -1 & -1 & -1 & -1 & -1 \end{bmatrix}$$

图 6-39 经由顶点 v_3 的 $\boldsymbol{D}$ 和 $\boldsymbol{P}$ 的状态

(6) 考察顶点 v_4。从顶点 v_4 到 v_5 存在路径,则按以上方法计算从各顶点经由 v_4 到其他各顶点的路径长度和前驱顶点。更新后的最短路径矩阵和前驱顶点矩阵如图 6-40 所示。

$$\boldsymbol{D}^4=\begin{bmatrix} \infty & 30 & 60 & 110 & 140 & 40 \\ \infty & \infty & 40 & 90 & 120 & 130 \\ \infty & \infty & \infty & 50 & 80 & 90 \\ \infty & \infty & \infty & \infty & 30 & 40 \\ \infty & \infty & \infty & \infty & \infty & 10 \\ \infty & \infty & \infty & \infty & \infty & \infty \end{bmatrix} \qquad \boldsymbol{P}^4=\begin{bmatrix} -1 & 0 & 0 & 2 & 3 & 0 \\ -1 & -1 & 1 & 2 & 3 & 4 \\ -1 & -1 & -1 & 2 & 3 & 4 \\ -1 & -1 & -1 & -1 & 3 & 4 \\ -1 & -1 & -1 & -1 & -1 & 4 \\ -1 & -1 & -1 & -1 & -1 & -1 \end{bmatrix}$$

图 6-40 经由顶点 v_4 的 $\boldsymbol{D}$ 和 $\boldsymbol{P}$ 的存储状态

(7) 考察顶点 v_5。从顶点 v_5 到其他各顶点不存在路径,故无须更新最短路径矩阵和前驱顶点矩阵。

根据以上分析,图 G_7 各顶点之间的最短路径及其长度如图 6-41 所示。

	v_0	v_1	v_2	v_3	v_4	v_5
v_0		(v_0,v_1) 30	(v_0,v_2) 60	(v_0,v_2,v_3) 110	(v_0,v_2,v_3,v_4) 140	(v_0,v_5) 40
v_1			(v_1,v_2) 40	(v_1,v_3) 90	(v_1,v_2,v_3,v_4) 120	(v_1,v_2,v_3,v_4,v_5) 130
v_2				(v_2,v_3) 50	(v_2,v_3,v_4) 80	(v_2,v_3,v_4,v_5) 90
v_3					(v_3,v_4) 30	(v_3,v_4,v_5) 40
v_4						(v_4,v_5) 10
v_5						

图 6-41 图 G_7 各顶点之间的最短路径及其长度

2. 算法实现

根据以上 Floyd 算法思想,各顶点之间的最短路径算法实现如下:

```
def Floyd_Short_Path(self):
#用 Floyd 算法求有向网 N 任意顶点之间的最短路径
#其中 D[u][v]表示从 u 到 v 当前得到的最短路径
#P[u][v]存放的是 u 到 v 的前驱顶点
   MAXSIZE=20
   D = [[None for col in range(MAXSIZE)] for row in range(MAXSIZE)]
   P = [[None for col in range(MAXSIZE)] for row in range(MAXSIZE)]
```

```
for u in range(self.vexnum):              #初始化最短路径长度矩阵 D 和前驱顶点矩阵 P
    for v in range(self.vexnum):
        D[u][v]=self.arc[u][v]        #初始时,顶点 u 到 v 的最短路径为 u 到 v 的弧的权值
        if u!=v and self.arc[u][v]<float('inf'):  #若顶点 u 到 v 存在弧
            P[u][v]=u                     #则路径(u,v)的前驱顶点为 u
        else:                             #否则
            P[u][v]=-1                    #路径(u,v)的前驱顶点为-1
for w in range(self.vexnum):              #依次考察所有顶点
    for u in range(self.vexnum):
        for v in range(self.vexnum):
            if D[u][v]>D[u][w]+D[w][v]:   #从 u 经 w 到 v 的一条路径为当前最短路径
                D[u][v]=D[u][w]+D[w][v]   #更新 u 到 v 的最短路径长度
                P[u][v]=P[w][v]           #更新最短路径中 u 到 v 的前驱顶点
```

程序运行结果如图 6-42 所示。

```
Run: 最短路径Floyd
C:\ProgramData\Anaconda3\python.exe "D:/Python程序/数据结构
有向网具有6个顶点9条弧，顶点依次是:
v0 v1 v2 v3 v4 v5
有向网N的:
序号i=   0    1    2    3    4    5
    0    ∞   30   60    ∞  150   40
    1    ∞    ∞   40  100    ∞    ∞
    2    ∞    ∞    ∞   50    ∞    ∞
    3    ∞    ∞    ∞    ∞   30    ∞
    4    ∞    ∞    ∞    ∞    ∞   10
    5    ∞    ∞    ∞    ∞    ∞    ∞
利用Floyd算法得到的最短路径矩阵：
   ∞   30   60  110  140   40
   ∞    ∞   40   90  120  130
   ∞    ∞    ∞   50   80   90
   ∞    ∞    ∞    ∞   30   40
   ∞    ∞    ∞    ∞    ∞   10
   ∞    ∞    ∞    ∞    ∞    ∞
```

```
存储最短路径前驱结点下标的列表path的值为：
下标：   0   1   2   3   4   5
   0  -1   0   0   2   3   0
   1  -1  -1   1   2   3   4
   2  -1  -1  -1   2   3   4
   3  -1  -1  -1  -1   3   4
   4  -1  -1  -1  -1  -1   4
   5  -1  -1  -1  -1  -1  -1
顶点v0到各顶点的最短路径长度为：
v0 - v1 : 30
v0 - v2 : 60
v0 - v3 : 110
v0 - v4 : 140
v0 - v5 : 40

Process finished with exit code 0
```

图 6-42　利用 Floyd 算法求最短路径程序运行结果

6.7　图的应用举例

本节通过两个实例介绍图的具体应用，包括求图中距离顶点 v 的最短路径长度为 k 的所有顶点以及求图中顶点 u 到顶点 v 的简单路径。

6.7.1　距离某个顶点的最短路径长度为 k 的所有顶点

【例 6-5】　创建一个无向图，求距离顶点 v_0 的最短路径长度为 k 的所有顶点。

【分析】　本例主要考查图的遍历。可以采用图的广度优先遍历，找出第 k 层的所有顶点。例如，在图 6-43 所示的无向图 G_9 中有 7 个顶点和 8 条边。

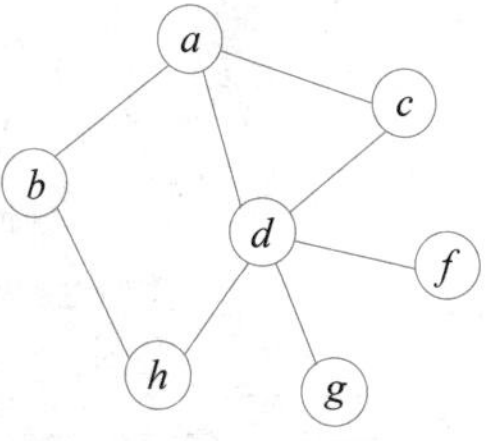

图 6-43　无向图 G_9

算法思想：利用广度优先遍历对图进行遍历，从 v_0 开始，依次访问与 v_0 相邻接的各个顶点，利用一个队列存储所有已经访问过的顶点及该顶点与 v_0 的最短路径，并将该顶点的标志位置为 1 表示已经访问过。依次取出队列的各个顶点，如果该顶点存在未访问过的邻接点，首先判断该顶点是否距离 v_0 的最短路径长度为 k。如果满足条件，将该邻接点输出；否则，将该邻接点入队，并将距离 v_0 的层次加 1。重复执行以上操作，直到队列为空或者存在满足条件的顶点为止。

求距离 v_0 最短路径长度为 k 的所有顶点的算法实现如下：

```
def BsfLevel(self,v0,k):
#在图 G 中,求距离顶点 v0 最短路径为 k 的所有顶点
    global QUEUESIZE
    #队列 queue[][0]存储顶点的序号,queue[][1]存储当前顶点距离 v0 的路径长度
    queue=[[None for col in range(2)]for row in range(QUEUESIZE)]
    visited=[]                          #顶点访问标志列表,0 表示未访问,1 表示已经访问
    front = 0
    rear = -1
    yes = 0
    for i in range(self.vexnum):        #初始化标志列表
        visited.append(0)
    rear=(rear+1) % QUEUESIZE           #顶点 v0 入队列
    queue[rear][0]=v0
    queue[rear][1]=1
    visited[v0]=1                       #访问列表标志位置为 1
    level=1                             #设置当前层次
    flag=True
    while flag:
        v=queue[front][0]               #取出队列中的顶点
        level=queue[front][1]
        front=(front+1) % QUEUESIZE
        p=G.vertex[v].firstarc          #p 指向 v 的第一个邻接点
        while p != None:
            if visited[p.adjvex] == 0:  #如果该邻接点未被访问
                if level == k:          #如果该邻接点距离 v0 的最短路径为 k,则将其输出
                    if yes == 0:
                        print("距离%s 的最短路径为%2d 的顶点有:%s "%(self.vertex[v0].
                            data, k, self.vertex[p.adjvex].data),end='')
```

```
            else:
                print(",%s" %self.vertex[p.adjvex].data,end='')
            yes=1
            visited[p.adjvex]=1        #访问标志位置为 1
            rear=(rear+1) % QUEUESIZE #并将该顶点入队
            queue[rear][0]=p.adjvex
            queue[rear][1]=level+1
        p=p.nextarc                    #如果当前顶点已经被访问,则 p 移向下一个邻接点
    if front != rear and level < k + 1:
        flag=True
    else:
        flag=False
print()
```

测试代码如下(省略了构建无向图、销毁图等代码):

```
def DisplayGraph(self):
#图的邻接表存储结构的输出
    print("%d 个顶点:"%self.vexnum)
    for i in range(self.vexnum):
        print(self.vertex[i].data,end=' ')
    print("\n%d 条边:"%(2*self.arcnum))
    for i in range(self.vexnum):
        p=self.vertex[i].firstarc              #将 p 指向边表的第一个结点
        while p!=None:                         #输出无向图的所有边
            print("%s→%s"%(self.vertex[i].data,self.vertex[p.adjvex].data),end=' ')
            p=p.nextarc
        print()
if __name__ == '__main__':
    print("创建一个无向图 G:")
    G=AdjGraph()
    G.CreateGraph()
    print("输出图的顶点和弧:")
    G.DisplayGraph()
    G.BsfLevel(0,2)                            #求图 G 中距离顶点 v0 最短路径为 2 的顶点
```

程序运行结果如图 6-44 所示。

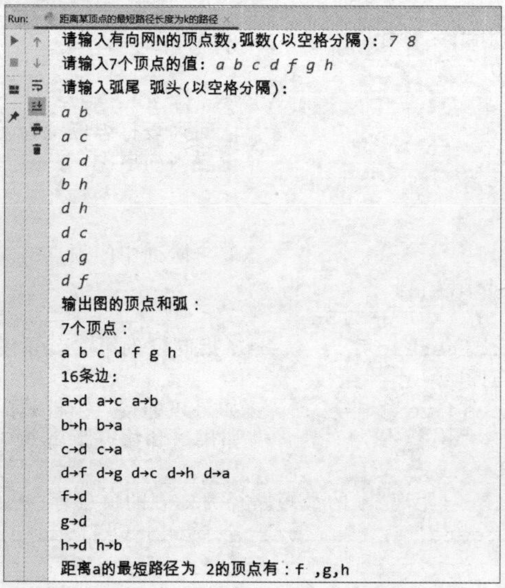

```
Run: 距离某顶点的最短路径长度为k的路径
请输入有向网N的顶点数,弧数(以空格分隔): 7 8
请输入7个顶点的值: a b c d f g h
请输入弧尾 弧头(以空格分隔):
a b
a c
a d
b h
d h
d c
d g
d f
输出图的顶点和弧:
7个顶点:
a b c d f g h
16条边:
a→d a→c a→b
b→h b→a
c→d c→a
d→f d→g d→c d→h d→a
f→d
g→d
h→d h→b
距离a的最短路径为 2的顶点有:f ,g,h
```

图 6-44　例 6-5 程序运行结果

6.7.2 求图中顶点 u 到顶点 v 的简单路径

【例 6-6】 创建一个无向图，求图中从顶点 u 到顶点 v 的一条简单路径，并输出该路径。

【分析】 本例主要考查图广度优先遍历。从顶点 u 开始对图进行广度优先遍历，如果访问到顶点 v，则说明从顶点 u 到顶点 v 存在一条路径。因为在图的遍历过程中，要求每个顶点只能访问一次，所以该路径一定是简单路径。在遍历过程中，将访问过的顶点都记录下来，就得到了从顶点 u 到顶点 v 的简单路径。可以利用列表 parent 记录访问过的顶点，如 parent[u]=w，表示顶点 w 是 u 的前驱顶点。如果 u 到 v 是一条简单路径，则输出该路径。

以图 6-43 所示的无向图 G_9 为例，其邻接表存储结构如图 6-45 所示。

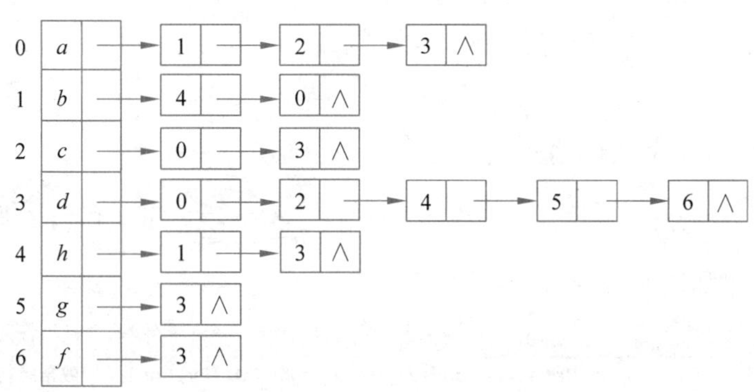

图 6-45 图 G_9 的邻接表存储结构

求解从顶点 u 到顶点 v 的一条简单路径的算法实现如下：

```
def BriefPath(self, u, v):
#求图 G 中从顶点 u 到顶点 v 的一条简单路径
    MAXSIZE=10
    visited=[]
    parent=[None for i in range(MAXSIZE)]  #存储已经访问顶点的前驱顶点
    S=Stack()
    T=Stack()
    for k in range(self.vexnum):         #访问标志初始化
        visited.append(0)
    S.PushStack(u)                        #顶点 u 入栈
    visited[u]=1                          #访问标志位置为 1
    while S.StackEmpty()==False:          #广度优先遍历图，访问路径用 parent 存储
        k=S.PopStack()
        p = G.vertex[k].firstarc
        while p != None:
            if p.adjvex == v:             #如果找到顶点 v
                parent[p.adjvex]=k        #顶点 v 的前驱顶点序号是 k
                print("顶点%s 到顶点%s 的路径是:"%(G.vertex[u].data, G.vertex[v].
data),end='')
                i = v
                flag=True
                while flag:               #从顶点 v 开始将路径中的顶点依次入栈
                    T.PushStack(i)
                    i= parent[i]
                    if i!=u:
                        flag=True
```

```
            else:
                flag=False
                break
        T.PushStack(u)
        while not T.StackEmpty(): #从顶点 u 开始输出 u 到 v 的路径中的顶点
            i=T.PopStack()
            print("%s "%self.vertex[i].data,end='')
        print()
    elif visited[p.adjvex] == 0: #如果未找到顶点 v 且邻接点未访问过，则继续寻找
        visited[p.adjvex]=1
        parent[p.adjvex]=k
        S.PushStack(p.adjvex)
    p = p.nextarc
if __name__ == '__main__':
    print("创建一个无向图 G:")
    G=AdjGraph()
    G.CreateGraph()
    print("输出图的顶点和边:")
    G.DisplayGraph()
    G.BriefPath(0,4)                    #求图 G 中距离顶点 a 到顶点 h 的简单路径
```

程序运行结果如图 6-46 所示。

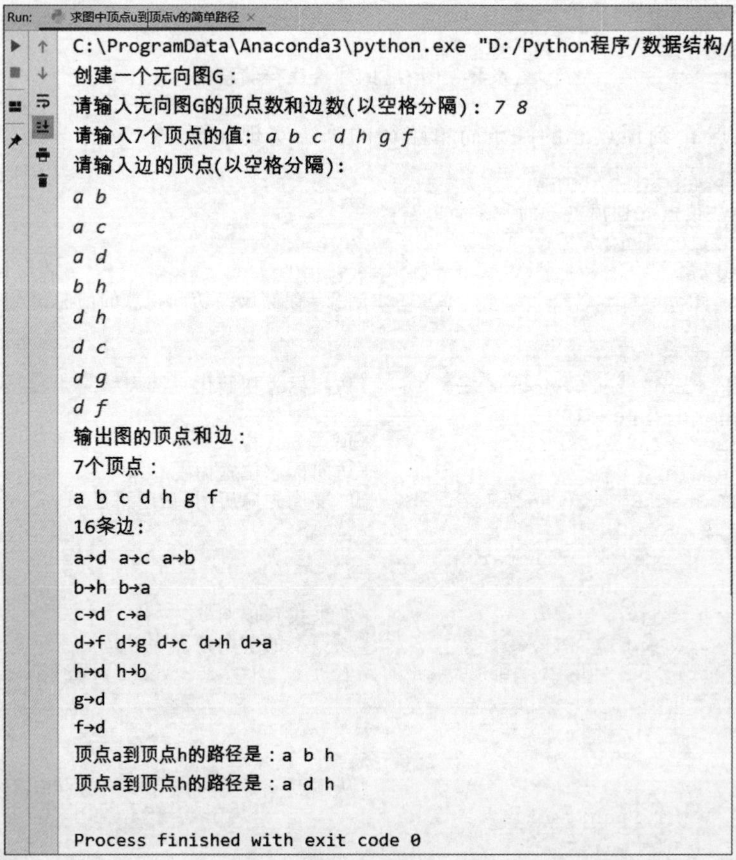

```
Run: 求图中顶点u到顶点v的简单路径
C:\ProgramData\Anaconda3\python.exe "D:/Python程序/数据结构/
创建一个无向图G：
请输入无向图G的顶点数和边数(以空格分隔): 7 8
请输入7个顶点的值: a b c d h g f
请输入边的顶点(以空格分隔):
a b
a c
a d
b h
d h
d c
d g
d f
输出图的顶点和边：
7个顶点：
a b c d h g f
16条边:
a→d a→c a→b
b→h b→a
c→d c→a
d→f d→g d→c d→h d→a
h→d h→b
g→d
f→d
顶点a到顶点h的路径是：a b h
顶点a到顶点h的路径是：a d h

Process finished with exit code 0
```

图 6-46 程序运行结果

【想一想】 Dijkstra 算法和 Floyd 算法求最短路径的过程与最终的解之间存在什么样的关系？你觉得一名合格的程序员应具有什么样的优秀品质？

6.8　小结

图在数据结构中占据着非常重要的地位，图反映的是一种多对多的关系。

图由顶点和边(弧)构成，根据边的有向和无向可以将图分为两种：有向图和无向图。在有向图中，$<v,w>$表示从顶点 v 到顶点 w 的有向弧，称 w 为弧头，v 为弧尾，称顶点 v 邻接到顶点 w，顶点 w 邻接自顶点 v。以 v 为弧尾的数目称为 v 的出度，以 w 为弧头的数目称为 w 的入度。在无向图中，如果有边(v,w)存在，则也有边(w,v)存在，无向图的边是对称的，称 v 和 w 相关联，与顶点 v 相关联边的数目称为顶点 v 的度。带权的有向图称为有向网，带权的无向图称为无向网。

图的存储结构有 4 种：邻接矩阵、邻接表、十字链表和邻接多重表。其中，最常用的是邻接矩阵和邻接表。邻接矩阵采用二维数组(或嵌套列表)存储图，用行号表示弧尾的顶点序号，用列号表示弧头的顶点序号，在矩阵中对应的值表示边的信息。图的邻接表表示是利用一个一维数组或列表存储图中的各个顶点，各个顶点的后继分别指向一个链表，链表中的结点表示与该顶点相邻接的顶点。

图的遍历分为两种：广度优先遍历和深度优先遍历。图的广度优先遍历类似于树的按层次遍历，图的深度优先遍历类似于树的先序遍历。

一个连通图的生成树是指一个极小连通子图，假设图中有 n 个顶点，则它包含图中 n 个顶点和构成一棵树的 $n-1$ 条边。最小生成树是指带权的无向连通图的所有生成树中代价最小的生成树。所谓代价最小，是指构成最小生成树的边的权值之和最小。

构造最小生成树的算法主要有两个：Prim 算法和 Kruskal 算法。Prim 算法的思想是：从顶点 v_0 出发，将顶点 v_0 加入集合 U，图中的其余顶点都属于 V，然后从集合 U 和 V 中分别选择一个顶点(两个顶点所在的边属于图)，如果边的代价最小，则将该边加入集合 TE，顶点也并入集合 U。Kruskal 算法的思想是：将所有的边的权值按照递增顺序排序，从小到大选择边，同时需要保证边的邻接顶点不属于同一个集合。

关键路径是指路径最长的路径，关键路径表示了完成工程的最短工期。通常用图的顶点表示事件，弧表示活动，权值表示活动的持续时间。关键路径的活动称为关键活动，关键活动可以决定整个工程完成任务的日期。非关键活动不能决定工程的进度。

最短路径是指从一个顶点到另一个顶点路径长度最小的一条路径。最短路径的算法主要有两个：Dijkstra 算法和 Floyd 算法。Dijkstra 算法的思想是：每次都选择从源点到其他各顶点路径最短的顶点，然后利用该顶点更新当前的最短路径。Floyd 算法的思想是：每次通过添加一个中间顶点，比较当前的最短路径长度与添加了中间顶点构成的路径的长度，选择较小的一个。

6.9　上机实验

6.9.1　基础实验

基础实验 1：利用邻接矩阵存储方式实现图的基本操作

实验目的：考查是否理解图的邻接矩阵存储结构及基本操作。

实验要求：创建一棵如图 6-47 所示的有向网，包含至少以下基本操作。

(1) 图的创建。

(2) 以邻接矩阵形式输出有向网。

基础实验 2：利用邻接表存储方式实现图的基本操作

实验目的：考查是否熟练掌握图的邻接表存储结构及基本操作。

实验要求：创建一棵如图 6-48 所示的无向图，至少包含以下基本操作。

(1) 图的创建。

(2) 以邻接表形式输出无向图。

(3) 深度优先遍历无向图并输出各顶点。

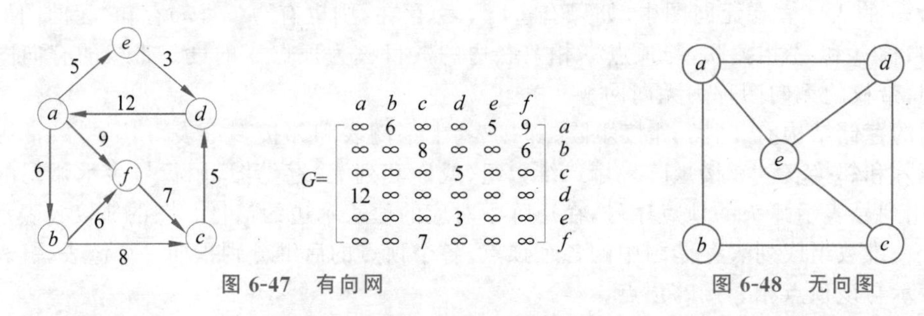

图 6-47　有向网　　　图 6-48　无向图

6.9.2　综合实验：图的应用

实验目的：深入理解图的存储结构，熟练掌握图的基本操作及遍历。

实验要求：针对郑州市方特欢乐主题公园设计一个简单的游玩路线，设计数据结构和算法实现相应功能。要求所含景点不少于 8 个(方特城堡为其中一个景点，其他的景点有极地快车、海螺湾、恐龙岛等)。以图中的顶点表示公园内各景点，包含景点名称、景点介绍等信息；以边表示路径，存放路径长度信息。要求：

(1) 根据上述信息创建一个图，使用邻接矩阵存储。

(2) 景点信息查询。为游玩客人提供公园内任意景点相关信息的介绍。

(3) 问路查询。为游玩客人提供从旋转飞车到达任意其他景点的一条最短路径。

习题

一、单项选择题

1. 对于具有 n 个顶点的图，若采用邻接矩阵表示，则该矩阵的大小为(　　)。

A. n　　B. n^2　　C. $n-1$　　D. $(n-1)^2$

2. 如果从无向图的任一顶点出发进行一次深度优先遍历即可访问所有顶点，则该图一定是(　　)。

A. 完全图　　B. 连通图　　C. 有回路　　D. 一棵树

3. 关键路径是事件结点网络中(　　)。

A. 从源点到汇点的最长路径　　B. 从源点到汇点的最短路径

C. 最长的回路　　D. 最短的回路

4. 在以下算法中，(　　)可以判断出一个有向图中是否有回路。

A. 广度优先遍历　　B. 拓扑排序

C. 求最短路径　　D. 求关键路径

5. 带权有向图 G 用邻接矩阵 $\mathbf{A}$ 存储，则顶点 i 的入度等于 $\mathbf{A}$ 中(　　)。

A. 第 i 行非无穷的元素之和

B. 第 i 列非无穷的元素个数之和

C. 第 i 行非无穷且非零的元素个数

D. 第 i 行与第 i 列非无穷且非零的元素之和

6. 采用邻接表存储的图，其深度优先遍历类似于二叉树的(　　)。

A. 中序遍历　　B. 先序遍历　　C. 后序遍历　　D. 按层次遍历

7. 无向图的邻接矩阵是一个(　　)。

A. 对称矩阵　　B. 零矩阵　　C. 上三角矩阵　　D. 对角矩阵

8. 下列关于最小生成树的叙述中正确的是(　　)。

A. 最小生成树的代价唯一

B. 所有权值最小的边一定会出现在所有的最小生成树中

C. 使用 Prim 算法从不同顶点开始得到的最小生成树一定相同

D. 使用 Prim 和 Kruskal 算法得到的最小生成树一定相同

9. 若用邻接矩阵存储有向图，矩阵中主对角线以下的元素均为 0，则关于该图拓扑序列的结论是(　　)。

A. 存在且唯一　　B. 存在且不唯一

C. 存在但可能不唯一　　D. 无法确定是否存在

10. 图 6-49 所示的有向图的拓扑排序的结果序列是(　　)。

A. 125634　　B. 516234

C. 123456　　D. 521643

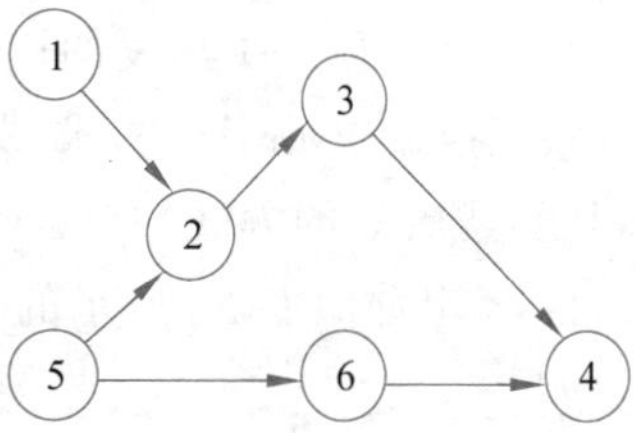

图 6-49　有向图

11. 对有 n 个顶点、e 条边且使用邻接表存储的有向图进行广度优先遍历，其算法时间复杂度为(　　)。

A. $O(n)$　　B. $O(e)$

C. $O(n+e)$　　D. $O(ne)$

12. 设 $G_1=(V_1,E_1)$ 和 $G_2=(V_2,E_2)$ 为两个图，如果 $V_1\subseteq V_2,E_1\subseteq E_2$，则称(　　)。

A. G_1 是 G_2 的子图　　B. G_2 是 G_1 的子图

C. G_1 是 G_2 的连通分量　　D. G_2 是 G_1 的连通分量

13. 已知一个有向图的邻接矩阵表示，要删除所有从第 i 个结点发出的边，应(　　)。

A. 将邻接矩阵的第 i 行删除　　B. 将邻接矩阵的第 i 行元素全部置为 0

C. 将邻接矩阵的第 i 列删除　　D. 将邻接矩阵的第 i 列元素全部置为 0

14. 任意一个有向图的拓扑序列(　　)。

A. 不存在　　B. 有一个　　C. 一定有多个　　D. 有一个或多个

15. 下列关于图遍历的说法中不正确的是(　　)。

A. 连通图的深度优先遍历是一个递归过程

B. 图的广度优先遍历中邻接点的寻找具有先进先出的特性

C. 非连通图不能用深度优先遍历法

D. 图的遍历要求每一顶点仅被访问一次

16. 对于如图 6-50 所示的有向图，若采用 Dijkstra 算法求从源点 A 到其他各顶点的最短路径，则得到的第一条最短路径的目标顶点是 B，第二条最短路径的目标顶点是 C，后续得到的其余各最短路径(从小到大)的目标顶点依次是(　　)。

A. D，E，F　　B. E，D，F　　C. F，D，E　　D. F，E，D

17. 采用邻接表存储的图的广度优先遍历算法类似于二叉树的(　　)。

A. 先序遍历　　B. 中序遍历　　C. 后序遍历　　D. 按层次遍历

18. 若对图 6-51 所示的无向图进行遍历，则下列选项中不是广度优先遍历序列的是(　　)。

A. h,c,a,b,d,e,g,f　　B. e,a,f,g,b,h,c,d

C. d,b,c,a,h,e,f,g　　D. a,b,c,d,h,e,f,g

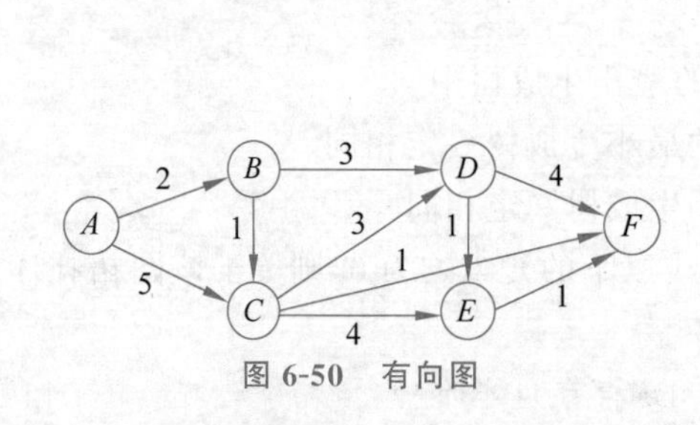

图 6-50　有向图

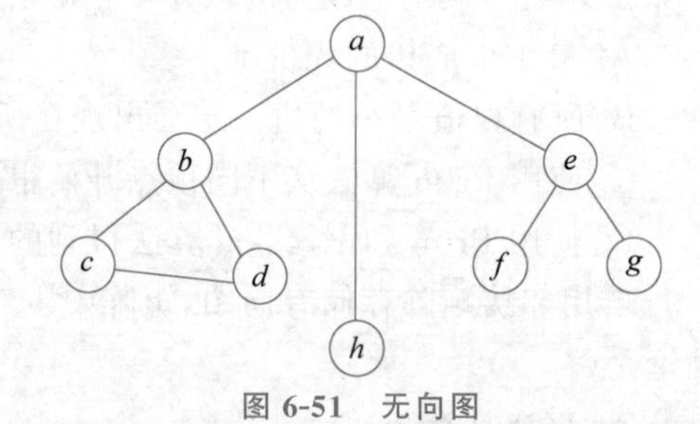

图 6-51　无向图

二、综合分析题

1. 已知图 G 的邻接矩阵如图 6-52 所示。

(1) 求从顶点 1 出发的广度优先遍历序列。

(2) 根据 Prim 算法，求图 G 从顶点 1 出发的最小生成树，要求表示出其每一步生成过程(用图或者表的方式均可)。

2. 写出如图 6-53 所示的有向图 G 中全部可能的拓扑排序序列。

$$\begin{bmatrix} \infty & 6 & 1 & 5 & \infty & \infty \\ 6 & \infty & 5 & \infty & 3 & \infty \\ 1 & 5 & \infty & 5 & 6 & 4 \\ 5 & \infty & 5 & \infty & \infty & 2 \\ \infty & 3 & 6 & \infty & \infty & 6 \\ \infty & \infty & 4 & 2 & 6 & \infty \end{bmatrix}$$

图 6-52　图 G 的邻接矩阵

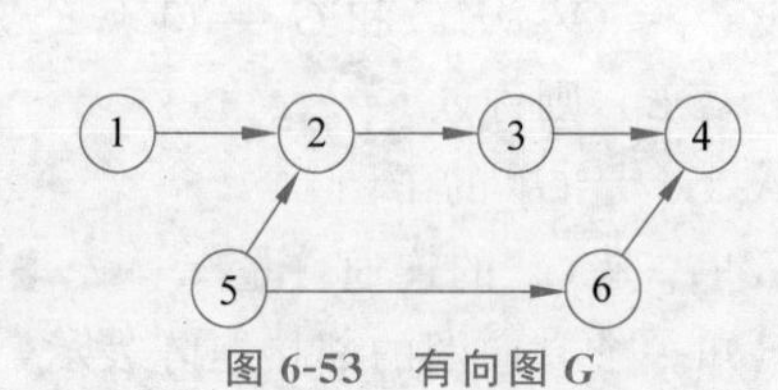

图 6-53　有向图 G

3. 已知如图 6-54 所示的有向图 G，根据 Dijkstra 算法求顶点 v_0 到其他顶点的最短距离(给出求解过程)。

4. 已知如图 6-55 所示的无向图 G，根据 Prim 算法构造最小生成树(要求给出生成过程)。

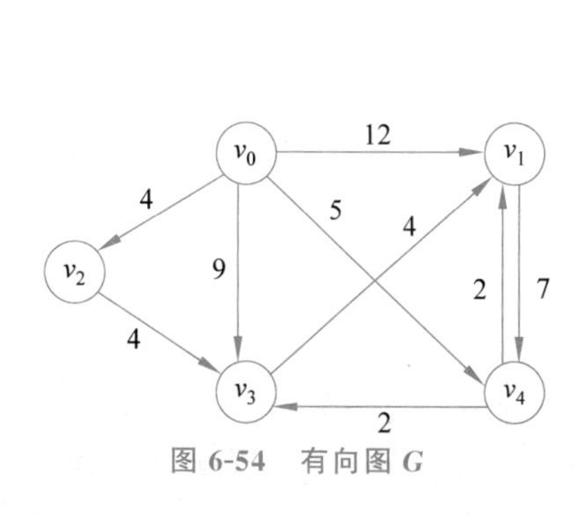

图 6-54 有向图 G

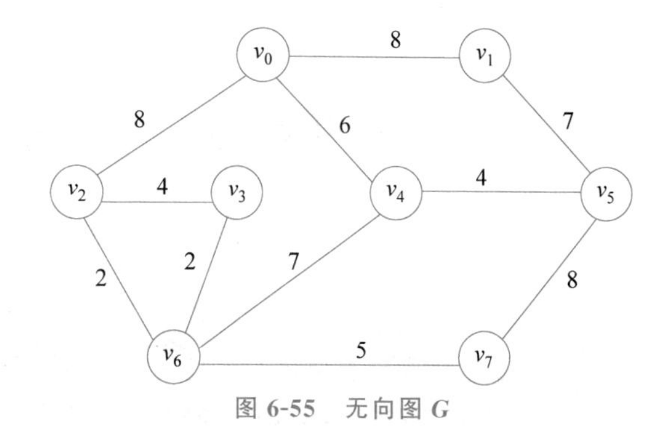

图 6-55 无向图 G

5. 已知如图 6-56 所示的 AOE 网。

(1) 求事件的最早开始时间 ve 和最迟开始时间 vl。

(2) 求出关键路径。

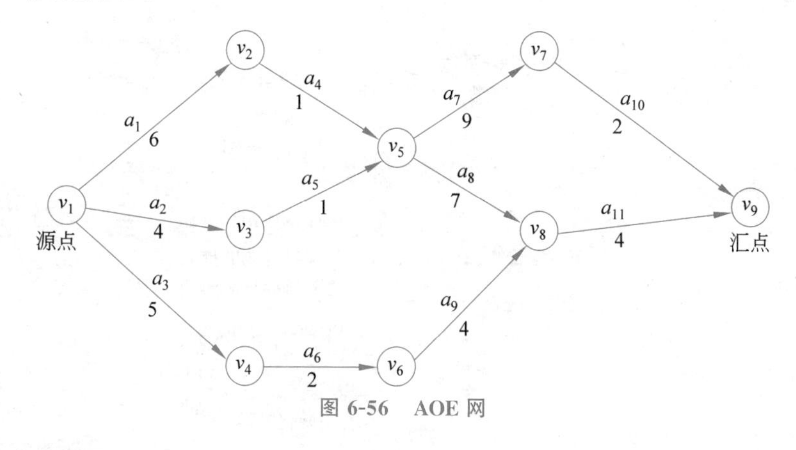

图 6-56 AOE 网

三、算法设计题

1. 编写算法,判断有向图是否存在回路。

2. 编写算法,判断无向图是否是一棵树。如果是树,则返回 1;否则返回 0。

3. 编写算法,判断无向图是否是连通图。如果是连通图,则返回 1;否则返回 0。

4. 采用邻接表创建一个无向图 G_6,并实现对图的深度优先遍历和广度优先遍历。

5. 采用邻接表创建如图 6-29 所示的 AOE 网,并求网中顶点的拓扑序列,然后计算该 AOE 网的关键路径。

6. 创建如图 6-32 所示的带权有向图,并利用 Floyd 算法求各个顶点之间的最短路径长度,并输出最短路径所经过的顶点。

第7章 查　找

第2～6章已经介绍了各种线性和非线性数据结构，本章将讨论在软件开发过程中大量使用的查找技术。在计算机处理非数值问题时，查找是一种经常要进行的操作，例如，在学生信息表中查找姓名是“张三”的学生信息，在某员工信息表中查找专业为“通信工程”的职工信息。本章将系统介绍静态查找、动态查找、哈希查找等各种查找技术。

本章学习重难点：

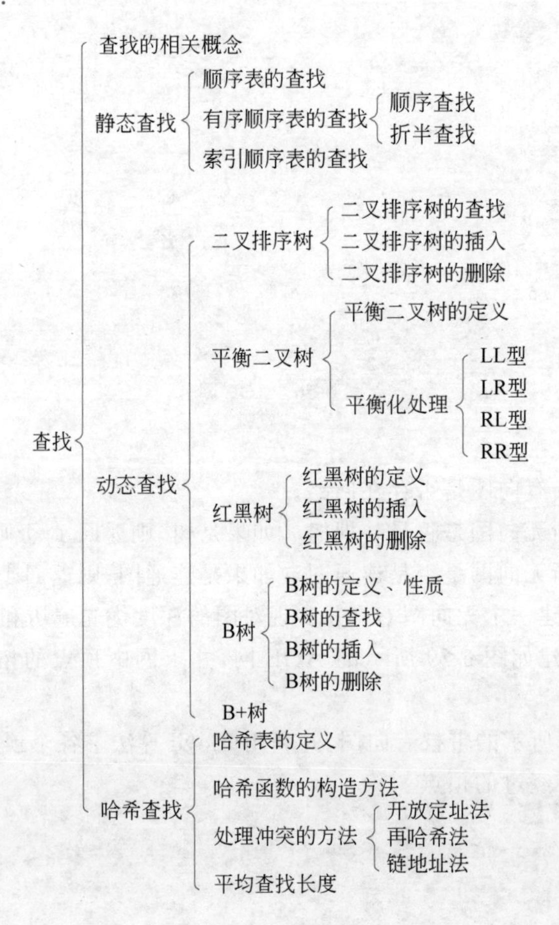

7.1　查找的基本概念

在介绍有关查找的算法之前，先介绍与查找相关的基本概念。

(1) 查找表(search table)。由同一种类型的数据元素构成的集合。查找表中的数据元素是完全松散的,数据元素之间没有直接的联系。

(2) 查找。根据关键字在特定的查找表中找到一个与给定关键字相同的数据元素的操作。如果在表中找到相应的数据元素,则称查找是成功的;否则,称查找是失败的。例如,表7-1为学生学籍信息表。如果要查找入学年份为2008年并且姓名是"刘华平"的学生,则可以先利用姓名将记录定位(如果有重名的),然后在入学年份中查找值为2008的记录。

表7-1 学生学籍信息表

学号	姓名	性别	出生年月	所在院系	家庭住址	入学年份
200609001	张力	男	1988.09	信息管理	陕西西安	2006
200709002	王平	女	1987.12	信息管理	四川成都	2007
200909107	陈红	女	1988.01	通信工程	安徽合肥	2009
200809021	刘华平	男	1988.11	计算机科学	江苏常州	2008
200709008	赵华	女	1987.07	法学院	山东济宁	2007

(3) 关键字(key)。数据元素中某个数据项的值。如果一个关键字可以将所有的数据元素区别开来,也就是说可以唯一标识一个数据元素,则该关键字被称为主关键字(primary key),否则被称为次关键字(secondary key)。特别地,如果数据元素只有一个数据项,则数据元素的值即是关键字。

(4) 静态查找(static search)。指的是仅仅在数据元素集合中查找是否存在与关键字相等的数据元素。在静态查找过程中使用的存储结构称为静态查找表。

(5) 动态查找(dynamic search)。在查找的同时,在数据元素集合中插入或者删除数据元素,这样的查找称为动态查找。在动态查找过程中使用的存储结构称为动态查找表。

通常为了讨论的方便,要查找的数据元素中仅仅包含关键字。

(6) 平均查找长度(average search length)。是指在查找过程中需要比较关键字的平均次数,它是衡量查找算法效率的标准。平均查找长度的数学定义为

$$\mathrm{ASL}=\sum_{i=1}^{n} P_i C_i$$

其中,P_i 表示查找表中第 i 个数据元素的概率,C_i 表示在找到第 i 个数据元素时与关键字比较的次数。

7.2 静态查找

静态查找主要包括顺序表的查找、有序顺序表的查找和索引顺序表的查找。

7.2.1 顺序表的查找

顺序表的查找是指从表的一端开始逐个与关键字进行比较。如果某个数据元素的关键字与给定的关键字相等,则查找成功,函数返回该数据元素在顺序表中的位置;否则,查找失败,返回0。

为了算法实现方便,直接用数据元素代表数据元素的关键字。顺序表的存储结构描述如下:

```
class SSTable:
    def __init__(self):
        self.list=[]
        self.length=0
```

顺序表的查找算法实现如下:

```
def SeqSearch(self,x):
    #在顺序表中查找关键字为 x 的元素,如果找到返回该元素在表中的位置,否则返回 0
    i=0
    while i<self.length and self.list[i]!=x:   #从顺序表的第一个元素开始比较
        i+=1
    if i>=self.length:
        return 0
    elif self.list[i]==x:
        return i+1
```

以上算法也可以通过设置监视哨的方法实现,其算法描述如下:

```
def SeqSearch2(self,x):
    #设置监视哨 S.list[0],在顺序表中查找关键字为 x 的元素,如果找到返回该元素在表中的
    #位置,否则返回 0
    i = self.length
    self.list[0] = x                        #将关键字存放在第 0 号位置,防止越界
    while self.list[i] != x:                #从顺序表的最后一个元素开始向前比较
        i-=1
    return i
```

其中,S.list[0]被称为监视哨,可以防止出现顺序表下标越界。

在通过监视哨方法进行查找时,需要从顺序表的下标为 1 的位置开始存放顺序表中的元素。下标为 0 的位置需要预留出来,以存放待查找元素。创建顺序表的算法实现如下:

```
def CreateTable(self,data):
    self.list.append(None)
    for e in data:
        self.list.append(e)
    self.length=len(self.list)-1
```

下面分析带监视哨查找算法的效率。假设顺序表中有 n 个数据元素,且数据元素在表中的出现的概率都相等,即 $1/n$,则顺序表在查找成功时的平均查找长度为

$$\mathrm{ASL}_{\text{成功}} = \sum_{i=1}^{n} P_i C_i = \sum_{i=1}^{n} \frac{1}{n}(n-i+1) = \frac{n+1}{2}$$

即查找成功时平均比较次数约为表长的一半。在查找失败时,即要查找的元素没有在表中,则每次都需要比较 $n+1$ 次。

7.2.2 有序顺序表的查找

所谓有序顺序表,就是顺序表中的元素是以关键字进行有序排列的。有序顺序表的查找有两种方法:顺序查找和折半查找。

1. 顺序查找

有序顺序表的顺序查找算法与顺序表的查找算法类似。但是在通常情况下，不需要比较表中的所有元素。如果要查找的元素在表中，则返回该元素的序号；否则，返回0。例如，一个有序顺序表的数据元素集合为{10,20,30,40,50,60,70,80}，如果要查找的数据元素的关键字为56，从最后一个元素开始与56比较，当比较到50时就不需要再往前比较了，前面的元素值都小于关键字56，查找结果为该表中不存在要查找的关键字。设置监视哨的有序顺序表的查找算法实现如下：

```
def SeqSearch3(self,x):
    #在有序顺序表中查找关键字为x的元素,监视哨为S.list[0],如果找到返回该元素在表中
    #的位置,否则返回0
    i = self.length
    self.list[0]= x                            #将关键字存放在第0号位置,防止越界
    while self.list[i] > x:                    #从有序顺序表的最后一个元素开始向前比较
        i-=1
    if self.list[i]==x:
        return i
    return 0
```

假设有序顺序表中有 n 个元素，且要查找的数据元素在数据元素集合中出现的概率相等，即 $1/n$，则有序顺序表在查找成功时的平均查找长度为

$$ASL_{成功}=\sum_{i=1}^{n}P_iC_i=\sum_{i=1}^{n}\frac{1}{n}(n-i+1)=\frac{n+1}{2}$$

即查找成功时平均比较次数约为表长的一半。

在查找失败时，即要查找的元素没有在表中，因为顺序表中元素是有序的，所以可以提前结束比较。这个查找过程可以画成一个查找树，每一层一个结点，共 n 层，查找失败需要比较 $n+1$ 个元素结点，故查找概率为 $\frac{1}{n+1}$，比较次数是比较失败时的上一个元素结点，则有序顺序表在查找失败时的平均查找长度为

$$ASL_{失败}=\sum_{i=1}^{n}P_iC_i=\frac{1}{n+1}(1+2+\cdots+n+n)=\frac{n}{2}+\frac{n}{n+1}\approx\frac{n}{2}$$

即查找失败时平均比较次数也同样约为表长的一半。

2. 折半查找

折半查找的前提条件是表中的数据元素有序排列。所谓折半查找，就是在待查找元素集合范围内与表中间位置的元素进行比较，如果找到与关键字相等的元素，则说明查找成功；否则，利用中间位置将表分成两个子表。如果关键字小于中间位置的元素值，则进一步与前一个子表中间位置的元素比较；否则，与后一个子表中间位置的元素比较。重复以上操作，直到找到与关键字相等的元素，表明查找成功。如果子表为空表，表明查找失败。折半查找又称为二分查找。

例如，一个有序顺序表为(9,23,26,32,36,47,56,63,79,81)。如果要查找56。利用以上折半查找思想，折半查找的过程如图7-1所示。其中，low和high是两个指针，分别指向待查找元素集合的下界和上界；指针mid指向low和high的中间位置，即mid=(low+high)/2。

在图7-1中，当mid=4时，因为36<56，说明要查找的元素应该在36之后的位置，所以

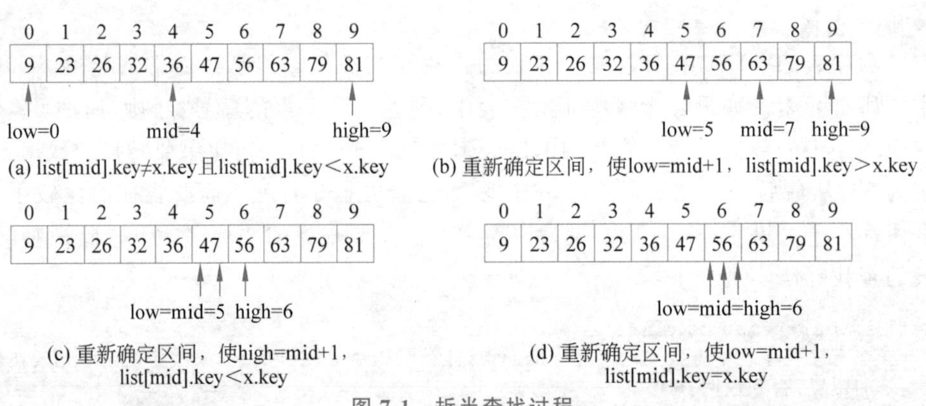

图 7-1 折半查找过程

需要将指针 low 移动到 mid 的下一个位置，即使 low＝5，而 high 不需要移动。这时有 mid＝(5＋9)/2＝7，而 63＞56，说明要查找的元素应该在 mid 之前，因此需要将 high 移动到 mid 的前一个位置，即 high＝mid－1＝6。这时有 mid＝(5＋6)/2，取 5，又因为 47＜56，需要修改 low，使 low＝6。这时有 low＝high＝6，mid＝(6＋6)/2＝6，有 list[mid].key＝x.key，查找成功。如果 low＞high，则表示表中没有与关键字相等的元素，查找失败。

折半查找的算法实现如下：

```
def BinarySearch(self,x):
#在有序顺序表中折半查找关键字为 x 的元素,如果找到返回该元素在表中的位置,否则返回 0
    low = 0
    high = self.length - 1          #设置待查找元素范围的下界和上界
    while low <= high:
        mid = (low + high) // 2
        if self.list[mid] == x:     #如果找到元素,则返回该元素所在的位置
            return mid + 1
        elif self.list[mid] < x:    #如果 mid 所指示的元素小于关键字,则修改 low 指针
            low = mid + 1
        elif self.list[mid]> x:     #如果 mid 所指示的元素大于关键字,则修改 high 指针
            high = mid - 1
    return 0
```

用折半查找算法查找与关键字 56 相等的元素时，需要比较 4 次。从图 7-1 中可以看出，查找到元素 36 时需要比较 1 次，查找到元素 63 时需要比较 2 次，查找到元素 47 时需要比较 3 次，查找到元素 56 时需要比较 4 次。整个查找过程可以用图 7-2 所示的二叉判定树来表示。树中的每个结点表示表中的元素。

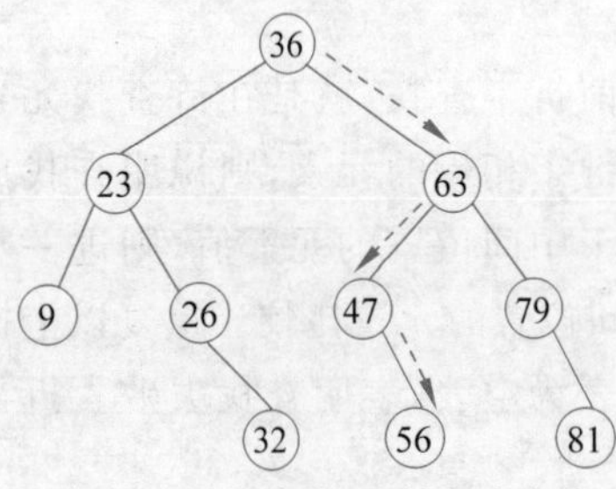

图 7-2 关键字为 56 的折半查找过程的二叉判定树

从图 7-2 所示的二叉判定树可以看出，查找关键字为 56 的过程正好是从根结点到元素值为 56 的结点的路径，要查找的元素在二叉判定树中的层次就是折半查找要比较的次数。因此，假设表中具有 n 个元素，折半查找成功时，至多需要比较的次数为$\lfloor \log_2 n \rfloor+1$。

具有 n 个结点的有序顺序表刚好能够构成一个深度为 h 的满二叉树，则有 $h=\lfloor \log_2(n+1)\rfloor$。二叉树中第 i 层的结点个数是 2^{i-1}，假设表中每个

元素的查找概率相等，即 $P_i = 1/n$，则有序顺序表的折半查找成功时的平均查找长度为

$$\mathrm{ASL}_{成功} = \sum_{i=1}^{n} P_i C_i = \sum_{i=1}^{h} \frac{1}{n} \times i \times 2^{i-1} = \frac{n+1}{n}\log_2(n+1) - 1$$

在查找失败时，即要查找的元素不在表中，平均查找长度为

$$\mathrm{ASL}_{失败} = \sum_{i=1}^{n} P_i C_i = \sum_{i=1}^{h} \frac{1}{n}\log_2(n+1) \approx \log_2(n+1)$$

7.2.3　索引顺序表的查找

索引顺序表的查找就是将顺序表分成几个单元，然后为这几个单元建立一个索引，利用索引在其中一个单元中进行查找。索引顺序表查找也称为分块查找，主要应用在表中存在大量的数据元素的时候，通过为顺序表建立索引和分块提高查找的效率。

通常将为顺序表提供索引的表称为索引表。索引表分为两部分：一部分用来存储顺序表中每个单元的最大的关键字；另一部分用来存储顺序表中每个单元的第一个元素的下标。索引表中的关键字必须是有序的。主表中的元素可以是按关键字有序排列的；也可以是单元之间总体上有序的，即后一个单元中的所有元素的关键字都大于前一个单元中的所有元素的关键字。索引顺序表如图 7-3 所示。

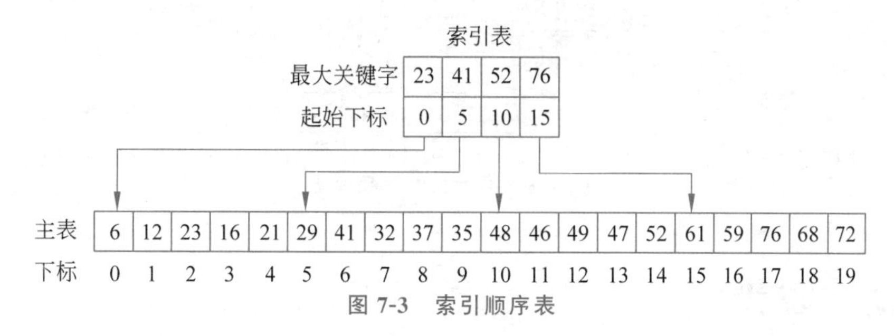

图 7-3　索引顺序表

从图 7-3 中可以看出，索引表将主表分为 4 个单元，每个单元有 5 个元素。要查找主表中的某个元素，需要分为两步，第一步需要确定要查找元素所在的单元，第二步在该单元中进行查找。例如，要查找关键字为 47 的元素，首先需要将 47 与索引表中的关键字进行比较，因为 41<47<52，所以需要在第 3 个单元中查找，该单元的起始下标是 10，因此从主表中下标为 10 的位置开始查找，只需要将关键字 47 与第 3 个单元中的 5 个元素进行比较，直到找到关键字为 47 的元素为止；如果都不相等，则说明查找失败。

因为索引表中的元素是按照关键字有序排列的，所以在确定元素所在的单元时，可以按顺序查找索引表，也可以采用折半查找法查找索引表。但是单元中的元素可能是无序的，因此在单元中只能够采用顺序法查找。索引顺序表的平均查找长度可以表示为

$$\mathrm{ASL} = L_{\mathrm{index}} + L_{\mathrm{unit}}$$

其中，L_{index} 是索引表的平均查找长度，L_{unit} 是单元的平均查找长度。

假设主表中的元素个数为 n，并将该主表平均分为 b 个单元，且每个单元有 s 个元素，即 $b = n/s$。如果表中的元素查找概率相等，则每个单元中元素的查找概率就是 $1/s$，主表中每个单元的查找概率是 $1/b$。如果用顺序查找法查找索引表中的元素，则索引顺序表查找成功时的平均查找长度为

$$ASL_{成功}=L_{index}+L_{unit}=\frac{1}{b}\sum_{i=1}^{b}i+\frac{1}{s}\sum_{j=1}^{s}j=\frac{b+1}{2}+\frac{s+1}{2}=\frac{1}{2}\left(\frac{n}{s}+s\right)+1$$

如果用折半查找法查找索引表中的元素,则有

$$L_{index}=\frac{b+1}{b}\log_2(b+1)+1\approx\log_2(b+1)-1$$

将其代入 $ASL_{成功}=L_{index}+L_{unit}$ 中,则索引顺序表查找成功时的平均查找长度为

$$\begin{aligned}ASL_{成功}&=L_{index}+L_{unit}=\log_2(b+1)-1+\frac{1}{s}\sum_{j=1}^{s}j\\&=\log_2(b+1)-1+\frac{s+1}{2}\approx\log_2(n/s+1)+\frac{s}{2}\end{aligned}$$

当然,如果主表各单元中的元素个数不相等,就需要在索引表中增加一项,即用来存储主表中每个单元的元素个数,即单元长度。将这种利用索引表示的顺序表称为不等长索引顺序表。不等长索引顺序表如图 7-4 所示。

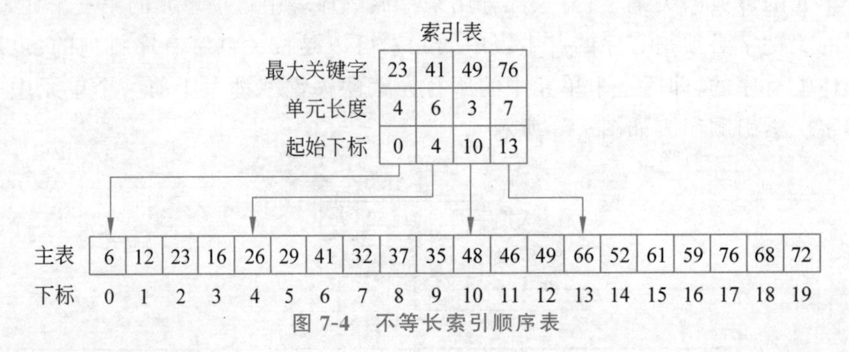

图 7-4 不等长索引顺序表

7.3 动态查找

动态查找是指在查找的过程中动态生成表结构。对于给定的关键字,如果表中存在相应的元素,则返回其位置,表示查找成功;否则,插入相应的元素。动态查找包括二叉排序树和红黑树两种类型的查找。

7.3.1 二叉排序树

二叉排序树(binary sort tree)也称为二叉查找树(binary search tree)。二叉排序树的查找是一种常用的动态查找方法。下面介绍二叉排序树的定义和查找过程,以及二叉排序树的插入和删除操作。

1. 二叉排序树的定义和查找过程

所谓二叉排序树,或者是一棵空二叉树,或者具有以下性质:

(1) 如果该二叉树的左子树不为空,则左子树上的每一个结点的值都小于其对应的根结点的值。

(2) 如果该二叉树的右子树不为空,则右子树上的每一个结点的值都大于其对应的根结点的值。

（3）该二叉树的左子树和右子树也满足性质（1）和（2），即左子树和右子树也都是二叉排序树。

显然，这是一个递归的定义。图7-5为一棵二叉排序树，树中的结点是对应元素关键字的值。

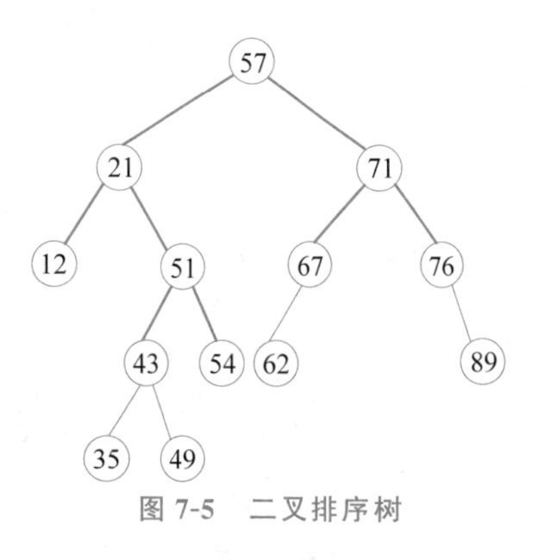

图7-5 二叉排序树

从图7-5中可以看出，二叉排序树中的每个结点的值都大于其所有左子树中结点的值，而小于其所有右子树中结点的值。如果要查找与二叉排序树中某个与关键字相等的结点，可以从根结点开始，与给定的关键字比较，如果相等，则查找成功。如果给定的关键字小于根结点的值，则在该根结点的左子树中查找；如果给定的关键字大于根结点的值，则在该根结点的右子树中查找。

二叉排序树采用二叉树的链式存储结构，其类型定义如下：

```
class BiTreeNode:
    def __init__(self,data,lchild=None,rchild=None):
        self.data=data
        self.lchild=lchild
        self.rchild=rchild
```

二叉排序树的查找算法描述如下：

```
def BSTSearch(self,x):
    T=self.root
    if T!=None:                 #如果二叉排序树不为空
        p=T
    while p!=None:
        if p.data==x:           #如果找到，则返回指向该结点的指针
            return p
        elif x<p.data:          #如果关键字小于 p 指向的结点的值，则在左子树中查找
            p=p.lchild
        else:
            p=p.rchild          #如果关键字大于 p 指向的结点的值，则在右子树中查找
    return None
```

利用二叉排序树的查找算法思想，如果要查找关键字为62的元素，从根结点开始，将该关键字与二叉树的根结点比较。因为有62>57，所以需要在结点57的右子树中进行查找。因为有62<71，所以需要在结点71的左子树中继续查找。因为有62<67，所以需要在结点67的左子树中查找。因为该关键字与结点67的左孩子结点对应的关键字相等，所以查找成功，返回结点62对应的指针。如果要查找关键字为23的元素，当比较到结点12时，因为该结点不存在右子树，所以查找失败，返回None。

在二叉排序树的查找过程中，查找某个结点的过程正好构成了从根结点到要查找结点的路径，其比较的次数为路径长度+1，这类似于折半查找。两者不同的是，由 n 个结点构成的二叉判定树是唯一的，而由 n 个结点构成的二叉排序树则不唯一。例如，图7-6为两棵二叉排序树，其元素的关键字序列分别是{57,21,71,12,51,67,76}和{12,21,51,57,67,71,76}。

在图7-6中，假设每个元素的查找概率都相等，则左边的二叉排序树的平均查找长度为

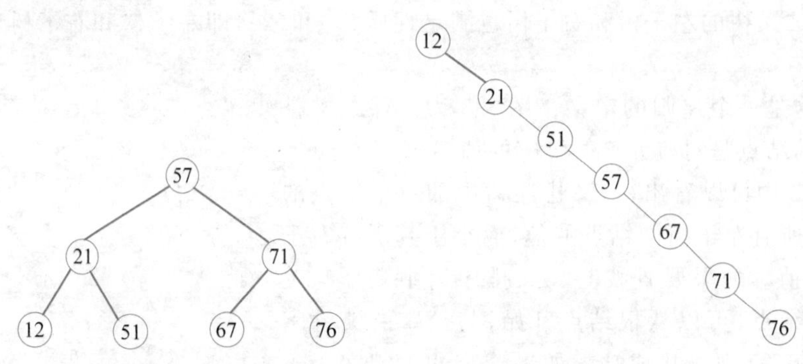

(a) 高度为3的二叉排序树　　(b) 高度为7的二叉排序树

图 7-6　两棵不同形态的二叉排序树

$$ASL_{成功}=\frac{1}{7}\times(1+2\times2+4\times3)=\frac{17}{7}$$

右边的二叉排序树的平均查找长度为

$$ASL_{成功}=\frac{1}{7}\times(1+2+3+4+5+6+7)=\frac{28}{7}$$

因此,二叉排序树的平均查找长度与树的形态有关。如果二叉排序树有 n 个结点,则在最坏的情况下平均查找长度为$(n+1)/2$,在最好的情况下平均查找长度为 $\log_2 n$。

2. 二叉排序树的插入操作

二叉排序树的插入操作过程其实就是二叉排序树的建立过程。二叉排序树的插入操作从根结点开始,首先要检查当前结点是否是要查找的元素,如果是则不进行插入操作;否则,将结点插入到查找失败时结点的左指针或右指针处。在算法的实现中,需要设置一个指向下一个要访问结点的双亲结点的指针 parent,也就是需要记下前驱结点的位置,以便在查找失败时进行插入操作。

假设当前结点指针 cur 为空,则说明查找失败,需要插入结点。如果 parent.data 小于要插入的结点 x,则需要将 parent 的左指针指向 x,使 x 成为 parent 的左孩子结点;如果 parent.data 大于要插入的结点 x,则需要将 parent 的右指针指向 x,使 x 成为 parent 的右孩子结点。如果二叉排序树为空树,则使当前结点成为根结点。在整个二叉排序树的插入过程中,其插入操作都是在叶子结点处进行的。

二叉排序树的插入操作算法实现如下:

```
def BSTInsert(self,x):
#二叉排序树的插入操作,如果树中不存在元素 x,则将 x 插入正确的位置
  if self.root is None:
     self.root = BiTreeNode(x)
     return
  parent = self.root
  while True:
     e = parent.data
     if x < e:              #如果关键字 x 小于 parent 指向的结点的值,则在左子树中查找
        if parent.lchild is None:
           parent.lchild = BiTreeNode(x)
        else:
```

```
            parent = parent.lchild
        elif x > e:            #如果关键字 x 大于 parent 指向的结点的值,则在右子树中查找
            if parent.rchild is None:
                parent.rchild = BiTreeNode(x)
            else:
                parent = parent.rchild
        else:
            return
```

对于一个关键字序列{37,32,35,62,82,95,73,12,5},根据二叉排序树的插入算法思想,二叉排序树的插入操作过程如图 7-7 所示。

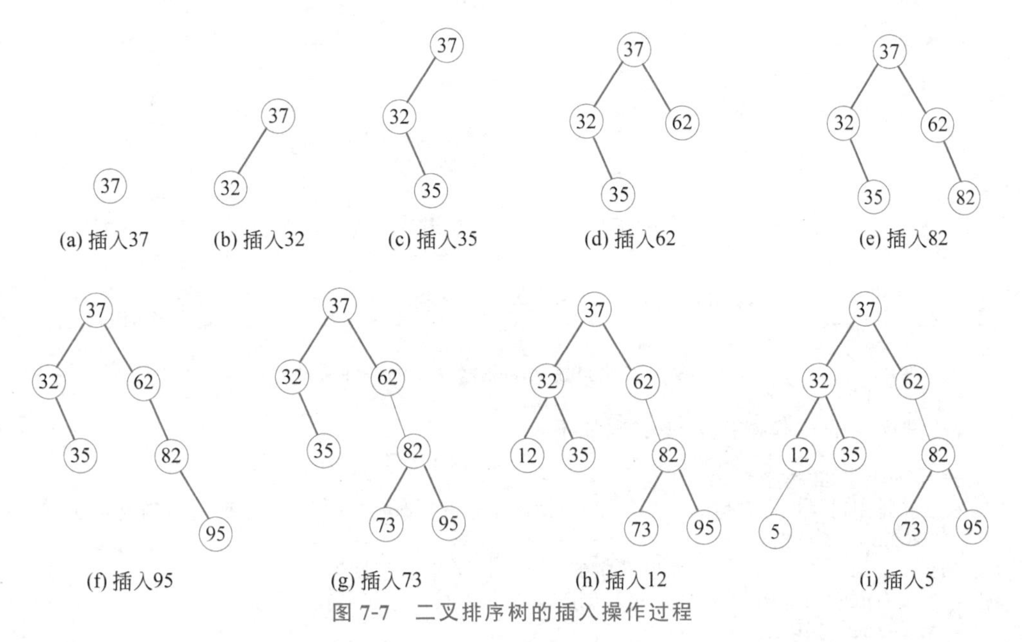

图 7-7　二叉排序树的插入操作过程

从图 7-7 可以看出,通过中序遍历二叉排序树,可以得到一个关键字有序的序列{5,12,32,35,37,62,73,82,95}。因此,构造二叉排序树的过程就是对一个无序的序列排序的过程,且每次插入的结点都是叶子结点。在二叉排序树的插入操作过程中,不需要移动结点,仅需要移动结点指针,实现较为容易。

3. 二叉排序树的删除操作

二叉排序树的删除

在二叉排序树中删除一个结点后,剩下的结点仍然构成一棵二叉排序树,即保持原来的特性。删除二叉排序树中的一个结点可以分为 3 种情况讨论。假设要删除的结点 S 由指针 s 指示,指针 p 指向 s 的双亲结点 P,设 S 为 P 的左孩子结点。二叉排序树的各种删除情形如图 7-8 所示。

(1) 如果 s 指向的结点 S 为叶子结点,其左子树和右子树为空,删除叶子结点不会影响到树的结构特性,因此只需要修改 P 的指针即可。

(2) 如果 s 指向的结点 S 只有左子树或只有右子树,在删除了结点 S 后,只需要将 S 的左子树 S_L 或右子树 S_R 作为 P 的左孩子即 p.lchild=s.lchild 或 p.lchild=s.rchild。

(3) 如果 S 的左子树和右子树都存在,在删除结点 S 之前,二叉排序树的中序序列为 $\{\cdots Q_L Q \cdots X_L X Y_L Y S S_R P \cdots\}$,因此,在删除了结点 S 之后,有两种方法进行调整,使该二叉

树仍然保持原来的性质不变。第一种方法是使结点 S 的左子树作为结点 P 的左子树,结点 S 的右子树成为结点 Y 的右子树。第二种方法是使结点 S 的直接前驱取代结点 S,并删除 S 的直接前驱结点 Y,然后令结点 Y 原来的左子树作为结点 X 的右子树。通过这两种方法均可以使二叉排序树的性质不变。

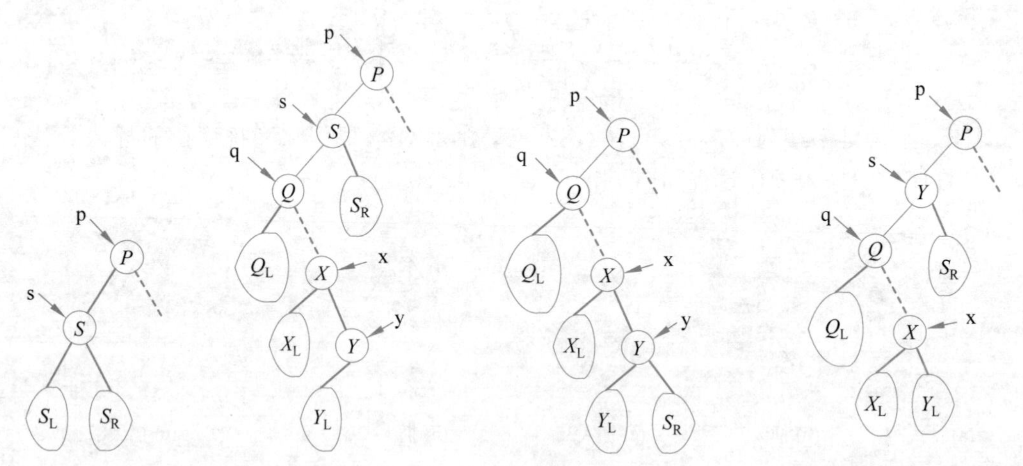

(a) S的左、右子树都不为空
(b) 删除结点S之前
(c) 删除结点S之后，S的左子树作为P的左子树，以S_R作为Y的右子树
(d) 删除结点S之后，结点Y代替S，Y的左子树作为X的右子树

图 7-8 二叉排序树的删除操作的各种情形

二叉排序树的删除操作算法实现如下：

```
def BSTDelete2(self,x):
#在二叉排序树 T 中存在值为 x 的数据元素时,删除该数据元素结点,并返回 1,否则返回 0
  p,s=None,self.root
  if not s:              #如果不存在值为 x 的数据元素,则返回 0
     print('二叉树为空,不能进行删除操作')
     return 0
  else:
     while s:
        if s.data!=x:
           p = s
        else:            #如果找到值为 x 的数据元素,则 s 指向的结点为要删除的结点
           break
        if x < s.data:  #如果当前元素值大于 x 的值,则在该结点的左子树中查找并删除之
           s = s.lchild
        else:            #如果当前元素值小于 x 的值,则在该结点的右子树中查找并删除之
           s = s.rchild
  #从二叉排序树中删除 s 指向的结点,并使该二叉排序树性质不变
  if  not s.lchild:      #如果 s 指向的结点的左子树为空,则使该结点的右子树成为其双亲结
                         #点的左子树
     if p is None:
        self.root=s.rchild
     elif s== p.lchild:
        p.lchild=s.rchild
     else:
        p.rchild=s.rchild
     return
```

```
    if  not s.rchild:    #如果 s 指向的结点的右子树为空,则使该结点的左子树成为其双亲结
                         #点的左子树
        if p is None:
            self.root=s.lchild
        elif s== p.lchild:
            p.lchild=s.lchild
        else:
            p.rchild=s.lchild
        return
    #如果 s 指向的结点的左、右子树都存在,则用该结点的直接前驱结点代替 s
    #并使其直接前驱结点的左子树成为其双亲结点的右子树
    x_node=s
    y_node=s.lchild
    while y_node.rchild:
        x_node=y_node
        y_node = y_node.rchild
    s.data=y_node.data                        #s 指向的结点被 y_node 取代
    if x_node!=s:                             #如果 s 指向的结点的左孩子结点存在右子树
        x_node.rchild = y_node.lchild         #使 y_node 的左子树成为 x_node 的右子树
    else:                                     #如果 s 指向的结点的左孩子结点不存在右子树
        x_node.lchild = y_node.lchild         #使 y_node 的左子树成为 x_node 的左子树
```

删除二叉排序树中的任意一个结点后,二叉排序树的性质保持不变。

4. 二叉排序树的应用举例

【例 7-1】 给定一组元素序列{37,32,35,62,82,95,73,12,5},利用二叉排序树的插入算法创建一棵二叉排序树,然后查找元素值为 32 的元素,并删除该元素,最后以中序序列输出该元素序列。

【分析】 给定一组元素值,利用插入算法将元素插入二叉树中构成一棵二叉排序树,然后利用查找算法实现二叉排序树的查找。

```
if __name__ == '__main__':
    table=[37, 32, 35, 62, 82, 95, 73, 12, 5]
    S=BiSearchTree()
    #S=S.CreateBiSearchTree(table)
    for i in range(len(table)):
        S.BSTInsert(table[i])
    T=S.root
    print("中序遍历二叉排序树得到的序列为:")
    S.InOrderTraverse(T)
    x = int(input('\n 请输入要查找的元素:'))
    p=S.BSTSearch(x)
    if p != None:
        print("二叉排序树查找,关键字%d 存在!"%x)
    else:
        print("查找失败!")
    S.BSTDelete3(x)
    print('删除%d 后,二叉排序树元素序列:'%x)
    S.InOrderTraverse(T)
def InOrderTraverse(self,T):
#中序遍历二叉排序树的递归实现
    if T!=None:                                    #如果二叉排序树不为空
```

```
        self.InOrderTraverse(T.lchild)              #中序遍历左子树
        print("%d"%T.data,end=' ')                  #访问根结点
        self.InOrderTraverse(T.rchild)              #中序遍历右子树
```

程序运行结果如图 7-9 所示。

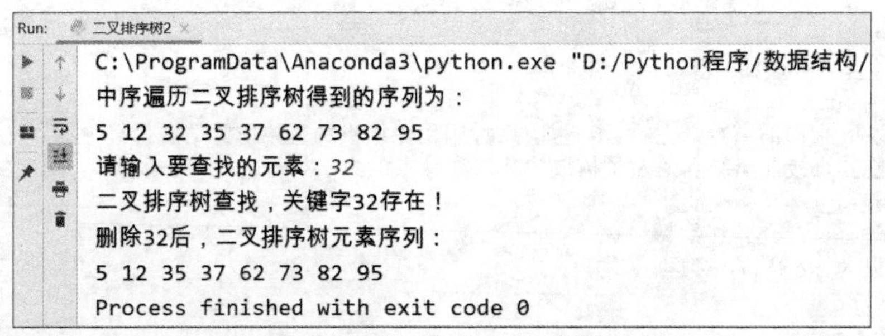

图 7-9 例 7-1 程序运行结果

7.3.2 平衡二叉树

在最坏的情况下，二叉排序树的深度为 n，其平均查找长度为 n。因此，为了减小二叉排序树的查找次数，需要进行平衡化处理，平衡化处理得到的二叉树称为平衡二叉树。

1. 平衡二叉树的定义

平衡二叉树或者是一棵空二叉树，或者是具有以下性质的二叉树：其左子树和右子树的深度之差的绝对值小于或等于 1，且左子树和右子树也是平衡二叉树。平衡二叉树也称为 AVL 树。

如果将二叉树中结点的平衡因子定义为结点的左子树与右子树之差，则平衡二叉树中每个结点的平衡因子的值只有三种可能：-1、0 和 1。例如，图 7-10 所示即为平衡二叉树，结点右边的数字为平衡因子，因为该二叉树既是二叉排序树又是平衡二叉树，因此，该二叉树称为平衡二叉排序树。如果在二叉树中有一个结点的平衡因子的绝对值大于 1，则该二叉树是不平衡的。例如，图 7-11 所示为不平衡的二叉树。

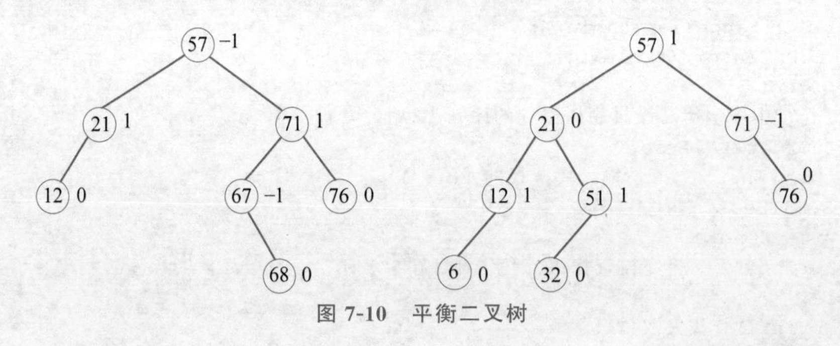

图 7-10 平衡二叉树

如果二叉排序树是平衡二叉树，则其平均查找长度与 $\log_2 n$ 是同数量级的，这样就减少了与关键字比较的次数。

2. 二叉排序树的平衡处理

在二叉排序树中插入一个新结点后，如何保证该二叉树是平衡二叉树呢？假设有一个关键字序列{5,34,45,76,65}，依照此关键字序列建立二叉排序树，且使该二叉排序树是平

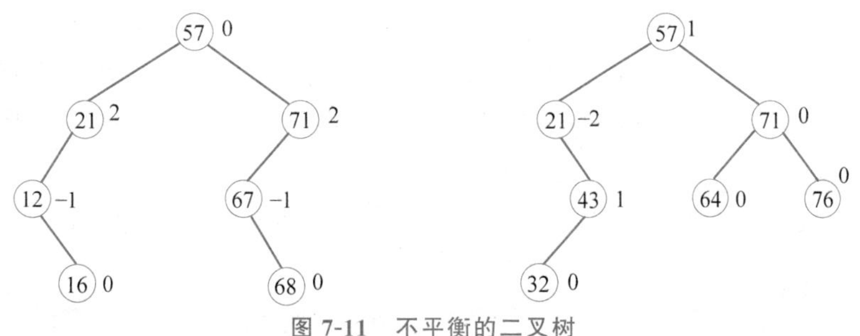

图 7-11　不平衡的二叉树

衡二叉树。构造平衡二叉树的过程如图 7-12 所示。

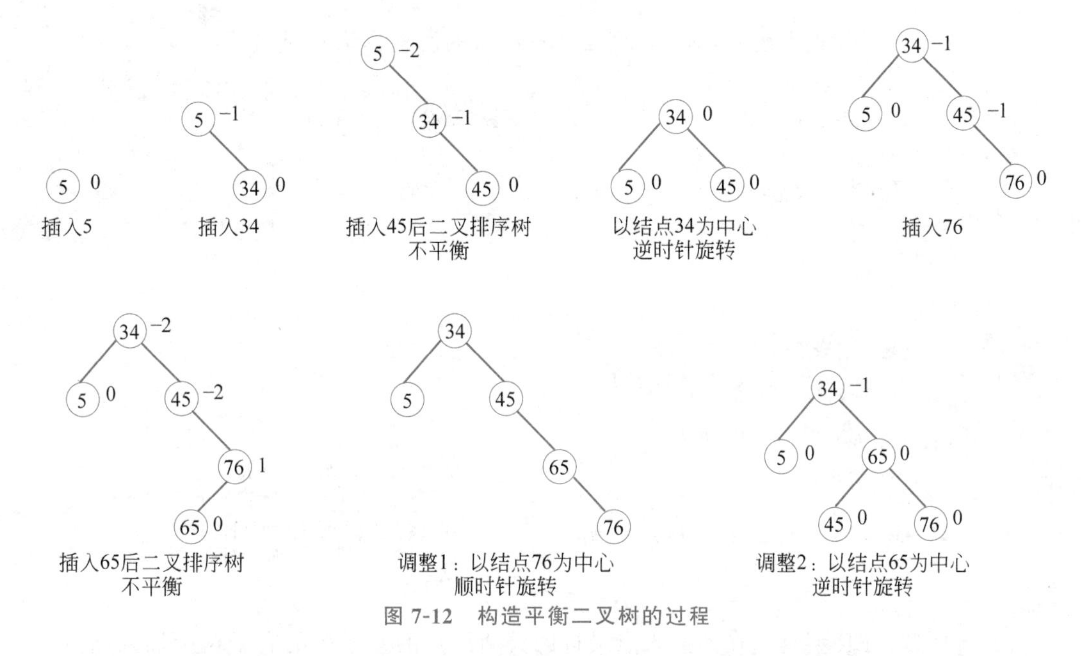

图 7-12　构造平衡二叉树的过程

初始时，该二叉排序树是空树，因此是平衡二叉树。在空树中插入结点 5，该二叉排序树依然是平衡的。当插入结点 34 后，该二叉排序树仍然是平衡的，结点 5 的平衡因子变为 −1。当插入结点 45 后，结点 5 的平衡因子变为 −2，二叉排序树不平衡，需要进行调整。只需要以结点 34 为中心进行逆时针旋转，将二叉排序树变为以 34 为根，这时各个结点的平衡因子都为 0，二叉排序树转换为平衡二叉树。

继续插入结点 76，二叉排序树仍然是平衡的。当插入结点 65 时，该二叉排序树失去了平衡，如果仍然按照上述方法仅仅以结点 45 为中心进行旋转，就会失去二叉排序树的性质。为了保持二叉排序树的性质，又要保证该二叉排序树是平衡的，需要进行两次调整：先以结点 76 为中心进行顺时针旋转，然后以结点 65 为中心进行逆时针旋转。

一般情况下，新插入的结点可能使二叉排序树失去平衡，通过使离插入点最近的结点恢复平衡，从而使上一层祖先结点恢复平衡。因此，为了使二叉排序树恢复平衡，需要从离插入点最近的结点开始调整。失去平衡的二叉排序树分为以下 4 种类型，调整方法也各有不同。

(1) LL 型。LL 型是指在离插入点最近的失衡结点的左子树的左子树中插入结点，导致二叉排序树失去平衡，如图 7-13 所示。离插入点最近的失衡结点为 A，插入新结点 X 后，结点 A 的平衡因子由 1 变为 2，该二叉排序树失去平衡。为了使二叉排序树恢复平衡且保持其性质不变，可以将结点 A 作为结点 B 的右子树，将结点 B 的右子树作为结点 A 的左子树。这样就恢复了该二叉排序树的平衡，这相当于以结点 B 为中心，对结点 A 进行顺时针旋转。

为平衡二叉树的每个结点增加一个域 bf，用表示对应结点的平衡因子，则平衡二叉树的类型定义描述如下：

```
class BSTNode:                                    #平衡二叉树的类型定义
    def __init__(self,data=None,bf=None):
        self.data=data
        self.bf=bf                                #结点的平衡因子
        self.lchild=None                          #左孩子指针
        self.rchild=None                          #右孩子指针
```

当二叉排序树失去平衡时，对 LL 型二叉排序树的调整算法实现如下：

```
b=p.lchild                                        #b指向p的左子树的根结点
p.lchild=b.rchild                                 #将b的右子树作为p的左子树
b.rchild=p
p.bf,b.bf=0,0                                     #修改平衡因子
```

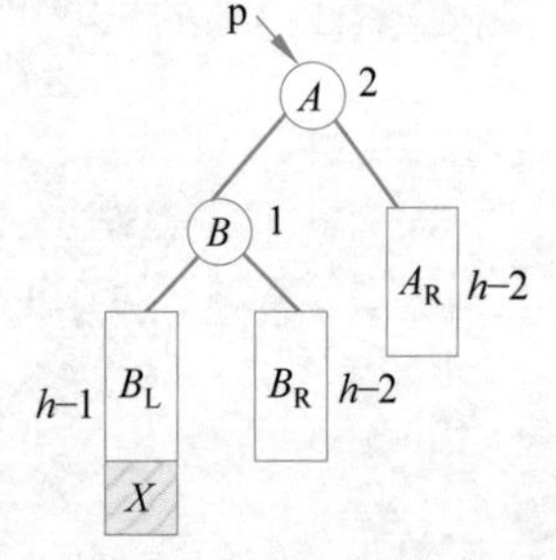

(a) 插入结点X后二叉排序树失去平衡

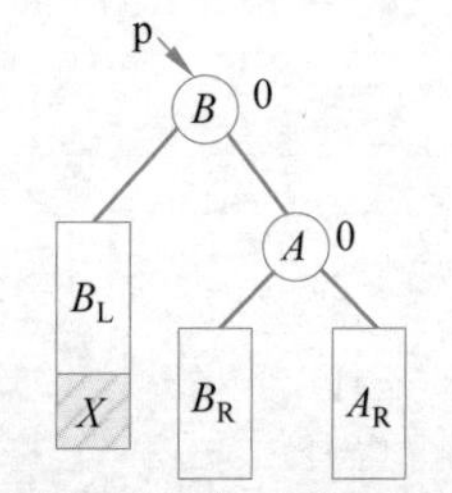

(b) 以结点B为中心顺时针旋转，使二叉排序树恢复平衡

图 7-13　LL 型二叉排序树的调整

(2) LR 型。LR 型是指在离插入点最近的失衡结点的左子树的右子树中插入结点，导致二叉排序树失去平衡，如图 7-14 所示。

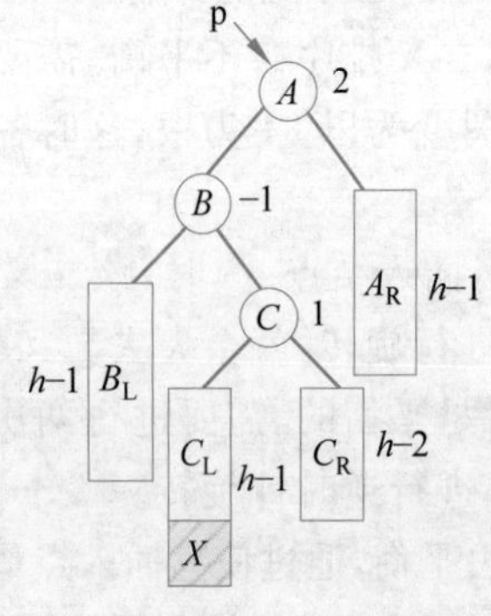

(a) 插入结点X后二叉树失去平衡

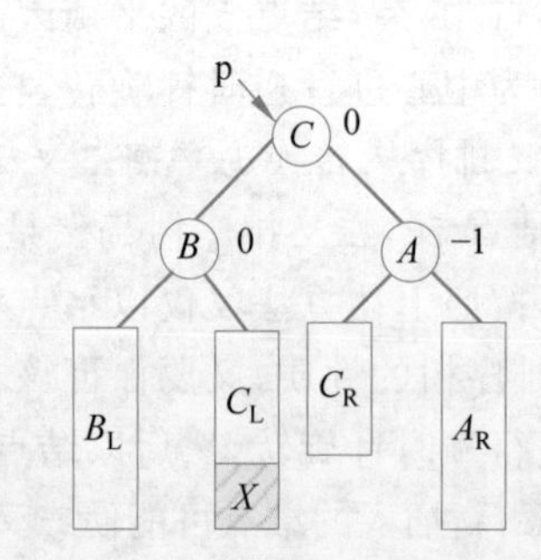

(b) 以结点B为中心对C进行逆时针旋转，然后以C为中心对A进行顺时针旋转

图 7-14　LR 型二叉排序树的调整

离插入点最近的失衡结点为 A，在结点 C 的左子树 C_L 下插入新结点 X 后，结点 A 的平衡因子由 1 变为 2，该二叉排序树失去平衡。为了使二叉排序树恢复平衡且保持其性质

不变，可以将结点 B 作为结点 C 的左子树，将结点 C 的左子树作为结点 B 的右子树，将结点 C 作为新的根结点，将结点 A 作为结点 C 的右子树的根结点，将结点 C 的右子树作为结点 A 的左子树，这样就恢复了该二叉排序树的平衡。这相当于以结点 B 为中心对结点 C 先做一次逆时针旋转，然后以结点 C 为中心对结点 A 做一次顺时针旋转。

相应地，对 LR 型二叉排序树的调整算法实现如下：

```
b,c=p.lchild, b.rchild
b.rchild=c.lchild                    #将结点 C 的左子树作为结点 B 的右子树
p.lchild=c.rchild                    #将结点 C 的右子树作为结点 A 的左子树
c.lchild=b                           #将 B 作为结点 C 的左子树
c.rchild=p                           #将 A 作为结点 C 的右子树
#修改平衡因子
p.bf=-1
b.bf=0
c.bf=0
```

(3) RL 型。RL 型是指在离插入点最近的失衡结点的右子树的左子树中插入结点，导致二叉排序树失去平衡，如图 7-15 所示。

离插入点最近的失衡结点为 A，在结点 C 的右子树 C_R 下插入新结点 X 后，结点 A 的平衡因子由 -1 变为 -2，该二叉排序树失去平衡。为了使二叉排序树恢复平衡且保持其性质不变，可以将结点 B 作为结点 C 的右子树，将结点 C 的右子树作为结点 B 的左子树，将结点 C 作为新的根结点，结点 A 作为结点 C 的右子树的根结点，结点 C 的左子树作为结点 A 的右子树。这样就恢复了该二叉排序树的平衡。这相当于以结点 B 为中心对结点 C 先做一次顺时针旋转；然后以结点 C 为中心对结点 A 做一次逆时针旋转。

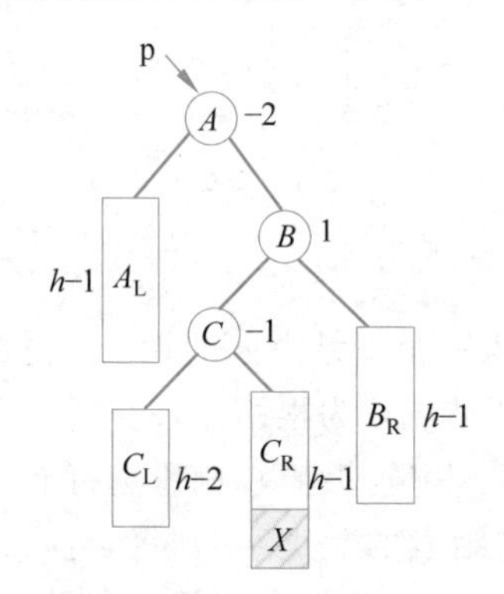

(a) 插入结点X后二叉排序树失去平衡

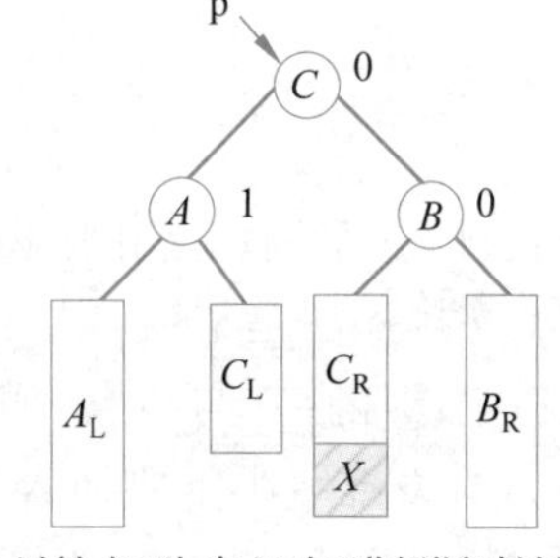

(b) 以结点B为中心对C进行顺时针旋转，然后以C为中心对A进行逆时针旋转

图 7-15　RL 型二叉排序树的调整

相应地，对 RL 型二叉排序树的调整算法实现如下：

```
b=p.rchild
c=b.lchild
b.lchild=c.rchild                    #将结点 C 的右子树作为结点 B 的左子树
p.rchild=c.lchild                    #将结点 C 的左子树作为结点 A 的右子树
c.lchild=b                           #将 B 作为结点 C 的左子树
c.rchild=p                           #将 A 作为结点 C 的右子树
#修改平衡因子
```

```
p.bf=-1
b.bf=0
c.bf=0
```

(4) RR 型。RR 型是指在离插入点最近的失衡结点的右子树的右子树中插入结点，导致二叉排序树失去平衡，如图 7-16 所示。

离插入点最近的失衡结点为 A，在结点 B 的右子树 B_R 下插入新结点 X 后，结点 A 的平衡因子由 -1 变为 -2，该二叉排序树失去平衡。为了使二叉排序树恢复平衡且保持其性质不变，可以将结点 A 作为结点 B 的左子树的根结点，将结点 B 的左子树作为将 A 的右子树，这样就恢复了该二叉排序树的平衡。这相当于以结点 B 为中心对结点 A 做一次逆时针旋转。

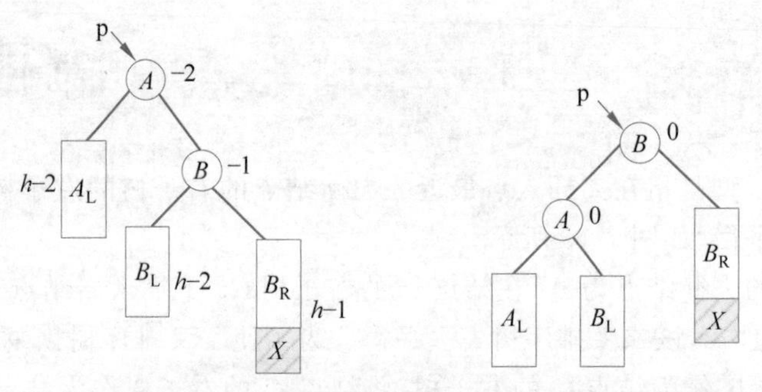

(a) 插入结点X后二叉排序树失去平衡　(b) 以结点B为中心对A进行逆时针旋转

图 7-16　RR 型二叉排序树的调整

相应地，对 RL 型二叉排序树的调整算法实现如下：

```
b=p.rchild
p.rchild=b.lchild                                #将结点 B 的左子树作为结点 A 的右子树
b.lchild=p                                       #将 A 作为结点 B 的左子树
#修改平衡因子
p.bf=0
b.bf=0
```

综上以上 4 种情况，在平衡二叉排序树中插入一个新结点 e 的算法描述如下：

(1) 如果平衡二叉排序树是空树，则插入的新结点作为根结点，同时将该树的深度增 1。

(2) 如果二叉树中已经存在与结点 e 的关键字相等的结点，则不进行插入。

(3) 如果结点 e 的关键字小于要插入位置的结点的关键字，则将 e 插入该结点的左子树位置，并将该结点的左子树深度增 1，同时修改该结点的平衡因子。如果该结点的平衡因子绝对值大于 1，则需要进行平衡化处理。

(4) 如果结点 e 的关键字大于要插入位置的结点的关键字，则将 e 插入该结点的右子树位置，并将该结点的右子树深度增 1，同时修改该结点的平衡因子。如果该结点的平衡因子绝对值大于 1，则需要进行平衡化处理。

二叉排序树的平衡化处理算法实现包括两部分：平衡二叉排序树的插入操作和平衡化处理。平衡二叉排序树的插入算法实现如下：

```
def InsertAVL(self, T, e, taller):
#如果在平衡二叉排序树 T 中不存在与 e 有相同关键字的结点，则将 e 插入并返回 1；否则，返回 0
#如果插入新结点后使二叉排序树失去平衡，则进行平衡化处理
```

```
    if T==None:               #如果二叉排序树为空,则插入新结点,将 taller 置为 1
        T=BSTNode()
        T.data=e
        T.bf=0
        taller=1
    else:
        if e==T.data:         #如果树中存在和 e 的关键字相等的结点,则不进行插入操作
            taller=0
            return 0
        if e<T.data:          #如果 e 的关键字小于当前结点的关键字,则继续在 T 的左子树
                              #中进行查找
            if self.InsertAVL(T.lchild,e,taller)==0:
                return 0
            if taller:        #已插入 T 的左子树中且左子树增高
                if T.bf==1:   #检查 T 的平衡因子,在插入之前左子树比右子树高,需要作左
                              #平衡处理
                    self.LeftBalance(T)
                    taller=0
                elif T.bf==0:   #在插入之前,左、右子树等高,树增高,将 taller 置为 1
                    T.bf=1
                    taller=1
                elif T.bf==-1:  #在插入之前,右子树比左子树高,现左、右子树等高
                    T.bf=0
                    taller=0
        else:
                              #应继续在 T 的右子树中进行搜索
            if self.InsertAVL(T.rchild,e,taller)==0:
                return 0
            if taller:        #已插入 T 的右子树且右子树增高
                if T.bf==1:   #检查 T 的平衡因子,在插入之前左子树比右子树高,现左、右子
                              #树等高
                    T.bf=0
                    taller=0
                elif T.bf==0:   #在插入之前,左、右子树等高,现因右子树增高而使树增高
                    T.bf=-1
                    taller=1
                elif T.bf==-1:  #在插入之前,右子树比左子树高,需要作右平衡处理
                    self.RightBalance(T)
                    taller=0
    return 1
```

二叉排序树的平衡化处理算法实现包括 4 种情形：LL 型、LR 型、RL 型和 RR 型。

对于 LL 型失去平衡的情形，只需要对离插入点最近的失衡结点进行一次顺时针旋转即可。其实现代码如下：

```
def RightRotate(self,p):
#对以 p 为根的二叉排序树进行右旋转,处理之后 p 指向新的根结点,即旋转前左子树的根结点
    lc=p.lchild                          #lc 指向 p 的左子树的根结点
    p.lchild=lc.rchild                   #将 lc 的右子树作为 p 的左子树
    lc.rchild=p
    p.bf=0
```

```
    lc.bf=0
    p=lc                                            #p指向新的根结点
```

对于 LR 型失去平衡的情形,需要进行两次旋转处理:需要先进行一次逆时针旋转,然后再进行一次顺时针旋转。其实现代码如下:

```
def LeftBalance(self,T):
#对以T所指结点为根的二叉排序树进行左旋转,并使T指向新的根结点
    lc=T.lchild         #lc指向T的左子树根结点
    if lc.bf==1:        #检查T的左子树的平衡因子,并作相应平衡处理
                        #调用LL型失衡处理。新结点插入T的左孩子的左子树,需要进行单右
                        #旋处理
        T.bf=0
        lc.bf=0
        self.RightRotate(T)
    elif lc.bf==-1:     #LR型平衡处理。将新结点插入T的左孩子的右子树,要进行双旋处理
        rd=lc.rchild    #rd指向T的左孩子的右子树的根结点
        if rd.bf==1:    #修改T及其左孩子的平衡因子
            T.bf=-1
            lc.bf=0
        elif rd.bf==0:
            T.bf=0
            lc.bf=0
        elif rd.bf==-1:
            T.bf=0
            lc.bf=1
        rd.bf=0
        self.LeftRotate(T.lchild)               #对T的左子树进行左旋转
        self.RightRotate(T)                     #对T进行右旋转
```

对于 RL 型失去平衡的情形,需要进行两次旋转处理:先进行一次顺时针旋转,然后再进行一次逆时针旋转。其实现代码如下:

```
def RightBalance(self,T):
#对以T所指结点为根的二叉排序树进行右旋转,并使T指向新的根结点
    rc=T.rchild         #rc指向T的右子树根结点
    if rc.bf==-1:       #调用RR型平衡处理。检查T的右子树的平衡因子,并作相应平衡处理
                        #新结点插入T的右孩子的右子树,要作单左旋处理
        T.bf=0
        rc.bf=0
        self.LeftRotate(T)
    elif rc.bf==1:      #RL型平衡处理。新结点插入T的右孩子的左子树,需要进行双旋处理
        rd=rc.lchild    #rd指向T的右孩子的左子树的根结点
        if rd.bf==-1:   #修改T及其右孩子的平衡因子
            T.bf=1
             rc.bf=0
        elif rd.bf==0:
            T.bf=0
            rc.bf=0
        elif rd.bf==1:
```

```
        T.bf=0
        rc.bf=-1
      rd.bf=0
      self.RightRotate(T.rchild)                #对 T 的右子树进行右旋转
      self.LeftRotate(T)                        #对 T 进行左旋转
```

对于 RR 型失去平衡的情形，只需要对离插入点最近的失衡结点进行一次逆时针旋转即可。其实现代码如下：

```
    def LeftRotate(self,p):
    #对以 p 为根的二叉排序树进行左旋转，处理之后 p 指向新的根结点，即旋转前右子树的根结点
      rc=p.rchild                               #rc 指向 p 的右子树的根结点
      p.rchild=rc.lchild                        #将 rc 的左子树作为 p 的右子树
      rc.lchild=p
      p=rc                                      #p 指向新的根结点
```

在平衡二叉排序树的查找过程与二叉排序树类似，其比较次数最多为树的深度。如果树的结点个数为 n，则时间复杂度为 $O(\log_2 n)$。

7.3.3　红黑树

红黑二叉排序树(red-black BST)简称红黑树。顾名思义，它也是一种二叉排序树，在每个结点上增加一个存储位表示结点的颜色，可以是红或黑。红黑树是一种接近平衡的二叉排序树。

1. 红黑树的定义

红黑树是一棵具有以下特点的二叉排序树：

(1) 每个结点不是红色就是黑色。

(2) 根结点的颜色为黑色。

(3) 叶子结点是空节点且为黑色。

(4) 若一个结点是红色的，则其孩子结点一定是黑色的，即从根结点到叶子结点的路径中不存在连续的红色结点。

(5) 从任何一个结点出发到叶子结点的路径上，包含相同数目的黑色结点。

根据性质(4)，任何一个路径上不能有两个连续的红色结点，则每条路径上红色结点的个数是有限的，由于最长的路径是红黑相间的结点组成的，因此，最长路径长度为最短路径长度的 2 倍。根据性质(5)，若只考虑黑色结点，而忽略红色结点，则这棵二叉排序树是平衡的。图 7-17 所示的两棵树都是红黑树。其中，红色结点用灰色表示，NIL 表示空结点。

在图 7-17 中，红黑树 1 从根结点到空结点的路径上，每个分支包含 3 个黑色结点；红黑树 2 从根结点到空结点的路径上，每个分支包含 4 个黑色结点。虽然这两棵树的每个分支黑色结点个数不同，但是它们都满足红黑树的性质。

2. 红黑树的基本运算

红黑树的存储结构、查找操作与二叉排序树类似，其主要区别在于插入和删除操作。

1) 红黑树的插入

与二叉排序树的插入类似，红黑树的插入也在叶子结点处进行，插入的新结点作为红黑

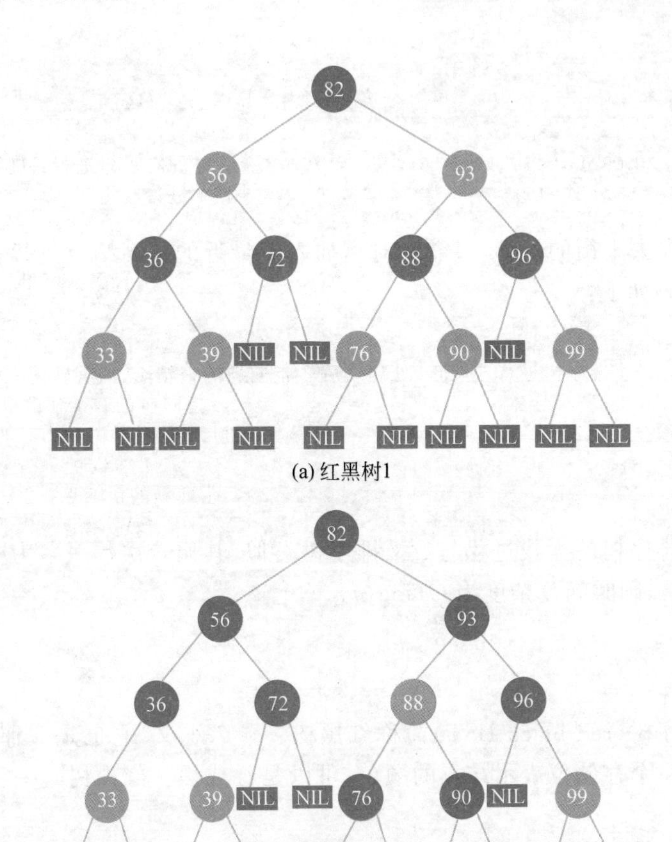

(a) 红黑树1

(b) 红黑树2

图 7-17　红黑树示例

树的叶子结点,唯一不同的是插入时必须考虑结点的着色问题。插入的结点被着为红色,然后以二叉排序树的插入方法插入红黑树中。如果插入的结点被着为黑色,就会使从根结点到叶子结点的路径上多一个黑色结点,这就违背了性质(5),这是很难调整的。当然,将插入的结点着为红色,也可能会导致路径上出现两个连续红色结点,与性质(4)冲突,但这可通过颜色调换和树旋转加以调整。

如果插入的新结点的双亲结点是黑色的,则红黑树的性质并没有被破坏,无须调整;如果插入的新结点的双亲结点是红色的,与性质(4)冲突,则需要进行调整。

假设插入的结点为 T,其双亲结点 P 为红色的,则 P 的双亲结点是黑色的。插入结点后,可分为以下两种情况进行调整。

(1) 结点 T 的双亲结点 P 的兄弟结点 U 是黑色的情况。

由于结点 P 是红色的,则其双亲结点 G 一定是黑色的。对于 LL 型红黑树,为了保持红黑树性质不变,仅需要以结点 P 为中心进行一次顺时针旋转,使 P 成为 G 的双亲结点,G 成为 P 的右孩子结点,并将 P 和 G 重新着色,如图 7-18(a)所示。对于 RR 型红黑树,为了保持红黑树性质不变,以 P 为中心进行一次逆时针旋转,使 P 成为 G 的双亲结点,G 成为 P 的左孩子结点,并对 P 和 G 重新着色,如图 7-18(b)所示。图 7-18 中的 a、b、c、d、e 分别表示相应的子树。

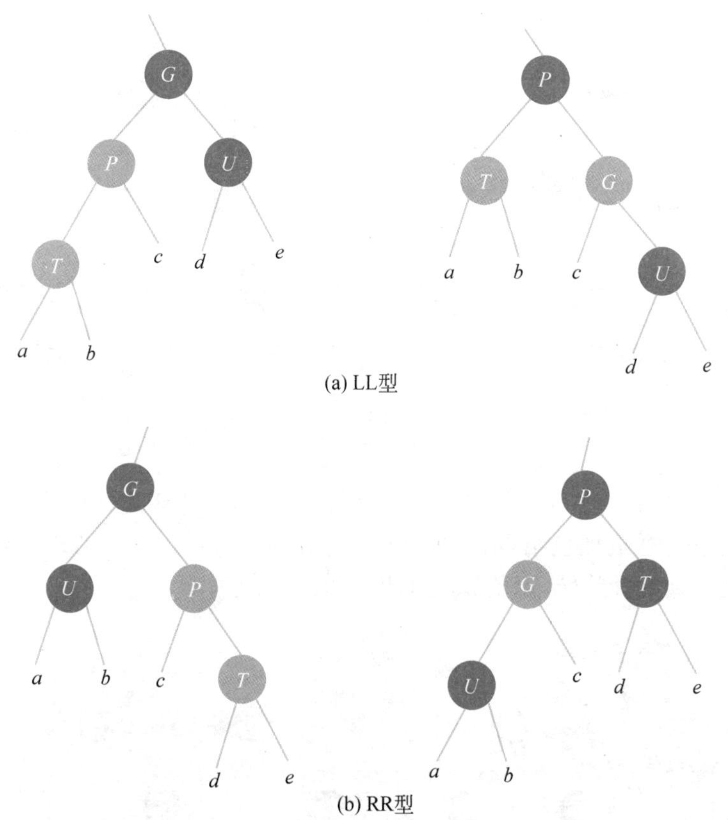

(a) LL型

(b) RR型

图 7-18　LL 型和 RR 型红黑树插入新结点后的调整情况

对于 LR 型红黑树，为了保持红黑树的性质不变，可先以结点 P 为中心进行逆时针旋转，再以结点 T 为中心进行顺时针旋转，使 T 成为 P 的双亲结点，结点 P 和 G 分别成为结点 T 的左、右孩子结点，将 T 和 G 重新着色，T 着为黑色，G 着为红色，这样从 T 出发到其他结点的黑色结点数量不变，如图 7-19(a)所示。对于 RL 型红黑树，为了保持红黑树的性质不变，可先以 P 为中心进行顺时针旋转，再以 T 为中心进行逆时针旋转，使 T 成为 G 的双亲结点，G 和 P 分别成为 T 的左、右孩子结点，并将 T 和 G 重新着色，T 着为黑色，G 着为红色，这样从 T 出发到其他结点的黑色结点数量不变，如图 7-19(b)所示。

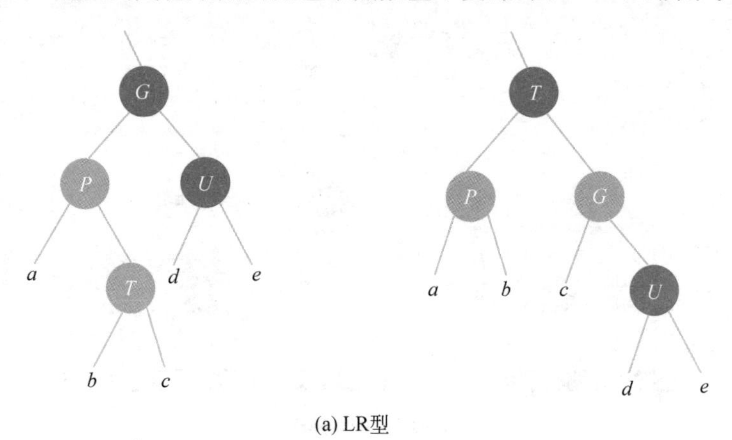

(a) LR型

图 7-19　LR 型和 RL 型红黑树插入新结点后的调整情况

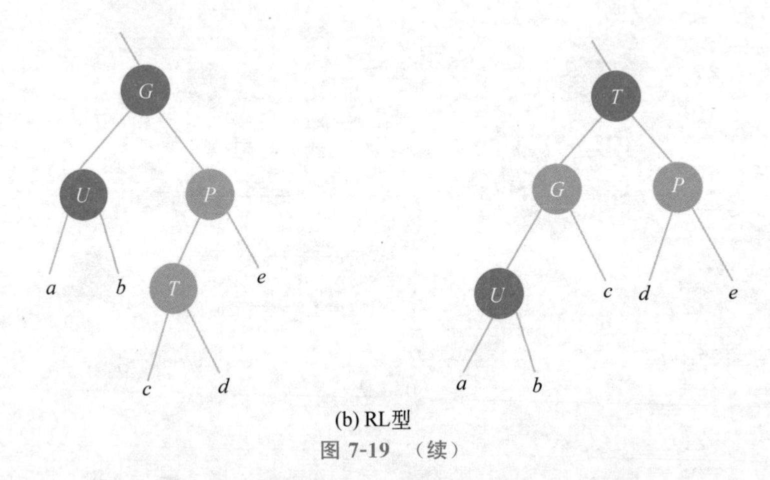

(b) RL型

图 7-19 （续）

例如，针对图 7-17(a)所示的红黑树，插入结点 98 后，其双亲为红色结点，双亲结点的兄弟结点为空结点，可看成黑色结点，这种情形属于 RL 型，以 99 为中心进行顺时针旋转，再以 98 为中心进行逆时针旋转，调整后的红黑树如图 7-20 所示。

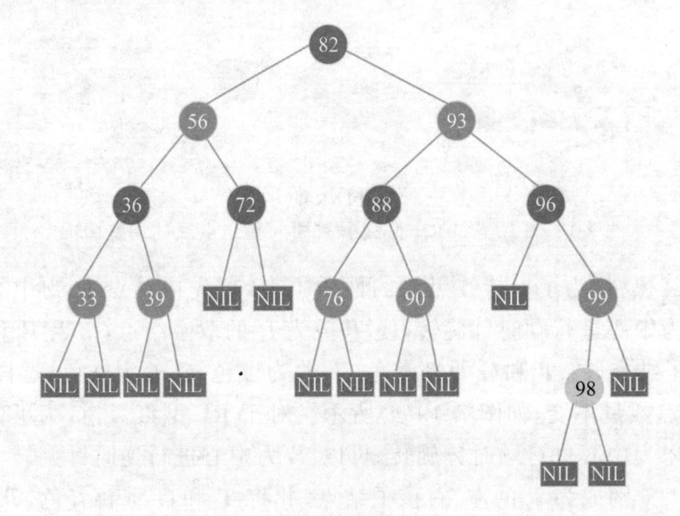

(a) 插入98后的状态

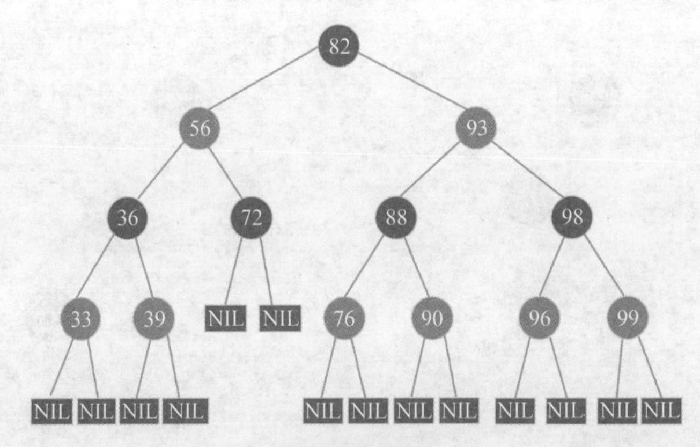

(b) 调整后的红黑树

图 7-20 在图 7-17(a)所示的红黑树中插入结点 98 后的调整情况

对于插入的新结点 T 的双亲结点 P 的兄弟结点 U 是黑色的情况，不管是 LL 型、LR 型、RL 型或 RR 型中的哪一种，只需要经过一次或两次旋转，并调整两个相应结点的颜色，即可使红黑树保持原有性质不变。

(2) 结点 T 的双亲结点 P 的兄弟结点 U 是红色的情况。

若结点 T 的双亲结点 P 的兄弟结点 U 为红色时，不能再通过简单的一次旋转或两次旋转并调整两个结点的颜色恢复原有红黑树的性质了。插入的结点 T 为红色，当双亲结点 P 也为红色时，则 P 的双亲结点 G 为黑色。若 P 的兄弟结点 U 为红色，就需要重新对红黑树进行着色，即将 G 着为红色，P 和 U 着为黑色。如图 7-21 所示。这样可解决 G 以下分支中出现连续红色结点的问题。但如果 G 的双亲结点是红色的，则又出现连续红色结点的问题，这就需要继续向上调整。RL 型和 RR 型红黑树插入结点后的调整与 LL 型和 LR 型红黑树类似。

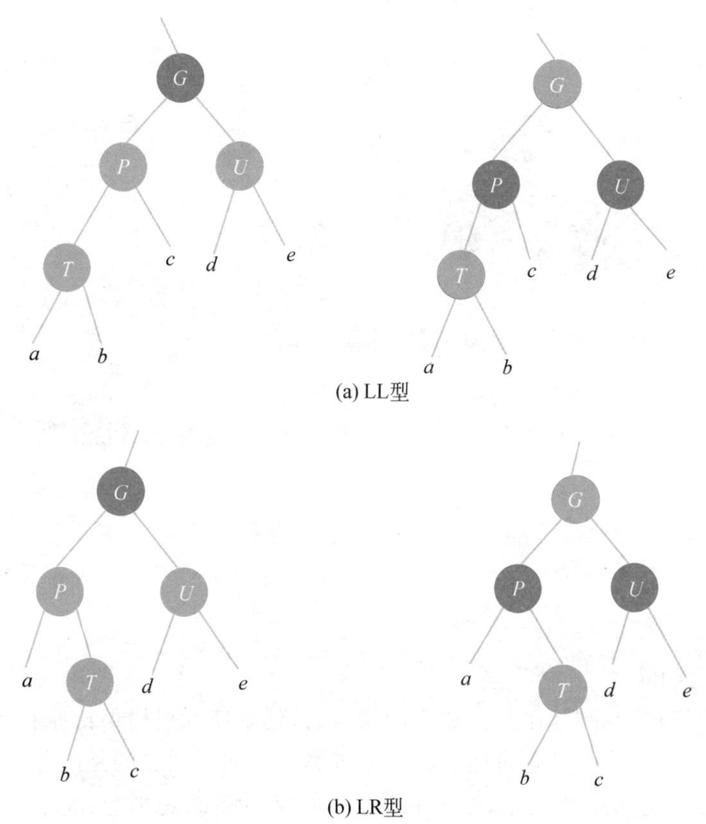

图 7-21 LL 型和 LR 型红黑树插入结点后重新着色

例如，如果要在图 7-20 所示的红黑树中插入结点 89，需要从根结点开始寻找插入位置并进行调整。若遇到结点的两个孩子都是红色的，则将该结点着为红色，将两个孩子结点着为黑色。由于结点 82 的两个孩子结点都是红色的，则将结点 82 调整为红色，将结点 56 和结点 93 调整为黑色，然后继续从结点 93 往下查找插入位置。由于结点 93 的左右孩子结点分别为红色和黑色，不需要重新着色。结点 88 的两个孩子结点都是黑色的，不需要重新着色。由于结点 89 为红色结点，其双亲结点 90 为黑色结点，不需要调整，直接将结点 89 插入，使其成为结点 90 的左孩子结点，如图 7-22 所示。

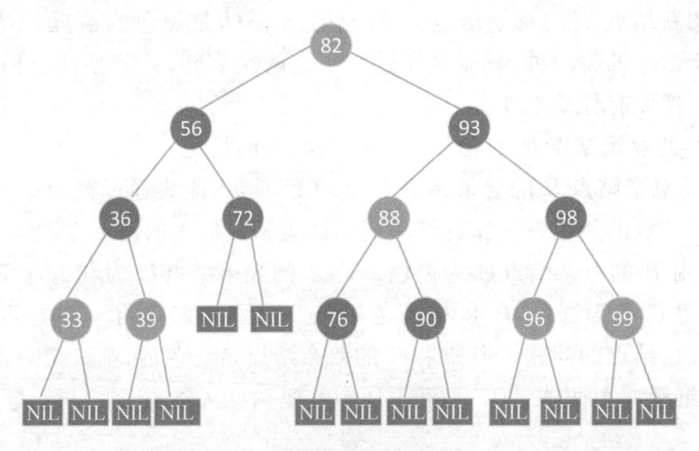

(a) 从根结点开始调整着色

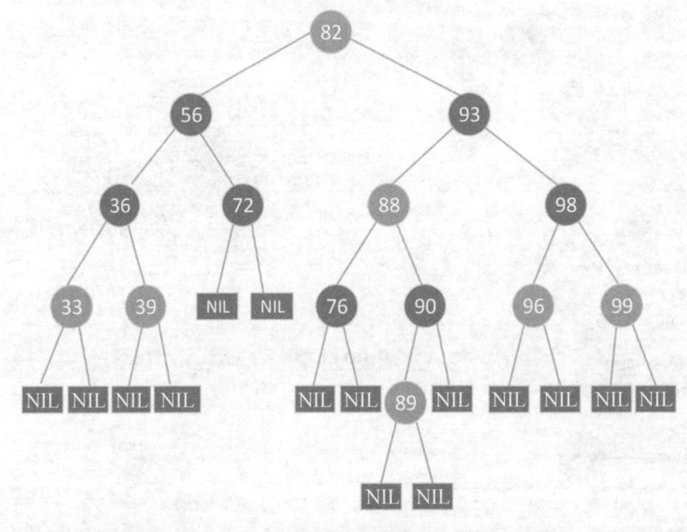

(b) 插入89后

图 7-22　插入 89 的调整过程

2）红黑树的删除

与插入操作一样，在删除了红黑树中的结点后，仍要使红黑树保持原有性质不变。如果删除的是叶子结点，删除的结点可能为红色或者黑色。如果删除的是红色结点，由于删除该结点不会影响到分支结点的数量，则直接删除；如果删除的是黑色结点，则需要进行调整操作。

若删除的结点 *D* 的左孩子结点 DL 或右孩子结点 DR 为红色，在删除结点 *D* 后，用 DL 或 DR 替换结点 *D* 的结点，并标记为黑色结点，如图 7-23 所示。

若删除的结点 *D* 为黑色结点，且其兄弟结点 *S* 也是黑色的，则删除操作可分为以下几种情况处理：

（1）结点 *D* 的兄弟结点 *S* 为黑色，且结点 *S* 至少有一个孩子结点是红色。对于这种情况，需要对结点 *S* 进行旋转操作，对 *S* 的一个红色孩子结点进行重新着色，这种情况根据 *P*、*S*、SL(或 SR)的位置分为 4 种情况，即 LL、LR、RR、RL。下面先看 LL 位置的处理情况，

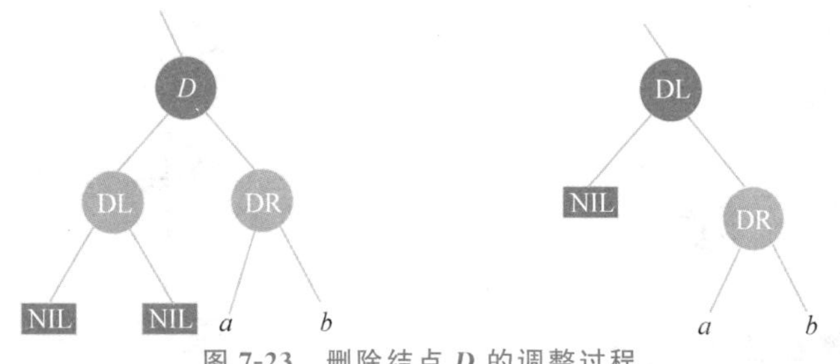

图 7-23 删除结点 D 的调整过程

要删除结点 D，兄弟结点 S 的颜色为黑色，其两个孩子结点为红色，当删除了结点 D 之后，根结点 P 的右子树失去了平衡，右分支黑色结点个数少了一个，这就需要从 P 的左子树中的红色结点中调整一个结点到右子树，可将 SL 结点着为黑色，然后以 S 结点为中心进行顺时针旋转，使 P 成为 S 的右孩子结点，使 SR 成为 P 的左孩子结点。这样就使 P 为根结点的右子树重新恢复了原有性质，如图 7-24 所示。

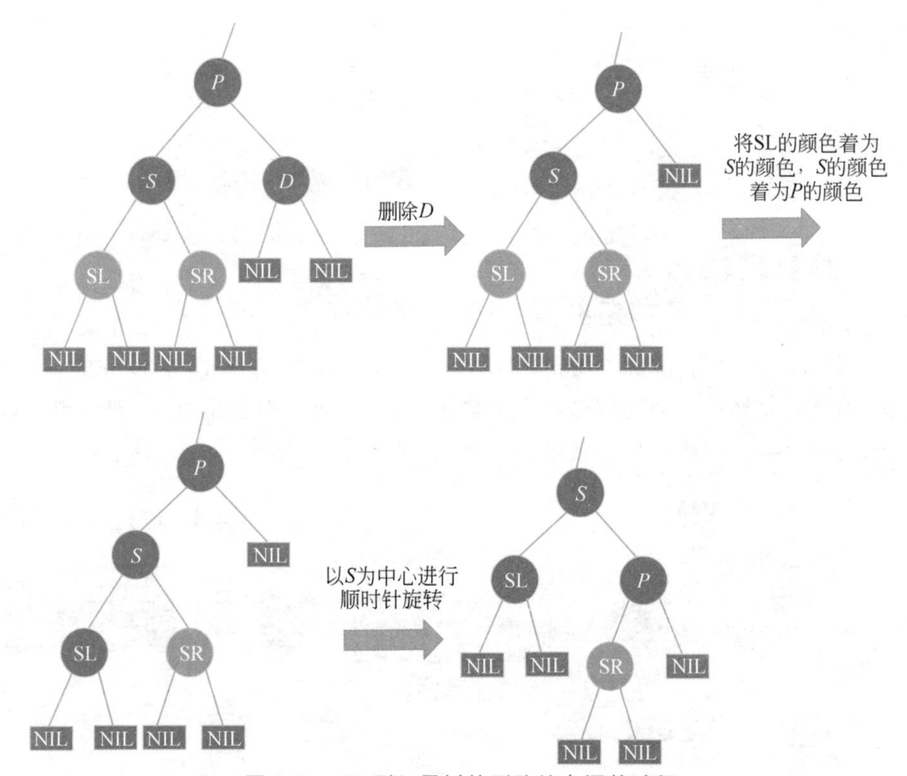

图 7-24 LL 型红黑树的删除结点调整过程

对于 RR 型红黑树删除结点的调整与此类似。为了使红黑树在删除黑色结点 D 之后保持原有性质不变，同样需要对 S 进行旋转，并对其孩子结点进行重新着色，如图 7-25 所示。

(2) 结点 D 的兄弟结点 S 为黑色，且 S 的两个孩子结点也是黑色的。对于这种情况需要递归进行处理，如果结点 D 的双亲结点 P 也为黑色，则对 P 继续进行处理，直到当前处理的黑色结点的双亲结点为红色结点，此时将该黑色结点的双亲结点着为黑色，将当前结点

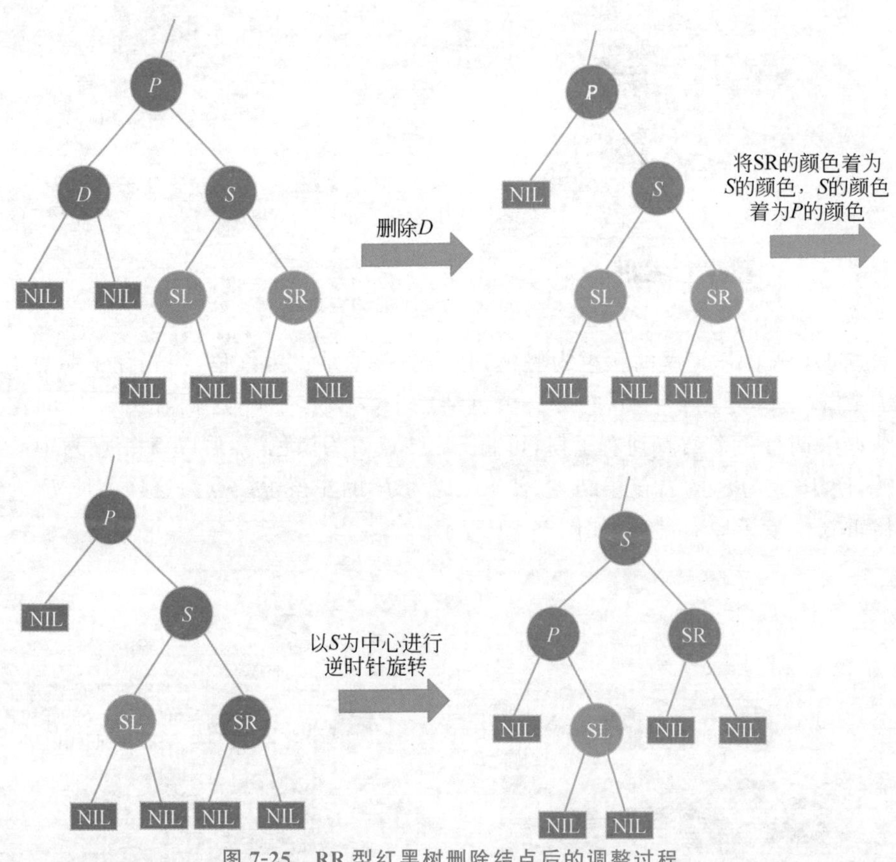

图 7-25　RR 型红黑树删除结点后的调整过程

着为红色。例如，如果要删除图 7-26 中的结点 15，由于删除结点 15 后该分支就少了一个黑色结点，因此需要调整。因为双亲结点为红色，所以首先将双亲结点 36 着为黑色，将其右孩子结点着为红色，这样该红黑树就恢复了平衡，如图 7-26 所示。

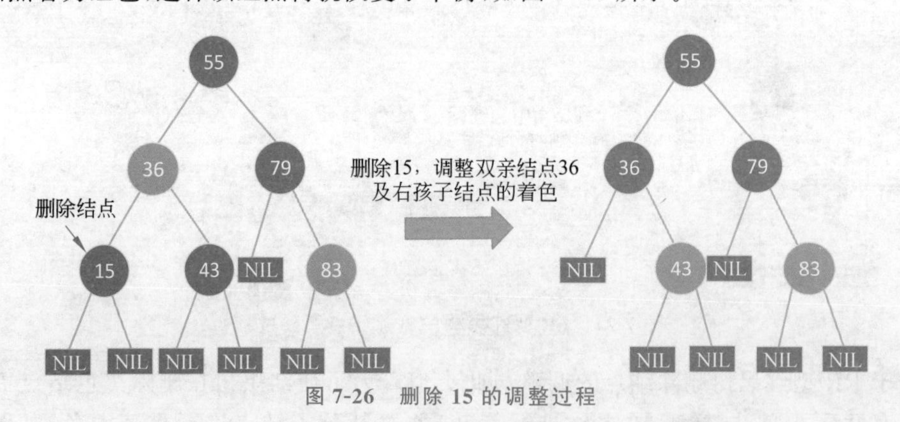

图 7-26　删除 15 的调整过程

(3) 结点 D 的兄弟结点为红色结点。通过旋转操作将 D 的兄弟结点 S 向上移动，并将双亲结点 P 和 S 重新着色，接着对旋转后 P 的孩子结点进行判断，确定相应的平衡操作。旋转操作将结点状态转换为情况(1)。例如，要删除图 7-27 中的结点 79，由于删除结点 79 后结点 55 的右分支失去了平衡，因此需要对该红黑树进行调整。删除结点 79 后，以结点 36 为中心进行顺时针旋转，使结点 36 成为结点 55 的双亲结点，使结点 55 成为结点 36 的右孩子结点，并对结点 36 和结点 55 重新着色，然后沿着结点 55 的子树分支对结点重新着色。

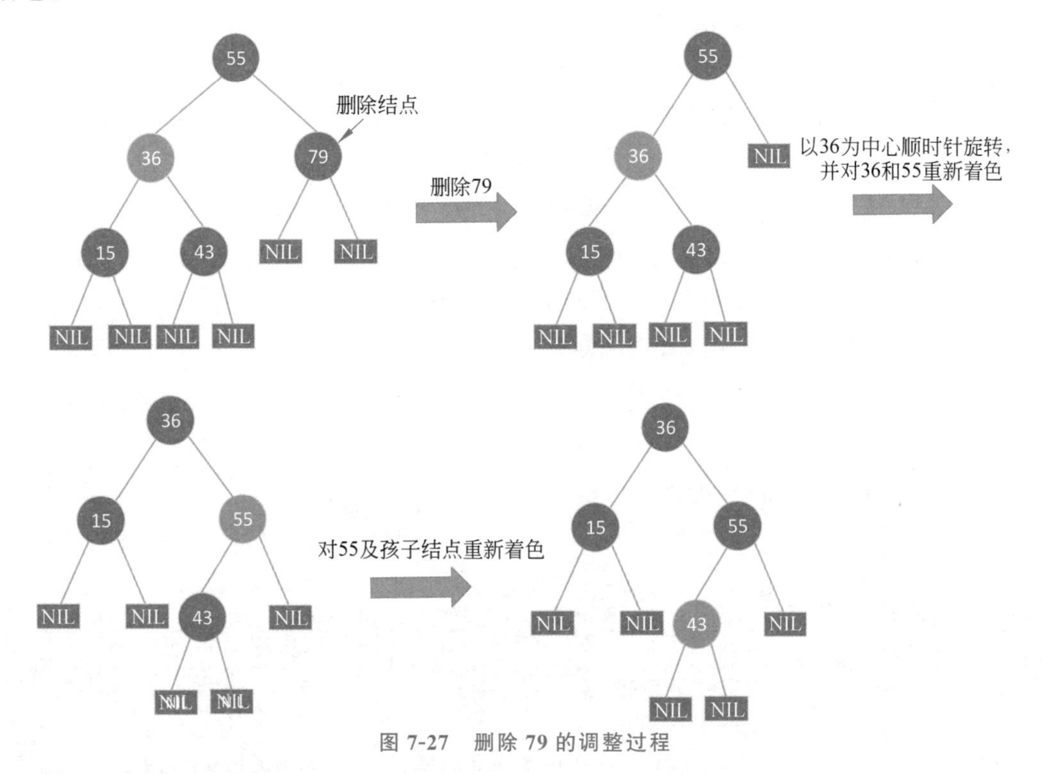

图 7-27　删除 79 的调整过程

思政元素：有序顺序表、索引顺序表、二叉排序树的查找均体现出发现规律、掌握规律的重要性。对于有序顺序表的查找，通过发现查找表中元素的规律而设置监视哨，以减少查找过程中的比较次数，从而提高查找效率。对于索引顺序表的查找，通过构造索引缩小查找范围，以提高查找效率。对于二叉排序树的查找，构造出满足以下性质的二叉树：左孩子结点元素值≤根结点元素值≤右孩子结点元素值，在查找时按照比较结果确定待查找元素所在的子树，以缩小查找范围。这些查找策略都是充分认识事物的规律后建立的。

7.4　B 树与 B+树

B 树与 B+是两种特殊的动态查找树。

7.4.1　B 树

B 树与二叉排序树类似。下面介绍 B 树的定义以及查找、插入与删除操作。

1. B 树的定义

B 树是一种平衡的排序树，也称为 m 阶查找树。一棵 m 阶 B 树或者是一棵空树，或者是满足以下性质的 m 叉树：

(1) 树中的任何一个结点最多有 m 棵子树。

(2) 根结点或者是叶子结点,或者至少有两棵子树。

(3) 除了根结点之外,所有的非叶子结点至少应有$\lceil m/2 \rceil$棵子树。

(4) 所有的叶子结点处于同一层次上,且不包括任何关键字信息。

(5) 所有的非叶子结点的结构如下:

n	P_0	K_1	P_1	K_2	…	P_{n-1}	K_n	P_n

其中,n 表示对应结点中的关键字的个数,P_i 表示指向子树的根结点的指针,并且 P_i 指向的子树中每一个结点的关键字都小于 $K_{i+1}(i=0,1,\cdots,n-1)$。

例如,一棵深度为 4 的 4 阶 B 树如图 7-28 所示。

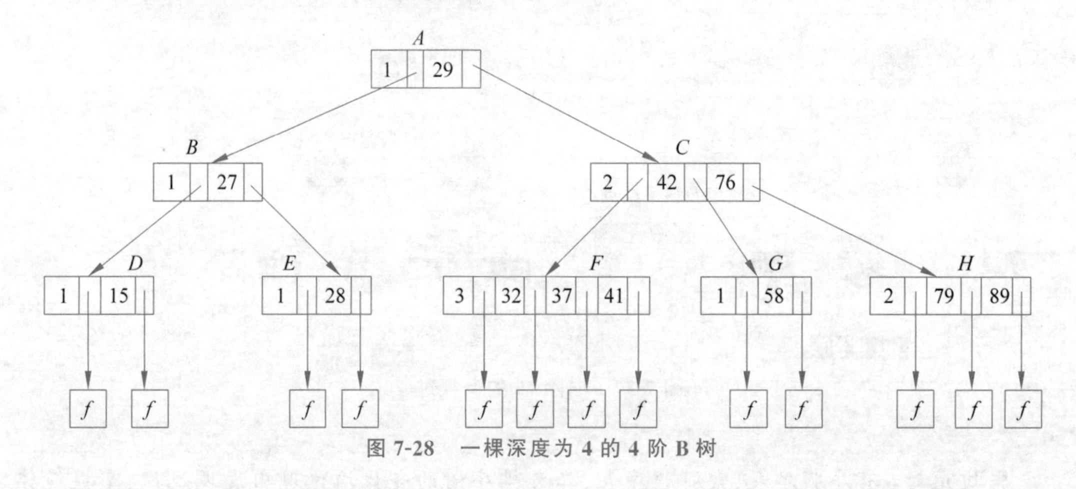

图 7-28　一棵深度为 4 的 4 阶 B 树

2. B 树的查找

在 B 树中查找某个关键字的过程与二叉排序树的查找过程类似。在 B 树中的查找过程如下:

(1) 若 B 树为空,则查找失败;否则,将待比较元素的关键字 key 与根结点元素的每个关键字 $K_i(1 \leqslant i \leqslant n-1)$进行比较。

(2) 若 key$=K_i$,则查找成功。

(3) 若 key$<K_i$,则在 P_{i-1}指向的子树中查找。

(4) 若 $K_i<$key$<K_{i+1}$,则在 P_i 指向的子树中查找。

(5) 若 key$>K_{i+1}$,则在 P_{i+1}指向的子树中查找。

例如,要查找关键字为 41 的元素,首先从根结点开始,将 41 与 A 结点的关键字 29 比较,因为 41>29,所以应该在 P_1 指向的子树内查找。指针 P_1 指向结点 C,因此需要将 41 与结点 C 中的关键字逐个进行比较,因为有 41<42,所以应该在 P_0 指向的子树内查找。指针 P_0 指向结点 F,因此需要将 41 与结点 F 中的关键字逐个进行比较,在结点 F 中存在关键字为 41 的元素,因此查找成功。

在 B 树中的查找过程其实就是对二叉排序树的查找过程的扩展,与二叉排序树不同的是,在 B 树中,每个结点有不止一棵子树。在 B 树中进行查找需要顺着指针 P_i 找到对应的结点,然后在结点中按顺序查找。

B 树的类型描述如下：

```
class BTNode:                                           #B 树类型定义
    def __init__(self):
        self.keynum=0                                   #每个结点中的关键字个数
        self.parent=None                                #指向双亲结点
        self.data=[]                                    #结点中关键字信息
        self.ptr=[]                                     #指针向量
```

B 树的查找算法描述如下：

```
class Result:                                           #返回结果类型定义
    def __init__(self):
        self.pt=None                                    #指向找到的结点
        self.pos=None                                   #关键字在结点中的序号
        self.flag=None                                  #查找成功与否标志
    def BTreeSearch(self,T,k):
    #在 m 阶 B 树 T 中查找关键字 k,返回结果为 r(pt,pos,flag)
    #如果查找成功,则标志 flag 为 1,pt 指向关键字为 k 的结点
    #否则 flag=0,关键字为 k 的结点应插在 pt 所指结点中第 pos 个和第 pos+1 个关键字之间
        p=T
        q=None
        i=0
        found=0
        r=Result()
        while p and found==0:
            i=self.Search(p,k)
            if i>0 and p.data[i]==k:                    #如果找到要查找的关键字,标志 found 置为 1
                found=1
            else:
                q=p
                p=p.ptr[i]
        if found:                                       #查找成功,返回结点的地址和位置序号
            r.pt=p
            r.flag=1
            r.pos=i
        else:                                           #查找失败,返回 k 的插入位置信息
            r.pt=q
            r.flag=0
            r.pos=i
        return r
    def Search(self,T, k):                              #在 T 指向的结点中查找关键字为 k 的结点
        i=1
        n=T.keynum
        while i<=n and T.data[i]<=k:
            i+=1
        return i-1
```

3. B 树的插入操作

B 树的插入操作与二叉排序树的插入操作类似，都要满足以下要求：插入新结点后，新结点左边的子树中每一个结点的关键字都小于根结点的关键字，右边的子树中每一个结点的关键字都大于根结点的关键字。而与二叉排序树不同的是，在 B 树中，插入的关键字不是树的叶子结点，而是树中处于最低层的非叶子结点，同时该结点的关键字个数最少应该是

$\lceil m/2 \rceil -1$,最大应该是 $m-1$,否则需要对该结点进行分裂。

例如,图 7-29 为一棵 3 阶 B 树(省略了叶子结点),在该 B 树中依次插入关键字 35、25、78 和 43。

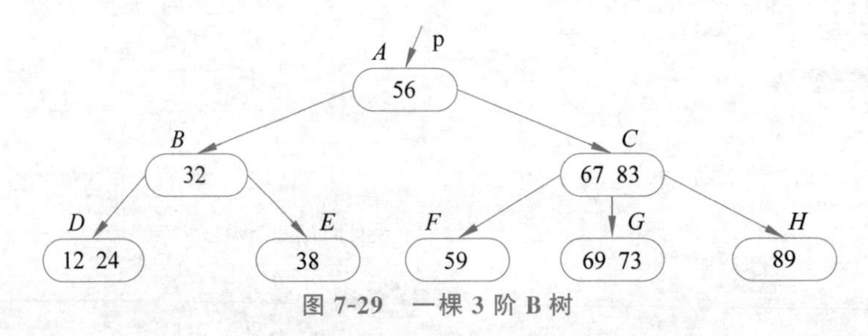

图 7-29 一棵 3 阶 B 树

(1) 插入关键字 35。首先从根结点开始,确定关键字 35 应插入的位置为结点 E。因为插入后结点 E 中的关键字个数大于 1($\lceil 3/2 \rceil -1$)且小于 2(3-1),所以插入成功。插入关键字 35 后的 B 树如图 7-30 所示。

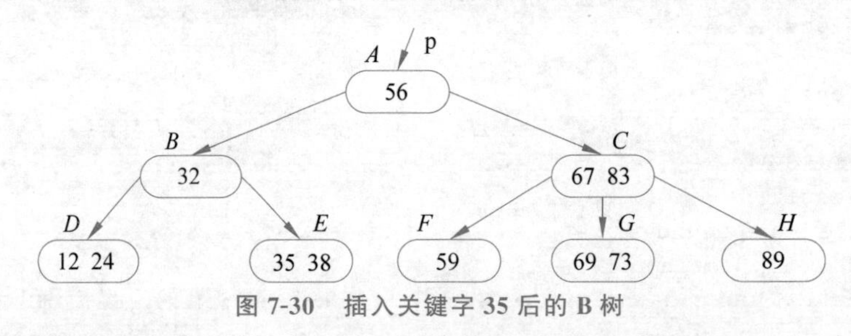

图 7-30 插入关键字 35 后的 B 树

(2) 插入关键字 25。从根结点开始,确定关键字 25 应插入的位置为结点 D。因为插入后结点 D 中的关键字个数大于 2,需要将结点 D 分裂为两个结点,关键字 24 被插入双亲结点 B 中,关键字 12 被保留在结点 D 中,关键字 25 被插入新生成的结点 D'中,并使关键字 24 的右指针指向结点 D'。插入关键字 25 的过程如图 7-31 所示。

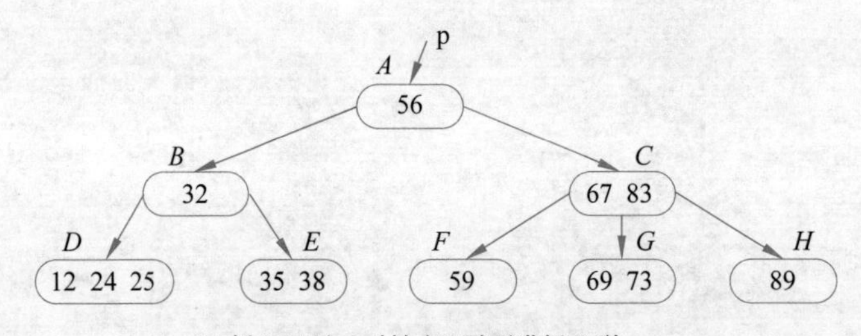

(a) 插入25后,对结点D需要进行分裂

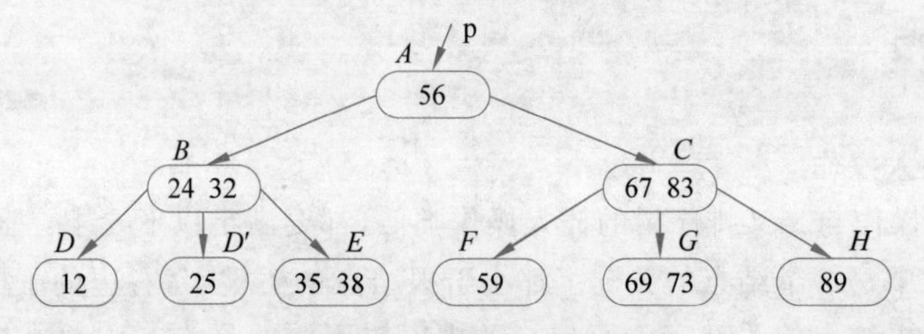

(b) 结点D分裂为结点D和结点D'

图 7-31 插入关键字 25 的过程

(3) 插入关键字78。从根结点开始，确定关键字78应插入的位置为结点G。因为插入后结点G中的关键字个数大于2，所以需要将结点G分裂为两个结点，其中关键字73被插入结点C中，关键字69被保留在结点F中，关键字78被插入新的结点G'中，并使关键字73的右指针指向结点G'。插入关键字78的过程及结点C分裂过程如图7-32所示。

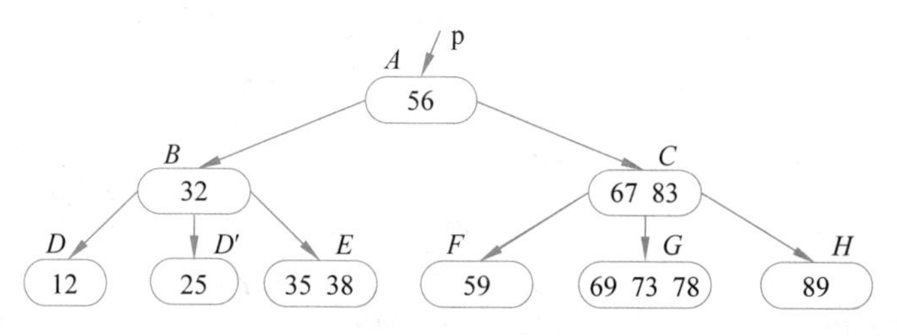

(a) 插入78后，对结点G需要进行分裂

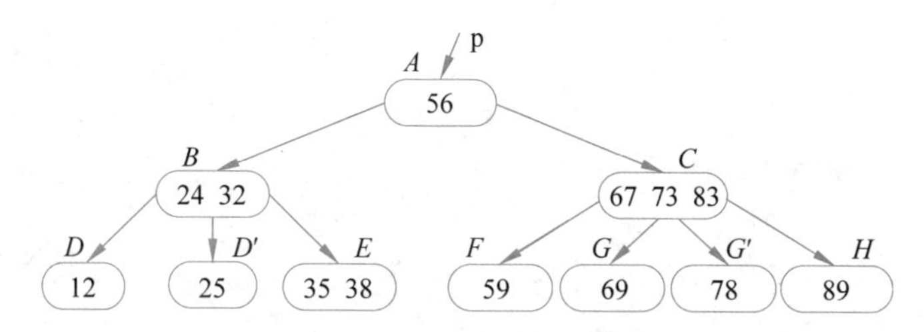

(b) 结点G分裂为结点G和结点G'

图7-32　插入关键字78的过程

此时，结点C的关键字个数大于2，因此，需要将结点C分裂为两个结点。将中间的关键字73插入双亲结点A中，关键字83保留在C中，关键字67被插入新结点C'中，并使关键字56的右指针指向结点C'，关键字73的右指针指向结点C。结点C的分裂过程如图7-33所示。

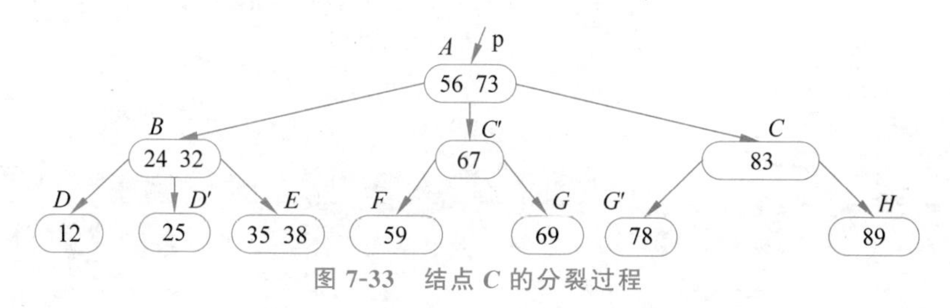

图7-33　结点C的分裂过程

(4) 插入关键字43。从根结点开始，确定关键字43应插入的位置为结点E，如图7-34所示。因为插入后结点E中的关键字个数大于2，所以需要将结点E分裂为两个结点，其中，中间的关键字38被插入双亲结点B中，关键字43被保留在结点E中，关键字35被插入新的结点E'中，并使关键字32的右指针指向结点E'，关键字38的右指针指向结点E。结点E的分裂过程如图7-35所示。

此时，结点B中的关键字个数大于2，需要进一步分裂结点B，其中关键字32被插入双亲结点A中，关键字24被保留在结点B中，关键字38被插入新结点B'中，关键字24的左、右指针分别指向结点D和D'，关键字38的左、右指针分别指向结点E和E'。结点B的分裂过程如图7-36所示。

关键字 32 被插入结点 A 中后，结点 A 的关键字个数大于 2，需要将结点 A 分裂为两个结点，因为结点 A 是根结点，所以需要生成一个新结点 R 作为根结点，将结点 A 中的中间的关键字 56 插入 R 中，关键字 32 被保留在结点 A 中，关键字 73 被插入新结点 A' 中，关键字 56 的左、右指针分别指向结点 A 和 A'。关键字 32 的左、右指针分别指向结点 B 和 B'，关键字 73 的左、右指针分别指向结点 C 和 C'。结点 A 的分裂过程如图 7-37 所示。

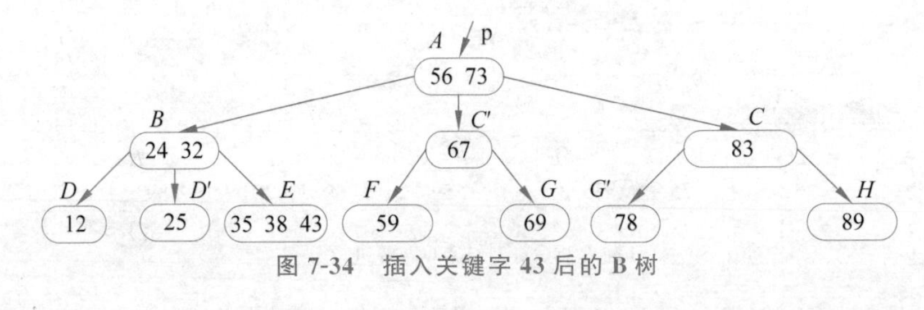

图 7-34　插入关键字 43 后的 B 树

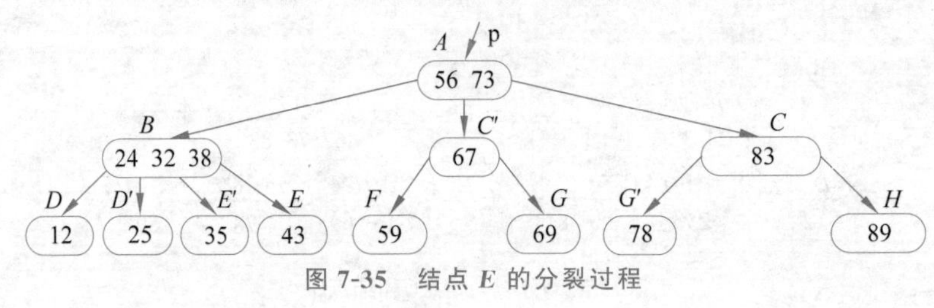

图 7-35　结点 E 的分裂过程

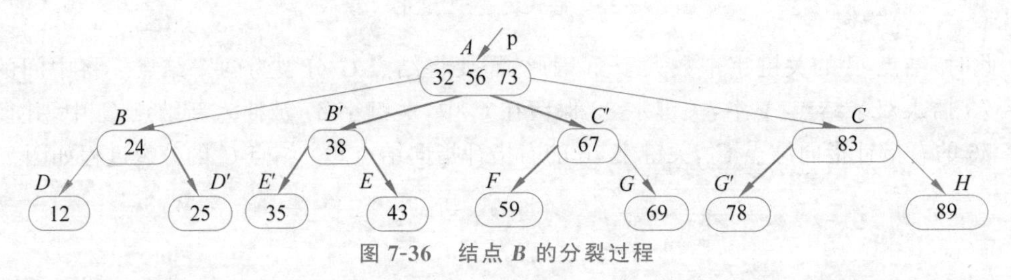

图 7-36　结点 B 的分裂过程

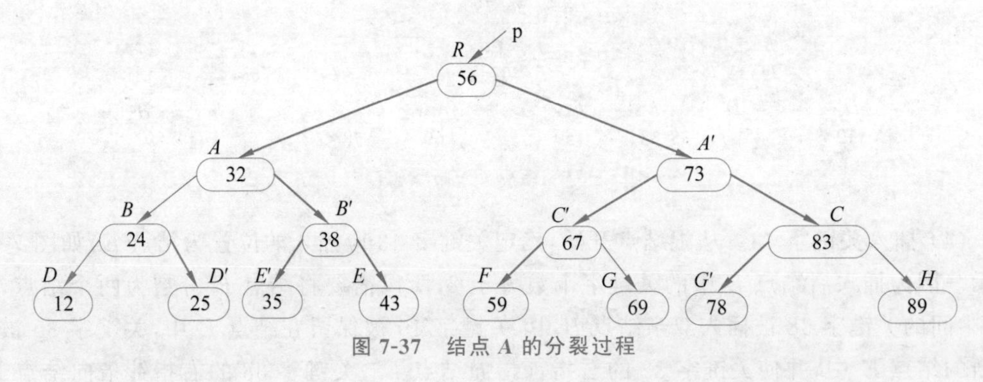

图 7-37　结点 A 的分裂过程

4. B 树的删除操作

要在 B 树中删除一个关键字时，首先利用 B 树的查找算法找到关键字所在的结点，然后将指定的关键字从该结点删除。如果删除指定的关键字后该结点中的关键字个数仍然大于或等于 $\lceil m/2 \rceil - 1$，则删除完成；否则，需要对结点进行合并。

B 树的删除操作有以下 3 种可能：

(1) 要删除的关键字所在结点中的关键字个数大于或等于$\lceil m/2 \rceil$，则只需要将关键字K_i和对应的指针P_i从该结点中删除即可。因为删除该关键字后，该结点中的关键字个数仍然不小于$\lceil m/2 \rceil-1$。例如，图7-38显示了从结点E中删除关键字35的过程。

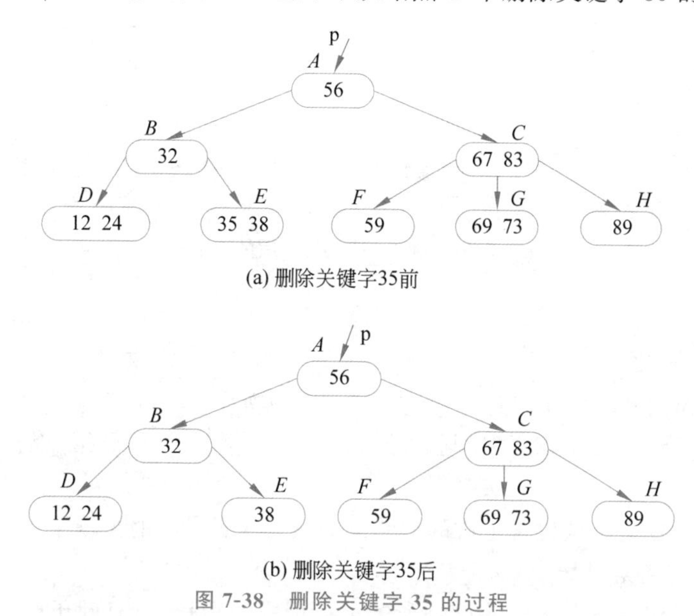

(a) 删除关键字35前

(b) 删除关键字35后

图7-38　删除关键字35的过程

(2) 要删除的关键字所在结点中的关键字个数等于$\lceil m/2 \rceil-1$，而与该结点相邻的兄弟结点(左兄弟或右兄弟)中的关键字个数大于$\lceil m/2 \rceil-1$，则删除关键字后，需要将其兄弟结点中最小(或最大)的关键字移动到双亲结点中，将小于(或大于)并且离移动的关键字最近的关键字移动到被删关键字所在的结点中。例如，将关键字89删除后，需要将关键字73向上移动到双亲结点C中，并将关键字83下移到结点H中，得到如图7-39所示的B树。

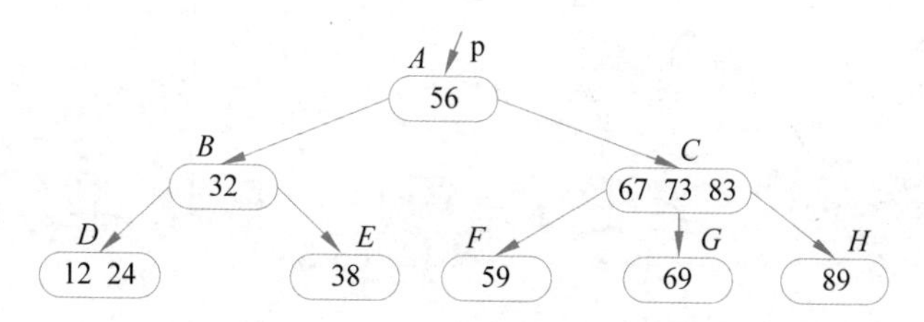

(a) 将结点H的左兄弟结点中的关键字73移动到双亲结点C中

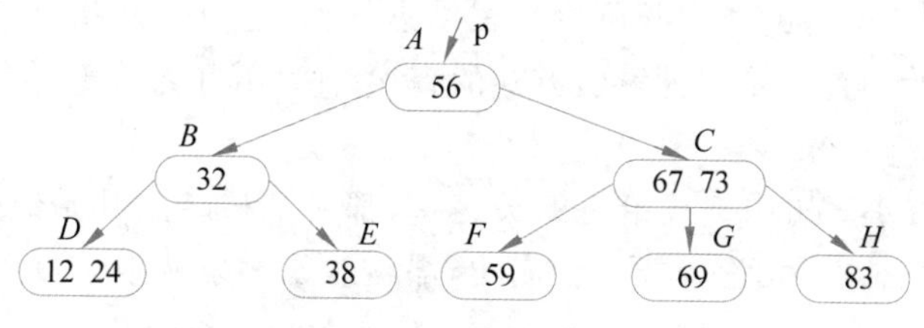

(b) 将与73最近且大于73的关键字83移动到结点H中

图7-39　删除关键字89的过程

(3) 要删除的关键字所在结点中的关键字个数等于$\lceil m/2 \rceil-1$，而与该结点相邻的兄弟结点(左兄弟或右兄弟)中的关键字个数也等于$\lceil m/2 \rceil-1$，则删除关键字(假设该关键字由

指针 P_i 指示)后,需要将剩余关键字与其双亲结点中的关键字 K_i 与兄弟结点(左兄弟或右兄弟)中的关键字进行合并。例如,将关键字 83 删除后,需要将关键字 83 的左兄弟结点中的关键字 69 与其双亲结点中的关键字 73 合并到一起,得到如图 7-40 所示的 B 树。

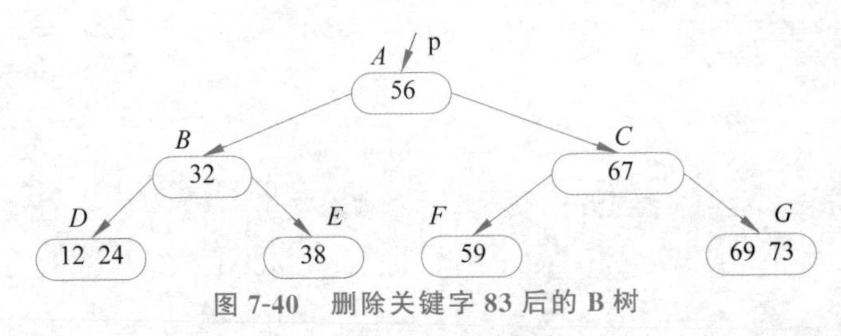

图 7-40　删除关键字 83 后的 B 树

7.4.2　B+ 树

B+树是 B 树的一种变体。它与 B 树的主要区别如下:

(1) 如果一个结点有 n 棵子树,则该结点也必有 n 个关键字,即结点的关键字个数与子树个数相等。

(2) 所有的非叶子结点包含子树的根结点的最大或者最小的关键字信息,因此,所有的非叶子结点可以作为索引。

(3) 叶子结点包含所有关键字信息和关键字记录的指针,所有叶子结点中的关键字按照从小到大的顺序依次通过指针链接。

由此可以看出,B+树的存储方式类似于索引顺序表的存储结构,所有的记录都存储在叶子结点中,非叶子结点仅作为一个索引表。图 7-41 为一棵 3 阶 B+树。

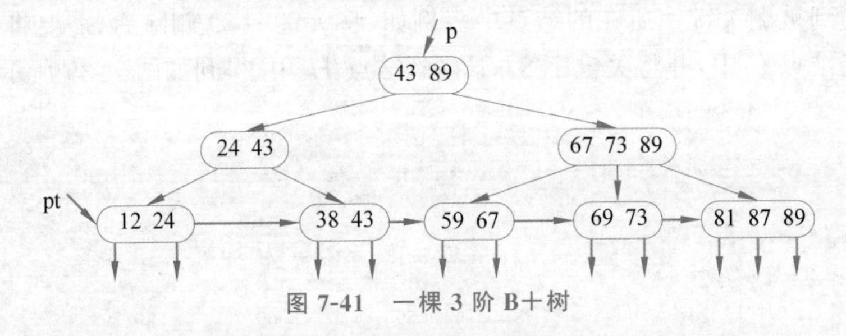

图 7-41　一棵 3 阶 B+树

在图 7-41 中,B+树有两个指针:一个是指向根结点的指针 p,另一个是指向叶子结点的指针 pt。因此,对 B+树的查找既可以从根结点开始,也可以从指针 pt 指向的叶子结点开始。从根结点开始的查找是一种索引方式的查找;而从叶子结点开始的查找是顺序查找,类似于链表的访问。

从根结点开始在 B+树中查找给定的关键字,都是从根结点开始经过非叶子结点到叶子结点。查找每一个结点,无论查找是否成功,都经过了一条从根结点到叶子结点的路径。在 B+树中插入一个关键字和删除一个关键字都是在叶子结点中进行的。在插入关键字时,要保证结点中的关键字个数不能大于 m,否则需要对该结点进行分裂;在删除关键字时,要保证结点中的关键字个数不能小于 $\lceil m/2 \rceil$,否则该结点需要与兄弟结点合并。

7.5　哈希表

在前面讨论的查找算法都经过了一系列与关键字比较的过程，这一类算法是建立在比较的基础上的，查找算法效率的高低取决于比较的次数。而较为理想的情况是不经过比较就能直接确定要查找数据元素的位置，这就必须在数据元素的存储位置和它的关键字之间建立一个确定的对应关系，使得每一个关键字和数据元素的存储位置相对应，通过数据元素的关键字直接确定其存储位置。这就是本节要介绍的哈希表。

7.5.1　哈希表的定义

如何在查找数据元素的过程中，不与给定的关键字进行比较，就能确定要查找的数据元素的存储位置？这就需要在数据元素的关键字与数据元素的存储位置之间建立一种对应关系，使得数据元素的关键字与唯一的存储位置对应。有了这种对应关系，在查找某个数据元素时，只需要利用这种确定的对应关系，由给定的关键字就可以直接找到该数据元素。用key表示数据元素的关键字，f 表示对应关系，则 f(key)表示数据元素的存储地址，将这种对应关系 f 称为哈希(Hash)函数，利用哈希函数可以建立哈希表。哈希函数也称为散列函数。

例如，一个班级有30名学生，将这些学生按姓氏拼音首字母排序，姓氏拼音首字母相同的学生放在一起。根据学生姓氏拼音首字母建立的哈希表如表7-2所示。

表7-2　根据学生姓氏拼音首字母建立的哈希表

序号	姓名拼音首字母	学生姓名
1	A	安紫衣
2	B	白小翼
3	C	陈立本，陈冲
4	D	邓华
5	E	
6	F	冯高峰
7	G	耿敏，弓宁
8	H	何山，郝国庆
⋮	⋮	⋮

这样，如在查找姓名为“冯高峰”的学生时，就可以在序号为6的一行中直接找到该学生。这种方法要比在很多随意排列的姓名中查找要方便得多，但是，如果要查找姓名为“郝国庆”的学生时，姓氏拼音首字母为H的学生有多个，这就需要在该行中按顺序查找。像这种不同的关键字key出现在同一地址上，即key1≠key2，f(key1)＝f(key2)的情况称为哈希冲突。

在一般情况下，应尽可能避免冲突的发生或者尽可能少发生冲突。数据元素的关键字越多，越容易发生冲突。只有少发生冲突，才能尽可能快地利用关键字找到对应的数据元素。因此，为了更加高效地查找集合中的某个数据元素，不仅需要建立一个哈希函数，还需要一个解决哈希函数冲突的方法。所谓哈希表,就是根据哈希函数和解决冲突的方法将数据元素的关键字映射到一个有限且连续的地址,并将数据元素存储在该地址上的表中。这样得到的地址称为哈希地址。

7.5.2 哈希函数的构造方法

构造哈希函数主要是为了使哈希地址尽可能地均匀分布以减小冲突的可能性,并使计算方法尽可能地简便以提高运算效率。哈希函数的构造方法有许多,常见的方法有以下4种。

1. 直接定址法

直接定址法就是直接取关键字的线性函数值作为哈希地址。直接定址法可以表示如下:

$$h(\text{key}) = x \times \text{key} + y$$

其中,x 和 y 是常数。

直接定址法的计算比较简单且不会发生冲突。但是,由于这种方法会使产生的哈希地址比较分散,造成内存的大量浪费。例如,如果任给一组关键字{230,125,456,46,320,760,610,109},如果令 $x=1,y=0$,则需要715(最大的关键字减去最小的关键字再加1,即760－46＋1)个内存单元存储这8个关键字。

2. 平方取中法

平方取中法就是将关键字的平方中的几位作为哈希地址。由于一个数取平方后的每一位数字都与该数的每一位相关,因此,采用平方取中法得到的哈希地址与关键字的每一位都相关,使哈希地址有了较好的分散性,从而可以较好地减少冲突的发生。

例如,如果给定关键字key＝3456,则关键字取平方后即 $\text{key}^2=11\,943\,936$,取中间的4位得到哈希地址,即 $h(\text{key})=9439$。在得到关键字的平方后,具体取哪几位作为哈希地址要根据具体情况决定。

3. 折叠法

折叠法是将关键字平均分割为若干等分,最后一部分允许位数不足,然后将这几个等分累加作为哈希地址。这种方法主要用在关键字的位数特别多且每一个关键字的位数分布大体相当的情况。例如,给定一个关键字23 478 245 983,可以按照3位将该关键字分割为4部分,哈希地址的折叠计算方法如下:

$$\begin{array}{r} 234 \\ 782 \\ 459 \\ +\quad 83 \\ \hline 1558 \end{array}$$

然后去掉进位1,将558作为关键字key的哈希地址。

4. 除留余数法

除留余数法对关键字取余,将得到的余数作为哈希地址。其具体方法为:设哈希表长为 m,p 为小于或等于 m 的数,则哈希函数为 $h(\text{key})=\text{key}\%p$。除留余数法是一种常用的求哈希地址的方法。

例如，给定一组关键字{75,149,123,183,230,56,37,91}，设哈希表长 m 为 14，取 $p=13$，则这组关键字的存储情况如下：

哈希地址	0	1	2	3	4	5	6	7	8	9	10	11	12	13
关键字	91	183			56		123	149		230	75	37		

一般情况下，p 取小于或等于表长的最大质数。

7.5.3　处理冲突的方法

在构造哈希函数的过程中，不可避免地会出现冲突的情况。所谓处理冲突，就是在有冲突发生时为产生冲突的关键字找到另一个存放地址。在解决冲突的过程中，可能会得到一系列哈希地址 $h_i(i=1,2,\cdots,n)$。发生第一次冲突时，经过处理后得到第一批新地址，记作 h_1；如果 h_1 仍然有冲突，则处理后得到第二批哈希地址 h_2……以此类推，直到 h_n 不产生冲突，将 h_n 作为关键字的存储地址。

处理冲突的常用方法有开放定址法、再哈希法和链地址法。

1. 开放定址法

开放定址法是解决冲突比较常用的方法。开放定址法就是利用哈希表中的空地址存储产生冲突的关键字。当冲突发生时，按照下列公式处理冲突：

$$h_i=(h(\text{key})+d_i)\%m\ ,\quad i=1,2,\cdots,m-1$$

其中，$h(\text{key})$为哈希函数，m 为哈希表长，d_i 为地址增量。

地址增量 d_i 可以用以下 3 种方法获得：

（1）线性探测再哈希法。在冲突发生时，地址增量 d_i 依次取 $1,2,\cdots,m-1$。

（2）二次探测再哈希法。在冲突发生时，地址增量 d_i 依次取 $1^2,-1^2,2^2,-2^2,\cdots,k^2,-k^2$。

（3）伪随机数再哈希法。在冲突发生时，地址增量 d_i 依次取一个伪随机数序列。

例如，在长度为 14 的哈希表中，在将关键字 183、123、230、91 存放在哈希表中的情况如图 7-42 所示。

哈希地址	0	1	2	3	4	5	6	7	8	9	10	11	12	13
关键字	91	183					123			230				

图 7-42　哈希表冲突发生前

当要插入关键字 149 时，由哈希函数 $h(149)=149\%13=6$，而单元 6 已经存在关键字，发生冲突。利用线性探测再哈希法解决冲突，即 $h_1=(6+1)\%14=7$，将 149 存储在单元 7 中，如图 7-43 所示。

哈希地址	0	1	2	3	4	5	6	7	8	9	10	11	12	13
关键字	91	183					123	149		230				

图 7-43　插入关键字 149 后

当要插入关键字 227 时，由哈希函数 $h(227)=227\%13=6$，而单元 6 已经存在关键字，发生冲突。利用线性探测再哈希法解决冲突，即 $h_1=(6+1)\%14=7$，仍然冲突。继续利用线性探测再哈希法，即 $h_2=(6+2)\%14=8$，单元 8 空闲，因此将 227 存储在单元 8 中，如图 7-44 所示。

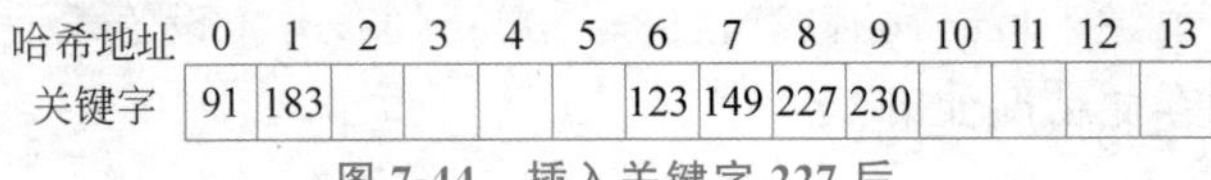

哈希地址	0	1	2	3	4	5	6	7	8	9	10	11	12	13
关键字	91	183					123	149	227	230				

图 7-44　插入关键字 227 后

当然,在冲突发生时,也可以利用二次探测再哈希法解决冲突。在图 7-43 中,要插入关键字 227 时发生冲突。利用二次探测再哈希法解决冲突,即 $h_1=(6+1)\%14=7$,仍然发生冲突。继续利用二次探测再哈希法,即 $h_2=(6-1)\%14=5$,将 227 存储在单元 5 中,如图 7-45 所示。

哈希地址	0	1	2	3	4	5	6	7	8	9	10	11	12	13
关键字	91	183				227	123	149		230				

图 7-45　利用二次探测再散列法解决冲突

2. 再哈希法

再哈希法就是在冲突发生时利用另一个哈希函数再次求哈希地址,直到冲突不再发生为止,即

$$h_i=\text{rehash}(\text{key}),\quad i=1,2,\cdots,n$$

其中,rehash 表示不同的哈希函数。再哈希法一般不容易再次发生冲突,但是需要事先构造多个哈希函数。

3. 链地址法

链地址法就是将具有相同哈希地址的关键字用一个线性链表存储起来。每个线性链表设置一个头指针指向该链表。链地址法的存储表示类似于图的邻接表表示。在每个链表中,所有的元素都按照关键字有序排列。链地址法的主要优点是在哈希表中增加元素和删除元素方便。

例如,一组关键字序列{23,35,12,56,123,39,342,90,78,110},按照哈希函数 $h(\text{key})=\text{key}\%13$ 和链地址法处理冲突,其哈希表如图 7-46 所示。

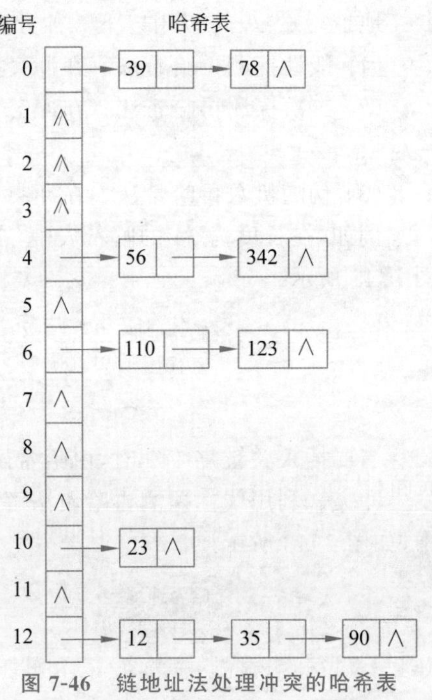

图 7-46　链地址法处理冲突的哈希表

7.5.4　哈希表查找与分析

哈希表的查找过程与哈希表的构造过程基本一致,对于给定的关键字 key,按照哈希函数获得哈希地址。若哈希地址所指位置已有记录,且其关键字不等于给定值 key,则根据冲突处理方法求出 key 应存放的下一地址,直到求得的哈希地址空闲或存储的关键字等于给定的 key 为止。若求得的哈希地址对应的存储单元中的关键字等于 key,则表明查找成功;若求得的哈希地址对应的存储单元空闲,则查找失败。

在哈希表的查找过程中,查找效率的高低除了与解决冲突的方法有关外,在处理冲突方法相同的情况下,其平均查找时间还依赖于哈希表的装填因子,哈希表的装填因子 α 定义为

$$\alpha=\frac{\text{哈希表中填入的记录数}}{\text{哈希表长度}}$$

装填因子越小，哈希表中填入的记录就越少，发生冲突的可能性就会越小；反之，哈希表中已填入的记录越多，继续填充记录时，发生冲突的可能性就越大，则查找时进行关键字比较的次数就会越多。

(1) 查找成功时的平均查找长度 $\mathrm{ASL}_{\text{成功}}$ 定义如下：

$$\mathrm{ASL}_{\text{成功}}=\frac{1}{n}\sum_{i=1}^{n}C_i$$

其中，n 为哈希表中的元素总个数，C_i 为查找第 i 个元素成功时所需的比较次数。

(2) 查找失败时的平均查找长度 $\mathrm{ASL}_{\text{失败}}$ 定义如下：

$$\mathrm{ASL}_{\text{失败}}=\frac{1}{r}\sum_{i=1}^{n}C_i$$

其中，r 为哈希函数取值个数，C_i 为哈希函数取值为 i 时查找失败的比较次数。

对于图7-46所示的哈希表采用链地址法处理冲突时，对于每个单链表中的第一个关键字，即39、56、110、23、12，查找成功时只需要比较1次。对于每个链表中的第二个关键字，即78、342、123、35，查找成功时只需要比较2次。对于关键字90，查找成功时需要比较3次。因此，查找成功时的平均查找长度为

$$\mathrm{ASL}_{\text{成功}}=\frac{1}{10}\times(1\times5+2\times4+3)=1.6$$

对于图7-46所示的哈希表采用链地址法处理冲突时，若待查找的关键字不在表中，当 $h(\mathrm{key})=0$ 时，其所指向的单链表有2个结点，所以需要比较3次才能确定查找失败；当 $h(\mathrm{key})=1$ 时，其指针域为空，只需比较1次即可确定查找失败……对 $h(\mathrm{key})=2,3,\cdots,12$ 的情况分别进行分析，可得查找失败时的平均查找长度为

$$\mathrm{ASL}_{\text{失败}}=\frac{1}{13}\times(1\times8+3+3+3+2+4)\approx1.77$$

7.5.5　哈希表应用举例

哈希表举例

【例7-2】　将关键字序列{7,8,30,11,18,9,14}哈希存储在哈希表中，哈希表的存储空间是一个下标从0开始的一维数组，哈希函数为 $H(\mathrm{key})=(\mathrm{key}\times3)\ \%\ 7$，处理冲突采用线性探测再哈希法，要求装填因子为0.7。

(1) 请画出构造的哈希表。

(2) 分别计算等概率情况下查找成功和查找失败时的平均查找长度。

【分析】　本例主要考查哈希表的构造和平均查找长度的概念。

(1) 由题目已知条件装填因子 $\alpha=0.7$，可得到表长 m 为10。根据哈希函数 $h(\mathrm{key})=(\mathrm{key}\times3)\ \%\ 7$ 和处理冲突方法构造哈希表。

对于关键字7，$h(7)=(7\times3)\%7=0$。

对于关键字8，$h(8)=(8\times3)\%7=3$。

对于关键字30，$h(30)=(30\times3)\%7=6$。

对于关键字11，$h(11)=(11\times3)\%7=5$。

对于关键字 18,$h(18)=(18\times3)\%7=5$,冲突。利用线性探测再哈希法处理冲突,$d_1=1$,$h_1=(h(18)+1)\%10=6$,仍冲突。再次利用线性探测再哈希法处理冲突,$d_2=2$,$h_2=(h(18)+2)\%10=7$。

对于关键字 9,$h(9)=9\times3\%7=6$,冲突。利用线性探测再哈希法处理冲突,$d_1=1$,$h_1=(h(9)+1)\%10=7$,仍冲突。再次利用线性探测再哈希法处理冲突,$d_2=2$,$h_2=(h(9)+2)\%10=8$。

对于关键字 14,$h(14)=14\times3\%7=0$,冲突。利用线性探测再哈希法处理冲突,$d_1=1$,$h_1=(h(14)+1)\%10=1$。

根据以上分析,构造的哈希表如表 7-3 所示。

表 7-3　例 7-2 的哈希表

编　　号	关　键　字	冲突次数
0	7	1
1	14	2
2		
3	8	1
4		
5	11	1
6	30	1
7	18	3
8	9	3
9		

(2) 查找成功时的平均查找长度为 $ASL_{成功}=(4\times1+2\times3+1\times2)/7=12/7$,查找失败时的平均查找长度为 $ASL_{失败}=(3+2+1+2+1+5+4)/7=18/7$。

【例 7-3】 给定一组元素的关键字序列{30,15,21,40,25,26,36,37},若查找表的装填因子为 0.8,哈希函数为 $h(key)=key\%7$,利用除留余数法和线性探测再散列法将元素存储在哈希表中,并查找给定的关键字,分别求解查找成功和查找失败时的平均查找长度。

【分析】 本例主要考查哈希函数的构造方法和冲突处理方法。算法实现主要包括以下 4 部分:构建哈希表、在哈希表中查找给定的关键字、输出哈希表及求平均查找长度。关键字的个数是 8 个,装填因子为 0.8,可知表长 $m=8/0.8=10$。利用哈希函数 $h(key)=key\%7$ 和线性探测再哈希法构造哈希表,其过程如下:

对于关键字 30,$h(30)=30\%7=2$。

对于关键字 15,$h(15)=15\%7=1$。

对于关键字 21,$h(21)=21\%7=0$。

对于关键字 40,$h(40)=40\%7=5$。

对于关键字 25,$h(25)=25\%7=4$。

对于关键字 26,$h(26)=26\%7=5$,冲突。利用线性探测再哈希法处理冲突,$d_1=1$,$h_1=(h(26)+1)\%10=6$。

对于关键字 36,$h(36)=36\%7=1$,冲突。利用线性探测再哈希法处理冲突,$d_1=1$,

$h_1=(h(36)+1)\%10=2$，仍冲突。再次利用线性探测再哈希法处理冲突，$d_2=2$，$h_2=(h(36)+2)\%10=3$。

对于关键字 37，$h(37)=37\%7=2$，冲突。利用线性探测再哈希法处理冲突，$d_1=1$，$h_1=(h(37)+1)\%10=3$，仍冲突。依次取 $d_i=2,3,4$，均冲突。直至 $d_5=5$，$h_5=(h(37)+5)\%10=7$。

构造的哈希表如表 7-4 所示。

表 7-4　例 7-3 的哈希表

编　　号	关　键　字	比 较 次 数
0	21	1
1	15	1
2	30	1
3	36	3
4	25	1
5	40	1
6	26	2
7	37	6
8		
9		

哈希表的查找过程也是利用哈希函数和处理冲突的方法构造哈希表的过程。例如，要查找 key=36，由哈希函数 $h(36)=36\%7=1$，此时与第 1 号单元中的关键字 15 比较，因为 $15\neq 36$，又 $h_1=(1+1)\%10=2$，所以将第 2 号单元的关键字 30 与 36 比较，因为 $20\neq 36$，又 $h_2=(1+2)\%10=3$，所以将第 3 号单元中关键字 36 与 key 比较，查找成功，返回序号 3。

尽管在哈希表中可以利用关键字直接找到对应的元素，但是不可避免地仍然会有冲突产生，在查找的过程中，比较是不可避免的，因此，仍然以平均查找长度衡量哈希表查找的效率高低。假设每个关键字的查找概率都是相等的，则在表 7-4 所示的哈希表中，查找成功时的平均查找长度为

$$ASL_{成功}=\frac{1}{8}\times(1\times5+2+3+6)=2$$

若查找的关键字不在表中，则从特定位置出发，找到第一个关键字为空的地址时，就可确定查找失败。依次统计从每个位置开始查找失败的比较次数，就可得到查找失败的平均查找长度。例如，在表 7-4 中，第 0 号单元不为空，则需要比较 9 次遇到存储单元为空时，才能确定查找失败。第 1 号单元不为空，比较 8 次即可确定查找失败。以此类推，直到最后一个存储单元即第 6 号单元，需要比较 3 次才能确定查找失败。根据以上分析，查找失败时的平均查找长度为

$$ASL_{失败}=\frac{1}{7}\times(9+8+7+6+5+4+3)=6$$

哈希表的创建、查找与求哈希表平均查找长度的算法实现如下：

```
class HashData:                           #元素类型定义
    def __init__(self,key=None,hi=0,hi2=0):
        self.key=key
        self.hi=hi                        #查找成功时的冲突次数
        self.hi2=hi2                      #查找失败时的冲突次数
class HashTable:                          #哈希表类型定义
    def __init__(self,tableSize=0,curSize=0):
        self.data=[]
        self.tableSize=tableSize          #哈希表的长度
        self.curSize=curSize              #表中关键字个数
    def CreateHashTable(self,m,p,hash,n):
    #构造一个空的哈希表,并处理冲突
        k=1
        for i in range(m):                #初始化哈希表
            hd=HashData(-1,0,0)
            self.data.append(hd)
        for i in range(n):                #求哈希地址并处理冲突
            sum=0                         #冲突的次数
            di=self.Hash(hash[i],p)       #利用除留余数法求哈希地址
            if self.data[di].key==-1:     #如果不冲突,则将元素存储在哈希表中
                self.data[di].key=hash[i]
                self.data[di].hi=1
            else:                         #用线性探测再哈希法处理冲突
                while self.data[di].key!=-1:
                    di=(di+k)%m
                    sum+=1
                self.data[di].key=hash[i]
                self.data[di].hi=sum+1
        self.curSize=n                    #哈希表中关键字个数为 n
        self.tableSize=m                  #哈希表的长度
    def Hash(self,key,p):
        return key%p
    def SearchHash(self, k):
    #在哈希表 H 中查找关键字为 k 的元素
        m=self.tableSize
        d=self.Hash(k,p)%m
        d1=self.Hash(k,p)%m               #求 k 的哈希地址
        while self.data[d].key!=-1:
            if self.data[d].key==k:       #如果是要查找的关键字 k,则返回 k 的位置
                return d
            else:                         #继续往后查找
                d=(d+1)%m
            if d==d1:                     #如果查找了哈希表中的所有位置没有找到,则返回 0
                return 0
        return 0                          #该位置不存在关键字 k
    def HashASL(self, m):
        #求哈希表的平均查找长度
        average=0
        for i in range(m):
            average+=self.data[i].hi
        average=average/self.curSize
        print('查找成功时的平均查找长度 ASL{}'.format(get_sub('succ')),'=%.2f'%average)
        average = 0
```

```
        for i in(range(p)):
            k = 0
            count = 1
            while self.data[i + k].key != -1:
                count +=1
                k +=1
            self.data[i].hi2 = count
            average += self.data[i].hi2
        average = average / p
        print('查找不成功时的平均查找长度 ASL{}'.format(get_sub('unsuc')),'=%.2f
'%average)
    def DisplayHash(self,m):
    #输出哈希表
        print("哈希表地址:",end='')
        for i in range(m):
            print("%-5d"%i,end='')
        print("")
        print("关键字 key: ",end='')
        for i in range(m):
            print("%-5d"%self.data[i].key,end='')
        print("")
        print("冲突次数:",end='')
        for i in range(m):
            print("%-5d"%self.data[i].hi,end='')
        print("")
```

测试部分代码如下：

```
if __name__ == '__main__':
    hash = [30,15,21,40,25,26,36,37]
    m = 10
    p = 7
    n = len(hash)
    hashtable=HashTable()
    hashtable.CreateHashTable(m, p, hash, n)
    hashtable.DisplayHash(m)
    k = 36
    pos = hashtable.SearchHash(k)
    print("关键字%d 在哈希表中的位置为:%d"%(k, pos))
    hashtable.HashASL(m)
```

程序运行结果如图 7-47 所示。

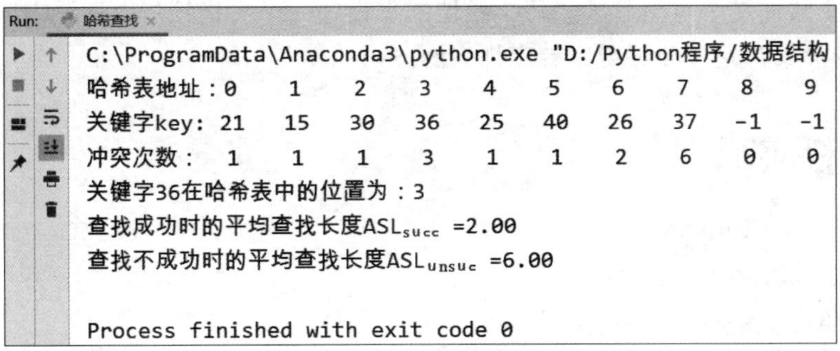

```
Run: 哈希查找
C:\ProgramData\Anaconda3\python.exe "D:/Python程序/数据结构
哈希表地址：0    1    2    3    4    5    6    7    8    9
关键字key: 21   15   30   36   25   40   26   37   -1   -1
冲突次数：  1    1    1    3    1    1    2    6    0    0
关键字36在哈希表中的位置为：3
查找成功时的平均查找长度ASLsucc =2.00
查找不成功时的平均查找长度ASLunsuc =6.00

Process finished with exit code 0
```

图 7-47　例 7-3 程序运行结果

思政元素：在查找过程中，静态查找和动态查找各有其优势。对于数据元素不变的情况，可采用静态查找方式；对于数据元素不确定的情况，可采用动态查找，边查找边建立查找结构——树，如果树中不存在待查找元素，可将该元素插入树中。对于动态查找，树的结构是不断变化的，而在查找过程中，它又是静态的。查找过程体现出动态与静态、特殊与一般的辩证关系。只有充分认识静态和动态的关系，才能区分事物，才能理解物质的多样性。

7.6 小结

查找分为两种：静态查找与动态查找。静态查找是指在数据元素集合中查找与给定的关键字相等的元素。而动态查找是指：在查找过程中，如果数据元素集合中不存在与给定的关键字相等的元素，则将该元素插入数据元素集合中。

静态查找主要有顺序表的查找、有序顺序表的查找和索引顺序表的查找。对于有序顺序表的查找，在查找的过程中如果给定的关键字大于表中的元素，就停止查找，说明表中不存在该元素(假设表中的元素按照关键字从小到大排列，并且查找从第一个元素开始比较)。索引顺序表的查找是为主表建立一个索引，根据索引确定元素所在的范围，这样可以有效地提高查找的效率。

动态查找主要包括二叉排序树、平衡二叉树、B树和B+树。这些都是利用二叉树或树的特点对数据元素集合进行排序，通过将元素插入二叉树或树中建立二叉树或树，然后通过对二叉树或树的遍历按照从小到大输出元素的序列。其中，B树和B+树又利用了索引技术，这样可以提高查找的效率。静态查找中顺序表的平均查找长度为$O(n)$，折半查找的平均查找长度为$O(\log_2 n)$。动态查找中的二叉排序树的查找类似于折半查找，其平均查找长度为$O(\log_2 n)$。

在哈希表中可以利用哈希函数的映射关系直接确定要查找元素的位置，大大减少了与元素的关键字的比较次数。建立哈希表的方法主要有直接定址法、平方取中法、折叠法和除留余数法等。

在进行哈希查找的过程中，开放定址法和链地址法是解决冲突最常用的方法。其中，开放定址法是利用哈希表中的空地址存储产生冲突的关键字。冲突可以利用地址增量解决，方法有两个：线性探测再哈希法和二次探测再哈希法。链地址法是将具有相同哈希地址的关键字用一个线性链表存储起来。每个线性链表设置一个头指针指向该链表。在每一个链表中，所有的元素都是按照关键字有序排列的。

7.7 上机实验

7.7.1 基础实验

基础实验1：实现线性表的查找

实验目的：考查对顺序查找、折半查找和分块查找算法的理解和掌握情况。

实验要求：

(1) 利用顺序查找法，在元素序列{73,12,67,32,21,39,55,48}中查找指定的元素。

(2) 利用折半查找法，在元素序列{7,15,22,29,41,55,67,78,81,99}中查找指定元素。

(3) 对给定的元素序列{8,13,25,19,22,29,46,38,30,35,50,60,49,57,55,65,70,89,92,70}，设计一个分块查找算法，查找指定的元素。

基础实验2：利用二叉排序树实现查找

实验目的：考查是否掌握二叉排序树的查找、插入等操作。

实验要求：给定元素序列{55,43,66,88,18,80,33,21,72}，利用二叉排序树的插入算法创建一棵二叉排序树，然后对给定元素进行查找。

基础实验3：利用哈希表实现查找

实验目的：考查对哈希表的创建和平均查找长度求解方法的掌握。

实验要求：给定元素序列{78,90,66,70,155,82,123,231}，设哈希表长 $m=11$，$p=11$，$n=8$ 要求构造一个哈希表，并用线性探测再散列法处理冲突，并求平均查找长度。

7.7.2 综合实验：疫苗接种信息管理系统

实验目的：考查是否掌握查找算法思想及实现。

实验要求：设计并实现一个疫苗接种信息管理系统(假设该系统面向接种两剂疫苗的需要)。要求定义一个包含接种者的身份证号、姓名、已接种了几剂疫苗、第一剂接种时间、第二剂接种时间等信息的顺序表，系统至少包含以下功能：

(1) 逐个显示信息表中疫苗接种的信息。

(2) 两剂疫苗接种需要间隔14～28天，输出目前满足接种第二剂疫苗的接种者信息。

(3) 给定一个新增接种者的信息，插入表中指定的位置。

(4) 根据身份证号进行折半查找，若查找成功，则返回此接种者的信息。

(5) 为提高检索效率，要求以接种者的姓氏为关键字建立哈希表，并利用链地址法处理冲突。给定接种者的身份证号或姓名，查找疫苗接种信息，并输出冲突次数和平均查找长度。

习题

一、单项选择题

1. 已知一个有序表为{11,22,33,44,55,66,77,88,99}，则折半查找55需要比较(　　)次。

A. 1　　　B. 2　　　C. 3　　　D. 4

2. 设哈希表长 $m=14$，哈希函数 $h(\text{key})=\text{key mod } 11$。表中已有4个结点：addr(15)=4，addr(38)=5，addr(61)=6，addr(84)=7 其余地址为空，如用二次探测再哈希法处理冲突，则关键字49的地址为(　　)。

A. 8　　　B. 3　　　C. 5　　　D. 9

3. 在哈希表的查找中，平均查找长度主要与(　　)有关。

A. 哈希表长度　　　B. 哈希元素个数

C. 装填因子　　　　　　　　　　　D. 处理冲突方法

4. 已知一个长度为16的顺序表,其元素按关键字有序排列,若采用折半查找法查找一个表中不存在的元素,则关键字的比较次数最多是(　　)。

A. 4　　　　B. 5　　　　C. 6　　　　D. 7

5. 采用折半查找法查找长度为 n 的线性表时,每个元素的平均查找长度为(　　)。

A. $O(n^2)$　　　　B. $O(n\log_2 n)$　　　　C. $O(n)$　　　　D. $O(\log_2 n)$

6. 有一个有序表为{1,3,9,12,32,41,45,62,75,77,82,95,100},当折半查找值为82的结点时,(　　)次比较后查找成功。

A. 11　　　　B. 5　　　　C. 4　　　　D. 8

7. 下面关于B树和B+树的叙述中不正确的是(　　)。

A. B树和B+树都能有效地支持顺序查找

B. B树和B+树都能有效地支持随机查找

C. B树和B+树都是平衡的多叉树

D. B树和B+树都可用于文件索引结构

8. 在一棵深度为2的5阶B树中所含关键字个数最少是(　　)。

A. 5　　　　B. 7　　　　C. 8　　　　D. 14

9. 以下说法中错误的是(　　)。

A. 哈希法存储的思想是由关键字值决定数据的存储地址

B. 哈希表的结点中只包含数据元素自身的信息,不包含指针

C. 负载因子是哈希表的一个重要参数,它反映了哈希表的饱满程度

D. 哈希表的查找效率主要取决于哈希表构造时选取的哈希函数和处理冲突的方法

10. 已知一棵3阶B树中有2047个关键字,则此B树的最大深度为(　　),最小深度为(　　)。

A. 11　　　　B. 10　　　　C. 8　　　　D. 7

11. 查找效率最高的二叉排序树是(　　)。

A. 所有结点的左子树都为空的二叉排序树

B. 所有结点的右子树都为空的二叉排序树

C. 平衡二叉树

D. 没有左子树的二叉排序树

12. 有一个有序表为{1,3,9,12,32,41,45,62,75,77,82,95,100},当折半查找值为82的结点时,(　　)次比较后查找成功。

A. 1　　　　B. 4　　　　C. 2　　　　D. 8

13. 下列二叉树中不平衡的二叉树是(　　)。

A. 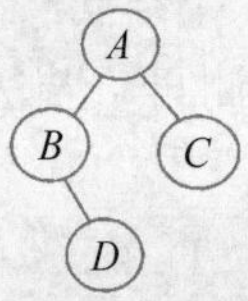　　　　B. 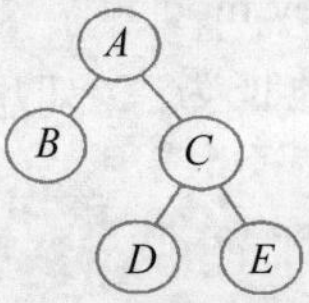　　　　C. 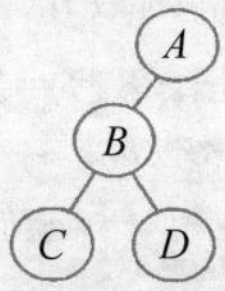　　　　D.

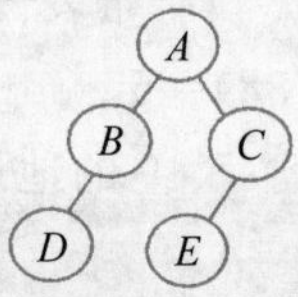

14. 对一棵二叉排序树按(　　)遍历,可得到结点值从小到大排列的序列。

A. 前序　　　　B. 中序　　　　C. 后序　　　　D. 层次

15. 解决哈希法中出现的冲突问题常采用的方法是(　　)。

A. 数字分析法、除余法、平方取中法

B. 数字分析法、除余法、线性探测法

C. 数字分析法、线性探测法、多重哈希法

D. 线性探测法、多重哈希法、链地址法

16. 对线性表进行二分查找时,线性表必须(　　)。

A. 以顺序方式存储

B. 以链接方式存储

C. 以顺序方式存储,且结点按关键字有序排列

D. 以链接方式存储,且结点按关键字有序排列

17. 为提高哈希表的查找效率,可以采取的措施是(　　)。

Ⅰ. 增大装填因子

Ⅱ. 设计冲突少的哈希函数

Ⅲ. 处理冲突时避免产生聚集现象

A. 仅Ⅰ　　B. 仅Ⅱ　　C. 仅Ⅰ和Ⅱ　　D. 仅Ⅱ和Ⅲ

二、综合题

1. 选取哈希函数 $h(\text{key})=(\text{key})\bmod 11$。用二次探测再哈希法处理冲突,试在0～10的哈希地址空间中对关键字序列{22,41,53,46,30,13,01,67}构造哈希表,并求等查找概率情况下查找成功时的平均查找长度。

2. 设哈希表的表长 m 为13,哈希函数为 $h(\text{key})=\text{key}\bmod m$,给定的关键值序列为{19,14,23,10,68,20,84,27,55,11}。试求出用线性探测再哈希法解决冲突时构造的哈希表,并求出在等查找概率的情况下查找成功的平均查找长度。

3. 设哈希表容量为7(散列地址空间为0～6),给定表{30,36,47,52,34},哈希函数为 $h(\text{key})=\text{key}\bmod 6$,采用线性探测再哈希法解决冲突,要求:

(1) 构造哈希表。

(2) 求查找34需要比较的次数。

4. 已知下面的二叉排序树中各结点的值为1～9,请标出各结点的值。

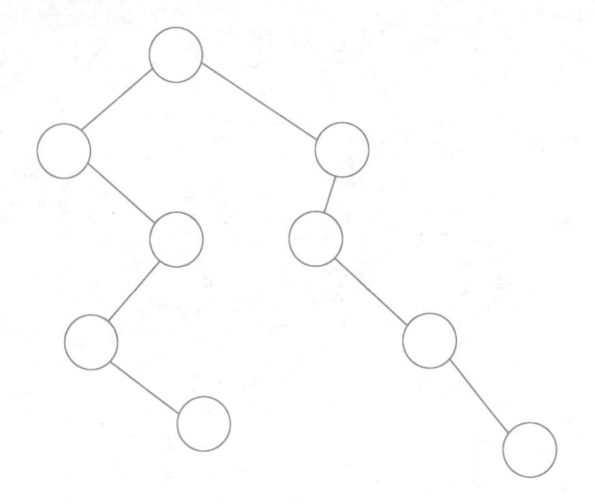

5. 已知关键字序列{11,2,13,26,5,18,4,9},设哈希表的表长为16,哈希函数为$h(\text{key})=\text{key} \bmod 13$,处理冲突的方法为线性探测再哈希法,请给出哈希表,并计算在等查找概率的条件下的平均查找长度。

6. 设哈希表的长度为$m=13$,散列函数为$h(\text{key})=\text{key} \bmod m$,给定的关键码序列为{19,14,23,1,68,20,84,27,55,11,13,7},试写出用线性探测再哈希法解决冲突时构造的哈希表。

三、算法设计题

1. 给定一个递增有序的元素序列,设计利用折半查找法查找值为x的元素的递归算法。

2. 以图7-48所示的索引顺序表为例,编写一个查找关键字52的算法。

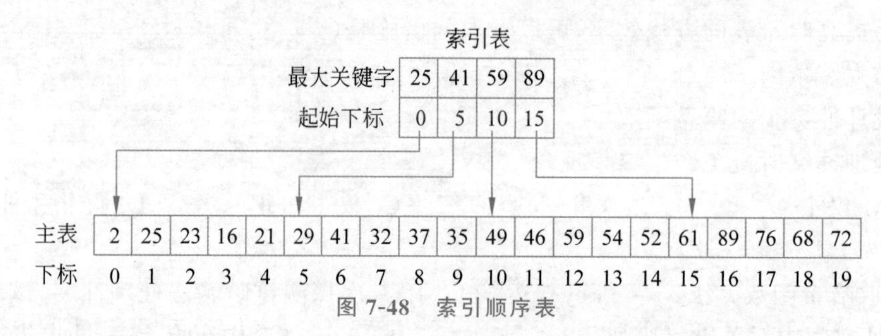

图7-48 索引顺序表

3. 利用哈希函数$h(\text{key})=3\times\text{key}\%11$,采用链地址法处理冲突,对关键字集合{22,43,53,45,30,12,2,56}构造一个哈希表,并求出在等查找概率的情况下的平均查找长度。

第8章 排 序

排序(sorting)是计算机程序设计中的一种重要技术,它的作用是将一个数据元素(或记录)的任意序列重新排列成一个按关键字有序的序列。排序的应用领域非常广泛,在数据处理过程中,对数据进行排序是不可避免的。在元素的查找过程中就涉及对数据的排序,例如,排列有序的折半查找算法要比顺序查找的效率高许多。排序按照内存和外存的使用情况,可分为内排序和外排序。本章主要讲解内排序。

本章学习重难点:

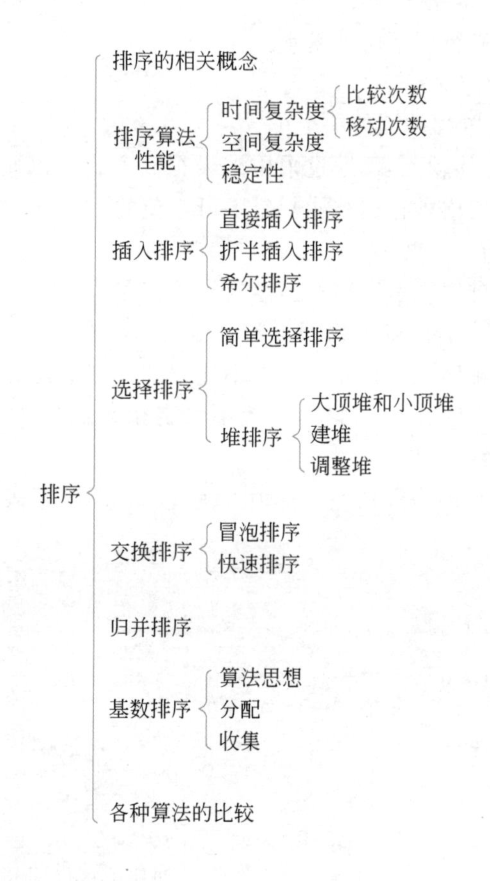

8.1 排序的基本概念

排序是指把一个无序的元素序列按照元素的关键字递增或递减的顺序排列为有序的元素序列。设包含 n 个元素的序列$(E_1,E_2,\cdots,E_n)$,其对应的关键字为$(k_1,k_2,\cdots,k_n)$,为了将元素按照非递减(或非递增)排列,需要对下标 $1,2,\cdots,n$ 构造一种排列,即 $p_1,p_2,\cdots,p_n$,使关键字按照非递减(或非递增)排列,即 $k_{p_1} \leqslant k_{p_2} \leqslant \cdots \leqslant k_{p_n}$,从而使元素构成一个非递减(或非递增)的序列,即$(E_{p_1},E_{p_2},\cdots,E_{p_n})$。这样的操作过程称为排序。

在排列过程中,如果有两个关键字相等,即 $k_i=k_j(1\leqslant i\leqslant n,1\leqslant j\leqslant n,i\neq j)$,在排序前对应的元素 E_i 在 E_j 之前。在排序之后,如果元素 E_i 仍然在 E_j 之前,则称这种排序方法是稳定的;在排序之后,如果元素 E_i 位于 E_j 之后,则称这种排序方法是不稳定的。

无论是稳定的排序方法还是不稳定的排序方法,都能正确地完成排序。一个排序算法的好坏可以通过时间复杂度、空间复杂度和稳定性衡量。

根据排序过程中利用内存和外存的情况,将排序分为两类:内部排序和外部排序。内部排序简称为内排序,外部排序简称为外排序。所谓内排序是指需要排序的元素数量不是特别大,排序的过程完全在内存中进行。所谓外排序,是指需要排序的元素数量非常大,在内存中不能一次完成排序,需要不断地在内存和外存之间交换数据才能完成的排序。

内排序的方法有许多,按照排序过程中采用的策略将排序分为插入排序、选择排序、交换排序和归并排序。这些排序方法各有优点和不足,在使用时,可根据具体情况选择合适的方法。

在排序过程中,主要进行以下两种基本操作:

(1) 比较两个元素相应关键字的大小。

(2) 将元素从一个位置移动到另一个位置。

其中,第二种操作,即移动元素,通过采用链表存储方式可以避免;而第一种操作,即比较关键字的大小,不管采用何种存储结构都是不可避免的。

待排序元素的存储结构有两种:

(1)顺序存储。将待排序元素存储在一组连续的存储单元中,这类似于线性表的顺序存储。元素 E_i 和 E_j 逻辑上相邻,则其物理位置也相邻。在排序过程中,需要移动元素。

(2)链式存储。将待排序元素存储在一组不连续的存储单元中,这类似于线性表的链式存储。元素 E_i 和 E_j 逻辑上相邻,其物理位置不一定相邻。在排序过程中,不需要移动元素,只需要修改相应的指针即可。

为了方便描述,本章的排序算法主要采用顺序存储,即顺序表。相应的数据类型描述如下:

```
class SqList:                                        #顺序表类型定义
    def __init__(self,length=0):
        self.data=[]
        self.length=length
```

8.2 插入排序

插入排序的算法思想是:在一个有序的元素序列中,不断地将新元素插入这个已经有序的元素序列中的合适位置,直到所有元素都插入合适位置为止。

8.2.1 直接插入排序

直接插入排序的基本思想是:假设前 $i-1$ 个元素已经有序,将第 i 个元素的关键字与

前 $i-1$ 个元素的关键字进行比较，找到合适的位置，将第 i 个元素插入。按照类似的方法，将剩下的元素依次插入已经有序的序列中，完成插入排序。

假设待排序的元素有 n 个，对应的关键字分别是 $a_1, a_2, \cdots, a_n$，因为第 1 个元素是有序的，所以从第 2 个元素开始，将 a_2 与 a_1 进行比较。如果 $a_2 < a_1$，则将 a_2 插入 a_1 之前；否则，说明已经有序，不需要移动 a_2。

这样，有序的元素个数变为 2，然后将 a_3 与 a_2、a_1 进行比较，确定 a_3 的位置。首先将 a_3 与 a_2 比较，如果 $a_3 \geqslant a_2$，则说明 a_1、a_2、a_3 已经是有序排列；如果 $a_3 < a_2$，则继续将 a_3 与 a_1 比较。如果 $a_3 < a_1$，则将 a_3 插入 a_1 之前；否则，将 a_3 插入 a_1 与 a_2 之间，即完成了 a_1、a_2、a_3 的排列。以此类推，直到最后一个关键字 a_n 插入前 $n-1$ 个有序的序列中。

例如，给定 8 个元素，对应的关键字序列为{45,23,56,12,97,76,29,68}，将这些元素按照关键字从小到大进行直接插入排序的过程如图 8-1 所示。

序号	1	2	3	4	5	6	7	8
初始状态	[45]	23	56	12	97	76	29	68
i=2	[23	45]	56	12	97	76	29	68
i=3	[12	45	56]	12	97	76	29	68
i=4	[12	23	56	56]	97	76	29	68
i=5	[12	23	56	56	97]	76	29	68
i=6	[12	23	56	56	76	97]	29	68
i=7	[12	23	45	45	56	76	97]	68
i=8	[12	23	45	45	56	68	76	97]

图 8-1　直接插入排序过程

直接插入排序算法描述如下：

```
def InsertSort(self):
#直接插入排序
  for i in range(self.length-1):  #前 i 个元素已经有序
                                  #从第 i+1 个元素开始与前 i 个有序元素的关键字比较
     t=self.data[i+1]             #取出第 i+1 个元素,即待排序的元素
     j=i
     while j>-1 and t<self.data[j]:          #寻找当前元素的合适位置
        self.data[j+1]=self.data[j]
        j-=1
     self.data[j+1]=t                        #将当前元素插入合适的位置
```

从上面的算法可以看出，直接插入排序算法简单且容易实现。在最好的情况下，即所有的元素的关键字已经基本有序，直接插入排序算法的时间复杂度为 $O(n)$。在最坏的情况下，即所有元素的关键字都是按逆序排列，则内层 while 循环的比较次数均为 $i+1$，总的比较次数为

$$\sum_{i=1}^{n-1}(i+1)=\frac{(n+2)(n-1)}{2}$$

移动次数为

$$\sum_{i=1}^{n-1}(i+2)=\frac{(n+4)(n-1)}{2}$$

即在最坏情况下时间复杂度为 $O(n^2)$。如果元素的关键字是随机排列的，其比较次数和移

动次数约为 $n^2/4$,此时直接插入排序的时间复杂度为 $O(n^2)$。直接插入排序算法的空间复杂度为 $O(1)$。直接插入排序算法是一种稳定的排序算法。

8.2.2 折半插入排序

在插入排序中,将待排序元素插入已经有序的元素序列的正确位置,因此,在查找正确的插入位置时,可以采用折半查找的思想寻找插入位置。这种插入排序算法称为折半插入排序算法。

对直接插入排序算法进行简单修改后,得到以下折半插入排序算法:

```
def BinInsertSort(self):
  #折半插入排序
  for i in range(self.length-1):  #前 i 个元素已经有序
                                  #从第 i+1 个元素开始与前 i 个的有序元素的关键字比较
    t=self.data[i+1]              #取出第 i+1 个元素,即待排序的元素
    low,high=0,i
    while low <= high:            #利用折半查找思想寻找当前元素的合适位置
      mid = (low + high) // 2
      if self.data[mid] > t:
        high=mid-1
      else:
        low=mid+1
    for j in range(i,low-1,-1):          #移动元素,空出要插入的位置
      self.data[j+1]=self.data[j]
    self.data[low]=t                     #将当前元素插入合适的位置
```

折半插入排序算法与直接插入排序算法的区别在于查找插入位置的方法。折半插入排序算法减少了关键字间的比较次数,每次插入一个元素,需要比较的次数为判定树的深度,其平均比较时间复杂度为 $O(n \log_2 n)$。但是,折半插入排序算法并没有减少移动元素的次数,因此,折半插入排序算法的整体平均时间复杂度为 $O(n^2)$。折半插入排序算法是一种稳定的排序算法。

8.2.3 希尔排序

希尔排序也称为缩小增量排序,它的基本思想是:通过将待排序的元素分为若干子序列,利用直接插入排序思想对子序列进行排序。然后将该子序列缩小,接着对子序列进行直接插入排序。按照这种思想,直到所有的元素都按照关键字有序排列。

假设待排序的元素有 n 个,对应的关键字分别是 $a_1,a_2,\cdots,a_n$,设增量为 $c_1=4$ 的元素为同一个子序列,则元素的关键字 $a_1,a_5,\cdots,a_i,a_{i+5},\cdots,a_{n-5}$ 为一个子序列,同理关键字 $a_2,a_6,\cdots,a_{i+1},a_{i+6},\cdots,a_{n-4}$ 为一个子序列……然后分别对同一个子序列的关键字利用直接插入排序进行排序。随后,缩小增量,令 $c_2=2$,分别对同一个子序列的关键字进行直接插入排序。以此类推,最后令增量为 1,这时只有一个子序列,对整个元素进行排序。

例如,利用希尔排序的算法思想,对元素的关键字序列{56,22,67,32,59,12,89,26,48,37}进行排序,其排序过程如图 8-2 所示。

希尔排序的算法描述如下:

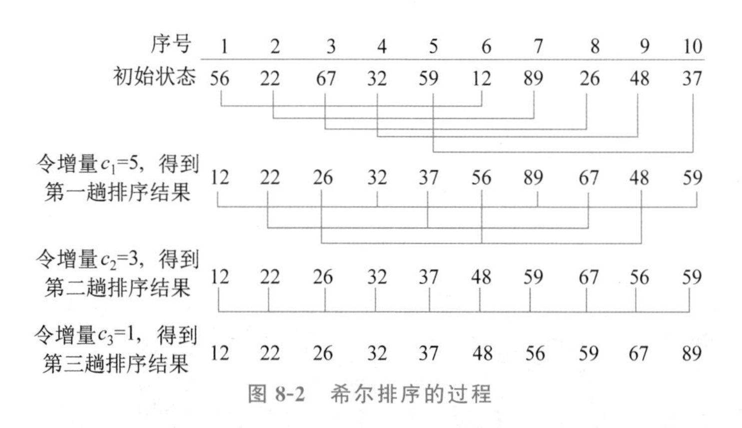

图 8-2　希尔排序的过程

```
def ShellInsert(self,c):
#对顺序表 L 进行一次希尔排序,c 是增量
   for i in range(c,self.length):             #将增量为 c 的元素作为一个子序列进行排序
      if self.data[i]< self.data[i-c]:      #如果后者小于前者,则需要移动元素
         t=self.data[i]
         j=i-c
         while j>-1 and t < self.data[j]:
            self.data[j+c]=self.data[j]
            j-=c
         self.data[j+c]=t                     #依次将元素插入正确的位置
def ShellInsertSort(self, delta,m):
#希尔排序,每次调用算法 ShellInsert, delta 是存放增量的列表
   for i in range(m):                         #进行 m 次希尔插入排序
      self.ShellInsert(delta[i])
```

希尔排序算法的性能的分析是一个非常复杂的事情,问题主要在于希尔排序算法选择的增量,但是经过大量的研究,当增量的序列为 $2^{m-k+1}-1$ 时,其中 m 为排序的次数,$1\leqslant k\leqslant t$,其时间复杂度为 $O(n^{3/2})$。希尔排序算法的空间复杂度为 $O(1)$。希尔排序算法是一种不稳定的排序算法。

8.2.4　插入排序应用举例

【例 8-1】　利用直接插入排序、折半插入排序和希尔排序对关键字为{56,22,67,32,59,12,89,26,48,37}的元素序列进行排序。

```
if __name__=='__main__':
   a=[56,22,67,32,59,12,89,26,48,37]
   delta=[5,3,1]
   n,m=10,3
   #直接插入排序
   L=SqList()
   L.InitSeqList(a,n)
   print("排序前:")
   L.DispList(n)
   L.InsertSort()
   print("直接插入排序结果:")
   L.DispList(n)
   #折半插入排序
```

```
    L = SqList()
    L.InitSeqList(a,n)
    print("排序前:")
    L.DispList(n)
    L.BinInsertSort()
    print("折半插入排序结果:")
    L.DispList(n)
    #希尔排序
    L = SqList()
    L.InitSeqList(a, n)
    print("排序前:")
    L.DispList(n)
    L.ShellInsertSort(delta,m)
    print("希尔排序结果:")
    L.DispList(n)
```

程序运行结果如图 8-3 所示。

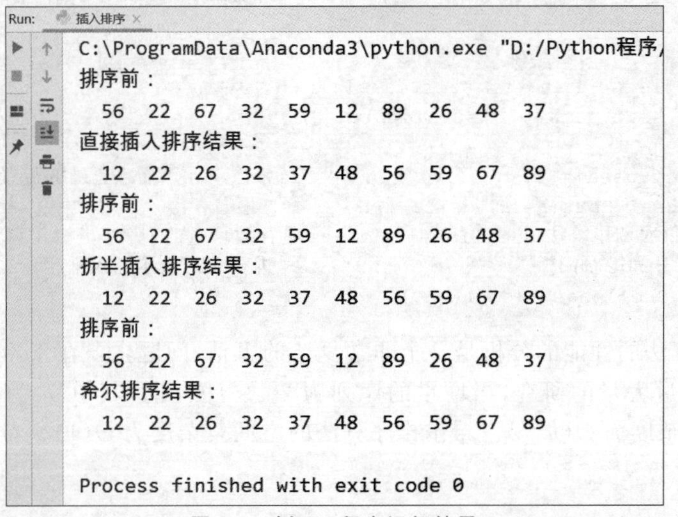

图 8-3　例 8-1 程序运行结果

8.3 选择排序

选择排序的基本思想是：不断地从待排序的元素序列中选择关键字最小(或最大)的元素，将其放在已排序元素序列的最前面(或最后面)，直到待排序元素序列中没有元素。

8.3.1 简单选择排序

简单选择排序的基本思想是：假设待排序的元素序列有 n 个，第一趟排序经过 $n-1$ 次比较，从 n 个元素中选择关键字最小的元素，并将其放在元素序列的最前面，即第一个位置。第二趟排序从剩余的 $n-1$ 个元素中经过 $n-2$ 次比较选择关键字最小的元素，将其放在第二个位置。以此类推，直到没有待比较的元素，简单选择排序算法结束。

简单选择排序的算法描述如下：

```
def SelectSort(self):
#简单选择排序
   #将第 i 个元素与后面第 i + 1~n 个元素比较,将值最小的元素放在第 i 个位置
   for i in range(self.length-1):
      j=i
      for k in range(i+1,self.length):          #值最小的元素的序号为 j
         if self.data[k] < self.data[j]:
            j=k
      if j!=i:                        #如果序号 i 不等于 j,则需要将序号 i 和序号 j 的元素交换
         t=self.data[i]
         self.data[i]=self.data[j]
         self.data[j]=t
```

给定一组元素序列,其元素的关键字为{56,22,67,32,59,12,89,26},简单选择排序的过程如图 8-4 所示。

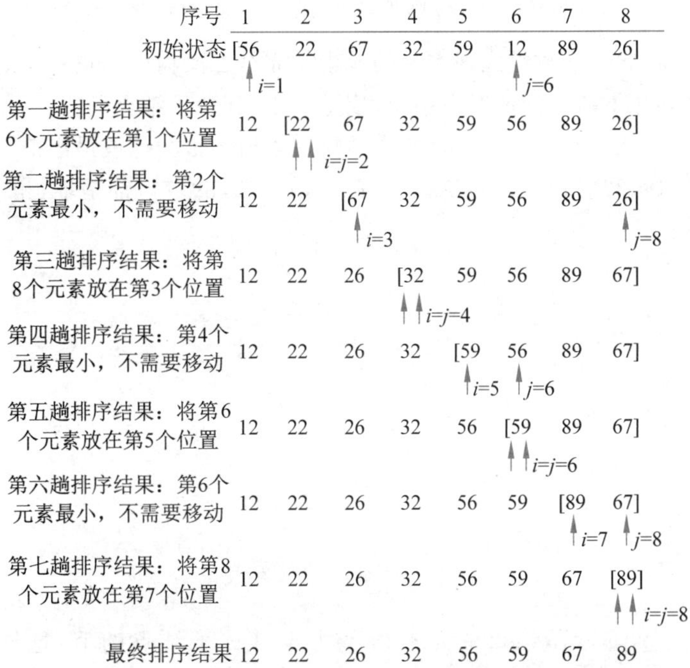

序号	1	2	3	4	5	6	7	8
初始状态	[56	22	67	32	59	12	89	26]
	↑i=1					↑j=6		
第一趟排序结果：将第6个元素放在第1个位置	12	[22	67	32	59	56	89	26]
		↑↑i=j=2						
第二趟排序结果：第2个元素最小，不需要移动	12	22	[67	32	59	56	89	26]
			↑i=3					↑j=8
第三趟排序结果：将第8个元素放在第3个位置	12	22	26	[32	59	56	89	67]
				↑↑i=j=4				
第四趟排序结果：第4个元素最小，不需要移动	12	22	26	32	[59	56	89	67]
					↑i=5	↑j=6		
第五趟排序结果：将第6个元素放在第5个位置	12	22	26	32	56	[59	89	67]
						↑↑i=j=6		
第六趟排序结果：第6个元素最小，不需要移动	12	22	26	32	56	59	[89	67]
							↑i=7	↑j=8
第七趟排序结果：将第8个元素放在第7个位置	12	22	26	32	56	59	67	[89]
								↑↑i=j=8
最终排序结果	12	22	26	32	56	59	67	89

图 8-4　简单选择排序的过程

简单选择排序算法的空间复杂度为 $O(1)$。简单选择排序算法在最好的情况下,其元素序列已经是非递减有序序列,则不需要移动元素。在最坏的情况下,其元素序列按照递减排列,则在每一趟排序的过程中都需要移动元素,因此,需要移动元素的次数为 $3(n-1)$。而简单选择排序算法的比较次数与元素的关键字排列无关,在任何情况下,都需要进行 $n(n-1)/2$ 次比较。因此,综合以上分析,简单选择排序算法的时间复杂度为 $O(n^2)$。简单选择排序算法是一种不稳定的排序算法。

8.3.2　堆排序

堆排序的算法思想主要是利用二叉树的性质进行排序。

1. 堆的定义

堆排序主要是利用二叉树的树状结构,按照完全二叉树的编号次序,将元素序列的关键字依次存放在相应的结点。然后从叶子结点开始,从互为兄弟的两个结点中(没有兄弟结点除外),选择一个较大(或较小)者与其双亲结点比较,如果该结点大于(或小于)双亲结点,则将两者进行交换,使较大(或较小)者成为双亲结点。将所有的结点都做类似操作,直到根结点为止。这时,根结点的元素值的关键字最大(或最小)。这样就构成了堆,堆中的每一个结点都大于(或小于)其孩子结点。

堆的数学形式定义为:假设存在 n 个元素,其关键字序列为($k_1,k_2,\cdots,k_i,\cdots,k_n$),如果有

$$\begin{cases}k_i\leqslant k_{2i}\\k_i\leqslant k_{2i+1}\end{cases}\quad\text{或}\quad\begin{cases}k_i\geqslant k_{2i}\\k_i\geqslant k_{2i+1}\end{cases}$$

其中,$i=1,2\cdots,\left\lfloor\frac{n}{2}\right\rfloor$,则称此元素序列构成了一个堆。如果将这些元素的关键字存放在一维数组或列表中,将此一维数组或列表中的元素与完全二叉树的结点一一对应起来,则完全二叉树中的每个非叶子结点的值都不小于(或不大于)其孩子结点的值。

在堆中,堆的根结点元素值一定是所有结点元素值的最大值或最小值。例如,序列{87,64,53,51,23,21,48,32}和{12,35,27,46,41,39,48,55,89,76}都是堆,相应的完全二叉树表示如图 8-5 所示。

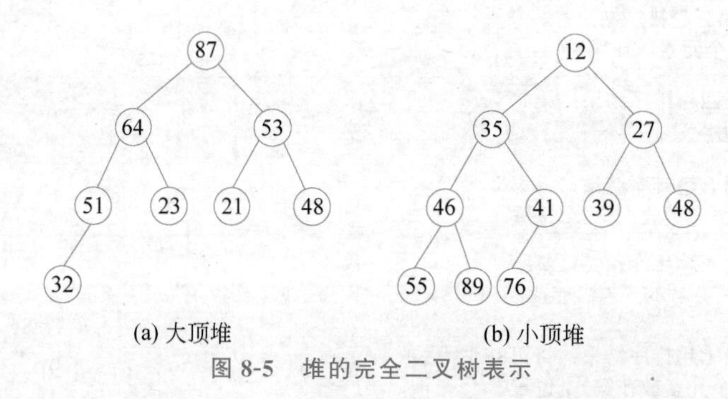

图 8-5 堆的完全二叉树表示

在图 8-5(a)中,非叶子结点的元素值不小于其孩子结点的值,这样的堆称为大顶堆。在图 8-5(b)中,非叶子结点的元素值不大于其孩子结点的元素值,这样的堆称为小顶堆。

如果将堆中的根结点(堆顶)输出之后,然后将剩余的 $n-1$ 个结点的元素值重新建立一个堆,则新堆的堆顶元素值是次大(或次小)值,将该堆顶元素输出。然后将剩余的 $n-2$ 个结点的元素值重新建立一个堆。反复执行以上操作,直到堆中没有结点,就得到了一个有序序列,这样的重复建堆并输出堆顶元素的过程称为堆排序。

2. 建堆

堆排序的过程就是建立堆和不断调整剩余结点构成新堆的过程。假设将待排序的元素的关键字存放在数组或列表 a 中,第 1 个元素的关键字 $a[1]$表示二叉树的根结点,剩下的元素的关键字 $a[2]\sim a[n]$分别与二叉树中的结点按照层次从左到右一一对应。例如,根结点的左孩子结点存放在 $a[2]$中,右孩子结点存放在 $a[3]$中,$a[i]$的左孩子结点存放在

$a[2i]$中，右孩子结点存放在 $a[2i+1]$中。

如果是大顶堆，则有 $a[i].\mathrm{key} \geqslant a[2i].\mathrm{key}$ 且 $a[i].\mathrm{key} \geqslant a[2i+1].\mathrm{key}$ $\left(i=1,2,\cdots,\left\lfloor\frac{n}{2}\right\rfloor\right)$。如果是小顶堆，则有 $a[i].\mathrm{key} \leqslant a[2i].\mathrm{key}$ 且 $a[i].\mathrm{key} \leqslant a[2i+1].\mathrm{key}$ $\left(i=1,2,\cdots,\left\lfloor\frac{n}{2}\right\rfloor\right)$。

建立一个大顶堆就是将一个无序的关键字序列构建为一个满足条件 $a[i] \geqslant a[2i]$且 $a[i] \geqslant a[2i+1]$ $\left(i=1,2,\cdots,\left\lfloor\frac{n}{2}\right\rfloor\right)$的序列。

建立大顶堆的算法思想是：从位于元素序列中的最后一个非叶子结点，即第$\left\lfloor\frac{n}{2}\right\rfloor$个元素开始，逐层比较，直到根结点为止。假设当前结点的序号为 i，则当前元素为 $a[i]$，其左、右孩子结点元素分别为 $a[2i]$和 $a[2i+1]$。将 $a[2i]$.key 和 $a[2i+1]$.key 较大者与 $a[i]$比较。如果孩子结点元素值大于当前结点值，则交换两者；否则，不进行交换。逐层向上执行此操作，直到根结点，这样就建立了一个大顶堆。建立小顶堆的算法与此类似。

例如，给定一组元素，其关键字序列为{21,47,39,51,<u>39</u>,57,48,56}，建立大顶堆的过程如图 8-6 所示。结点旁边的数字为对应的序号。由于该序列中有两个 39，为其中一个 39 加下画线，可以直观地看出堆排序算法是否稳定。

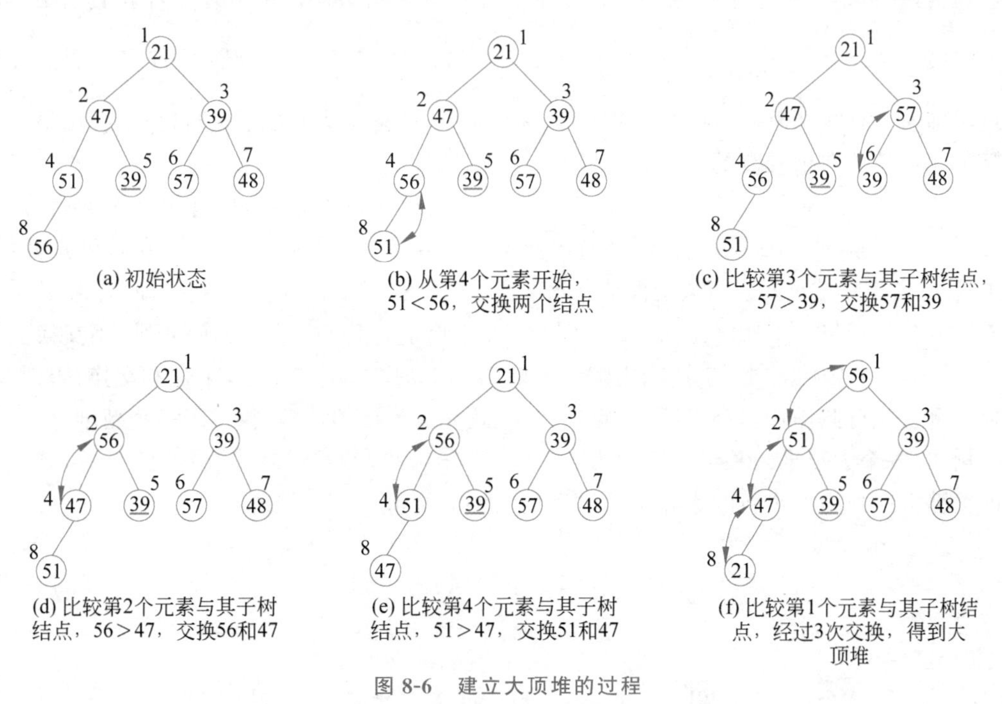

(a) 初始状态

(b) 从第4个元素开始，51<56，交换两个结点

(c) 比较第3个元素与其子树结点，57>39，交换57和39

(d) 比较第2个元素与其子树结点，56>47，交换56和47

(e) 比较第4个元素与其子树结点，51>47，交换51和47

(f) 比较第1个元素与其子树结点，经过3次交换，得到大顶堆

图 8-6　建立大顶堆的过程

从图 8-6 容易看出，大顶堆中非叶子结点的元素值均不小于其左、右子树中的结点的元素值。

建立大顶堆的算法描述如下：

```
def CreateHeap(self, n):
    #建立大顶堆
    for i in range(n//2-1,-1,-1):         #从序号 n / 2 开始建立大顶堆
        self.AdjustHeap(i, n-1)
def AdjustHeap(self, s, m):
    #调整 H.data[]的关键字,使其成为一个大顶堆
    t = self.data[s]                       #将根结点暂时保存在 t 中
    j=2 * s+1
    while j<=m:
        if j < m and self.data[j] < self.data[j + 1]:
                                           #沿关键字较大的孩子结点向下筛选
            j+=1                           #j 为关键字较大的结点的下标
        if t > self.data[j]:               #如果孩子结点的值小于根结点的值,则不进行交换
            break
        self.data[s] = self.data[j]
        s = j
        j * =2+1
    self.data[s] = t                       #将根结点插入正确位置
```

3. 调整堆

建立一个大顶堆并输出堆顶元素后,如何调整剩下的元素,使其构成一个新的大顶堆呢?其实,这也是一个建堆的过程,由于除了堆顶元素外,剩下的元素本身就具有 $a[i].\text{key} \geqslant a[2i].\text{key}$ 且 $a[i].\text{key} \geqslant a[2i+1].\text{key}\left(i=1,2,\cdots,\left\lfloor\frac{n}{2}\right\rfloor\right)$ 的性质,关键字按照由大到小逐层排列,因此,调整剩下的元素构成新的大顶堆,只需要从上往下进行比较,找出最大的关键字并将其放在根结点的位置,就又构成了新的堆。

具体实现:当堆顶元素输出后,可以将堆顶元素放在堆的最后,即将第 1 个元素 $a[1]$ 与最后一个元素 $a[n]$ 交换,则需要调整的元素序列就是 $a[1] \sim a[n-1]$。从根结点开始,如果其左、右子树结点元素值大于根结点元素值,选择较大的一个进行交换。即,如果 $a[2]>a[3]$,则将 $a[1]$ 与 $a[2]$ 比较。如果 $a[1]>a[2]$,则将 $a[1]$ 与 $a[2]$ 交换;否则,不交换。如果 $a[2]<a[3]$,则将 $a[1]$ 与 $a[3]$ 比较。如果 $a[1]>a[3]$,则将 $a[1]$ 与 $a[3]$ 交换;否则,不交换。重复执行此操作,直到叶子结点不存在,就完成了堆的调整,构成了一个新堆。

例如,一个大顶堆的关键字序列为{87,64,53,51,23,21,48,32},当输出 87 后,调整剩余的关键字序列为一个新的大顶堆的过程如图 8-7 所示。

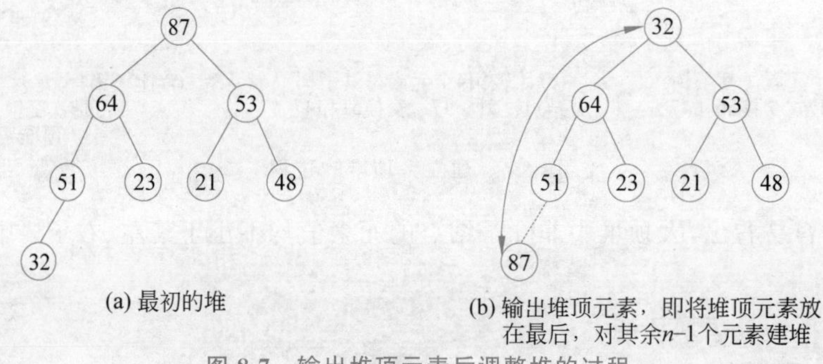

图 8-7　输出堆顶元素后调整堆的过程

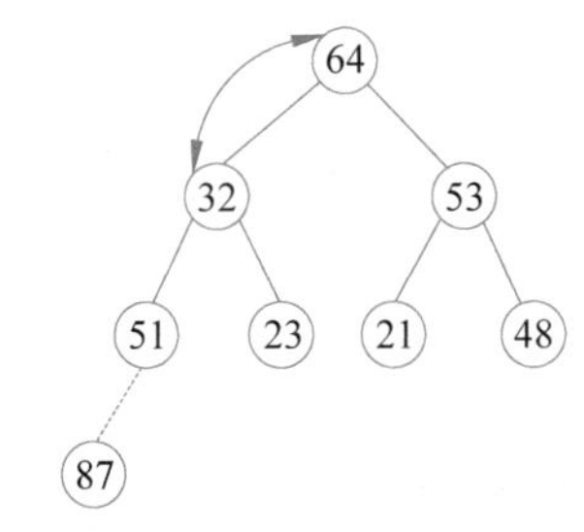

(c) 64＞53且64＞32，将64与32交换

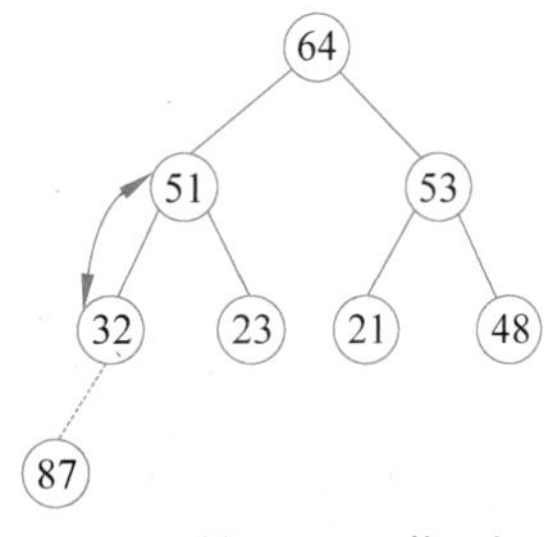

(d) 51＞23且51＞32，将51与32交换，至此构成了一个堆

图 8-7 （续）

如果重复地输出堆顶元素，即将堆顶元素与堆的最后一个元素交换，然后重新调整剩余的元素序列，使其构成一个新的大顶堆，直到没有需要输出的元素为止，就会把元素序列排成一个有序的序列，即完成了一个排序的过程。

```
def HeapSort(self):                          #对顺序表 H 进行堆排序
    self.CreateHeap(self.length)             #创建堆
    for i in range(self.length-1,0,-1):      #将堆顶元素与最后一个元素交换,重新调整堆
        t=self.data[0]
        self.data[0]=self.data[i]
        self.data[i]=t
        self.AdjustHeap(0, i-1)              #将 data[]调整为大顶堆
```

例如，一个大顶堆的元素的关键字序列为{87,64,49,51,49,21,48,32}，其完整的堆排序过程如图 8-8 所示。

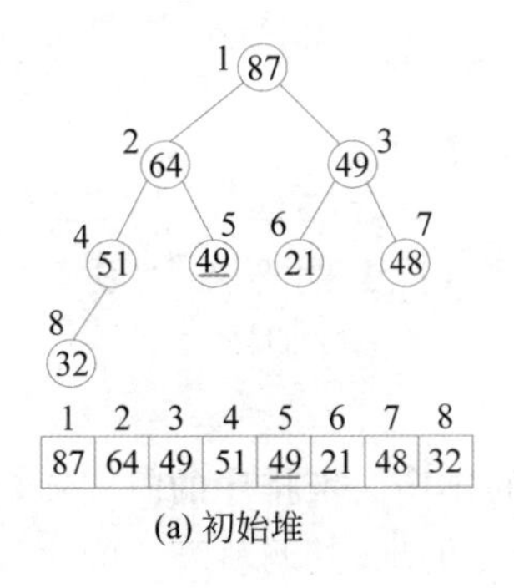

(a) 初始堆

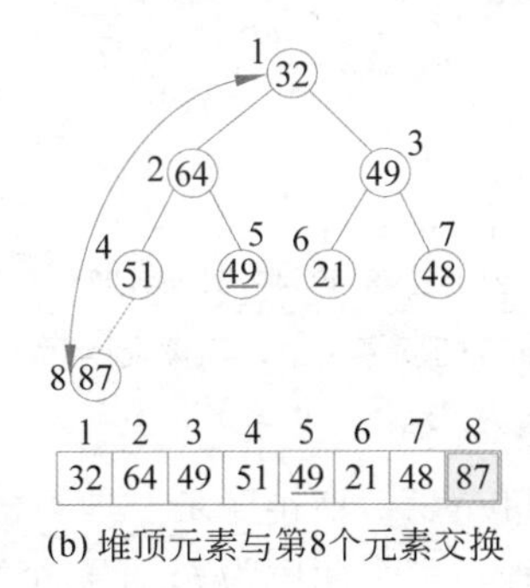

(b) 堆顶元素与第8个元素交换

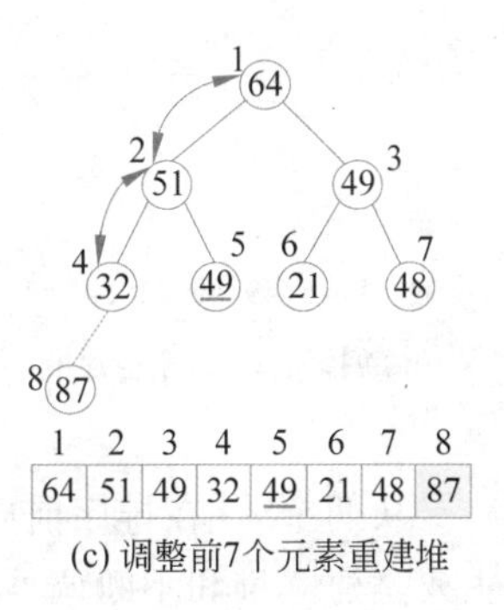

(c) 调整前7个元素重建堆

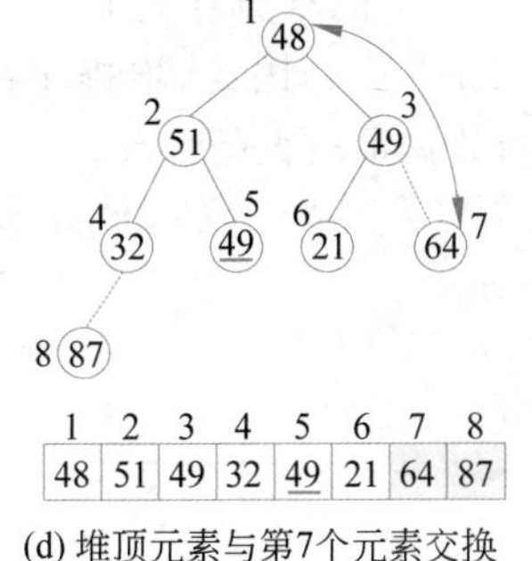

(d) 堆顶元素与第7个元素交换

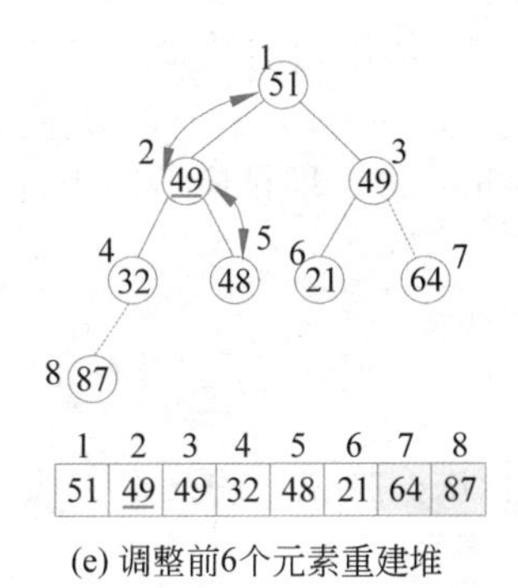

(e) 调整前6个元素重建堆

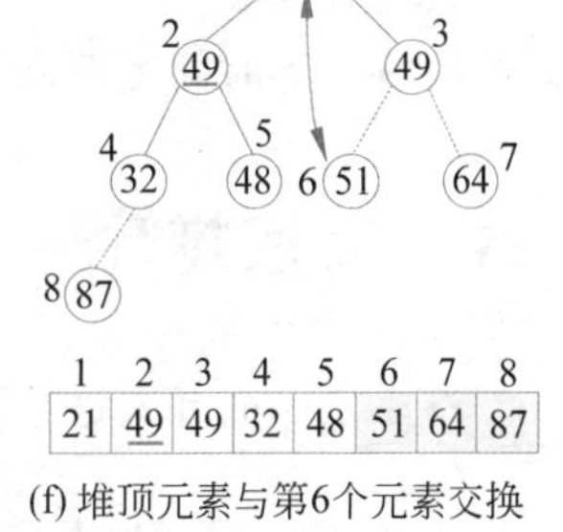

(f) 堆顶元素与第6个元素交换

图 8-8　一个完整的堆排序过程

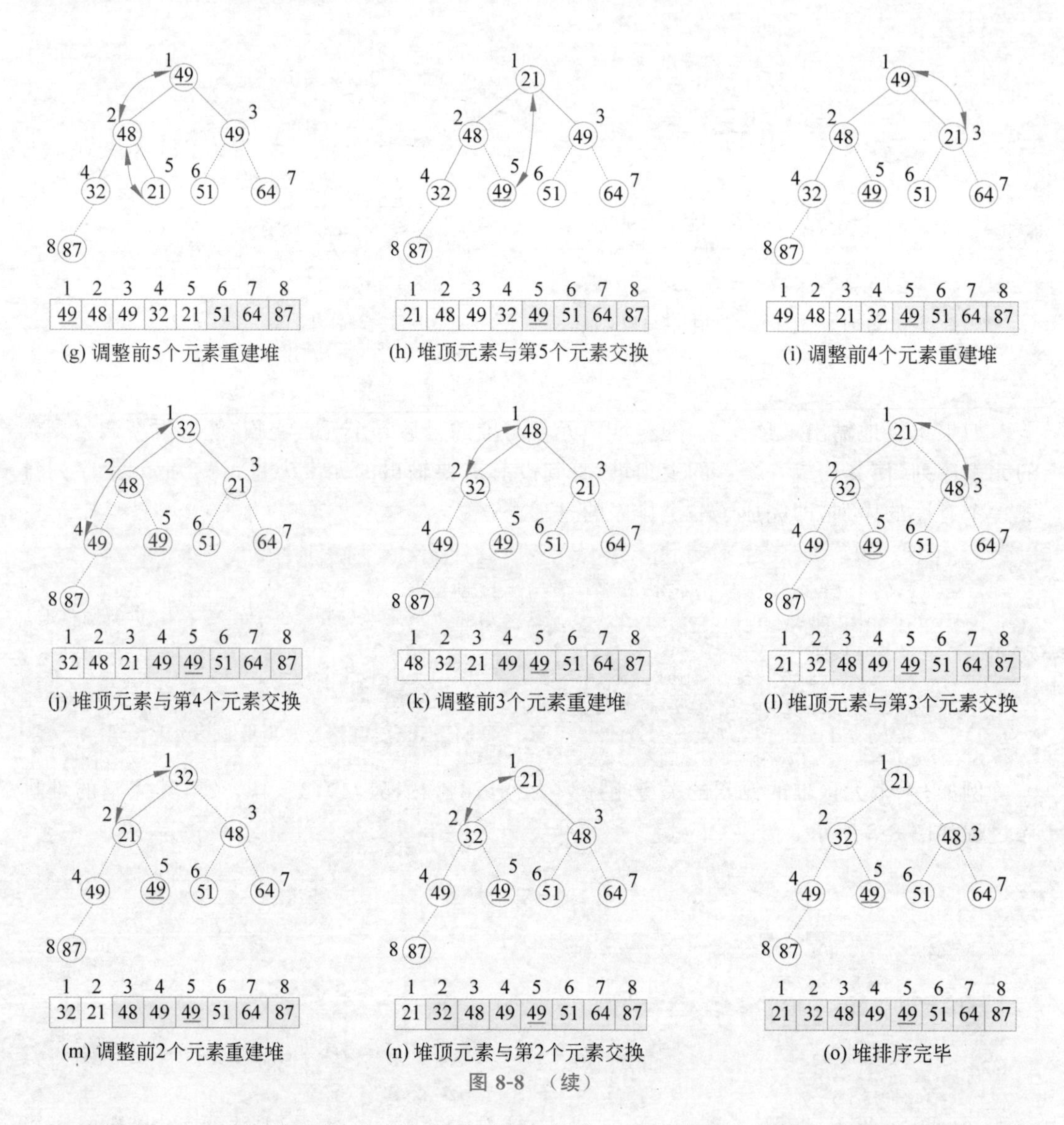

图 8-8 （续）

从两个 49 在排序前后的相对位置看，堆排序是一种不稳定的排序。堆排序的时间耗费主要是建立堆和不断调整堆的过程。一个深度为 h、元素个数为 n 的堆，其调整算法的比较次数最多为 $2(h-1)$；而建立一个堆，其比较次数最多为 $4n$。一个完整的堆排序过程总共的比较次数为 $2(\lfloor \log_2(n-1)\rfloor+\lfloor \log_2(n-2)\rfloor+\cdots+\lfloor \log_2 2\rfloor)<2n\log_2 n$，因此，堆排序在最坏的情况下时间复杂度为 $O(n\log_2 n)$。堆排序适用于待排序的数据量较大的情况。

8.4 交换排序

交换排序的基本思想是通过依次交换逆序的元素实现排序。

8.4.1 冒泡排序

冒泡排序的基本思想是：从第一个元素开始，依次比较两个相邻的元素，如果两个元素逆序，则进行交换。即，如果 L.data[i].key>L.data[$i+1$].key，则交换 L.data[i]与 L.data[$i+1$]。假设元素序列中有 n 个待比较的元素，在第一趟排序结束时，就会将元素序列中关键字最大的元素移到序列的末尾，即第 n 个位置。在第二趟排序结束时，就会将关键字次大的元素移动到第 $n-1$ 个位置。以此类推，经过 $n-1$ 趟排序后，元素序列构成一个有序的序列。这样的排序类似于气泡慢慢向上浮动，因此称为冒泡排序。

例如，一组元素的关键字序列为{56,22,67,32,59,12,89,26,48,37}，对该关键字序列进行冒泡排序，第 1 趟冒泡排序过程如图 8-9 所示。

序号	1	2	3	4	5	6	7	8
初始状态	56	22	67	32	59	12	89	26
第1个元素与第2个元素交换	22	56	67	32	59	12	89	26
a[2].key<a[3].key，不需要交换	22	56	67	32	59	12	89	26
第3个元素与第4个元素交换	22	56	32	67	59	12	89	26
第4个元素与第5个元素交换	22	56	32	59	67	12	89	26
第5个元素与第6个元素交换	22	56	32	59	12	67	89	26
a[6].key<a[7].key，不需要交换	22	56	32	59	12	67	89	26
第7个元素与第8个元素交换	22	56	32	59	12	67	26	89

图 8-9　第 1 趟冒泡排序过程

从图 8-9 容易看出，第 1 趟排序结束后，关键字最大的元素被移动到序列的末尾。按照这种方法，冒泡排序的全过程如图 8-10 所示。

序号	1	2	3	4	5	6	7	8
初始状态	56	22	67	32	59	12	89	26
第1趟排序结果	22	56	32	59	12	67	26	89
第2趟排序结果	22	32	56	12	59	26	67	89
第3趟排序结果	22	32	12	56	26	59	67	89
第4趟排序结果	22	12	32	26	56	59	67	89
第5趟排序结果	12	22	26	32	56	59	67	89
第6趟排序结果	12	22	26	32	56	59	67	89
第7趟排序结果	12	22	26	32	56	59	67	89

图 8-10　冒泡排序的全过程

从图 8-10 不难看出，在第 5 趟排序结束后，其实该元素序列已经是有序的序列，第 6 趟和第 7 趟排序就不需要进行比较了。因此，在设计算法时，可以设置一个标志 flag，如果在某趟排序后所有元素已经有序，则令 flag=0，表示该元素序列已经有序，不需要再进行后面的比较了。

冒泡排序的算法实现如下：

```
def BubbleSort(self,n):
#冒泡排序
   flag=True
   for i in range(n-1):
      if flag==True:                              #需要进行 n-1 趟排序
         flag=False
         for j in range(self.length-i-1):     #每趟排序需要比较 n-i 次
            if self.data[j] > self.data[j+1]:
               t=self.data[j]
               self.data[j]=self.data[j+1]
               self.data[j+1]=t
               flag=True
```

容易看出,冒泡排序的空间复杂度为 $O(1)$。在进行冒泡排序过程中,假设待排序的元素序列长度为 n,则需要进行 $n-1$ 趟排序,每趟需要进行 $n-i$ 次比较,其中 $i=1,2,\cdots,n-1$。因此整个冒泡排序需要的比较次数为 $\sum_{i=1}^{n-1} i=\frac{n(n-1)}{2}$,移动次数为 $3\frac{n(n-1)}{2}$,冒泡排序的时间复杂度为 $O(n^2)$。冒泡排序是一种稳定的排序算法。

快速排序

8.4.2 快速排序

快速排序算法是冒泡排序的一种改进。与冒泡排序不同的是,快速排序将元素序列中的关键字与指定的元素进行比较,将逆序的两个元素进行交换。快速排序的算法思想是:设待排序元素序列的长度为 n,存放在数组或列表 data 中,令第一个元素作为枢轴元素,即将 $a[1]$作为参考元素,令 pivot$=a[1]$。初始时,令 $i=1,j=n$,然后按照以下方法操作:

(1) 从序列的位置 j 开始,依次将元素的关键字与枢轴元素的关键字比较。如果当前元素的关键字大于或等于枢轴元素的关键字,则将前一个元素的关键字与枢轴元素的关键字比较;否则,将当前元素移动到位置 i。即,比较 $a[j]$.key 与 pivot.key,如果 $a[j]$.key$\geqslant$pivot.key,则连续执行 $j-=1$ 操作,直到找到一个元素满足 $a[j]$.key$<$pivot.key,则将 $a[j]$移动到位置 i,并执行一次 $i+=1$ 操作。

(2) 从序列的位置 i 开始,依次将该元素的关键字与枢轴元素的关键字比较。如果当前元素的关键字小于枢轴元素的关键字,则将后一个元素的关键字与枢轴元素的关键字比较;否则,将当前元素移动到位置 j。即,比较 $a[i]$.key 与 pivot.key,如果 $a[i]$.key$<$pivot.key,则连续执行 $i+=1$ 操作,直到遇到一个元素满足 $a[i]$.key$\geqslant$pivot.key,则将 $a[i]$移动到位置 j,并执行一次 $j-=1$ 操作。

(3) 循环执行步骤(1)和(2),直到出现 $i\geqslant j$,则将元素 pivot 移动到位置 i。此时整个元素序列在位置 i 被划分成两个部分,左边元素的关键字都小于 pivot.key,右边元素的关键字都大于或等于 pivot.key,即完成了一趟快速排序。

如果按照以上方法,在每一部分继续进行以上划分操作,直到每一部分只剩下一个元素,不能继续划分为止,这一组元素就以关键字非递增顺序排列好了。

例如,一组元素的关键字序列为{37,19,43,22,$\underline{22}$,89,26,92},根据快速排序算法思想,第 1 趟快速排序的过程如图 8-11 所示。初始时,将第 1 个元素作为枢轴元素,pivot.key$=a[1]$.key。

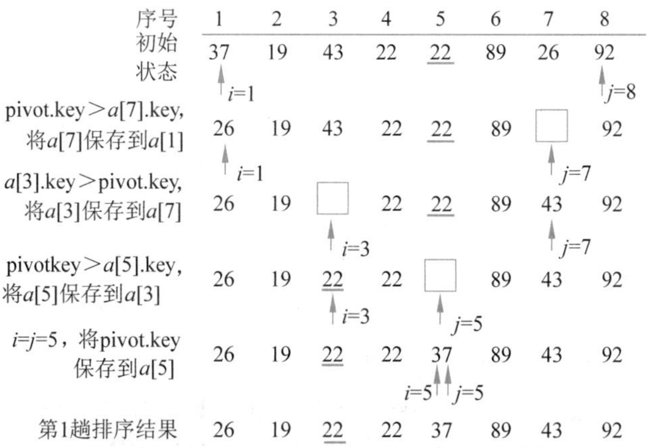

序号	1	2	3	4	5	6	7	8
初始状态	37	19	43	22	22	89	26	92
	↑ i=1							↑ j=8
pivot.key＞a[7].key，将a[7]保存到a[1]	26	19	43	22	22	89	□	92
	↑ i=1						↑ j=7	
a[3].key＞pivot.key，将a[3]保存到a[7]	26	19	□	22	22	89	43	92
			↑ i=3				↑ j=7	
pivotkey＞a[5].key，将a[5]保存到a[3]	26	19	22	22	□	89	43	92
			↑ i=3		↑ j=5			
i=j=5，将pivot.key保存到a[5]	26	19	22	22	37	89	43	92
					i=5↑↑j=5			
第1趟排序结果	26	19	22	22	37	89	43	92

图 8-11　第 1 趟快速排序过程

从图 8-11 容易看出，当第 1 趟快速排序完毕之后，整个元素序列被枢轴元素(关键字为 37)划分为两部分，前一部分元素的关键字都小于 37，后一部分元素的关键字都大于或等于 37。其实，快速排序的过程就是以枢轴元素为中心划分元素序列的过程，直到该序列被划分为单个元素，快速排序完毕。快速排序的全过程如图 8-12 所示。

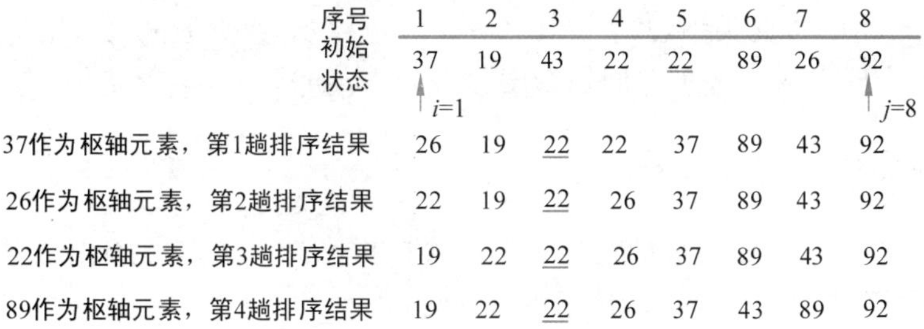

序号	1	2	3	4	5	6	7	8
初始状态	37	19	43	22	22	89	26	92
	↑ i=1							↑ j=8
37作为枢轴元素，第1趟排序结果	26	19	22	22	37	89	43	92
26作为枢轴元素，第2趟排序结果	22	19	22	26	37	89	43	92
22作为枢轴元素，第3趟排序结果	19	22	22	26	37	89	43	92
89作为枢轴元素，第4趟排序结果	19	22	22	26	37	43	89	92

图 8-12　快速排序的全过程

进行一趟快速排序，即对元素序列进行一次划分的算法描述如下：

```
def Partition(self,low,high):
#对顺序表 L.data[low..high]的元素进行一趟排序
        pivotkey = self.data[low]               #将顺序表的第一个元素作为枢轴元素
        t = self.data[low]
        while low < high:                       #从顺序表的两端交替地向中间扫描
            while low < high and self.data[high] >= pivotkey:
                                                #从顺序表的末端向前扫描
                high -=1
            if low < high:                      #将当前 high 指向的元素保存在 low 位置
                self.data[low] = self.data[high]
                low+=1
            while low < high and self.data[low] <= pivotkey:
                                                #从顺序表的始端向后扫描
                low +=1
            if low < high:                      #将当前 low 指向的元素保存在 high 位置
                self.data[high] = self.data[low]
                high -=1
            self.data[low] = t                  #将枢轴元素保存在 low = high 的位置
        return low                              #返回枢轴所在位置
```

快速排序算法通过多次递归调用一趟快速排序算法,即可实现对一组元素的快速排序。其算法描述如下:

```
def QuickSort(self, low, high):
#对顺序表 L 进行快速排序
    if low < high:                           #如果元素序列的长度大于 1
        pivot = self.Partition( low, high)
                                             #将待排序序列 L.r[low..high]划分为两部分
        self.QuickSort( low, pivot - 1)  #对左边的子表进行递归排序,pivot 是枢轴位置
        self.QuickSort( pivot + 1, high)  #对右边的子表进行递归排序
```

容易看出,快速排序是一种不稳定的排序算法,其空间复杂度为 $O(\log_2 n)$。

在最好的情况下,每趟快速排序均将元素序列正好划分为长度相等的两个子序列,这样快速排序的划分过程就使元素序列构成一个完全二叉树的结构,分解的次数等于树的深度,即 $\log_2 n$,因此快速排序总的比较次数为

$$T(n)\leqslant n+2T(n/2)\leqslant n+2(n/2+2T(n/4))=2n+4T(n/4)$$
$$\leqslant 3n+8T(n/8)\leqslant\cdots\leqslant n\log_2 n+nT(1)$$

因此,在最好的情况下,其时间复杂度为 $O(n\log_2 n)$。

在最坏的情况下,待排序的元素序列已经是有序序列,则第 1 趟需要比较 $n-1$ 次,第 2 趟需要比较 $n-2$ 次,以此类推,共需要比较 $n(n-1)/2$ 次,因此时间复杂度为 $O(n^2)$。

在平均情况下,快速排序的时间复杂度为 $O(n\log_2 n)$。

8.4.3 交换排序应用举例

【例 8-2】 对 n 个元素组成的线性表进行快速排序时,关键字的比较次数是与这 n 个元素的初始排列有关的。若 $n=7$,请回答以下问题:

(1) 在最好的情况下需要对关键字进行多少次比较?请说明理由。

(2) 给出一个最好情况下的初始元素关键字序列的实例。

(3) 在最坏的情况下需要对关键字进行多少次比较?请说明理由。

(4) 给出一个最坏情况下的初始元素关键字序列的实例。

【分析】

(1) 在最好的情况下,每次划分能得到两个长度相等的子序列。假设待排序元素个数为 $n=2^k-1$,第一次划分得到两个长度均为$\left\lfloor\frac{n}{2}\right\rfloor$的子序列,第二次划分后得到 4 个长度为$\left\lfloor\frac{n}{4}\right\rfloor$的子序列,以此类推,总共进行 $k=\log_2(n+1)$次划分,此时各子序列长度为 1。对于 $n=7$,即 $k=3$,最好情况下,第一次划分需要将关键字比较 6 次,第二次划分需要分别对两个子序列中的关键字各比较 2 次,因此,总共需要比较 10 次。

(2) 在最好的情况下,快速排序初始元素关键字序列为{4,1,3,2,6,5,7}。

(3) 在最坏的情况下,每次划分都以最小的元素或最大的元素作为枢轴元素,则经过一次划分后,得到的子序列中的元素比之前的序列少一个。若原序列中的元素按关键字递减排列,而需要进行递增排列时,与冒泡排序的效率相同,时间复杂度为 $O(n^2)$。当 $n=7$ 时,在最坏的情况下,关键字的比较次数为 21 次。

（4）在最坏的情况下，初始序列为{7，6，5，4，3，2，1}。

【例 8-3】　一组元素的关键字序列为{37，19，43，22，22，89，26，92}，使用冒泡排序和快速排序对这组元素进行排序，并输出冒泡排序和快速排序的每趟排序结果。

```
class SqList:                                     #顺序表类型定义
    def __init__(self,length=0):
        self.data=[]
        self.length=length
    def InitSeqList(self,a,n):                    #顺序表的初始化
        for i in range(1,n+1):
            self.data.append(a[i-1])
        self.length=n
    def BubbleSort(self,n):                       #冒泡排序
        flag = True
        count=1
        for i in range(n - 1):
            if flag == True:                      #需要进行 n-1 趟排序
                flag = False
                for j in range(self.length - i - 1):
                                                  #每一趟排序需要比较 n-i 次
                    if self.data[j] > self.data[j + 1]:
                        t = self.data[j]
                        self.data[j] = self.data[j + 1]
                        self.data[j + 1] = t
                        flag = True
                self.DispList2(count)
                count +=1
    def Partition(self,low,high):
    #对顺序表 L.r[low..high]的元素进行一趟排序
        pivotkey = self.data[low]                 #将顺序表的第一个元素作为枢轴元素
        t = self.data[low]
        while low < high:                         #从顺序表的两端交替地向中间扫描
            while low < high and self.data[high] >= pivotkey:
                                                  #从顺序表的末端向前扫描
                high -=1
            if low < high:                        #将当前 high 指向的元素保存在 low 位置
                self.data[low] = self.data[high]
                low+=1
            while low < high and self.data[low] <= pivotkey:
                                                  #从顺序表的始端向后扫描
                low +=1
            if low < high:                        #将当前 low 指向的元素保存在 high 位置
                self.data[high] = self.data[low]
                high -=1
            self.data[low] = t                    #将枢轴元素保存在 low = high 的位置
        return low                                #返回枢轴所在位置
    def QuickSort(self, low, high):
    #对顺序表 L 进行快速排序
        count=1
        if low < high:                            #如果元素序列的长度大于 1
            pivot = self.Partition( low, high)
                                                #将待排序序列 L.r[low..high]划分为两部分
```

```
                self.DispList3(pivot, count)      #输出每次划分的结果
                count +=1
                self.QuickSort( low, pivot - 1)
                                                  #对左边的子表进行递归排序,pivot是枢轴位置
                self.QuickSort( pivot + 1, high)  #对右边的子表进行递归排序
    def DispList(self, n):
    #输出表中的元素
        for i in range(n):
            print("%4d" % self.data[i], end='')
        print()
    def DispList2(self,count):
    #输出冒号排序的每趟排序结果
        print("第%d趟排序结果:"%count,end='')
        for i in range(self.length):
            print("%4d"%self.data[i],end='')
        print()
    def DispList3(self,pivot,count):
    #输出快速排序的每趟排序结果
        print("第%d趟排序结果: ["%count,end='')
        for i in range(pivot):
            print("%-4d"%self.data[i],end=' ')
        print("]",end='')
        print("%3d "%self.data[pivot],end='')
        print("[",end='')
        for i in range(pivot+1,self.length):
            print("%-4d"%self.data[i],end=' ')
        print("]",end='')
        print()
if __name__=='__main__':
    a=[37,19,43,22,22,89,26,92]
    #冒泡排序
    n = len(a)
    L = SqList()
    L.InitSeqList(a, n)
    print("排序前:",end='')
    L.DispList(n)
    L.BubbleSort(n)
    print("冒泡排序结果:",end='')
    L.DispList(n)
    #快速排序
    n=len(a)
    L=SqList()
    L.InitSeqList(a,n)
    print("排序前:",end='')
    L.DispList(n)
    L.QuickSort(0,n-1)
    print("快速排序结果:",end='')
    L.DispList(n)
```

程序运行结果如图 8-13 所示。

```
Run:    交换排序应用举例 ×
C:\ProgramData\Anaconda3\python.exe "D:/Python程序/数据结构(Python语言描述)
排序前：  37  19  43  22  22  89  26  92
第1趟排序结果:  19  37  22  22  43  26  89  92
第2趟排序结果:  19  22  22  37  26  43  89  92
第3趟排序结果:  19  22  22  26  37  43  89  92
第4趟排序结果:  19  22  22  26  37  43  89  92
冒泡排序结果：  19  22  22  26  37  43  89  92
排序前：  37  19  43  22  22  89  26  92
第1趟排序结果: [26   19   22   22   ] 37 [89   43   92   ]
第2趟排序结果: [22   19   22   ] 26 [37   89   43   92   ]
第3趟排序结果: [19   ] 22 [22   26   37   89   43   92   ]
第4趟排序结果: [19   22   22   26   37   43   ] 89 [92   ]
快速排序结果：  19  22  22  26  37  43  89  92

Process finished with exit code 0
```

图 8-13　例 8-3 程序运行结果

思政元素：插入、选择、交换排序算法的策略虽然不尽相同，但它们的共同目标都是将元素放在合适的位置，最终使元素序列是有序的。在日常生活中，合理安排事情的优先顺序，有助于目标的达成。

8.5　归并排序

归并排序的基本思想是：将两个或两个以上的元素有序序列合并，使其成为一个有序序列。其中最为常用的是 2 路归并排序。

2 路归并排序的主要思想是：假设元素的个数是 n，将每个元素作为一个有序的子序列，然后将相邻的两个子序列两两合并，得到$\left\lceil \frac{n}{2} \right\rceil$个长度为 2 的有序子序列。继续将相邻的两个长度为 2 的有序子序列两两合并，得到$\left\lceil \frac{n}{4} \right\rceil$个长度为 4 的有序子序列。重复执行以上操作，直到有序序列合并为一个为止，这样就得到了一个有序序列。

一组元素序列的关键字序列为{37,19,43,22,57,89,26,92}，2 路归并排序的过程如图 8-14 所示。

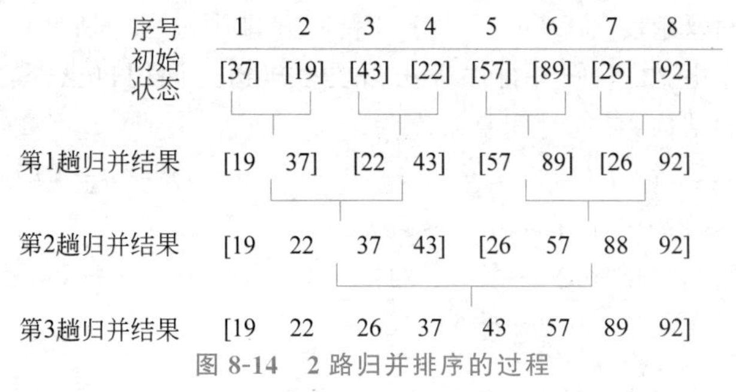

图 8-14　2 路归并排序的过程

容易看出,2路归并排序的过程其实就是不断地将两个相邻的子序列合并为一个子序列的过程。合并两个子序列的算法如下:

```
def Merge(self,s, t, low, mid, high):
#将有序的 s[low..mid]和 s[mid + 1..high]归并为有序的 t[low..high]
    i = low
    j = mid + 1
    k = low
    while i <= mid and j <= high:                    #将 s 中元素由小到大地合并到 t
        if s[i] <= s[j]:
            t[k] = s[i]
            i+=1
        else:
            t[k] = s[j]
            j+=1
        k +=1
    while i <= mid:                                  #将剩余的 s[i..mid]复制到 t
        t[k] = s[i]
        k+=1
        i+=1
    while j <= high:                                 #将剩余的 s[j..high]复制到 t
        t[k] = s[j]
        k+=1
        j+=1
```

以上是合并两个子序列的算法,可通过递归调用以上算法合并所有子序列,从而实现2路归并排序。2路归并算法描述如下:

```
def MergeSort(self, s, t,low, high):
#2路归并排序,将 s[low..high]归并排序并存储到 t[low..high]中
    t2 = [None for i in range(len(s))]
    if low==high:
        t[low]=s[low]
    else:
        mid=(low+high)//2
                        #将 s[low..high]分为 s[low..mid]和 s[mid+1..high]
        self.MergeSort(s,t2,low,mid)
                        #将 s[low..mid]归并为有序的 t2[low..mid]
        self.MergeSort(s,t2,mid+1,high)
                        #将 s[mid+1..high]归并为有序的 t2[mid+1..high]
        self.Merge(t2,t,low,mid,high)
                        #将 t2[low..mid]和 t2[mid+1..high]归并到 t[low..high]
```

归并排序的空间复杂度为 $O(n)$。由于2路归并排序过程中所使用的空间过大,因此,它主要被用在外排序中。2路归并排序算法需要多次递归调用自己,其递归调用的过程可以构成一个二叉树的结构,它的时间复杂度为

$$
\begin{aligned}
T(n) &\leqslant n+2T(n/2)\leqslant n+2(n/2+2T(n/4))=2n+4T(n/4)\\
&\leqslant 3n+8T(n/8)\leqslant\cdots\leqslant n\log_2 n+nT(1)
\end{aligned}
$$

即 $O(n\log_2 n)$。2路归并排序是一种稳定的排序算法。

8.6　基数排序

基数排序是一种与前面各种排序方法完全不同的方法。前面的排序方法是通过对元素的关键字进行比较,然后移动元素实现的;而基数排序则不需要对关键字进行比较。

8.6.1　基数排序的过程和算法实现

基数排序主要是利用多个关键字进行排序。在日常生活中,扑克牌就是一种多关键字的排序问题。扑克牌有 4 种花色即红桃、方块、梅花和黑桃,每种花色从 A 到 K 共 13 张牌。这 4 种花色就相当于 4 个关键字,而每种花色的 A 到 K 这 13 张牌就相当于对不同的关键字进行排序。

基数排序正是借助这种思想,对不同类的元素进行分类,然后对同一类中的元素进行排序,通过这样的一种过程,完成对元素序列的排序。在基数排序中,通常将对不同元素进行分类的过程称为分配,排序的过程称为收集。

具体算法思想是:假设第 i 个元素 a_i 的关键字 key_i 由 d 位十进制组成,即 $key_i = k_i^d k_i^{d-1} \cdots k_i^1$,其中 k_i^d 为最高位,k_i^1 为最低位。关键字的每一位数字都可作为一个子关键字。首先将元素序列按照最低位的关键字进行排序,然后从低位到高位直到最高位依次进行排序,这样就完成了排序过程。

例如,一组元素序列的关键字为{334,285,21,467,821,562,342,45}。这组关键字位数最多的是 3 位。在排序之前,首先将所有的关键字都看作一个 3 位数字组成的数,即{324,285,021,467,821,562,342,045}。对这组关键字进行基数排序需要进行 3 趟分配和收集。首先需要对该关键字序列的最低位进行分配和搜集,然后对中间位进行分配和收集,最后对最高位进行分配和收集。一般情况下,采用链表实现基数排序。对最低位进行的第一趟分配和收集的过程如图 8-15 所示。其中,列表 $f[i]$保存第 i 个链表的头指针,列表 $r[i]$保存第 i 个链表的尾指针。

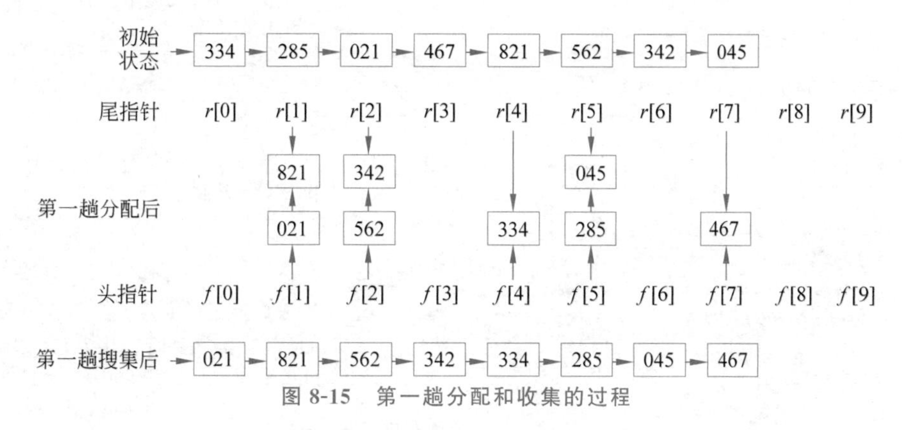

图 8-15　第一趟分配和收集的过程

对中间位进行的第二趟分配和收集的过程如图 8-16 所示。

对最高位进行的第三趟分配和收集的过程如图 8-17 所示。

经过第一趟分配后,关键字被分为 10 类,个位数相同的数字被划分为一类,然后对分配

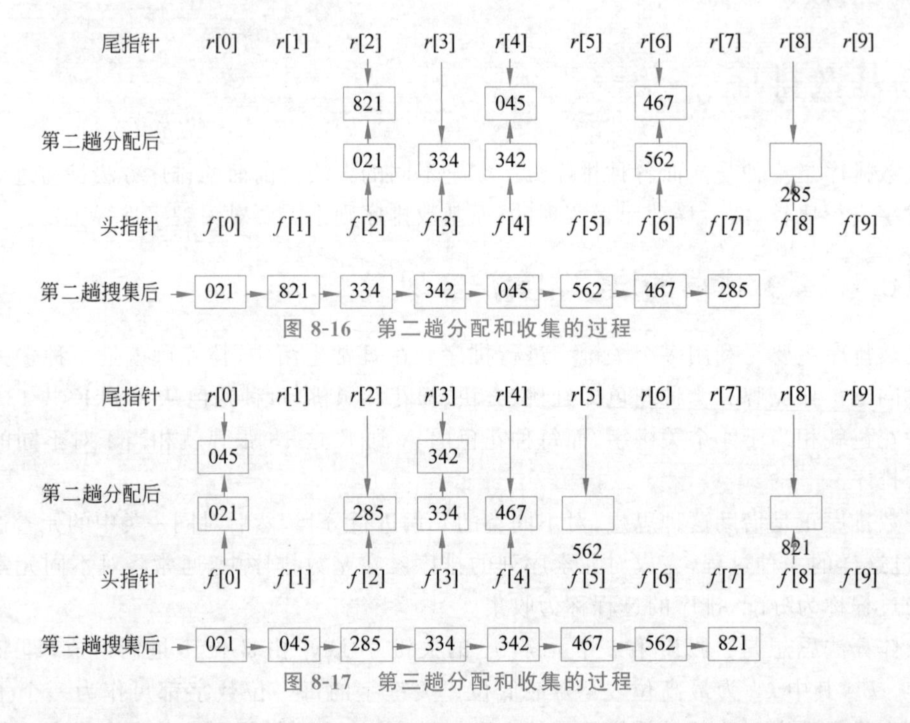

图 8-16 第二趟分配和收集的过程

图 8-17 第三趟分配和收集的过程

后的关键字进行收集,得到以个位数非递减排序的序列。同理,经过第二趟分配和收集后,得到以十位数非递减排序的序列。经过第三趟分配和收集后,得到最终的排序结果。

基数排序的算法主要包括分配和收集。链表类型描述如下:

```
class SListCell:                                  #链表的结点类型
    def __init__(self,next=None):
        self.key=[]                               #关键字
        self.next=next
class SList:
    def __init__(self,keynum=0,length=0):
        self.data=[]                              #存储元素,data[0]为头结点
        self.keynum=keynum                        #每个元素的当前关键字个数
        self.length=length                        #链表的当前长度
```

基数排序的分配算法实现如下:

```
def Distribute(self,data, i, f, r,radix=10):
#为 data 中的第 i 个关键字 key[i]建立 radix 个子表,使同一子表中元素的 key[i]相同
#f[0..radix - 1]和 r[0..radix - 1]分别指向各个子表中第一个和最后一个元素
    for j in range(radix):                        #将各个子表初始化为空表
        f[j]=0
    p=data[0].next
    while p!=0:
        j=int(data[p].key[i])                     #将对应的关键字字符转化为整数类型
        if f[j]==0:                               #f[j]是空表,则 f[j]指示第一个元素
            f[j]=p
        else:
            data[r[j]].next=p
        r[j]=p                                    #将 p 所指的结点插入第 j 个子表中
        p = data[p].next
```

其中,列表 $f[j]$ 和列表 $r[j]$ 分别存放第 j 个子表的第一个元素的位置和最后一个元素的位置。

基数排序的收集算法实现如下:

```
def Collect(self, data, f, r,radix=10):
#按 key[i]将 f[0..radix - 1]所指各子表依次链接成一个链表
    j=0
    while f[j]==0:                  #找第一个非空子表
        j+=1
    data[0].next=f[j]               #data[0].next 指向第一个非空子表中的第一个结点
    t = r[j]

    while j < radix - 1:
        j+=1
        while j < radix-1 and f[j]==0:  #找下一个非空子表
            j+=1
        if f[j]:                    #将非空链表链接在一起
            data[t].next=f[j]
            t=r[j]
    data[t].next = 0                #t 指向最后一个非空子表中的最后一个结点
```

基数排序通过多次调用分配算法和收集算法,从而实现排序,其算法实现如下:

```
def RadixSort(self,radix=10):
#对 L 进行基数排序,使得 L 成为按关键字非递减排序的链表,L.r[0]为头结点
    f=[]
    r=[]
    for j in range(radix):                         #将各个子表初始化为空表
        f.append(0)
    for j in range(radix):                         #将各个子表初始化为空表
        r.append(0)
    for i in range(self.keynum):               #由低位到高位依次对各关键字进行分配和收集
        self.Distribute(self.data, i, f, r)    #第 i 趟分配
        self.Collect(self.data, f, r)          #第 i 趟收集
        print("第%d趟收集后:"%(i + 1))
        self.PrintList2()
```

容易看出,基数排序需要 2×radix 个队列指针,分别指向每个队列的队头和队尾。假设待排序的元素为 n 个,每个元素的关键字为 d 个,则基数排序的时间复杂度为 $O(d(n+\text{radix}))$。

8.6.2　基数排序应用举例

【例 8-4】　一组元素的关键字序列为{268,126,63,730,587,184},使用基数排序对该元素序列排序,并输出每一趟基数排序的结果。

【分析】　本例主要考查基数排序的算法思想。基数排序就是利用多个关键字先对元素进行分配,然后再对每趟排序结果进行收集,通过多趟分配和收集后,得到最终的排序结果。十进制数有 0~9 共 10 个数字,利用 10 个链表分别存放关键字个位分别为 0~9 的元素,然后通过收集,将每个链表链接在一起,构成一个链表,通过 3 次(因为最大关键字是 3 位数)分配和收集就完成了排序。

基数排序采用链表实现,算法的完整实现包括3个部分:基数排序的分配和收集算法实现代码、链表的初始化代码和测试代码。

1. 分配和收集算法实现代码

这部分主要包括基数排序的分配和收集。因为关键字中最大的是3位数,所以需要进行3趟分配和收集。其实现代码如下:

```
def Distribute(self,data, i, f, r,radix=10):
#为 data 中的第 i 个关键字 key[i]建立 radix 个子表,使同一子表中元素的 key[i]相同
#f[0..radix - 1]和 r[0..radix - 1]分别指向各个子表中第一个和最后一个元素
    for j in range(radix):          #将各个子表初始化为空表
        f[j]=0
    p=data[0].next
    while p!=0:
        j=int(data[p].key[i])       #将对应的关键字字符转化为整数类型
        if f[j]==0:                 #f[j]是空表,则 f[j]指示第一个元素
            f[j]=p
        else:
            data[r[j]].next=p
        r[j]=p                      #将 p 所指的结点插入第 j 个子表中
        p = data[p].next
def Collect(self, data, f, r,radix=10):
    #按 key[i]将 f[0..Radix - 1]所指各子表依次链接成一个链表
    j=0
    while f[j]==0:                  #找第一个非空子表
        j+=1
    data[0].next=f[j]               #data[0].next 指向第一个非空子表中的第一个结点
    t = r[j]

    while j < radix - 1:
        j+=1
        while j < radix-1 and f[j]==0:     #找下一个非空子表
            j+=1
        if f[j]:                    #将非空链表链接在一起
            data[t].next=f[j]
            t=r[j]
    data[t].next = 0                #t 指向最后一个非空子表中的最后一个结点
```

2. 链表的初始化代码

这部分进行链表的初始化,主要包括以下功能:

(1) 求出关键字最大的元素,并通过该元素值得到子关键字的个数,通过对数函数实现。

(2) 将每个元素的关键字转换为字符类型,不足的位数用字符0补齐,子关键字(即元素的关键字的每位的值)存放在key域中。

(3) 将每个结点通过链域链接起来,构成一个链表。

链表的初始化代码如下:

```
def InitList(self, a, n):
#初始化链表
    ch=[]
    max = a[0]
    for i in range(1,n):                          #将最大的关键字存入 max
```

```
        if max < a[i]:
            max=a[i]
    self.keynum=(int)(math.log10(max))+1      #求子关键字的个数
    self.length=n                             #待排序个数
    slistnode=SListCell()
    self.data.append(slistnode)
    for i in range(1,n+1):
        ch=str(a[i-1])                        #将整型转化为字符，并存入 ch
        for j in range(len(ch),self.keynum):
                                  #如果 ch 的长度小于 max 的位数，则在 ch 前补 0
            ch='0'+ch
        slistnode=SListCell()
        for j in range(self.keynum):          #将每个关键字的各位数存入 key
            slistnode.key.append(ch[self.keynum-1-j])
        self.data.append(slistnode)
    for i in range(self.length):              #初始化链表
        self.data[i].next=i+1
    self.data[self.length].next=0
```

3. 测试代码

```
if __name__=='__main__':
    d = [268, 126, 63, 730, 587, 184]
    N=6
    L=SList()
    L.InitList(d, N)
    print("待排序元素个数是%d个,关键字个数为%d个"%(L.length, L.keynum))
    print("排序前的元素:")
    L.PrintList2()
    L.RadixSort( )
    print("排序后元素:")
    L.PrintList2()
def PrintList2(self):
#按链表形式输出
    i = self.data[0].next
    while i!=0:
        for j in range(self.keynum-1,-1,-1):
            print("%c"%self.data[i].key[j],end='')
        print("",end=' ')
        i=self.data[i].next
    print()
def PrintList(self):
#按列表序号形式输出
    print("序号 关键字 地址")
    for i in range(1,self.length+1):
        print("%2d    "%i,end='')
        for j in range(self.keynum-1,-1,-1):
            print("%c"%self.data[i].key[j],end='')
        print("    %d"%self.data[i].next)
```

程序运行结果如图 8-18 所示。

【想一想】　各种排序算法使用的排序策略是不同的，都达到了排序效果。尽管结果相同，但由于采用的策略不同，其算法效率也不一样。你觉得科学创新最重要的是什么？

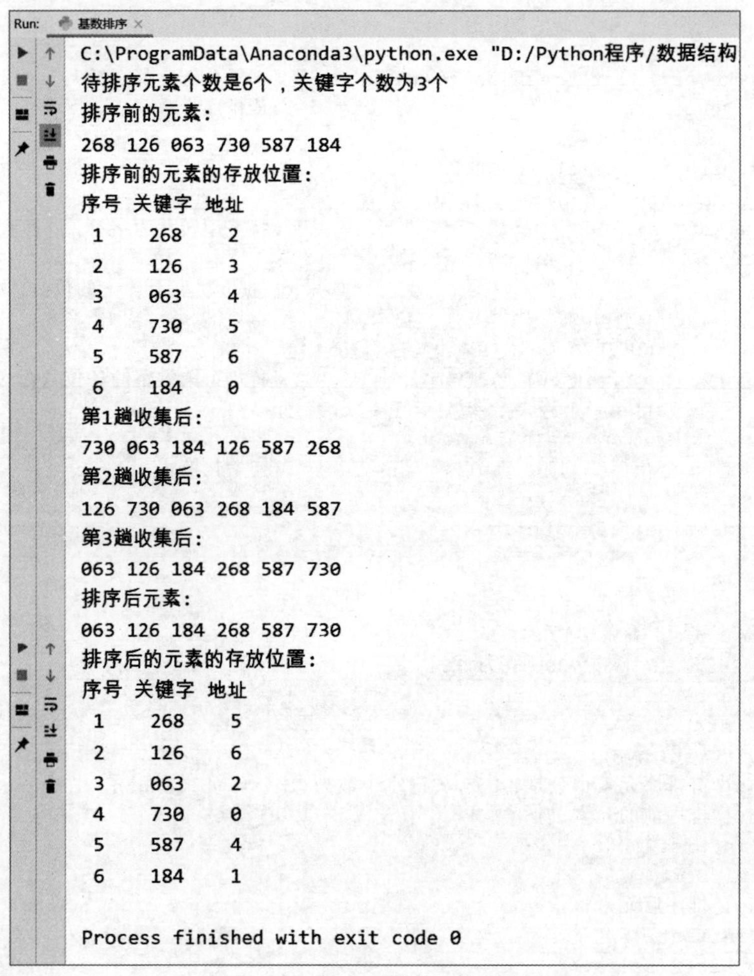

图 8-18　例 8-4 程序运行结果

8.7　小结

在计算机的非数值处理中，排序是一种非常重要且极为常用的操作。根据排序使用内存和外存的情况，可将排序分为内排序和外排序两种。待排序的数据量不是特别大的情况，一般采用内排序；反之，则采用外排序。衡量排序算法的主要性能是时间复杂度、空间复杂度和稳定性。

根据排序所采用的方法，内排序可分为插入排序、选择排序、交换排序、归并排序和基数排序。其中，插入排序可以分为直接插入排序、折半插入排序和希尔排序。直接插入排序的算法实现最为简单，其算法的时间复杂度在最好、最坏和平均情况下都是 $O(n^2)$，空间复杂度为 $O(1)$，是一种稳定的排序算法。希尔排序的平均时间复杂度为 $O(n^{1.3})$，空间复杂度为 $O(1)$，是一种不稳定的排序算法。

选择排序可分为简单选择排序、堆排序。简单选择排序算法的时间复杂度在最好、最坏和平均情况下都是 $O(n^2)$。而堆排序的时间复杂度在最好、最坏和平均情况下都是 $O(n$

$\log_2 n$)。两者的空间复杂度都是 $O(1)$。它们都是不稳定的排序算法。

交换排序可分为冒泡排序和快速排序。冒泡排序在最好的情况下,即在已经有序的情况下,时间复杂度为 $O(n)$,其他情况下时间复杂度为 $O(n^2)$,空间复杂度为 $O(1)$,是一种稳定的排序算法。快速排序在最好和平均情况下的时间复杂度为 $O(n \log_2 n)$,在最坏情况下的时间复杂度为 $O(n^2)$,空间复杂度为 $O(\log_2 n)$,是一种不稳定的排序算法。

归并排序是将两个或两个以上的元素有序序列合并,使其成为一个有序序列。其中最为常用的是 2 路归并排序。归并排序在最好、最坏和平均情况下的时间复杂度均为 $O(n \log_2 n)$,空间复杂度为 $O(n)$,是一种稳定的排序算法。

基数排序则是一种不需要对关键字进行比较的排序方法。基数排序在任何情况下的时间复杂度均为 $O(d(n+rd))$,空间复杂度为 $O(n+rd)$,是一种稳定的排序算法。

各种排序算法的性能比较如表 8-1 所示。

表 8-1　各种排序算法的性能比较

排序方法	平均时间复杂度	最好情况下的时间复杂度	最坏情况下的时间复杂度	空间复杂度	稳定性
直接插入排序	$O(n^2)$	$O(n)$	$O(n^2)$	$O(1)$	稳定
折半插入排序	$O(n^2)$	$O(n \log_2 n)$	$O(n^2)$	$O(1)$	稳定
希尔排序	$O(n^{1.3})$			$O(1)$	不稳定
冒泡排序	$O(n^2)$	$O(n)$	$O(n^2)$	$O(1)$	稳定
快速排序	$O(n \log_2 n)$	$O(n \log_2 n)$	$O(n^2)$	$O(\log_2 n)$	不稳定
简单选择排序	$O(n^2)$	$O(n^2)$	$O(n^2)$	$O(1)$	不稳定
堆排序	$O(n \log_2 n)$	$O(n \log_2 n)$	$O(n \log_2 n)$	$O(1)$	不稳定
归并排序	$O(n \log_2 n)$	$O(n \log_2 n)$	$O(n \log_2 n)$	$O(n)$	稳定
基数排序	$O(d(n+rd))$	$O(d(n+rd))$	$O(d(n+rd))$	$O(n+rd)$	稳定

从时间耗费上来看,快速排序、堆排序和归并排序性能最佳,但是快速排序在最坏情况下的时间耗费多于堆排序和归并排序。归并排序需要使用大量的存储空间,比较适用于外排序。堆排序适用于数据量较大的情况。直接插入排序和简单选择排序适用于数据量较小的情况。基数排序适用于数据量较大而关键字的位数较少的情况。

从稳定性上看,直接插入排序、折半插入排序、冒泡排序、归并排序和基数排序是稳定的,简单选择排序、希尔排序、快速排序和堆排序是不稳定的。稳定性主要取决于排序的具体算法。若排序前后关键字相同的两个元素相对位置不变,则称该排序方法是稳定的;反之则是不稳定的。

每种排序方法都有各自的适用范围,各有所长,也各有所短,在选择排序算法时,要综合考虑具体情况进行取舍。

8.8　上机实验

8.8.1　基础实验

基础实验 1:实现插入类排序

实验目的:考查对直接插入排序、折半插入排序和希尔排序算法的理解和掌握情况。

实验要求：给定待排序元素序列{55,72,31,24,86,16,37,8}。

(1) 利用直接插入排序算法对元素序列按从小到大排序。

(2) 利用折半插入排序算法对元素序列按从小到大排序。

(3) 利用希尔排序算法对元素序列按从小到大排列。

基础实验 2：实现交换类排序

实验目的：考查对冒泡排序、快速排序算法的掌握情况。

实验要求：

(1) 利用冒泡排序算法对元素序列{56,22,67,32,59,12,89,26,48,37}按从小到大排序。

(2) 利用快速排序算法对元素序列{37,19,43,22,22,89,26,92}按从小到大排序。

基础实验 3：实现选择类排序

实验目的：考查对简单选择排序、堆排序的掌握情况。

实验要求：

(1) 利用简单选择排序算法对元素序列{65,32,71,28,83,7,53,49}按从小到大排序。

(2) 利用堆排序算法对元素序列{67,48,23,81,38,19,52,40}按从小到大排序。

基础实验 4：实现基数排序

实验目的：考查对基数排序的掌握情况。

实验要求：已知元素序列{325,138,29,214,927,631,732,205},利用基数排序算法对该元素序列按从小到大排序。

8.8.2 综合实验：疫苗接种信息管理系统 V2.0

实验目的：考查是否掌握排序算法思想及实现。

实验要求：设计并实现一个疫苗接种信息管理系统(假设该系统面向需要接种两剂的疫苗)。要求定义一个包含接种者的身份证号、姓名、已接种了几剂疫苗、第一剂接种时间、第二剂接种时间等信息的顺序表,系统至少包含以下功能。

(1) 逐个显示信息表中疫苗接种的信息。

(2) 两剂疫苗接种需要间隔 14～28 天,输出目前可以接种第二剂疫苗的接种者信息。

(3) 给定一个新增接种者的信息,插入信息表中指定的位置。

(4) 利用直接插入排序或者折半插入排序算法对接种者按身份证号进行排序。

(5) 分别利用快速排序和堆排序算法对接种者按第一剂接种的时间进行排序。

(6) 根据身份证号进行折半查找。若查找成功,则返回此接种者的信息。

(7) 为提高检索效率,要求以接种者的姓氏为关键字建立哈希表,并利用链地址法处理冲突。给定接种者的身份证号或姓名,查找疫苗接种信息,并输出冲突次数和平均查找长度。

(8) 提供用户菜单,方便选择执行功能。可以设计成一级或多级菜单。所有功能都可重复执行。

习题

一、单项选择题

1. 若需要在 $O(n\log_2 n)$ 的时间内完成对数组的排序，且要求排序是稳定的，则可选择的排序方法是(　　)。

A. 快速排序　　B. 堆排序　　C. 归并排序　　D. 直接插入排序

2. 下列排序方法中(　　)是不稳定的。

A. 冒泡排序　　B. 选择排序　　C. 堆排序　　D. 直接插入排序

3. 一个序列中有 10 000 个元素，若只想得到其中前 10 个最小元素，则最好采用(　　)方法。

A. 快速排序　　B. 堆排序　　C. 插入排序　　D. 归并排序

4. 待排序序列为{46,79,56,38,40,84}，则利用堆排序的方法建立的初始堆为(　　)。

A. 79,46,56,38,40,80　　B. 84,79,56,38,40,46

C. 84,79,56,46,40,38　　D. 84,56,79,40,46,38

5. 快速排序方法在(　　)情况下最不利于发挥其长处。

A. 要排序的数据量太大　　B. 要排序的数据中有多个相同值

C. 要排序的数据已基本有序　　D. 要排序的数据个数为奇数

6. 排序时扫描待排序记录序列，依次比较相邻的两个元素的大小，逆序时就交换位置，这是(　　)的基本思想。

A. 堆排序　　B. 直接插入排序　　C. 快速排序　　D. 冒泡排序

7. 在任何情况下，时间复杂度均为 $O(n\log_2 n)$ 的不稳定的排序方法是(　　)。

A. 直接插入排序　　B. 快速排序　　C. 堆排序　　D. 归并排序

8. 如果将所有中国人按照生日排序，则使用(　　)算法最快。

A. 归并排序　　B. 希尔排序　　C. 快速排序　　D. 基数排序

9. 在对 n 个元素的序列进行排序时，堆排序所需要的附加存储空间是(　　)。

A. $O(\log_2 n)$　　B. $O(1)$　　C. $O(n)$　　D. $O(n\log_2 n)$

10. 用某种排序方法对线性表(25,84,21,47,15,27,68,35,20)进行排序时，元素序列的变化情况如下：

(1) 25,84,21,47,15,27,68,35,20。

(2) 20,15,21,25,47,27,68,35,84。

(3) 15,20,21,25,35,27,47,68,84。

(4) 15,20,21,25,27,35,47,68,84。

则采用的排序方法是(　　)。

A. 选择排序　　B. 希尔排序　　C. 归并排序　　D. 快速排序

11. 设有 1024 个无序的元素，希望用最快的速度挑选出其中前 5 个最大的元素，最好选用(　　)。

A. 冒泡排序　　B. 选择排序　　C. 快速排序　　D. 堆排序

12. 已知关键字序列{5,8,12,19,28,20,15,22}是小根堆,插入关键字3,调整后得到的小根堆是(　　)。

A. 3,5,12,8,28,20,15,22,19　　B. 3,5,12,19,20,15,22,8,28

C. 3,8,12,5,20,15,22,28,19　　D. 3,12,5,8,28,20,15,22,19

二、综合题

1. 写出用直接插入排序对关键字序列{54,23,89,48,64,50,25,90,34}排序的每趟结果。

2. 设待排序序列为{10,18,4,3,6,12,1,9,15,8},请写出希尔排序的每趟结果(取增量为5、3、2、1)。

3. 已知关键字序列{418,347,289,110,505,333,984,693,177},按递增排序,求初始堆(画出初始堆的状态)。

4. 已知关键字序列{265,301,751,129,937,863,742,694,076,438},写出希尔排序的每趟排序结果(取增量为5、3、1)。

5. 对关键字序列{72,87,61,23,94,16,05,58}进行堆排序,使之按关键字递减次序排列(最小堆),请写出排序过程中得到的初始堆和前3趟的序列状态。

三、算法设计题

1. 给定两个有序表 $A=(4,8,34,56,89,103)$ 和 $B=(23,45,78,90)$,编写一个算法,将其合并为有序表 C。

2. 采用链表作为存储结构,编写冒泡排序算法,对元素的关键字序列{25,67,21,53,60,103,12,76}进行排序。

3. 采用非递归算法实现快速排序算法,对元素的关键字序列{34,92,23,12,60,103,2,56}进行排序。

4. 利用链表对给定元素的关键字序列{45,67,21,98,12,39,81,53}进行选择排序。

5. 利用链表对给定元素的关键字序列{87,34,22,93,102,56,39,21}进行插入排序。

参考文献

[1] 严蔚敏. 数据结构[M]. 北京：清华大学出版社，2001.

[2] 耿国华. 数据结构[M]. 北京：高等教育出版社，2005.

[3] 李春葆. 数据结构 [M]. 北京：清华大学出版社，2018.

[4] SEDGEWICK R. 算法[M]. 谢路云，译. 4 版. 北京：人民邮电出版社，2017.

[5] 陈锐. 数据结构[M]. 北京：机械工业出版社，2020.

[6] 朱站立. 数据结构[M]. 西安：西安电子科技大学出版社，2003.

[7] 陈锐. 数据结构与算法详解[M]. 北京：人民邮电出版社，2021.

[8] 董付国. Python 程序设计基础与应用[M]. 北京：机械工业出版社，2018.

[9] 杨明，杨萍. 研究生入学考试要点、真题解析与模拟考卷[M]. 北京：电子工业出版社，2003.

[10] 陈锐. 数据结构习题精解(C 语言实现＋微课视频)[M]. 北京：清华大学出版社，2021.

[11] 徐塞红. 数据结构考研辅导[M]. 北京：北京邮电大学出版社，2002.

[12] 张光河. 数据结构——Python 语言描述[M]. 北京：人民邮电出版社，2018.

[13] 陈守礼，胡潇琨，李玲. 算法与数据结构考研试题精析 [M]. 2 版. 北京：机械工业出版社，2009.

[14] 陈锐. 零基础学数据结构[M]. 2 版. 北京：机械工业出版社，2014.

[15] 翁惠玉，俞勇. 数据结构：思想与实现 [M]. 2 版. 北京：高等教育出版社，2017.

[16] 李春葆，尹为民，蒋晶珏. 数据结构联考辅导教程[M]. 北京：清华大学出版社，2011.

[17] CORMEN T H. 算法导论[M]. 潘金贵，译. 北京：机械工业出版社，2006.

[18] SEDGEWICH R. 算法：C 语言实现(第 1～4 部分)基础知识、数据结构、排序及搜索[M]. 霍红卫，译. 北京：机械工业出版社，2009.

[19] KNUTH D E. 计算机程序设计艺术 卷 1：基本算法(原书第 3 版)[M]. 北京：人民邮电出版社，2010.

图书资源支持

感谢您一直以来对清华版图书的支持和爱护。为了配合本书的使用，本书提供配套的资源，有需求的读者请扫描下方的“书圈”微信公众号二维码，在图书专区下载，也可以拨打电话或发送电子邮件咨询。

如果您在使用本书的过程中遇到了什么问题，或者有相关图书出版计划，也请您发邮件告诉我们，以便我们更好地为您服务。

我们的联系方式：

清华大学出版社计算机与信息分社网站：https://www.shuimushuhui.com/

地　　址：北京市海淀区双清路学研大厦 A 座 714

邮　　编：100084

电　　话：010-83470236　010-83470237

客服邮箱：2301891038@qq.com

QQ：2301891038（请写明您的单位和姓名）

资源下载：关注公众号“书圈”下载配套资源。

资源下载、样书申请

书圈

图书案例

清华计算机学堂

观看课程直播